"十二五"普通高等教育本科国家级规划教材

首届全国教材建设奖
全国优秀教材
一等奖

结构力学 II
JIEGOU LIXUE
——专题教程
ZHUANTI JIAOCHENG

第 4 版

龙驭球　包世华　袁　驷　主编

高等教育出版社·北京

内容提要

本书是在第1版（面向21世纪课程教材，2002年全国普通高等学校优秀教材一等奖）、第2版（普通高等教育“十一五”国家级规划教材，2007年度普通高等教育精品教材）和第3版（“十二五”普通高等教育本科国家级规划教材）的基础上修订而成的；以本教材为基础的教学实践获2001年国家级教学成果一等奖，清华大学“结构力学”课程被评为2003年度国家精品课程。

本次修订字斟句酌，力求准确，反映学科新发展。修订内容共18章，仍编为《结构力学Ⅰ——基础教程》和《结构力学Ⅱ——专题教程》。基础教程着眼于为课程打好基础，落实课程的基本要求；专题教程着眼于扩大和提高，各校可根据实际情况选择其中不同层次的增选和专题内容，不拘一格地提升教学水平。全书采用四色印刷。

本书为《结构力学Ⅱ——专题教程》（第4版），共8章，主要内容包括矩阵位移法、结构动力计算基础、能量原理、结构矩阵分析续论、结构动力计算续论、结构的稳定计算、结构的极限荷载、结构力学与方法论等。

本书配有Abook数字课程网站，内容包括结构力学求解器，电子教案，教材中打“*”号的章节内容等。另外，与本书配套的还有《结构力学学习指导》、《结构力学网络课程》。配套的数字化教学资源充分发挥多媒体先进的表现手段，营造一种良好的学习环境，既可作为工科学生在网络环境下自主、完整、系统地学习结构力学的课程，也可作为从事土建、水利等领域工程技术人员知识更新的自学环境。

本书可作为高等学校土建、水利、力学等专业结构力学课程的教材，也可供有关工程技术人员参考。

图书在版编目（CIP）数据

结构力学．Ⅱ，专题教程／龙驭球，包世华，袁驷主编．--4版．--北京：高等教育出版社，2018.8（2022.12重印）
ISBN 978-7-04-049924-7

Ⅰ.①结… Ⅱ.①龙… ②包… ③袁… Ⅲ.①结构力学-高等学校-教材 Ⅳ.①O342

中国版本图书馆CIP数据核字（2018）第123734号

策划编辑 水 渊　责任编辑 葛 心　封面设计 张雨微　版式设计 马敬茹
插图绘制 于 博　责任校对 张 薇　责任印制 刁 毅

出版发行	高等教育出版社	网　　址	http://www.hep.edu.cn
社　　址	北京市西城区德外大街4号		http://www.hep.com.cn
邮政编码	100120	网上订购	http://www.hepmall.com.cn
印　　刷	山东韵杰文化科技有限公司		http://www.hepmall.com
开　　本	787mm×1092mm　1/16		http://www.hepmall.cn
印　　张	17	版　　次	2001年1月第1版
字　　数	400千字		2018年8月第4版
购书热线	010-58581118	印　　次	2022年12月第11次印刷
咨询电话	400-810-0598	定　　价	55.00元

物 料 号　49924-A0

结构力学Ⅱ——专题教程

第4版

1 计算机访问http://abook.hep.com.cn/1220188，或手机扫描二维码、下载并安装Abook应用。

2 注册并登录，进入"我的课程"。

3 输入封底数字课程账号（20位密码，刮开涂层可见），或通过Abook应用扫描封底数字课程账号二维码，完成课程绑定。

4 单击"进入课程"按钮，开始本数字课程的学习。

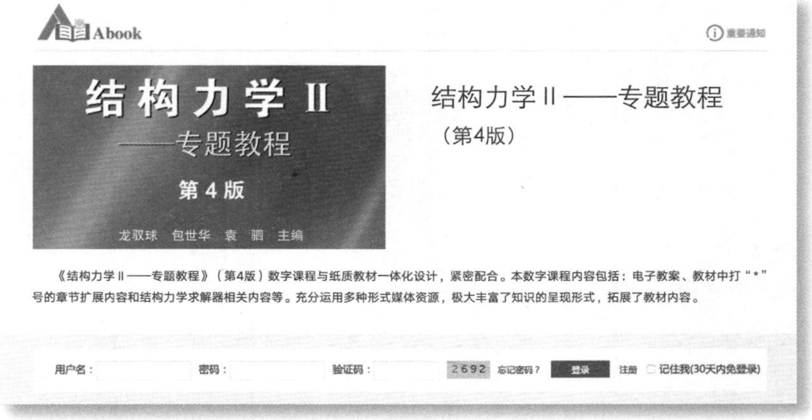
Abook
重要通知
结构力学Ⅱ
——专题教程
第4版
龙驭球 包世华 袁 驷 主编
结构力学Ⅱ——专题教程
（第4版）
《结构力学Ⅱ——专题教程》（第4版）数字课程与纸质教材一体化设计，紧密配合。本数字课程内容包括：电子教案、教材中打"*"号的章节扩展内容和结构力学求解器相关内容等。充分运用多种形式媒体资源，极大丰富了知识的呈现形式，拓展了教材内容。
用户名：
密码：
验证码：
2692
忘记密码？
登录
注册
记住我(30天内免登录)

课程绑定后一年为数字课程使用有效期。受硬件限制，部分内容无法在手机端显示，请按提示通过计算机访问学习。

如有使用问题，请发邮件至abook@hep.com.cn。

扫描二维码
下载Abook应用

http://abook.hep.com.cn/1220188

第 4 版序

本书第 3 版是“十二五”普通高等教育本科国家级规划教材。本版属第 4 版，是根据“结构力学课程教学基本要求（A 类）”（教育部高等学校力学教学指导委员会力学基础课程教学指导分委员会制订，见本书后附录 C），在第 3 版基础上修订而成。修订时有以下一些考虑：

1. “基本要求”中将课程内容分为两类：基础部分和专题部分。此次修订按照这个分类法，对全书的章次进行了调整。将原在卷Ⅰ的矩阵位移法、结构动力计算基础纳入卷Ⅱ，将原在卷Ⅱ的静定结构总论、超静定结构总论纳入卷Ⅰ。

2. 将纸质教材与电子教材综合考虑，线上线下相互配合，各自发挥所长，以便构建一个彼此呼应、立体交叉的教材模式。这是一个新的尝试，有待以后完善提高。

3. 在纸质教材方面，对力学中的传统解法和功能解法作了一些比较和呼应，对力学方法论和对偶互伴现象作了一些阐述。由于有些较深内容由纸质教材转移到电子教材，因此纸质教材的篇幅较第 3 版有所减少。

4. 在电子教材方面，除上面提到的由纸质版移入电子版的内容外，重要的章节有《结构力学求解器》的内容。卷Ⅰ附录 A 为《结构力学求解器》2D 版和 3D 版使用说明，可登录本书配套的 Abook 数字课程网站下载软件，3D 版是此次修订新增的。卷Ⅱ附录 B 为平面刚架程序的框图设计和源程序。

全书中凡收入电子版的内容均在前面加了“*”号。

作为立体交叉新形态教材的一部分，本书配套了电子课件。课件由邢沁妍等同志进行编制。

此次修订工作得到了清华大学结构力学教研室多位老师的帮助，叶康生教授还提供了书面意见，在此表示感谢。

以书会友，恳请批评指正。

作　者

2018 年春于清华园

第 3 版序

本书第1版是面向21世纪课程教材。本版属第3版，是根据"结构力学课程教学基本要求"（教育部高等学校力学教学指导委员会力学基础课程教学指导分委员会制订），在第2版（普通高等教育"十一五"国家级规划教材）的基础上修订而成。值得一提的是以下几点（两老三新）：

1. "卷Ⅰ保底，卷Ⅱ开花"，沿用第2版老格局。

2. 字斟句酌，力求准确，保持过去老作风。

3. 增写新章（第14章），反映学科新发展。

4.《结构力学求解器》升级，增加包络图新内容。

5. 采用四色印刷，让新书换上新衣裳。

书稿得到东南大学单建教授的审阅和指点，谨致谢意，并无端想起东坡诗句：人间有味是清欢。

以书会友，倾听老师和同学们的批评、议论和争鸣，这是作者的真情。

阅读也是悦读，学习更需游赏。下面绘出两帧《结构力学Ⅰ——基本教程》、《结构力学Ⅱ——专题教程》游赏图，与读者一同游赏。边游边赏，边赏边游。

作　者

2012年春于清华园

《结构力学Ⅰ——基本教程》、《结构力学Ⅱ——专题教程》游赏图

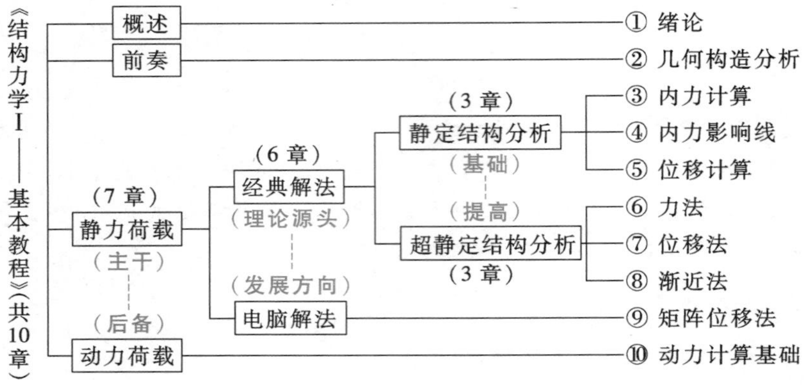

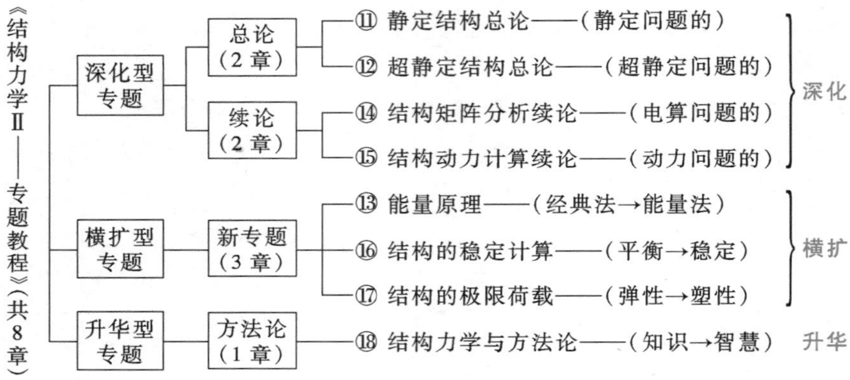

第 2 版序

本书第 2 版是第 1 版的传承和发展。具有以下特点：

一、传承原有编写风格

继续保持“打好基础，脉络清晰，理论联系实际，符合认识规律”的编写方针。继续发扬纸质教材与电子教材的互补作用，以《结构力学求解器》为工具，提高学生利用计算机分析结构的能力。继续加强能量原理与方法论等方面的教学内容，提高学生的理论水平和科学素质。

二、采用新的编排方针

第 2 版采用新的编排方针：首先把全书内容明确地分为基本内容与增选、专题内容两部分，然后将基本内容编成结构力学 Ⅰ——基本教程；将增选、专题内容编成结构力学 Ⅱ——专题教程。

在第 2 版里，卷 Ⅰ 与卷 Ⅱ 的分工是非常明确的。卷 Ⅰ 只包括课程教学的基本要求。对全国各校来说，课程教学的基本要求应当是统一的，是“死”的。其目的是保证课程的基本教学质量，或者说是“保底”。卷 Ⅱ 包含一些各具特色的增选、专题内容，在“保底”的基础上，各校可根据各自情况自行选用。对全国高校来说，这些增选、专题内容应当是不拘一格的，是“活”的。这种在“保底”基础上不拘一格地增选和提升，可以比喻为“开花”。概括地说，“卷 Ⅰ 保底，卷 Ⅱ 开花”，这就是新版采用的新的编排方针。

要“开花”，必先“保底”。“保底”是硬任务，“开花”是活功夫。一硬一活，才会形成既有扎实功底而又充满活力的学习景象。我们希望，体现“保底—开花”精神的第 2 版教材将会更好地适应我国技术基础课程教学发展的需求，适应不同高校对教材类型的多样性需求。

继第 1 版之后，第 2 版书稿又得到西安建筑科技大学刘铮教授的审阅和指点，谨致谢意。

欣逢青藏铁路全线通车，特以拉萨河特大铁路桥的倩影作为封面，以志喜庆。

本书封面照片由拉萨指挥部宣传部干章林先生提供，在此表示感谢。

恳请批评和指正。

作　者

2006 年夏于清华园

第 1 版序

教材建设是一项需要长期积累而又不断翻新的工作，既要锲而不舍、精益求精，又要善于探索、有所创新。本书是在清华大学四十多年结构力学教材建设和近几年教学改革实践的基础上编写的，主要想在以下几个方面作些新的尝试和安排：

一、由一本书扩充为三书鼎立。由于结构力学计算机化的进程日新月异，以及在计算机化的形势下结构定性分析的能力培养日益显得更为重要，因此除编写一本《结构力学教程》侧重于经典结构力学的基本理论和基本方法外，还拟编写两本配套教材，即《程序结构力学》及《定性结构力学》，分别侧重于计算机方法和定性分析方法。三书鼎立，相互呼应，以期适应新世纪、新形势的新要求。

二、为计算机化提供新的基础知识和新工具。在为矩阵位移法配置的计算机程序方面，有 FORTRAN 77 程序，Fortran 90 程序。此外，还引入作者教学和科研成果《结构力学求解器》作为新工具，提高解算大型结构、复杂结构的例题、习题的能力，开拓教学内容的广度和深度，利用动画显示，提高对结构性能的感性认识。

三、将虚功-能量方法贯通全书，提高理论水平。以前的结构力学教材也讲一点虚功-能量方法，但讲得太晚，太集中，学与用离得太远。针对这种情况，本书改为“提前讲、分段讲、就近用”的作法，以便收到“由浅入深、分散难点、学了就用、便于生根”的效果，从而进一步提高理论水平。计算机化不仅不排斥力学理论，而且更加需要力学理论的指导，呼唤力学理论的深化。

四、注意培养思维能力和科学素质。为了把力学方法上升到方法论的高度，在书中专门写了四节：

- 方法论(1)——学习方法(第 1 章)。
- 方法论(2)——静定结构部分(第 6 章)。
- 方法论(3)——超静定结构部分(第 12 章)。
- 方法论(4)——结构力学之道(最后一章)。

为了指导学习和启发思考，专门写了两章“总论”，分别对静定结构和超静定结构两大部分内容进行融会贯通的梳理和开阔视野的指点；几乎每一章都专门写了“小结”和“思考与讨论”两节，引导读者跨进更广的思考空间。

五、适当更新内容。除了删去和压缩比较陈旧的内容外，还注意扩大专业覆盖面，新加悬索、空间结构等内容，适当介绍一些科研成果，包括作者新近的部分学术成果。

总的来说，“守本翻新”是本书的编写方针。守本，是指继续保持“打好基础，脉络清晰，理论联系实际，符合认识规律”的编写风格。翻新，是指进行一些经过初步实践的新尝试，包括上面提到的五点。

本书内容各校可根据具体教学要求选用，带 * 号者为选学、提高内容。

本书稿请西安建筑科技大学刘铮教授和东南大学单建教授审阅,在审阅中提了不少宝贵意见。清华大学雷钟和教授提供了本书部分思考题及习题,张玉良副教授提供了FORTRAN 77程序的初稿。作者谨向他们表示衷心的感谢。

欢迎批评,恳请指正。

作　者

1999年冬于清华园

主要符号表说明

在实施国家标准《量和单位》(GB 3100~3102—93)的过程中,为保证国家标准和现有惯例的衔接,本书作如下说明,请读者注意。

1. 国家标准规范的物理量、名称和符号,按国家标准使用,注重量的物理属性。如,以前称剪应力τ、剪应变(剪切角)γ,现改称切应力τ、切应变γ;又如,各种力(包括荷载、反力和内力)都用$\boldsymbol{F}$作为主符号,而将其特性以下标(上标)表示;等等。

2. 对于在结构力学中广泛使用的广义力(包括力与力偶矩、力矩)和广义位移(包括线位移与角位移),为了体现其广义性(有时还有未知性),考虑到全书叙述的统一和表达的简洁、完整,本书仍沿用X(多余力未知力)、Δ和δ(位移)、c(支座位移)等广义物理量。至于它们在具体问题中对应的量和相应单位,则视具体问题而定。

3. 在结构力学中经常应用"单位量"的概念,如单位力$X=1$,单位荷载$F_P=1$,单位位移$\Delta=1$等。现以单位力$X=1$为例加以说明。单位力$X=1$是一种简称,详细地说,是指数值为1而其量纲指数都为零(量纲并不为零,量纲为一)的特定广义力$\overline{X}=1$(这里,$\overline{X}$与X在数值上相等,但量纲不同。$\overline{X}$是一个量纲一的量,以前称为无量纲量)。单位量的概念主要用于求比例系数(或称影响系数)。仍以力X引起某量M的情况为例,二者的比例系数为$\overline{M}=\dfrac{M}{X}$。在线性问题中,比例系数是一个重要的概念。

4. 本教材中某些符号及有关公式运算中的单位表示,考虑以往教材的习惯和结合工程实际运算的方便,作了必要的处理。具体情况在本教材的相应处已有说明。

主要符号表

a	振幅
A	面积
c	支座广义位移、粘滞阻尼系数
c_{cr}	临界阻尼系数
C	弯矩传递系数
d	结间距离
E	弹性模量
E_{C}	余能
E_{P}	势能
f	拱高、矢高、工程频率
F_{c}	阻尼力
F_{e}	弹性力
F_{H}	水平推力、水平反力、水平约束力
F_{I}	惯性力
F_{N}	轴力
F_{Nx}、F_{Ny}	轴力在水平(x)、竖向(y)的分力
F_{P}	集中荷载
$\boldsymbol{F}_{P}$	荷载向量
F_{P}^{+}	可破坏荷载
F_{P}^{-}	可接受荷载
F_{Pcr}	临界荷载
F_{Pe}	欧拉临界荷载
F_{Pu}	极限荷载
F_{Q}	剪力
F_{Q}^{F}	固端剪力
F_{Q}^{L}、F_{Q}^{R}	截面左、右的剪力
F_{R}	广义反力、反力合力、约束力
$\boldsymbol{F}_{V}$	竖向反力、竖向约束力
F_{x}、F_{y}	水平(x)、竖向(y)的分力
$\boldsymbol{F}^{e}$	整体坐标系下单元杆端力向量
$\overline{\boldsymbol{F}}^{e}$	局部坐标系下单元杆端力向量

$\boldsymbol{F}^{\mathrm{Fe}}$	整体坐标系下单元固端力向量
$\overline{\boldsymbol{F}}^{\mathrm{Fe}}$	局部坐标系下单元固端力向量
G	切变模量
i	线刚度
I	惯性矩
$\boldsymbol{I}$	单位矩阵
k	刚度系数、切应力分布不均匀系数
$\boldsymbol{k}^{e}$	整体坐标系下单元刚度矩阵
$\overline{\boldsymbol{k}}^{e}$	局部坐标系下单元刚度矩阵
$\boldsymbol{K}$	结构刚度矩阵
m	质量、分布弯矩
$\overline{m}$	线分布质量
M	力矩、力偶矩、弯矩
$\boldsymbol{M}$	质量矩阵
M_{e}	弹性极限弯矩
M_{u}	极限弯矩
M^{F}	固端弯矩
$\boldsymbol{N}$	形函数矩阵
p	均布荷载集度
P	广义荷载、广义力
$\boldsymbol{P}$	结构结点荷载向量
$\boldsymbol{P}^{e}$	单元结点荷载向量
q	均布荷载集度
r	半径、反力影响系数
R	半径
S	转动刚度
t	时间
T	周期、动能
$\boldsymbol{T}$	坐标转换矩阵
u	水平位移
v	竖向位移、挠度、速度
v_{C}	应变余能密度
v_{ε}	应变能密度
V_{C}	应变余能
V_{P}	荷载势能
V_{ε}	应变能
$\boldsymbol{W}$	功、计算自由度、弯曲截面系数
X	广义未知力、广义多余未知力

y	位移
$\dot{y}=\frac{dy}{dt}$	速度
$\ddot{y}=\frac{d^2y}{dt^2}$	加速度
$\boldsymbol{Y}$	位移幅值向量、主振型向量、主振型矩阵
Z	影响线量值
α	线膨胀系数、初相角
β	动力系数
γ_0	平均切应变
δ	柔度系数、位移影响系数
Δ	广义未知位移
$\boldsymbol{\Delta}$	位移向量
$\boldsymbol{\Delta}^e$	单元杆端位移向量
ε	线应变
θ	截面的转角、干扰力频率
κ	曲率
μ	力矩分配系数
φ	弦转角
ξ	阻尼比
σ_b	强度极限
σ_s	屈服应力
σ_u	极限应力
ω	圆频率

目　录

第11章 矩阵位移法——结构矩阵分析基础

§11-1 概　　述

计算机出现之前，计算手段以手算为主。随着计算机的出现，以及计算机方法在结构分析中的快速发展和广泛应用，结构矩阵分析方法应运而生。它是以传统的结构力学作为理论基础，以矩阵作为数学表述形式，以计算机作为计算手段，三位一体的方法。

与传统的力法、位移法相对应，结构矩阵分析方法也有矩阵力法和矩阵位移法，或者称柔度法和刚度法。矩阵位移法由于解答完备、易于编程、通用性强等优点获得广泛应用，本章只讨论矩阵位移法。

矩阵位移法的本质是位移法，是采用矩阵运算、计算机求解的位移法。学习矩阵位移法要注意其中的“变”与“不变”：位移法的基本原理不变，变的是计算手段 —— 由“手算”变为“机算”。手算怕繁，机算怕乱。位移法中不少技巧性的简化处理，在矩阵位移法中不再必要，需要的是标准的步骤、统一的过程。表 11-1 对两种方法的不同给出了一些比较。

表 11-1　传统位移法和矩阵位移法的比较

传统位移法	矩阵位移法
面向“手算” 尽量减少未知量，简化计算 求解问题的规模小 忽略轴向变形（偏离实际） 支座结点位移不取为未知量 杆件单元多样化： 固端 — 固端 固端 — 铰支 固端 —滑动 固端 — 自由	面向“机算” 尽量统一解法，便于编程 求解问题的规模大 考虑轴向变形（符合实际） 所有结点位移均取为未知量 杆件单元标准化： 固端 — 固端

矩阵位移法是有限元法的雏形，也有文献不加区分地将其称为杆件结构的有限元法。这里要特别提示的是，矩阵位移法和常规的有限元法并不完全等价①。但是，由于二者的绝大部分原

① 矩阵位移法采用的是精确单元，可以得到精确的结点位移；而最为突出的特点是在计算杆端内力时，须叠加固端力项，但常规有限元法则没有这项技术。见袁驷的文章《从矩阵位移法看有限元应力精度的损失与恢复》，力学与实践，1998，20(4)：1-6。

理和做法相同,因此本章中将使用有限元法中的一些术语和提法。一个最基本的术语就是,将离散后的杆件或部分杆件称为单元。

矩阵位移法的基本步骤是:

- 将结构拆散成杆件,建立单元刚度方程。
- 集成为结构,建立整体刚度方程。
- 求解,得到结构的结点位移。
- 利用单元刚度方程计算杆件内力。

§11-2　结构体系的数值化

矩阵位移法是在计算机上求解的,而计算机只识数字、不识结构,因此一个先期任务是将所有的信息数值化,亦即将一个结构体系完全用数据来描述和定义,并尽可能使计算机程序的读入、引用和处理简便通用。

1. 坐标系

整体坐标系,也称结构坐标系[①],用 x,y 表示,如图 11-1 所示。整体坐标系中,x 和 y 方向(即水平和竖直方向)的线位移分别记为 u 和 v,相应的力记为 F_x 和 F_y,均规定与整体坐标正方向同向为正;角位移 θ 和相应的力矩 M 规定由 x 向 y 方向转为正[②]。

将结构拆成杆件单元后,为每个单元建立一个局部坐标系,也称单元坐标系[③],用 $\bar{x}$,$\bar{y}$ 表示[④]。在局部坐标系中,$\bar{x}$ 和 $\bar{y}$ 方向的线位移分别记为 $\bar{u}$ 和 $\bar{v}$,相应的力记为 $\bar{F}_x$ 和 $\bar{F}_y$,均规定与局部坐标正方向同向为正;角位移 θ 和相应的力矩 M 同样由 $\bar{x}$ 向 $\bar{y}$ 方向转为正。

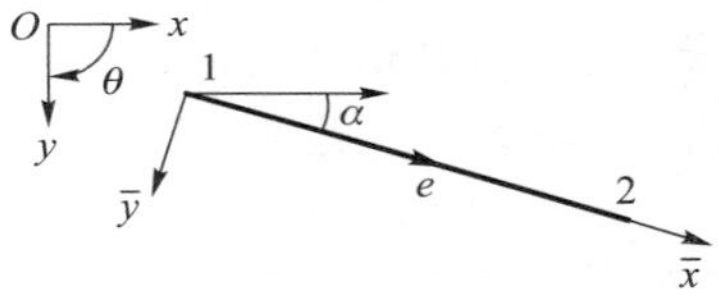

图　11-1

局部坐标系和整体坐标系之间要满足一定的关系。图 11-1 所示为一个典型的杆件单元 e。单元是有方向的,即需要指定始端 1 和末端 2,单元正方向从始端指向末端。单元方向也可用轴向的箭头来表示:箭头从始端指向末端。规定局部坐标的原点取在始端 1,$\bar{x}$ 轴指向末端 2。$\bar{y}$ 轴选取应与整体坐标转向一致,即当 x 轴转 α 角度与 $\bar{x}$ 轴同向后,y 轴应与 $\bar{y}$ 轴同向。按照这样的定义,角位移和力矩在局部坐标下和整体坐标下方向是一致的,可以不加区分。

2. 单元杆端位移和杆端力

一般情况下,一个单元有两个杆端,每个杆端可以发生三个位移,因此共有 6 个杆端位移,如图 11-2 所示。将 6 个杆端位移组成一个向量,称为单元杆端位移向量,在局部坐标系和整体坐标系中分别记为

---

① 本章中一般用“整体坐标系”一词。

② 按顺时针或逆时针表示角位移正方向容易引起混乱。如图 11-1 中角位移顺时针为正,但若将 y 轴取为向上为正(x 轴方向不变),则角位移变为逆时针为正。

③ 本章中一般用“局部坐标系”一词。

④ 在符号表示上,通常的规则是一个量在局部坐标系中的符号比相应量在整体坐标系中的符号在顶上多加一横线。

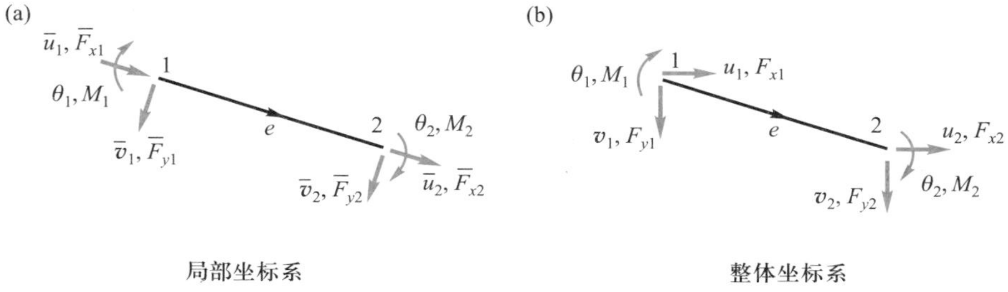

图　11-2

$$\text{局部：}\quad \overline{\boldsymbol{\Delta}}^e=\begin{pmatrix}\bar{u}_1\\ \bar{v}_1\\ \theta_1\\ \hdashline \bar{u}_2\\ \bar{v}_2\\ \theta_2\end{pmatrix}^e,\qquad \text{整体：}\quad \boldsymbol{\Delta}^e=\begin{pmatrix}u_1\\ v_1\\ \theta_1\\ \hdashline u_2\\ v_2\\ \theta_2\end{pmatrix}^e \tag{11-1}$$

这里，上标 e 表示单元。将相应的 6 个杆端力（图 11-2）组成一个向量，称为单元杆端力向量，在局部坐标系和整体坐标系中分别记为

$$\text{局部：}\quad \overline{\boldsymbol{F}}^e=\begin{pmatrix}\overline{F}_{x1}\\ \overline{F}_{y1}\\ M_1\\ \hdashline \overline{F}_{x2}\\ \overline{F}_{y2}\\ M_2\end{pmatrix}^e,\qquad \text{整体：}\quad \boldsymbol{F}^e=\begin{pmatrix}F_{x1}\\ F_{y1}\\ M_1\\ \hdashline F_{x2}\\ F_{y2}\\ M_2\end{pmatrix}^e \tag{11-2}$$

3. 单元坐标转换矩阵

参照图 11-1，不难得到整个单元的杆端位移和杆端力从整体坐标到局部坐标的转换关系

$$\overline{\boldsymbol{\Delta}}^e=\boldsymbol{T}\boldsymbol{\Delta}^e,\ \overline{\boldsymbol{F}}^e=\boldsymbol{T}\ \boldsymbol{F}^e \tag{11-3}$$

其中

$$\boldsymbol{T}=\left[\begin{array}{ccc:ccc}\cos\alpha & \sin\alpha & 0 & & & \\ -\sin\alpha & \cos\alpha & 0 & & \boldsymbol{0} & \\ 0 & 0 & 1 & & & \\ \hdashline & & & \cos\alpha & \sin\alpha & 0\\ & \boldsymbol{0} & & -\sin\alpha & \cos\alpha & 0\\ & & & 0 & 0 & 1\end{array}\right] \tag{11-4}$$

称为单元坐标转换矩阵。

坐标转换矩阵有一个重要的性质，即 $\boldsymbol{T}^{\mathrm{T}}=\boldsymbol{T}^{-1}$。具有这种性质的矩阵在数学上称为正交矩阵。利用正交矩阵的性质，立即得到从局部坐标到整体坐标的坐标转换矩阵为 $\boldsymbol{T}^{\mathrm{T}}$。因此，很容易得到如下关系：

$$\boldsymbol{\Delta}^{e}=\boldsymbol{T}^{\mathrm{T}}\overline{\boldsymbol{\Delta}}^{e},\boldsymbol{F}^{e}=\boldsymbol{T}^{\mathrm{T}}\overline{\boldsymbol{F}}^{e} \tag{11-5}$$

4. 结构的编码

下面以图 11-3a 所示的结构为例，讨论如何进行单元离散和集成，以及如何对单元、结点、结点位移进行编码，最后引入单元定位向量这一重要概念。

（1）单元编码

通常情况下，一个杆件可以看作是一个计算单元，但中间柱子的中点有一个组合结点，为了避免特殊单元（如 3 个结点的单元），将该柱进一步离散，上下两段各取为一个单元。因此，该结构被划分为 6 个单元，逐一编码，以①，②，…表示，如图 11-3b 所示。

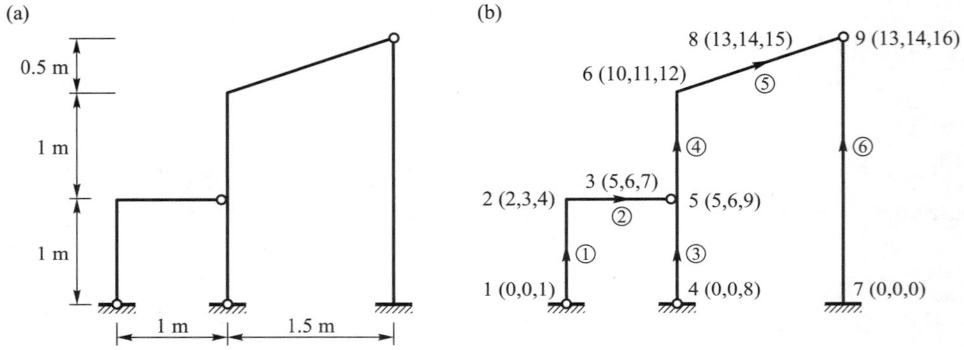

图　11-3

（2）结点自由度

为了方便，以下把结点可能发生的每一个独立位移称为结点的一个自由度。本章中，结点位移按结构的整体坐标来表示，且顺序为：$(u,\ v,\ \theta)$。图 11-4a、b 的刚结点，可能发生水平位移、竖向位移和转角，因此有三个自由度。图 11-4c 是一个组合结点，独立的位移有两个线位移和两个转角，整个结点有 4 个自由度。图 11-4d 是一个铰结点，也有 4 个自由度。图 11-4e 的结点受到支座的约束，只有一个自由度。图 11-4f 的结点完全被约束住，不能发生位移，因此有零个自由度。所有结点的自由度数目的总和，即为结构的结点位移总数，记作 N。

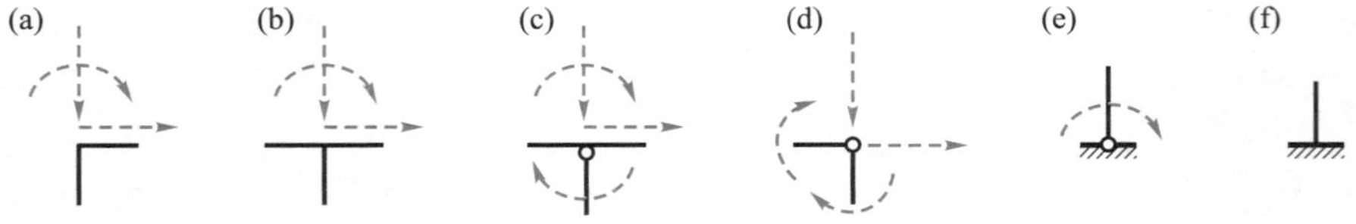

图　11-4

对于支座约束的处理，通常有两种方法，即先处理法和后处理法。本书采用的是先处理法，即从一开始便引进给定的位移约束。先处理法可以减少一些计算量，同时也符合原结构的定义。对于后处理法，这里不作专门讨论，有兴趣的读者可以参阅有关文献。

（3）结点编码

结点是由杆端聚结而成的。在一般情况下，杆端有 3 个位移分量，与刚结点的自由度数目相同，因此将刚结点看作是标准结点。为了避免直接处理图 11-4c、d 中的特殊结点，可以采用重码技巧。以图 11-4c 中的组合结点为例，将该组合结点看成是由两个标准结点组成，编两个码：J 和 $J+1$，如图 11-5 所示。这里，每个标准结点有三个自由度，各自的转角不同而线位移相同，相同的位移在随后的结点位移编码时应编相同的码。重码技巧使得每一个杆端都与一个标准结点连接，便于实施。基于重码技巧，图 11-3a 中结构的结点编码，用 1，2，… 表示，如图 11-3b 所示，其中结点 3、5 和 8、9 分别采用了重码技巧。

（4）结点位移的编码

有了结点编码后，可以逐结点地对结点位移（结点自由度）进行编码，其编码的原则是

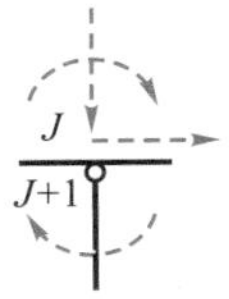

图　11-5

① 一个结点位移编一个码（如在标准结点处）。

② 相同的结点位移编相同的码（如在组合结点处）。

③ 零结点位移编零码（如在支座结点处）。

基于以上编码原则，图 11-3a 中结构的结点位移编码如图 11-3b 中括号内数字所示。

将所有结点位移按照编码的顺序排列成一个向量

$$\boldsymbol{\Delta}=(\Delta_1 \quad \Delta_2 \quad \cdots \quad \Delta_i \quad \cdots \quad \Delta_N)^{\mathrm{T}} \tag{11-6}$$

称为结构的整体结点位移向量。

（5）单元定位向量

单元定位向量是一个十分重要的概念，后面会反复用到，应很好地理解和掌握。

一个单元共有 6 个杆端位移，其局部编码顺序如图 11-6a 所示（整体坐标系）。单元的两个端点对应着结构的两个结点，端点位移的编码称为局部码，结点位移的编码称为整体码。从局部码和整体码的对应关系，可以确定单元的 6 个杆端位移在整体结点位移向量中的位置。图 11-6b所示为图 11-3b 中单元⑤杆端位移所对应的结点位移的整体码。杆端位移的局部码与整体码的对应关系可以用一个具有 6 个元素的向量来表示，称为单元定位向量，记为 $\boldsymbol{\lambda}^e$。以图 11-3b中的单元③和⑤为例，单元定位向量分别为

$$\boldsymbol{\lambda}^{③}=(0 \quad 0 \quad 8 \quad 5 \quad 6 \quad 9)^{\mathrm{T}},\ \boldsymbol{\lambda}^{⑤}=(10 \quad 11 \quad 12 \quad 13 \quad 14 \quad 15)^{\mathrm{T}}$$

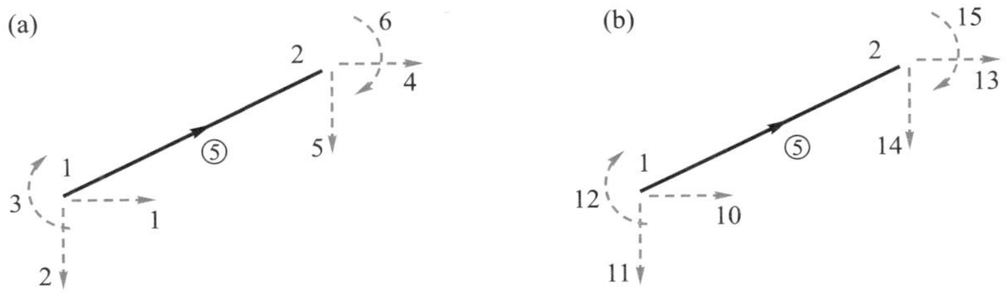

图　11-6

所以，单元⑤的第 2 个杆端位移即为结构的第 11 个结点位移，而单元③的第 2 个杆端位移对应的结点位移码为零，表示该位移已被支座约束住，不取为未知量。

单元定位向量明确地规定了单元与结构的定位与连接，就好像对单元的每个杆端位移都发了一张“入场票”，凭票“对号入座”便可以在结构的结点位移向量中找到相应的位置；如果票是无效的（结点位移编码为 0），则结构中没有这个杆端位移的“座位”，也就是说该位移受到了支座的约束，其值已知，不取为未知量。

§11-3 单元分析

本节对平面结构的杆件单元进行单元分析，主要是建立单元刚度方程，特别是单元刚度矩阵。

1. 一般单元的刚度矩阵

单元刚度方程反映的是杆端力向量和杆端位移向量之间的关系，而这一关系是通过单元刚度矩阵实现的。对于直杆单元，假定轴向变形和弯曲变形是不耦合的，可以分别建立单元刚度方程。对于弯曲变形，单元刚度方程在本书卷 I 第 7 章位移法的 §7-2 中已经建立，即转角位移方程式（7-5）和式（7-6），因此可以直接引用。采用本章的记号和正负号，式（7-5）和式（7-6）可以写为如下形式：

$$\left.\begin{aligned}
M_1 &= 4\frac{EI}{l}\theta_1 + 2\frac{EI}{l}\theta_2 - 6\frac{EI}{l}\frac{\bar{v}_2-\bar{v}_1}{l}\\
M_2 &= 2\frac{EI}{l}\theta_1 + 4\frac{EI}{l}\theta_2 - 6\frac{EI}{l}\frac{\bar{v}_2-\bar{v}_1}{l}\\
\bar{F}_{y1} &= 6\frac{EI}{l^2}\theta_1 + 6\frac{EI}{l^2}\theta_2 - 12\frac{EI}{l^2}\frac{\bar{v}_2-\bar{v}_1}{l}\\
\bar{F}_{y2} &= -6\frac{EI}{l^2}\theta_1 - 6\frac{EI}{l^2}\theta_2 + 12\frac{EI}{l^2}\frac{\bar{v}_2-\bar{v}_1}{l}
\end{aligned}\right\} \tag{11-7}$$

注意，杆端力 $\bar{F}_{y1}$ 与该端剪力差一个负号，因此上式中 $\bar{F}_{y1}$ 对应式（7-6）中的 $-F_{QAB}$。类似地，不难推算出轴向受力状态的刚度方程：

$$\left.\begin{aligned}
\bar{F}_{x1} &= -EA\frac{\bar{u}_2-\bar{u}_1}{l}\\
\bar{F}_{x2} &= EA\frac{\bar{u}_2-\bar{u}_1}{l}
\end{aligned}\right\} \tag{11-8}$$

将式（11-7）和式（11-8）合起来，就得到完整的局部坐标下的单元刚度方程，用矩阵形式表示为

$$
\begin{pmatrix} \overline{F}_{x1} \\ \overline{F}_{y1} \\ M_1 \\ \overline{F}_{x2} \\ \overline{F}_{y2} \\ M_2 \end{pmatrix}^e = \begin{pmatrix} \frac{EA}{l} & 0 & 0 & -\frac{EA}{l} & 0 & 0 \\ 0 & \frac{12EI}{l^3} & \frac{6EI}{l^2} & 0 & -\frac{12EI}{l^3} & \frac{6EI}{l^2} \\ 0 & \frac{6EI}{l^2} & \frac{4EI}{l} & 0 & -\frac{6EI}{l^2} & \frac{2EI}{l} \\ & & & \frac{EA}{l} & 0 & 0 \\ & \text{对称} & & 0 & \frac{12EI}{l^3} & -\frac{6EI}{l^2} \\ & & & 0 & -\frac{6EI}{l^2} & \frac{4EI}{l} \end{pmatrix}^e \begin{pmatrix} \overline{u}_1 \\ \overline{v}_1 \\ \theta_1 \\ \overline{u}_2 \\ \overline{v}_2 \\ \theta_2 \end{pmatrix}^e \tag{11-9}
$$

上式可记为

$$
\overline{\boldsymbol{F}}^e = \overline{\boldsymbol{k}}^e \overline{\boldsymbol{\Delta}}^e \tag{11-10}
$$

其中 $\overline{\boldsymbol{k}}^e$ 称为单元刚度矩阵，其表达式如下：

$$
\overline{\boldsymbol{k}}^e = \begin{pmatrix} \frac{EA}{l} & 0 & 0 & -\frac{EA}{l} & 0 & 0 \\ 0 & \frac{12EI}{l^3} & \frac{6EI}{l^2} & 0 & -\frac{12EI}{l^3} & \frac{6EI}{l^2} \\ 0 & \frac{6EI}{l^2} & \frac{4EI}{l} & 0 & -\frac{6EI}{l^2} & \frac{2EI}{l} \\ & & & \frac{EA}{l} & 0 & 0 \\ & \text{对称} & & 0 & \frac{12EI}{l^3} & -\frac{6EI}{l^2} \\ & & & 0 & -\frac{6EI}{l^2} & \frac{4EI}{l} \end{pmatrix}^e \tag{11-11}
$$

将坐标转换关系式(11-3)代入式(11-10)，有

$$
\boldsymbol{T}\boldsymbol{F}^e = \overline{\boldsymbol{k}}^e \boldsymbol{T}\boldsymbol{\Delta}^e \tag{11-12}
$$

两边左乘 $\boldsymbol{T}^{\mathrm{T}}$，有

$$
\boldsymbol{F}^e = \boldsymbol{k}^e \boldsymbol{\Delta}^e \tag{11-13}
$$

其中

$$
\boldsymbol{k}^e = \boldsymbol{T}^{\mathrm{T}} \overline{\boldsymbol{k}}^e \boldsymbol{T} \tag{11-14}
$$

式(11-13)为整体坐标下单元刚度方程，式(11-14)为整体坐标下单元刚度矩阵。

2. 单元刚度矩阵的性质

单元刚度矩阵有一些重要的力学性质和数学性质，举例来说：

① 单元刚度矩阵 $\overline{\boldsymbol{k}}^e$（或 $\boldsymbol{k}^e$）是一个 6×6 矩阵，每一列对应一个杆端位移，每一行对应一个杆端力。

② 刚度系数 $\bar{k}_{ij}^{e}$的物理意义：展开第 i 行单元刚度方程有

$$\overline{F}_{i}^{e}=\bar{k}_{i1}^{e}\overline{\Delta}_{1}^{e}+\bar{k}_{i2}^{e}\overline{\Delta}_{2}^{e}+\cdots+\bar{k}_{ij}^{e}\overline{\Delta}_{j}^{e}+\cdots \tag{11-15}$$

如果令第 j 个结点位移 $\overline{\Delta}_{j}^{e}=1$，而其他的结点位移均为零，则有 $\overline{F}_{i}^{e}=\bar{k}_{ij}^{e}$。所以，$\bar{k}_{ij}^{e}$代表仅第 j 个杆端位移为单位值时所引起的第 i 个杆端力。k_{ij}^{e}的物理意义类似。

③ 单元刚度矩阵 $\bar{\boldsymbol{k}}^{e}$（或$\boldsymbol{k}^{e}$）是对称矩阵，亦即 $\bar{\boldsymbol{k}}^{eT}=\bar{\boldsymbol{k}}^{e}$，或 $\bar{k}_{ij}^{e}=\bar{k}_{ji}^{e}$。这实际上也是功的互等定理的结论。

④ 单元刚度方程中轴向变形和弯曲变形没有耦合，所以耦合位置的刚度系数为零，例如，$\bar{k}_{12}^{e}=\bar{k}_{13}^{e}=0$。

⑤ 单元刚度矩阵 $\bar{\boldsymbol{k}}^{e}$（或$\boldsymbol{k}^{e}$）是奇异矩阵。奇异性意味着 $\bar{\boldsymbol{k}}^{e}$ 是缺秩的，也意味着行列式$|\bar{\boldsymbol{k}}^{e}|=0$。奇异性还意味着，给定杆端位移向量 $\overline{\boldsymbol{\Delta}}^{e}$，可以唯一确定杆端力向量$\overline{\boldsymbol{F}}^{e}$；反之，给定$\overline{\boldsymbol{F}}^{e}$，则无法唯一确定 $\overline{\boldsymbol{\Delta}}^{e}$。

3. 特殊单元的刚度矩阵

式（11-11）是一般单元的刚度矩阵，对应 6 个待定的杆端位移。在结构中还有一些特殊单元，其中某个或某些杆端位移的值已知为零。各种特殊单元的刚度方程和刚度矩阵无需另行推导，只需适当地做一些处理便可得到。

举例来说，计算连续梁时，通常忽略轴向变形。单元结点位移向量 $\overline{\boldsymbol{\Delta}}^{e}$ 中只有两端转角 θ_1、θ_2 是待求的，其余四个杆端位移均为零。将这些零位移代入式（11-9），删去 4 个冗余的方程，则连续梁的单元刚度方程为

$$\begin{pmatrix} M_1 \\ M_2 \end{pmatrix}^{e}=\begin{pmatrix} \dfrac{4EI}{l} & \dfrac{2EI}{l} \\ \dfrac{2EI}{l} & \dfrac{4EI}{l} \end{pmatrix}^{e}\begin{pmatrix} \theta_1 \\ \theta_2 \end{pmatrix}^{e} \tag{11-16}$$

而连续梁的单元刚度矩阵为（式（11-11）中删去第 1、2、4、5 行和列）

$$\bar{\boldsymbol{k}}^{e}=\begin{pmatrix} \dfrac{4EI}{l} & \dfrac{2EI}{l} \\ \dfrac{2EI}{l} & \dfrac{4EI}{l} \end{pmatrix}^{e} \tag{11-17}$$

用类似的方法，还可以得出其他特殊单元的刚度方程和刚度矩阵。但是，对于计算机的方法，应该尽量让计算机自动处理各种特殊情况，而不宜人为地替计算机引入过多的特殊单元。顺便指出，连续梁的单元刚度矩阵是可逆的，原因不难推断，留给读者思考。

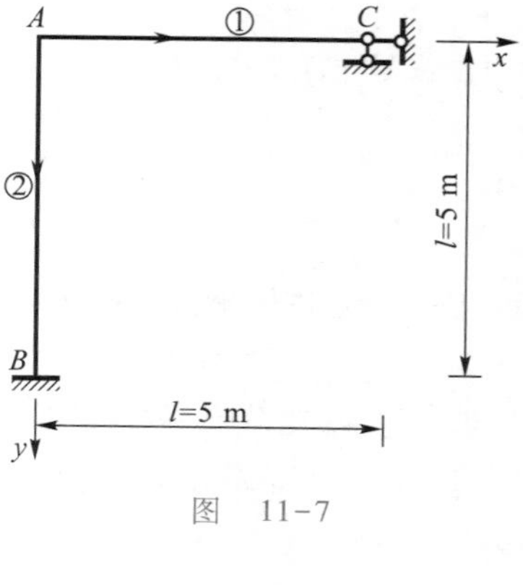

图　11-7

例 11-1　试求图 11-7 所示刚架中各单元在整体坐标系中的刚度矩阵 $\boldsymbol{k}^{e}$。设各杆的杆长和截面尺寸相同。

$l=5$ m，截面尺寸 $bh=0.5\ \text{m}\times1\ \text{m}$，$A=0.5\ \text{m}^2$，$I=\dfrac{1}{24}\ \text{m}^4$，

$E=3\times10^4$ MPa, $\dfrac{EA}{l}=300\times10^4$ kN/m, $\dfrac{EI}{l}=25\times10^4$ kN·m

解　(1) 局部坐标系中的单元刚度矩阵 $\bar{\boldsymbol{k}}^e$

图中用箭头标明各杆局部坐标 $\bar{x}$ 的正方向。由于单元①、②的尺寸相同,故 $\bar{\boldsymbol{k}}^{①}$ 与 $\bar{\boldsymbol{k}}^{②}$ 相等。由式(11-11)得

$$\bar{\boldsymbol{k}}^{①}=\bar{\boldsymbol{k}}^{②}=10^4\times\begin{pmatrix} 300\text{ kN/m} & 0 & 0 & -300\text{ kN/m} & 0 & 0\\ 0 & 12\text{ kN/m} & 30\text{ kN} & 0 & -12\text{ kN/m} & 30\text{ kN}\\ 0 & 30\text{ kN} & 100\text{ kN}\cdot\text{m} & 0 & -30\text{ kN} & 50\text{ kN}\cdot\text{m}\\ -300\text{ kN/m} & 0 & 0 & 300\text{ kN/m} & 0 & 0\\ 0 & -12\text{ kN/m} & -30\text{ kN} & 0 & 12\text{ kN/m} & -30\text{ kN}\\ 0 & 30\text{ kN} & 50\text{ kN}\cdot\text{m} & 0 & -30\text{ kN} & 100\text{ kN}\cdot\text{m} \end{pmatrix}$$

(2) 整体坐标系中的单元刚度矩阵 $\boldsymbol{k}^e$

单元①: $\alpha=0°$, $\boldsymbol{T}=\boldsymbol{I}$

$$\boldsymbol{k}^{①}=\bar{\boldsymbol{k}}^{①}$$

单元②: $\alpha=90°$,单元坐标转换矩阵为

$$\boldsymbol{T}=\left(\begin{array}{ccc:ccc} 0 & 1 & 0 & 0 & 0 & 0\\ -1 & 0 & 0 & 0 & 0 & 0\\ 0 & 0 & 1 & 0 & 0 & 0\\ \hdashline 0 & 0 & 0 & 0 & 1 & 0\\ 0 & 0 & 0 & -1 & 0 & 0\\ 0 & 0 & 0 & 0 & 0 & 1 \end{array}\right)$$

$$\boldsymbol{k}^{②}=\boldsymbol{T}^{\mathrm{T}}\bar{\boldsymbol{k}}^{②}\boldsymbol{T}=10^4\times\begin{pmatrix} 12\text{ kN/m} & 0 & -30\text{ kN} & -12\text{ kN/m} & 0 & -30\text{ kN}\\ 0 & 300\text{ kN/m} & 0 & 0 & -300\text{ kN/m} & 0\\ -30\text{ kN} & 0 & 100\text{ kN}\cdot\text{m} & 30\text{ kN} & 0 & 50\text{ kN}\cdot\text{m}\\ -12\text{ kN/m} & 0 & 30\text{ kN} & 12\text{ kN/m} & 0 & 30\text{ kN}\\ 0 & -300\text{ kN/m} & 0 & 0 & 300\text{ kN/m} & 0\\ -30\text{ kN} & 0 & 50\text{ kN}\cdot\text{m} & 30\text{ kN} & 0 & 100\text{ kN}\cdot\text{m} \end{pmatrix}$$

§ 11-4　连续梁的整体刚度矩阵

前一节进行了单元分析,建立了单元刚度方程,推导了单元刚度矩阵。从本节起转到整体分析,建立整体刚度方程,导出整体刚度矩阵。本节以连续梁为例,下节讨论刚架的一般情况。

整体刚度方程建立的作法有两种:一种是传统位移法,另一种是本章介绍的单元集成法(也称为刚度集成法或直接刚度法)。单元集成法的优点是便于实现计算过程的程序化。

为了将两种作法加以比较,先回顾一下传统作法。

对于图 11-8a 所示的连续梁,位移法基本体系如图 11-8b 所示。位移法的基本未知量为结点转角 Δ_1、Δ_2、Δ_3,它们可指定为任意值,在基本体系中用控制附加约束加以指定。它们组成整

体结构的结点位移向量 $\boldsymbol{\Delta}$：

$$\boldsymbol{\Delta}=(\Delta_1 \quad \Delta_2 \quad \Delta_3)^{\mathrm{T}}$$

与 Δ_1、Δ_2、Δ_3 对应的力是附加约束的力偶 F_1、F_2、F_3。它们组成整体结构的结点力向量 $\boldsymbol{F}$：

$$\boldsymbol{F}=(F_1 \quad F_2 \quad F_3)^{\mathrm{T}}$$

在传统作法中，分别考虑每个结点转角 Δ_1、Δ_2、Δ_3 独自引起的结点力偶，如图 11-9a、b、c 所示。

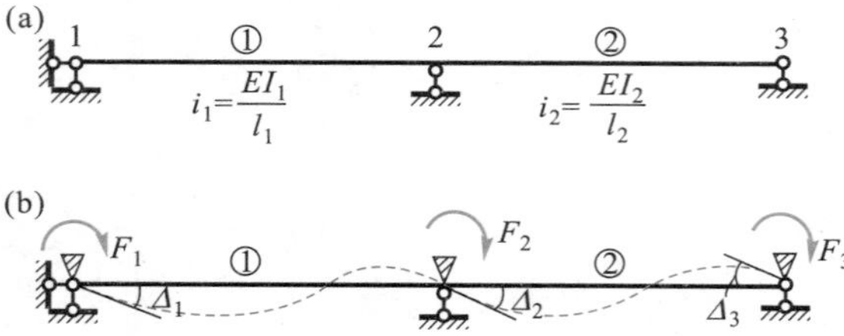

图　11-8

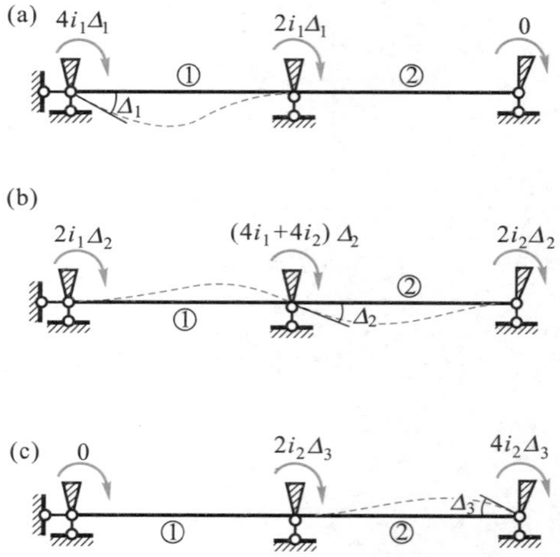

图　11-9

叠加上述三种情况，即得结点力偶 F_1、F_2、F_3 如下：

$$\begin{pmatrix} F_1 \\ F_2 \\ F_3 \end{pmatrix}=\begin{pmatrix} 4i_1 & 2i_1 & 0 \\ 2i_1 & 4i_1+4i_2 & 2i_2 \\ 0 & 2i_2 & 4i_2 \end{pmatrix}\begin{pmatrix} \Delta_1 \\ \Delta_2 \\ \Delta_3 \end{pmatrix} \tag{11-18}$$

记为

$$\boldsymbol{F}=\boldsymbol{K\Delta} \tag{11-19}$$

其中

$$\boldsymbol{K}=\begin{pmatrix} 4i_1 & 2i_1 & 0 \\ 2i_1 & 4i_1+4i_2 & 2i_2 \\ 0 & 2i_2 & 4i_2 \end{pmatrix} \tag{11-20}$$

式(11-18)或式(11-19)称为整体刚度方程，$\boldsymbol{K}$ 称为整体刚度矩阵。

上面简略地回顾了传统位移法，下面详细地介绍单元集成法。

1. 单元集成法的力学模型和基本概念

按传统位移法求结构的结点力 $\boldsymbol{F}$ 时，分别考虑每个结点位移对 $\boldsymbol{F}$ 的单独贡献（采用图 11-9 中的力学模型），然后进行叠加——其特点就是“由单元直接集成”。

首先，考虑单元①的贡献。

既然只考虑单元①的单独贡献,因此必须设法略去其他单元的贡献。为此采用图 11-10 所示的力学模型,其中令单元②的刚度为零(即令 $i_2=0$)。此时,整个结构的结点力是由单元①单独产生的,记为

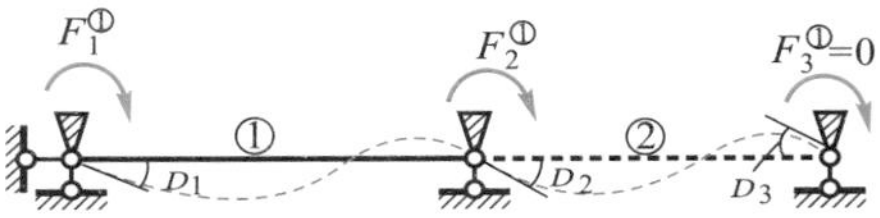

图 11-10

$$\boldsymbol{F}^{①}=(F_1^{①}\quad F_2^{①}\quad F_3^{①})^{\mathrm{T}}$$

$\boldsymbol{F}^{①}$ 表示单元①对结构结点力 $\boldsymbol{F}$ 的贡献。

下面求此模型的结点力 $\boldsymbol{F}^{①}$。由于 $i_2=0$,因此

$$F_3^{①}=0 \tag{a}$$

而 $F_1^{①}$ 和 $F_2^{①}$ 可由单元①的单元刚度矩阵 $\boldsymbol{k}^{①}$ 算出。已知

$$\boldsymbol{k}^{①}=\begin{pmatrix}4i_1 & 2i_1\\ 2i_1 & 4i_1\end{pmatrix} \tag{11-21}$$

故得

$$\begin{pmatrix}F_1^{①}\\ F_2^{①}\end{pmatrix}=\begin{pmatrix}4i_1 & 2i_1\\ 2i_1 & 4i_1\end{pmatrix}\begin{pmatrix}\Delta_1\\ \Delta_2\end{pmatrix} \tag{b}$$

式(a)和式(b)可合并写成

$$\begin{pmatrix}F_1^{①}\\ F_2^{①}\\ F_3^{①}\end{pmatrix}=\begin{pmatrix}4i_1 & 2i_1 & 0\\ 2i_1 & 4i_1 & 0\\ 0 & 0 & 0\end{pmatrix}\begin{pmatrix}\Delta_1\\ \Delta_2\\ \Delta_3\end{pmatrix} \tag{11-22}$$

记为

$$\boldsymbol{F}^{①}=\boldsymbol{K}^{①}\boldsymbol{\Delta} \tag{11-23}$$

其中

$$\boldsymbol{K}^{①}=\begin{pmatrix}4i_1 & 2i_1 & 0\\ 2i_1 & 4i_1 & 0\\ 0 & 0 & 0\end{pmatrix} \tag{11-24}$$

$\boldsymbol{K}^{①}$ 表示单元①对整体刚度矩阵提供的贡献,称为单元①的贡献矩阵。

其次,考虑单元②的贡献。

此时,令 $i_1=0$,力学模型如图 11-11 所示。其中,结点力 $F_1^{②}=0$,而 $F_2^{②}$ 和 $F_3^{②}$ 则由单元②的单元刚度矩阵 $\boldsymbol{k}^{②}$ 算出。

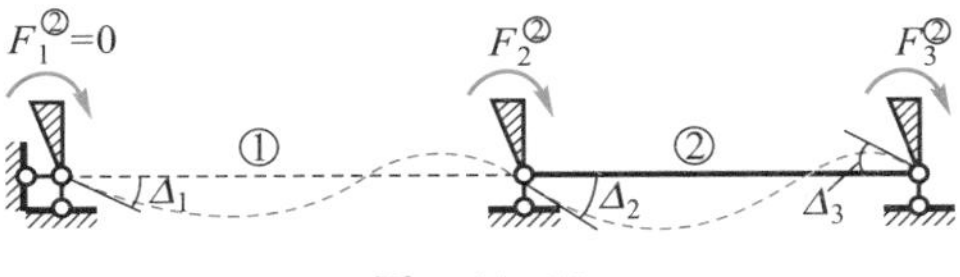

图 11-11

已知

$$\boldsymbol{k}^{②}=\begin{pmatrix}4i_2 & 2i_2\\ 2i_2 & 4i_2\end{pmatrix} \tag{11-25}$$

故得

$$\begin{pmatrix} F_1^{②} \\ F_2^{②} \\ F_3^{②} \end{pmatrix} = \begin{pmatrix} 0 & 0 & 0 \\ 0 & 4i_2 & 2i_2 \\ 0 & 2i_2 & 4i_2 \end{pmatrix} \begin{pmatrix} \Delta_1 \\ \Delta_2 \\ \Delta_3 \end{pmatrix} \tag{11-26}$$

记为

$$\boldsymbol{F}^{②} = \boldsymbol{K}^{②} \boldsymbol{\Delta} \tag{11-27}$$

其中

$$\boldsymbol{K}^{②} = \begin{pmatrix} 0 & 0 & 0 \\ 0 & 4i_2 & 2i_2 \\ 0 & 2i_2 & 4i_2 \end{pmatrix} \tag{11-28}$$

$\boldsymbol{K}^{②}$称为单元②的贡献矩阵。

可以看出，$\boldsymbol{K}^e$ 是 $\boldsymbol{K}$ 的同阶矩阵。又 $\boldsymbol{K}^e$ 是由 $\boldsymbol{k}^e$ 的元素及零元素组成的矩阵。

最后，将式(11-23)和式(11-27)叠加，即得出结构的结点力 $\boldsymbol{F}$：

$$\boldsymbol{F} = \boldsymbol{F}^{①} + \boldsymbol{F}^{②} = (\boldsymbol{K}^{①} + \boldsymbol{K}^{②})\boldsymbol{\Delta} \tag{11-29}$$

由此得出整体刚度矩阵 $\boldsymbol{K}$ 为

$$\boldsymbol{K} = \boldsymbol{K}^{①} + \boldsymbol{K}^{②} = \sum_e \boldsymbol{K}^e \tag{11-30}$$

上式表明，整体刚度矩阵为各单元贡献矩阵之和。

式(11-30)中的 $\boldsymbol{K}^{①}$和 $\boldsymbol{K}^{②}$按式(11-24)和式(11-28)代入后，所得到的 $\boldsymbol{K}$ 与式(11-20)相同。因此，单元集成法与传统位移法是殊途同归的。

从以上讨论中看出，单元集成法求整体刚度矩阵的步骤可表示为

$$\boldsymbol{k}^e \xrightarrow{\text{I}} \boldsymbol{K}^e \xrightarrow{\text{II}} \boldsymbol{K} \tag{11-31}$$

这里，在单元刚度矩阵 $\boldsymbol{k}^e$ 与整体刚度矩阵 $\boldsymbol{K}$ 之间增添了一个中间环节——单元贡献矩阵 $\boldsymbol{K}^e$。单元集成法分解为两步：

第Ⅰ步——由 $\boldsymbol{k}^e$ 求 $\boldsymbol{K}^e$。

第Ⅱ步——由 $\boldsymbol{K}^e$ 求 $\boldsymbol{K}$。

第Ⅱ步按式(11-30)进行，比较简单。因此，下面将对第Ⅰ步作进一步的讨论。

2. 按照单元定位向量由 $\boldsymbol{k}^e$ 求 $\boldsymbol{K}^e$

前已指出，$\boldsymbol{K}^e$ 是由 $\boldsymbol{k}^e$ 的元素及零元素重新排列而成的矩阵。这里，要着重讨论 $\boldsymbol{k}^e$ 的元素在 $\boldsymbol{K}^e$ 中的定位问题。

在图11-12a中，连续梁的结点位移统一编码为1、2、3 为整体码。在单元分析中，每个单元的两个端点位移各自编码为(1)和(2)，为局部码(图11-12b)。局部码暂时加括号，使与整体码相区别。

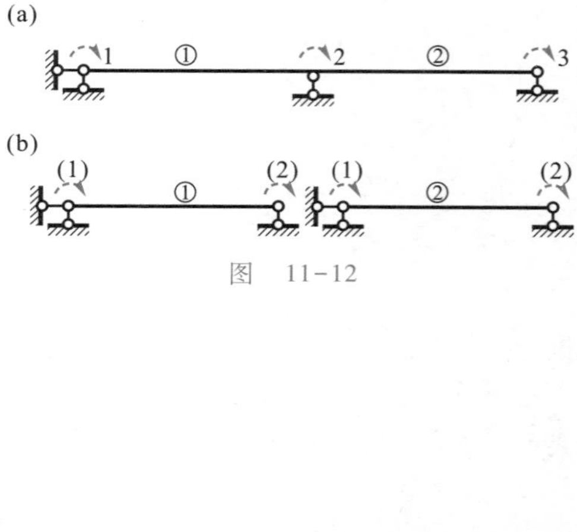

图　11-12

对于图 11-12 中的单元①和②，其对应关系如下：

单　元	对应关系 局部码→整体码	单元定位向量 $\boldsymbol{\lambda}^e$
①	(1)→1 (2)→2	$\boldsymbol{\lambda}^{①}=\begin{pmatrix}1\\2\end{pmatrix}$
②	(1)→2 (2)→3	$\boldsymbol{\lambda}^{②}=\begin{pmatrix}2\\3\end{pmatrix}$

再注意单元刚度矩阵 $\boldsymbol{k}^e$ 和单元贡献矩阵 $\boldsymbol{K}^e$ 中元素的排列方式。

在 $\boldsymbol{k}^e$ 中——元素按局部码排列，或者说，元素按局部码"对号入座"。

在 $\boldsymbol{K}^e$ 中——元素按整体码排列，或者说，元素按整体码"对号入座"。

为了由单元刚度矩阵 $\boldsymbol{k}^e$ 得出单元贡献矩阵 $\boldsymbol{K}^e$，其作法可概括为"换码重排座"：

	在单元刚度矩阵 $\boldsymbol{k}^e$ 中	在单元贡献矩阵 $\boldsymbol{K}^e$ 中	
换　码	元素的原行码(i) 原列码(j)	换成新行码 λ_i 新列码 λ_j	$(i)\rightarrow\lambda_i$ $(j)\rightarrow\lambda_j$
重排座	原排在(i)行(j)列的元素	改排在 λ_i 行 λ_j 列	$k_{ij}^e\rightarrow K_{\lambda_i\lambda_j}^e$

应当指出，换码和重排座，都是根据单元定位向量 $\boldsymbol{\lambda}^e$ 进行的。

现按上述作法，由 $\boldsymbol{k}^{①}$，$\boldsymbol{k}^{②}$ 得出 $\boldsymbol{K}^{①}$，$\boldsymbol{K}^{②}$ 如下：

单　元	单元刚度矩阵 $\boldsymbol{k}^e$	单元定位向量 $\boldsymbol{\lambda}^e$	单元贡献矩阵 $\boldsymbol{K}^e$
①	$\begin{matrix} & (1) & (2) \\ (1) & 4i_1 & 2i_1 \\ (2) & 2i_1 & 4i_1 \end{matrix}$	$\begin{pmatrix}1\\2\end{pmatrix}$	$\begin{matrix} & (1) & (2) & \\ & \downarrow & \downarrow & \\ & 1 & 2 & 3 \\ (1)\rightarrow 1 & 4i_1 & 2i_1 & 0 \\ (2)\rightarrow 2 & 2i_1 & 4i_1 & 0 \\ 3 & 0 & 0 & 0 \end{matrix}$
②	$\begin{matrix} & (1) & (2) \\ (1) & 4i_2 & 2i_2 \\ (2) & 2i_2 & 4i_2 \end{matrix}$	$\begin{pmatrix}2\\3\end{pmatrix}$	$\begin{matrix} & & (1) & (2) \\ & & \downarrow & \downarrow \\ & 1 & 2 & 3 \\ 1 & 0 & 0 & 0 \\ (1)\rightarrow 2 & 0 & 4i_2 & 2i_2 \\ (2)\rightarrow 3 & 0 & 2i_2 & 4i_2 \end{matrix}$

上表换码重排座中得出的 $\boldsymbol{K}^{①}$，$\boldsymbol{K}^{②}$ 就是式(11-24)、式(11-28)的结果。

总之，由 $\boldsymbol{k}^e$ 求 $\boldsymbol{K}^e$ 的问题实质上就是 $\boldsymbol{k}^e$ 中的元素在 $\boldsymbol{K}^e$ 中如何定位的问题。定位规则是

$$k_{ij}^e \longrightarrow K_{\lambda_i\lambda_j}^e \qquad (11-32)$$

即根据单元定位向量 $\boldsymbol{\lambda}^e$ 将元素 k_{ij}^e 定在 $\boldsymbol{K}^e$ 中 λ_i 行 λ_j 列的位置上。

3. 单元集成法的实施方案

在式(11-31)中,将单元集成法分解为两步:第Ⅰ步是将 $\boldsymbol{k}^e$ 中的元素按照单元定位向量 $\boldsymbol{\lambda}^e$ 在 $\boldsymbol{K}^e$ 中定位,第Ⅱ步是将各 $\boldsymbol{K}^e$ 中的元素累加。这样做的目的是为了便于理解。

在单元集成法的实施方案中,将两步合成一步,采用“边定位”、“边累加”的办法,由 $\boldsymbol{k}^e$ 直接形成 $\boldsymbol{K}$。这样做的目的是为了使计算程序更为简洁。

详细地说,按照单元集成法形成 $\boldsymbol{K}$ 的过程就是依次将每个 $\boldsymbol{k}^e$ 的元素在 $\boldsymbol{K}$ 中按 $\boldsymbol{\lambda}^e$ 定位并进行累加的过程。过程的每一步骤可列出如下:

(1) 先将 $\boldsymbol{K}$ 置零,这时 $\boldsymbol{K}=\boldsymbol{0}$。

(2) 将 $\boldsymbol{k}^{①}$的元素在 $\boldsymbol{K}$ 中按 $\boldsymbol{\lambda}^{①}$定位并进行累加,这时 $\boldsymbol{K}=\boldsymbol{K}^{①}$。

(3) 将 $\boldsymbol{k}^{②}$的元素在 $\boldsymbol{K}$ 中按 $\boldsymbol{\lambda}^{②}$定位并进行累加,这时 $\boldsymbol{K}=\boldsymbol{K}^{①}+\boldsymbol{K}^{②}$。

按以上作法对所有单元循环一遍,最后即得到 $\boldsymbol{K}=\sum\limits_e \boldsymbol{K}^e$。

现以图 11-8a 所示连续梁为例,说明上述过程:

将 $\boldsymbol{k}^{①}$集成后,得到阶段结果如下:

$$\begin{pmatrix} 4i_1 & 2i_1 & 0 \\ 2i_1 & 4i_1 & 0 \\ 0 & 0 & 0 \end{pmatrix}$$

在此基础上再将 $\boldsymbol{k}^{②}$集成,即得最终结果如下:

$$\begin{pmatrix} 4i_1 & 2i_1 & 0 \\ 2i_1 & 4i_1+(4i_2) & (2i_2) \\ 0 & (2i_2) & (4i_2) \end{pmatrix}=\boldsymbol{K}$$

此结果即为式(11-20)。

例 11-2　试求图 11-13a 所示连续梁的整体刚度矩阵 $\boldsymbol{K}$。

解　(1) 结点位移分量的整体码

此连续梁有三个结点位移分量,即转角 Δ_1、Δ_2、Δ_3(图 11-13b),其整体码分别编为 1、2、3。

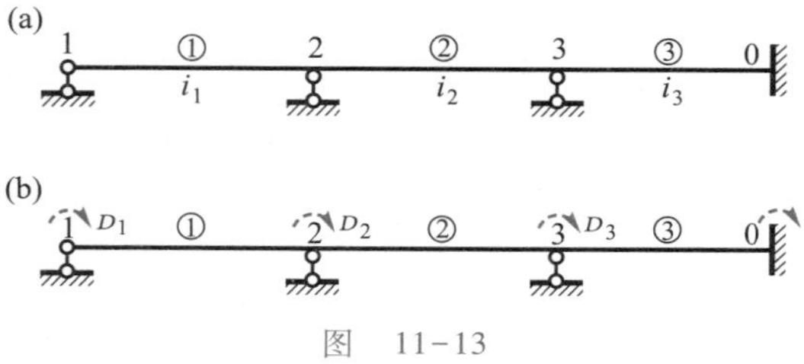

图　11-13

(2) 各单元的定位向量 $\boldsymbol{\lambda}^e$

单元①、②、③的定位向量可由图 11-13b 得出如下:

$$\boldsymbol{\lambda}^{①}=\begin{pmatrix}1\\2\end{pmatrix},\quad \boldsymbol{\lambda}^{②}=\begin{pmatrix}2\\3\end{pmatrix},\quad \boldsymbol{\lambda}^{③}=\begin{pmatrix}3\\0\end{pmatrix}$$

(3) 单元集成过程

在下表中给出按照单元①、②、③的次序进行集成的过程及相应的阶段结果和最终结果。

单　元	单元刚度矩阵 $\boldsymbol{k}^e$	按单元定位向量换码	集成过程中的阶段结果
①	$\begin{matrix} & \begin{matrix}(1) & (2)\end{matrix} \\ \begin{matrix}(1)\\(2)\end{matrix} & \begin{pmatrix}4i_1 & 2i_1\\ 2i_1 & 4i_1\end{pmatrix}\end{matrix}$	(1)→1 (2)→2	$\begin{matrix} & \begin{matrix}(1) & (2) & \\ \downarrow & \downarrow & \\ 1 & 2 & 3\end{matrix} \\ \begin{matrix}(1)\to 1\\(2)\to 2\\3\end{matrix} & \begin{pmatrix}4i_1 & 2i_1 & 0\\ 2i_1 & 4i_1 & 0\\ 0 & 0 & 0\end{pmatrix}\end{matrix}$
②	$\begin{matrix} & \begin{matrix}(1) & (2)\end{matrix} \\ \begin{matrix}(1)\\(2)\end{matrix} & \begin{pmatrix}4i_2 & 2i_2\\ 2i_2 & 4i_2\end{pmatrix}\end{matrix}$	(1)→2 (2)→3	$\begin{matrix} & \begin{matrix} & (1) & (2) \\ & \downarrow & \downarrow \\ 1 & 2 & 3\end{matrix} \\ \begin{matrix}1\\(1)\to 2\\(2)\to 3\end{matrix} & \begin{pmatrix}4i_1 & 2i_1 & 0\\ 2i_1 & 4i_1+(4i_2) & (2i_2)\\ 0 & (2i_2) & (4i_2)\end{pmatrix}\end{matrix}$
③	$\begin{matrix} & \begin{matrix}(1) & (2)\end{matrix} \\ \begin{matrix}(1)\\(2)\end{matrix} & \begin{pmatrix}4i_3 & 2i_3\\ 2i_3 & 4i_3\end{pmatrix}\end{matrix}$	(1)→3 (2)→0	$\boxed{(2)\to 0}$ $\begin{matrix} & \begin{matrix} & & (1) \\ & & \downarrow \\ 1 & 2 & 3\end{matrix} \\ \begin{matrix}1\\2\\(1)\to 3\end{matrix} & \begin{pmatrix}4i_1 & 2i_1 & 0\\ 2i_1 & 4i_1+4i_2 & 2i_2\\ 0 & 2i_2 & 4i_2+(4i_3)\end{pmatrix} = \boldsymbol{K}\end{matrix}$

注意,在上表中,当对单元③进行集成时,出现如下的换码情况:

$$(2)\longrightarrow 0$$

这里,局部码(2)对应的整体码为0。这表明在 $\boldsymbol{k}^{③}$ 中的(2)行或(2)列元素在 $\boldsymbol{K}$ 中应定位在0行或0列上,即它们在 $\boldsymbol{K}$ 中没有座位,在集成过程中应当舍弃,不予考虑。

4. 整体刚度矩阵的性质

(1) 整体刚度系数的意义。

$\boldsymbol{K}$ 中的元素 K_{ij} 称为整体刚度系数。它表示当第 j 个结点位移分量 $\Delta_j=1$(其他结点位移分量为零)时所产生的第 i 个结点力 F_i。

(2) $\boldsymbol{K}$ 是对称矩阵。

(3) 按本节方法计算连续梁时,$\boldsymbol{K}$ 是可逆矩阵。

关于"可逆性"可说明如下。可逆与否,是由反问题的性质确定的。这里的反问题是由结点力 $\boldsymbol{F}$ 来推算结点位移 $\boldsymbol{\Delta}$。以图 11-8a 所示连续梁为例,反问题的力学模型如图 11-14 所示。由于这是一个几何不变体系,因此当 $\boldsymbol{F}$ 指定为任意值时,均可求得 $\boldsymbol{\Delta}$ 的唯一解,故知 $\boldsymbol{K}^{-1}$ 是存在的。

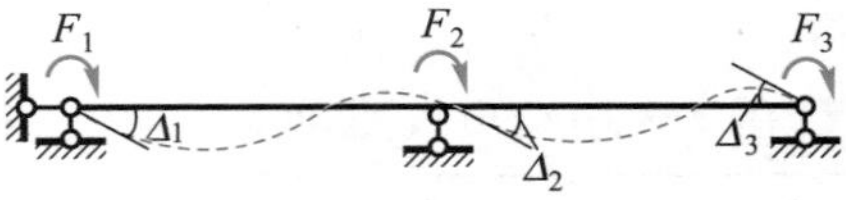

图　11-14

(4) $\boldsymbol{K}$ 是稀疏矩阵和带状矩阵。

对于图 11-15 所示 n 跨连续梁,不难导出其整体刚度方程如下:

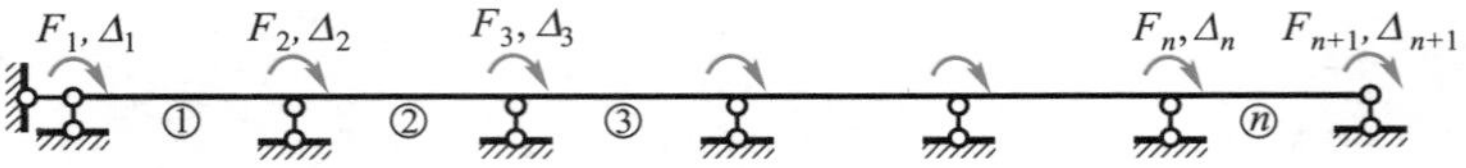

图　11-15

$$
\begin{pmatrix} F_1 \\ F_2 \\ F_3 \\ \vdots \\ F_n \\ F_{n+1} \end{pmatrix}
=
\begin{pmatrix}
4i_1 & 2i_1 & 0 & 0 & & & \\
2i_1 & 4(i_1+i_2) & 2i_2 & 0 & & \mathbf{0} & \\
0 & 2i_2 & 4(i_2+i_3) & 2i_3 & & & \\
 & & \ddots & \ddots & \ddots & & \\
 & \mathbf{0} & & & & & \\
 & & & & 2i_{n-1} & 4(i_{n-1}+i_n) & 2i_n \\
 & & & & 0 & 2i_n & 4i_n
\end{pmatrix}
\begin{pmatrix} \Delta_1 \\ \Delta_2 \\ \Delta_3 \\ \vdots \\ \Delta_n \\ \Delta_{n+1} \end{pmatrix}
\tag{11-33}
$$

由此可看出,整体刚度矩阵 $\boldsymbol{K}$ 有许多零元素,故为稀疏矩阵。又非零元素都分布在以主对角线为中线的倾斜带状区域内,故 $\boldsymbol{K}$ 为带状矩阵。

§ 11-5　刚架的整体刚度矩阵

本节讨论用单元集成法求平面刚架的整体刚度矩阵 $\boldsymbol{K}$。

与前节的连续梁相比,基本思路相同,但情况要复杂一些。

基本思路相同。其要点仍旧是:$\boldsymbol{K}$ 由 $\boldsymbol{k}^e$ 直接集成;集成包括将 $\boldsymbol{k}^e$ 的元素在 $\boldsymbol{K}$ 中定位和累加两个环节;定位是依据单元定位向量 $\boldsymbol{\lambda}^e$ 进行的。

情况的复杂性表现在下列几个方面:

在一般情况下要考虑刚架中各杆的轴向变形;

刚架中每个结点的位移分量要增加到三个:角位移和两个线位移;

刚架中各杆方向不尽相同,在整体分析中需采用整体坐标;

刚架中除刚结点外,还要考虑铰结点等其他情况。

1. 结点位移分量的统一编码——整体码

以例11-1平面刚架为例，其结构的编码如图 11-16 所示。

此刚架共有四个未知结点位移分量，它们组成整体结构的结点位移向量 $\boldsymbol{\Delta}$：

$$\boldsymbol{\Delta}=(\Delta_1\quad \Delta_2\quad \Delta_3\quad \Delta_4)^{\mathrm{T}}$$
$$=(u_A\quad v_A\quad \theta_A\quad \theta_C)^{\mathrm{T}}$$

相应的结点力向量为

$$\boldsymbol{F}=(F_1\quad F_2\quad F_3\quad F_4)^{\mathrm{T}}$$

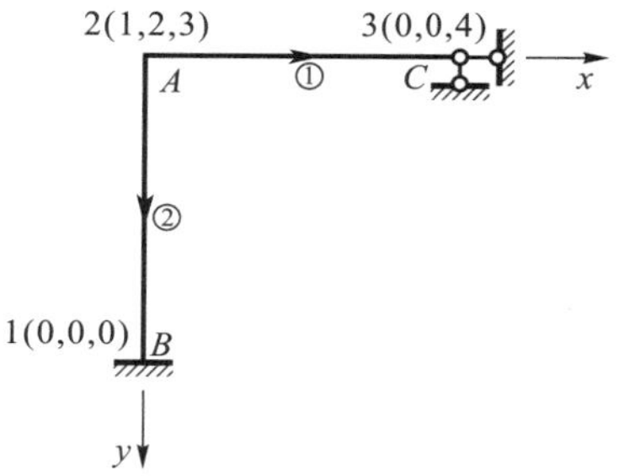

图 11-16

2. 单元定位向量

此刚架有两个杆件单元①、②。图中各杆轴上的箭头表示各杆局部坐标系中 $\bar{x}$ 轴的正方向。

在下表中对每个单元给出了在整体坐标系中单元结点位移分量局部码与整体码之间的对应关系，还给出了各单元的定位向量 $\boldsymbol{\lambda}^e$。

单元①		单元②	
局部码→整体码	单元定位向量	局部码→整体码	单元定位向量
(1)→1 (2)→2 (3)→3 (4)→0 (5)→0 (6)→4	$\boldsymbol{\lambda}^{①}=\begin{pmatrix}1\\2\\3\\0\\0\\4\end{pmatrix}$	(1)→1 (2)→2 (3)→3 (4)→0 (5)→0 (6)→0	$\boldsymbol{\lambda}^{②}=\begin{pmatrix}1\\2\\3\\0\\0\\0\end{pmatrix}$

注意，单元六个位移分量在两套坐标系中有两套局部码。在单元定位向量中，指的是整体坐标系中的局部码。

3. 单元集成过程

下面按单元①、②的次序进行集成。

首先，考虑单元①：

在整体坐标系中单元①的刚度矩阵 $\boldsymbol{k}^{①}$ 在例 11-1 中已给出：

$$\boldsymbol{k}^{①}=\begin{matrix} & (1) & (2) & (3) & (4) & (5) & (6) \\ (1) & 300 & 0 & 0 & -300 & 0 & 0 \\ (2) & 0 & 12 & 30 & 0 & -12 & 30 \\ (3) & 0 & 30 & 100 & 0 & -30 & 50 \\ (4) & -300 & 0 & 0 & 300 & 0 & 0 \\ (5) & 0 & -12 & -30 & 0 & 12 & -30 \\ (6) & 0 & 30 & 50 & 0 & -30 & 100 \end{matrix}\times 10^4 \qquad (11-34)$$

根据上表中的单元定位向量 $\boldsymbol{\lambda}^{①}$ 及其换码关系，将 $\boldsymbol{k}^{①}$ 中的 (i) 行 (j) 列元素在 $\boldsymbol{K}$ 中定位于 λ_i 行 λ_j 列，即得 $\boldsymbol{K}$ 的阶段结果如下（注意，由于局部码(4)和(5)对应的总码都是零，因此 $\boldsymbol{K}^{①}$ 的第(4)、(5)行和第(4)、(5)列各元素在 $\boldsymbol{K}$ 中都没有座位）：

$\boldsymbol{K}$ 的阶段结果 =

$$
\begin{array}{r}
\\ \\ \\
(1)\longrightarrow 1 \\ (2)\longrightarrow 2 \\ (3)\longrightarrow 3 \\ (6)\longrightarrow 4
\end{array}
\begin{array}{c}
\begin{array}{cccc} (1) & (2) & (3) & (6) \\ \downarrow & \downarrow & \downarrow & \downarrow \\ 1 & 2 & 3 & 4 \end{array} \\
\begin{pmatrix}
300 & 0 & 0 & 0 \\
0 & 12 & 30 & 30 \\
0 & 30 & 100 & 50 \\
0 & 30 & 50 & 100
\end{pmatrix}
\end{array}
\times 10^4 \tag{11-35}
$$

其次，考虑单元②：

$\boldsymbol{k}^{②}$ 由例 11-1 得出如下：

$\boldsymbol{k}^{②}$ =

$$
\begin{array}{c}
\begin{array}{cccccc} (1) & (2) & (3) & (4) & (5) & (6) \end{array} \\
\begin{array}{r} (1)\\(2)\\(3)\\(4)\\(5)\\(6) \end{array}
\begin{pmatrix}
12 & 0 & -30 & -12 & 0 & -30 \\
0 & 300 & 0 & 0 & -300 & 0 \\
-30 & 0 & 100 & 30 & 0 & 50 \\
-12 & 0 & 30 & 12 & 0 & 30 \\
0 & -300 & 0 & 0 & 300 & 0 \\
-30 & 0 & 50 & 30 & 0 & 100
\end{pmatrix}
\end{array}
\times 10^4 \tag{11-36}
$$

按照单元定位向量 $\boldsymbol{\lambda}^{②}$ 将 $\boldsymbol{k}^{②}$ 中的元素在 $\boldsymbol{K}$ 中定位并与前阶段结果累加，即得 $\boldsymbol{K}$ 的最后结果如下（$\boldsymbol{k}^{②}$ 中的(4)、(5)、(6)各行各列元素在 $\boldsymbol{K}$ 中均无座位）：

$\boldsymbol{K}$ =

$$
\begin{array}{r}
\\ \\ \\
(1)\rightarrow 1 \\ (2)\rightarrow 2 \\ (3)\rightarrow 3 \\ 4
\end{array}
\begin{array}{c}
\begin{array}{cccc} (1) & (2) & (3) & \\ \downarrow & \downarrow & \downarrow & \\ 1 & 2 & 3 & 4 \end{array} \\
\begin{pmatrix}
300+(12) & 0+(0) & 0+(-30) & 0 \\
0+(0) & 12+(300) & 30+(0) & 30 \\
0+(-30) & 30+(0) & 100+(100) & 50 \\
0 & 30 & 50 & 100
\end{pmatrix}
\end{array}
\times 10^4 \tag{11-37}
$$

4. 铰结点的处理

图 11-17 所示为具有铰结点的刚架。

铰结点处的两杆杆端结点应看作半独立的两个结点（C_1 和 C_2 或 3 和 4）：它们的线位移相同（不独立），而角位移不同（独立）。因此采用重码技巧，结点 3（C_1）的整体码编为(4,5,6)，而 C_2 则为(4,5,7)。

其次，考虑单元定位向量：

在图 11-17 中，单元①、②、③的 $\bar{x}$ 轴正方向用箭头标明。各杆的单元定位向量可由图直接

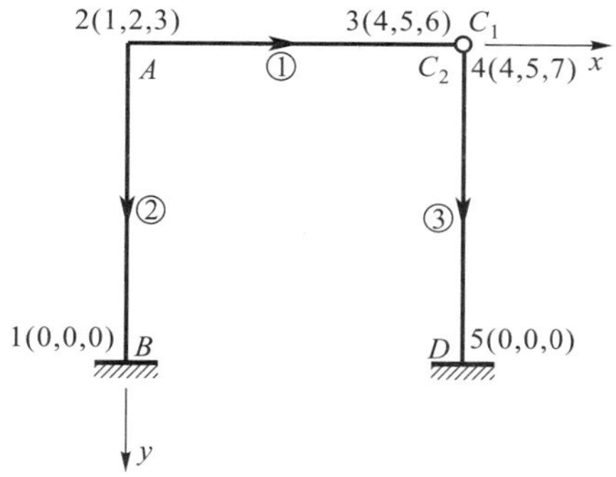

图 11-17

写出如下：

$$\left.\begin{aligned}\boldsymbol{\lambda}^{①}&=(1\quad 2\quad 3\quad 4\quad 5\quad 6)^{\mathrm{T}}\\\boldsymbol{\lambda}^{②}&=(1\quad 2\quad 3\quad 0\quad 0\quad 0)^{\mathrm{T}}\\\boldsymbol{\lambda}^{③}&=(4\quad 5\quad 7\quad 0\quad 0\quad 0)^{\mathrm{T}}\end{aligned}\right\}\tag{11-38}$$

最后，按①、②、③的次序进行单元集成。

设刚架中各杆的尺寸相同（即例 11-1 中各杆的尺寸）。

首先，考虑单元①：

$\boldsymbol{k}^{①}$在式（11-34）中已给出。根据式（11-38）中 $\boldsymbol{\lambda}^{①}$进行定位，即 $\boldsymbol{K}^{①}$的第一阶段结果，见式（11-39）。

	(1)↓1	(2)↓2	(3)↓3	(4)↓4	(5)↓5	(6)↓6	7
(1)→1	300	0	0	-300	0	0	0
(2)→2	0	12	30	0	-12	30	0
(3)→3	0	30	100	0	-30	50	0
(4)→4	-300	0	0	300	0	0	0
(5)→5	0	-12	-30	0	12	-30	0
(6)→6	0	30	50	0	-30	100	0
7	0	0	0	0	0	0	0

$\times 10^4$ （11-39）

其次，考虑单元②：

$\boldsymbol{k}^{②}$在式（11-36）中已给出。将其中的元素按 $\boldsymbol{\lambda}^{②}$在 $\boldsymbol{K}$ 中定位并与前阶段结果累加，即得 $\boldsymbol{K}$ 的第二阶段结果，见式（11-40）。

	(1)↓ 1	(2)↓ 2	(3)↓ 3	4	5	6	7
(1)→1	300+(12)	0+(0)	0+(−30)	−300	0	0	0
(2)→2	0+(0)	12+(300)	30+(0)	0	−12	30	0
(3)→3	0+(−30)	30+(0)	100+(100)	0	−30	50	0
4	−300	0	0	300	0	0	0
5	0	−12	−30	0	12	−30	0
6	0	30	50	0	−30	100	0
7	0	0	0	0	0	0	0

$\times 10^4$　　(11−40)

最后,考虑单元③:

$\boldsymbol{k}^{③}$与$\boldsymbol{k}^{②}$相同。由$\boldsymbol{\lambda}^{③}$即得$\boldsymbol{K}$的最后结果,见式(11−41)。

	1	2	3	(1)↓ 4	(2)↓ 5	6	(3)↓ 7
1	312	0	−30	−300	0	0	0
2	0	312	30	0	−12	30	0
3	−30	30	200	0	−30	50	0
(1)→4	−300	0	0	300+(12)	0+(0)	0	0+(−30)
(2)→5	0	−12	−30	0+(0)	12+(300)	−30	0+(0)
6	0	30	50	0	−30	100	0
(3)→7	0	0	0	0+(−30)	0+(0)	0	0+(100)

$\times 10^4$　　(11−41)

以上(11−34)至(11−41)各式中各物理量是有单位的,这里只是表示单元集成的过程,故式中未标单位。

§11-6 等效结点荷载向量

1. 矩阵位移法基本方程

前两节讨论了结构的整体刚度矩阵 $\boldsymbol{K}$,建立了整体刚度方程

$$\boldsymbol{F}=\boldsymbol{K\Delta} \tag{11-42}$$

整体刚度方程(11-42)是根据原结构的位移法基本体系建立的,它表示由结点位移 $\boldsymbol{\Delta}$ 推算结点力(即在基本体系的附加约束中引起的约束力)$\boldsymbol{F}$ 的关系式。它只反映结构的刚度性质,而不涉及原结构上作用的实际荷载。它并不是用以分析原结构的位移法基本方程。

为了建立矩阵位移法基本方程,现回顾一下卷Ⅰ §7-5 中的推导方法,分别考虑位移法基本体系的两种状态:

(1) 设荷载单独作用(结点位移 $\boldsymbol{\Delta}$ 设为零)——此时在基本结构中引起的结点约束力,记为 $\boldsymbol{F}_{\mathrm{P}}$。

(2) 设结点位移 $\boldsymbol{\Delta}$ 单独作用(荷载设为零)——此时在基本结构中引起的结点约束力为 $\boldsymbol{F}=\boldsymbol{K\Delta}$。

矩阵位移法基本方程应为

$$\boldsymbol{F}+\boldsymbol{F}_{\mathrm{P}}=\boldsymbol{0}$$

即

$$\boldsymbol{K\Delta}+\boldsymbol{F}_{\mathrm{P}}=\boldsymbol{0} \tag{11-43}$$

2. 等效结点荷载向量

原来的荷载可以是非结点荷载,或是结点荷载,或是二者的组合。现在将原来的荷载换成与之等效的结点荷载。等效的原则是要求这两种荷载在基本结构中产生相同的结点约束力。也就是说,如果原来荷载在基本结构中引起的结点约束力记为 $\boldsymbol{F}_{\mathrm{P}}$,则等效结点荷载① $\boldsymbol{P}$ 在基本结构中引起的结点约束力也应为 $\boldsymbol{F}_{\mathrm{P}}$。由此即可得出如下结论:

$$\boldsymbol{P}=-\boldsymbol{F}_{\mathrm{P}} \tag{11-44}$$

将式(11-44)代入式(11-43),则矩阵位移法基本方程可写为

$$\boldsymbol{K\Delta}=\boldsymbol{P} \tag{11-45}$$

由式(11-42)和式(11-45)可知,如果把刚度方程(11-42)中的结点约束力 $\boldsymbol{F}$ 换成等效结点荷载 $\boldsymbol{P}$,即得到矩阵位移法基本方程(11-45)。

3. 按单元集成法求整体结构的等效结点荷载向量

(1) 单元的等效结点荷载向量 $\overline{\boldsymbol{P}}^{e}$(局部坐标系)

先考虑局部坐标系。在单元两端加上六个附加约束,使两端固定。在给定荷载作用下,可求出六个固端约束力,它们组成固端约束力向量 $\overline{\boldsymbol{F}}_{\mathrm{P}}^{e}$:

$$\overline{\boldsymbol{F}}_{\mathrm{P}}^{e}=(\overline{F}_{x\mathrm{P}1}\quad \overline{F}_{y\mathrm{P}1}\quad \overline{M}_{\mathrm{P}1}\quad \overline{F}_{x\mathrm{P}2}\quad \overline{F}_{y\mathrm{P}2}\quad \overline{M}_{\mathrm{P}2})^{\mathrm{T}} \tag{11-46}$$

在表 11-2 中给出了几种典型荷载所引起的固端约束力。将固端约束力向量 $\overline{\boldsymbol{F}}_{\mathrm{P}}^{e}$ 反号,即得到单

---

① 等效结点荷载也可以是广义力,故仍沿用以往教材中的有关符号 P 表示。下同。

元等效结点荷载向量 $\overline{\boldsymbol{P}}^e$(局部坐标系):

$$\overline{\boldsymbol{P}}^e=-\overline{\boldsymbol{F}}_{\mathrm{P}}^e \tag{11-47}$$

(2) 单元的等效结点荷载向量 $\boldsymbol{P}^e$(整体坐标系)

由坐标转换公式(11-5),得

$$\boldsymbol{P}^e=\boldsymbol{T}^{\mathrm{T}}\overline{\boldsymbol{P}}^e \tag{11-48}$$

(3) 整体结构的等效结点荷载向量 $\boldsymbol{P}$

依次将每个 $\boldsymbol{P}^e$ 中的元素按单元定位向量 $\boldsymbol{\lambda}^e$ 在 $\boldsymbol{P}$ 中进行定位并累加,最后即得到 $\boldsymbol{P}$。

表 11-2　单元固端约束力 $\overline{F}_{\mathrm{P}}^e$(局部坐标系)

	荷载简图	符号	始端 1	末端 2
1	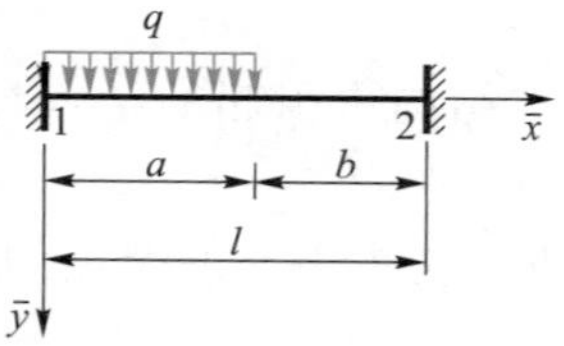	$\overline{F}_{x\mathrm{P}}$	0	0
		$\overline{F}_{y\mathrm{P}}$	$-qa\left(1-\frac{a^2}{l^2}+\frac{a^3}{2l^3}\right)$	$-q\frac{a^3}{l^2}\left(1-\frac{a}{2l}\right)$
		$\overline{M}_{\mathrm{P}}$	$-\frac{qa^2}{12}\left(6-8\frac{a}{l}+3\frac{a^2}{l^2}\right)$	$\frac{qa^3}{12l}\left(4-3\frac{a}{l}\right)$
2	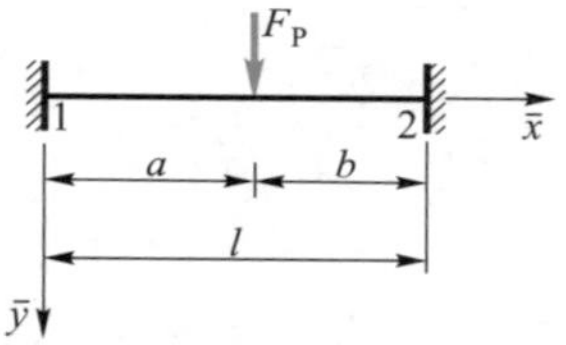	$\overline{F}_{x\mathrm{P}}$	0	0
		$\overline{F}_{y\mathrm{P}}$	$-F_{\mathrm{P}}\frac{b^2}{l^2}\left(1+2\frac{a}{l}\right)$	$-F_{\mathrm{P}}\frac{a^2}{l^2}\left(1+2\frac{b}{l}\right)$
		$\overline{M}_{\mathrm{P}}$	$-F_{\mathrm{P}}\frac{ab^2}{l^2}$	$F_{\mathrm{P}}\frac{a^2b}{l^2}$
3	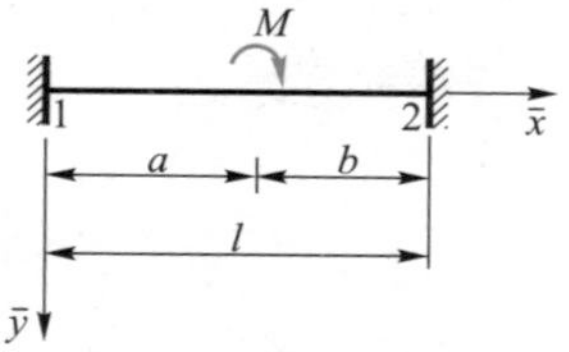	$\overline{F}_{x\mathrm{P}}$	0	0
		$\overline{F}_{y\mathrm{P}}$	$\frac{6Mab}{l^3}$	$-\frac{6Mab}{l^3}$
		$\overline{M}_{\mathrm{P}}$	$M\frac{b}{l}\left(2-3\frac{b}{l}\right)$	$M\frac{a}{l}\left(2-3\frac{a}{l}\right)$
4	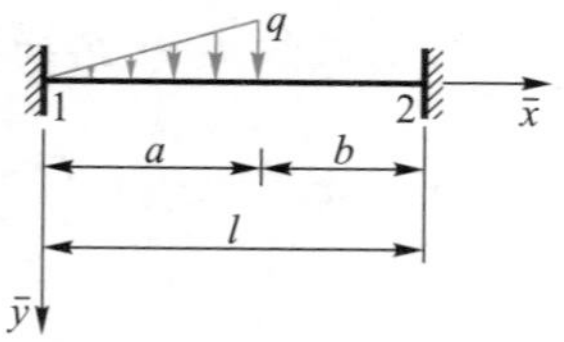	$\overline{F}_{x\mathrm{P}}$	0	0
		$\overline{F}_{y\mathrm{P}}$	$-q\frac{a}{4}\left(2-3\frac{a^2}{l^2}+1.6\frac{a^3}{l^3}\right)$	$-\frac{q}{4}\frac{a^3}{l^2}\left(3-1.6\frac{a}{l}\right)$
		$\overline{M}_{\mathrm{P}}$	$-q\frac{a^2}{6}\left(2-3\frac{a}{l}+1.2\frac{a^2}{l^2}\right)$	$\frac{qa^3}{4l}\left(1-0.8\frac{a}{l}\right)$
5	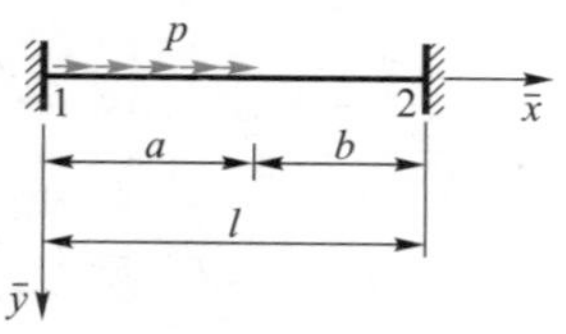	$\overline{F}_{x\mathrm{P}}$	$-pa\left(1-0.5\frac{a}{l}\right)$	$-0.5p\frac{a^2}{l}$
		$\overline{F}_{y\mathrm{P}}$	0	0
		$\overline{M}_{\mathrm{P}}$	0	0

续表

	荷载简图	符号	始　端　1	末　端　2
6	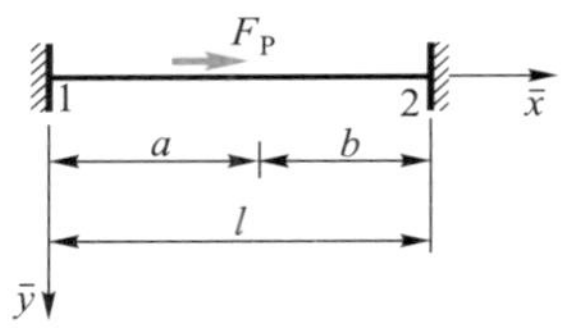	$\overline{F}_{xP}$	$-F_P\dfrac{b}{l}$	$-F_P\dfrac{a}{l}$
		$\overline{F}_{yP}$	0	0
		$\overline{M}_P$	0	0
7	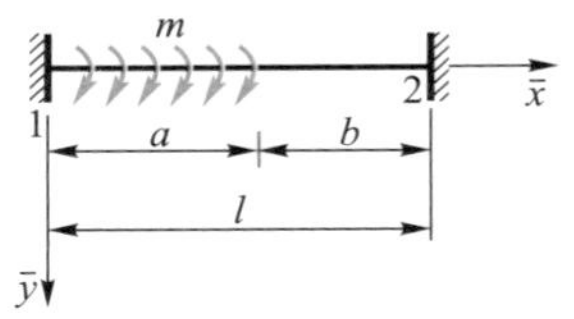	$\overline{F}_{xP}$	0	0
		$\overline{F}_{yP}$	$m\dfrac{a^2}{l^2}\left(\dfrac{a}{l}+3\dfrac{b}{l}\right)$	$-m\dfrac{a^2}{l^2}\left(\dfrac{a}{l}+3\dfrac{b}{l}\right)$
		$\overline{M}_P$	$-m\dfrac{b^2}{l^2}a$	$m\dfrac{a^2}{l^2}b$
8	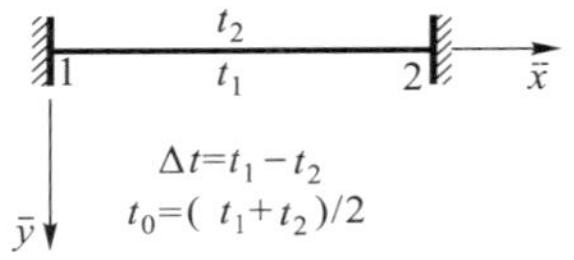	$\overline{F}_{xP}$	$EA\alpha t_0$	$-EA\alpha t_0$
		$\overline{F}_{yP}$	0	0
		$\overline{M}_P$	$-\dfrac{EI\alpha\Delta t}{h}$	$\dfrac{EI\alpha\Delta t}{h}$
9	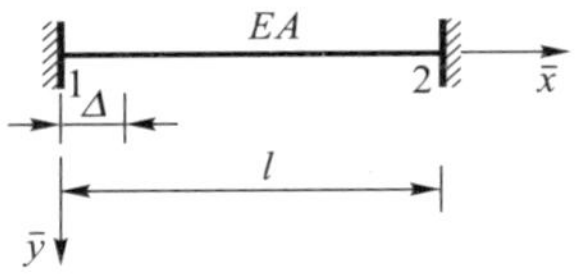	$\overline{F}_{xP}$	$\dfrac{EA\Delta}{l}$	$-\dfrac{EA\Delta}{l}$
		F_{yP}	0	0
		$\overline{M}_P$	0	0
10	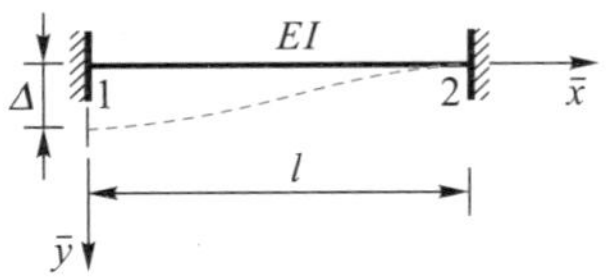	$\overline{F}_{xP}$	0	0
		$\overline{F}_{yP}$	$\dfrac{12EI\Delta}{l^3}$	$-\dfrac{12EI\Delta}{l^3}$
		$\overline{M}_P$	$\dfrac{6EI\Delta}{l^2}$	$\dfrac{6EI\Delta}{l^2}$
11	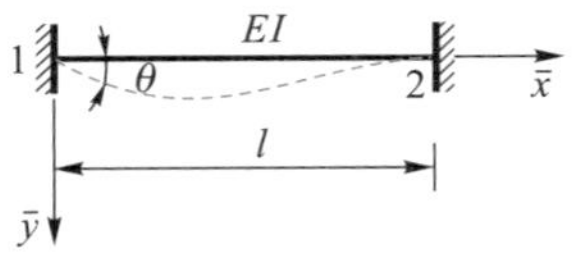	$\overline{F}_{xP}$	0	0
		$\overline{F}_{yP}$	$\dfrac{6EI\theta}{l^2}$	$-\dfrac{6EI\theta}{l^2}$
		$\overline{M}_P$	$\dfrac{4EI\theta}{l}$	$\dfrac{2EI\theta}{l}$

例 11-3　试求图 11-16 所示刚架在图 11-18 给定荷载作用下的等效结点荷载向量 $\boldsymbol{P}$。

解　(1) 求局部坐标系中的固端约束力向量 $\overline{\boldsymbol{F}}_P^e$

单元①：由表 11-2 第 1 行，$q=4.8$ kN/m，$a=l=5$ m，得

$$\begin{cases}\overline{F}_{xP1}=0,\\ \overline{F}_{yP1}=-12\ \text{kN},\\ \overline{M}_{P1}=-10\ \text{kN}\cdot\text{m},\end{cases}\qquad \begin{cases}\overline{F}_{xP2}=0\\ \overline{F}_{yP2}=-12\ \text{kN}\\ \overline{M}_{P2}=10\ \text{kN}\cdot\text{m}\end{cases}$$

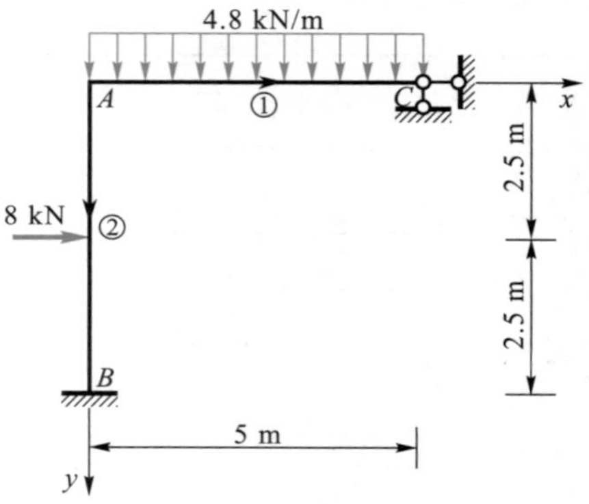

图　11-18

单元②:由表 11-2 第 2 行,$F_P=-8\ \text{kN}$,$a=b=2.5\ \text{m}$,得

$$\begin{cases}\overline{F}_{xP1}=0,\\ \overline{F}_{yP1}=4\ \text{kN},\\ \overline{M}_{P1}=5\ \text{kN}\cdot\text{m},\end{cases}\qquad \begin{cases}\overline{F}_{xP2}=0\\ \overline{F}_{yP2}=4\ \text{kN}\\ \overline{M}_{P2}=-5\ \text{kN}\cdot\text{m}\end{cases}$$

因此

$$\overline{\boldsymbol{F}}_P^{①}=\begin{pmatrix}0\\-12\ \text{kN}\\-10\ \text{kN}\cdot\text{m}\\ \hdashline 0\\-12\ \text{kN}\\10\ \text{kN}\cdot\text{m}\end{pmatrix},\quad \overline{\boldsymbol{F}}_P^{②}=\begin{pmatrix}0\\4\ \text{kN}\\5\ \text{kN}\cdot\text{m}\\ \hdashline 0\\4\ \text{kN}\\-5\ \text{kN}\cdot\text{m}\end{pmatrix}$$

(2) 求各单元在整体坐标系中的等效结点荷载向量 $\boldsymbol{P}^e$

单元①、②的倾角分别为 $\alpha_1=0°$,$\alpha_2=90°$。由式(11-47)和式(11-48)得

$$\boldsymbol{P}^{①}=-\boldsymbol{T}^{①\mathrm{T}}\overline{\boldsymbol{F}}_P^{①}=-\boldsymbol{I}\overline{\boldsymbol{F}}_P^{①}=-\overline{\boldsymbol{F}}_P^{①}=\begin{pmatrix}0\\12\ \text{kN}\\10\ \text{kN}\cdot\text{m}\\ \hdashline 0\\12\ \text{kN}\\-10\ \text{kN}\cdot\text{m}\end{pmatrix}$$

$$\boldsymbol{P}^{②}=-\boldsymbol{T}^{②\mathrm{T}}\overline{\boldsymbol{F}}_P^{②}=-\left(\begin{array}{ccc:ccc}0&-1&0&0&0&0\\1&0&0&0&0&0\\0&0&1&0&0&0\\ \hdashline 0&0&0&0&-1&0\\0&0&0&1&0&0\\0&0&0&0&0&1\end{array}\right)\begin{pmatrix}0\\4\ \text{kN}\\5\ \text{kN}\cdot\text{m}\\ \hdashline 0\\4\ \text{kN}\\-5\ \text{kN}\cdot\text{m}\end{pmatrix}=\begin{pmatrix}4\ \text{kN}\\0\\-5\ \text{kN}\cdot\text{m}\\ \hdashline 4\ \text{kN}\\0\\5\ \text{kN}\cdot\text{m}\end{pmatrix}$$

(3) 求刚架的等效结点荷载向量 $\boldsymbol{P}$

两个单元的结构编码如图 11-16 所示。单元定位向量已知为

$$\boldsymbol{\lambda}^{①}=\begin{pmatrix}1\\2\\3\\ \hdashline 0\\0\\4\end{pmatrix},\quad \boldsymbol{\lambda}^{②}=\begin{pmatrix}1\\2\\3\\ \hdashline 0\\0\\0\end{pmatrix}$$

将 $\boldsymbol{P}^e$ 中的元素，按 $\boldsymbol{\lambda}^e$ 在 $\boldsymbol{P}$ 中进行定位并累加即可得出 $\boldsymbol{P}$。

首先，考虑单元①：

$\boldsymbol{P}$ 的阶段结果为[（4）、（5）行元素在 $\boldsymbol{P}$ 中无座位]

$$\begin{matrix}(1)\to 1\\(2)\to 2\\(3)\to 3\\(6)\to 4\end{matrix}\begin{pmatrix}0\\12\ \text{kN}\\10\ \text{kN}\cdot\text{m}\\-10\ \text{kN}\cdot\text{m}\end{pmatrix}$$

其次，考虑单元②：

$$\boldsymbol{P}=\begin{matrix}(1)\to 1\\(2)\to 2\\(3)\to 3\\4\end{matrix}\begin{pmatrix}[\ 0+(4)\ ]\ \text{kN}\\ [12+(0)\ ]\ \text{kN}\\ [10+(-5)\ ]\ \text{kN}\cdot\text{m}\\ -10\ \text{kN}\cdot\text{m}\end{pmatrix}=\begin{pmatrix}4\ \text{kN}\\12\ \text{kN}\\5\ \text{kN}\cdot\text{m}\\-10\ \text{kN}\cdot\text{m}\end{pmatrix}$$

§ 11-7　矩阵位移法的计算步骤

用矩阵位移法计算平面刚架的步骤如下：

（1）整理原始数据，对单元和刚架进行局部编码和总体编码。

（2）形成局部坐标系中的单元刚度矩阵 $\bar{\boldsymbol{k}}^e$，用式（11-11）。

（3）形成整体坐标系中的单元刚度矩阵 $\boldsymbol{k}^e$，用式（11-14）。

（4）用单元集成法形成整体刚度矩阵 $\boldsymbol{K}$，参见式（11-31）和式（11-32）。

（5）求局部坐标系的单元等效结点荷载向量 $\overline{\boldsymbol{P}}^e$，转换成整体坐标系的单元等效结点荷载向量 $\boldsymbol{P}^e$，用式（11-47）和式（11-48）；用单元集成法形成整体结构的等效结点荷载向量 $\boldsymbol{P}$。

（6）解方程 $\boldsymbol{K\Delta}=\boldsymbol{P}$，求出结点位移向量 $\boldsymbol{\Delta}$。

（7）求各杆的杆端内力向量 $\overline{\boldsymbol{F}}^e$，用下面的式（11-49）。

各杆的杆端内力向量是由两部分组成：

一部分是在结点位移被约束住的条件下的杆端内力向量，即各杆的固端约束力向量 $\overline{\boldsymbol{F}}_{\text{P}}^e$。

另一部分是刚架在等效结点荷载向量 $\boldsymbol{P}$ 作用下的杆端内力向量，可由式（11-5）求出。

将两部分内力叠加，即得

$$\overline{\boldsymbol{F}}^e=\bar{\boldsymbol{k}}^e\overline{\boldsymbol{\Delta}}^e+\overline{\boldsymbol{F}}_{\text{P}}^e \tag{11-49}$$

例 11-4　试求图 11-19a 所示刚架的内力。设各杆为矩形截面，横梁 $b_2\cdot h_2=0.5\ \text{m}\times 1.26\ \text{m}$，立柱 $b_1\cdot h_1=0.5\ \text{m}\times 1\ \text{m}$。

解　（1）原始数据及编码

原始数据计算如下（为了计算上的方便，设 $E=1$①）。

---

① 本例设 $E=1$，没有用真值，故运算过程中不再注明单位。

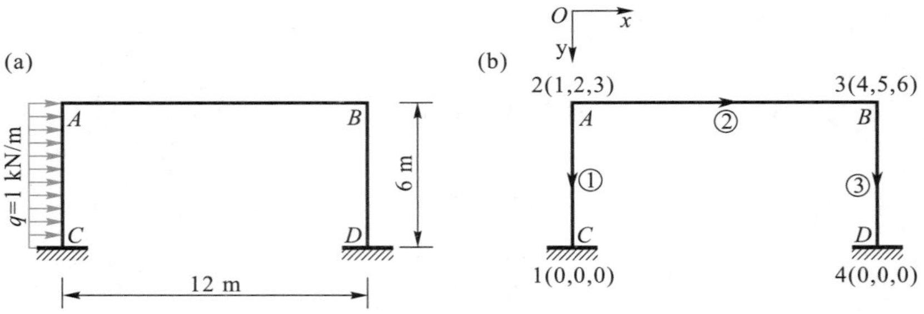

图 11-19

柱：
$$A_1=0.5\ \text{m}^2,\quad I_1=\frac{1}{24}\text{m}^4$$
$$l_1=6\ \text{m},\quad \frac{EI_1}{l_1}=6.94\times10^{-3}$$
$$\frac{EA_1}{l_1}=83.3\times10^{-3},\quad \frac{2EI_1}{l_1}=13.9\times10^{-3}$$
$$\frac{4EI_1}{l_1}=27.8\times10^{-3},\quad \frac{6EI_1}{l_1^2}=6.94\times10^{-3}$$
$$\frac{12EI_1}{l_1^3}=2.31\times10^{-3}$$

梁：
$$A_2=0.63\ \text{m}^2,\quad I_2=\frac{1}{12}\ \text{m}^4,\ l_2=12\ \text{m}$$
$$\frac{EA_2}{l_2}=52.5\times10^{-3},\quad \frac{EI_2}{l_2}=6.94\times10^{-3}$$
$$\frac{2EI_2}{l_2}=13.9\times10^{-3},\quad \frac{4EI_2}{l_2}=27.8\times10^{-3}$$
$$\frac{6EI_2}{l_2^2}=3.47\times10^{-3},\quad \frac{12EI_2}{l_2^3}=0.58\times10^{-3}$$

单元编码示于图 11-19b，局部坐标用箭头的方向表示。整体坐标和结点位移分量的编码亦示于图 11-19b。

（2）形成局部坐标系中的单元刚度矩阵 $\overline{\boldsymbol{k}}^e$

单元①和③：

$$\overline{\boldsymbol{k}}^{①}=\overline{\boldsymbol{k}}^{③}=10^{-3}\times\left(\begin{array}{ccc|ccc}83.3 & 0 & 0 & -83.3 & 0 & 0\\ 0 & 2.31 & 6.94 & 0 & -2.31 & 6.94\\ 0 & 6.94 & 27.8 & 0 & -6.94 & 13.9\\ \hline -83.3 & 0 & 0 & 83.3 & 0 & 0\\ 0 & -2.31 & -6.94 & 0 & 2.31 & -6.94\\ 0 & 6.94 & 13.9 & 0 & -6.94 & 27.8\end{array}\right)$$

单元②：

$$\bar{\boldsymbol{k}}^{②}=10^{-3}\times\left(\begin{array}{ccc|ccc}52.5 & 0 & 0 & -52.5 & 0 & 0\\0 & 0.58 & 3.47 & 0 & -0.58 & 3.47\\0 & 3.47 & 27.8 & 0 & -3.47 & 13.9\\\hline -52.5 & 0 & 0 & 52.5 & 0 & 0\\0 & -0.58 & -3.47 & 0 & 0.58 & -3.47\\0 & 3.47 & 13.9 & 0 & -3.47 & 27.8\end{array}\right)$$

(3) 计算整体坐标系中的单元刚度矩阵 $\boldsymbol{k}^e$

单元①和③的坐标转换矩阵为($\alpha=\dfrac{\pi}{2}$)

$$\boldsymbol{T}=\left(\begin{array}{ccc|ccc}0 & 1 & 0 & & & \\-1 & 0 & 0 & & \boldsymbol{0} & \\0 & 0 & 1 & & & \\\hline & & & 0 & 1 & 0\\ & \boldsymbol{0} & & -1 & 0 & 0\\ & & & 0 & 0 & 1\end{array}\right)$$

$$\boldsymbol{k}^{①}=\boldsymbol{k}^{③}=\boldsymbol{T}^{\mathrm{T}}\bar{\boldsymbol{k}}^{①}\boldsymbol{T}=10^{-3}\times\left(\begin{array}{ccc|ccc}2.31 & 0 & -6.94 & -2.31 & 0 & -6.94\\0 & 83.3 & 0 & 0 & -83.3 & 0\\-6.94 & 0 & 27.8 & 6.94 & 0 & 13.9\\\hline -2.31 & 0 & 6.94 & 2.31 & 0 & 6.94\\0 & -83.3 & 0 & 0 & 83.3 & 0\\-6.94 & 0 & 13.9 & 6.94 & 0 & 27.8\end{array}\right)$$

单元②:$\alpha=0,\boldsymbol{T}=\boldsymbol{I}$

$$\boldsymbol{k}^{②}=\bar{\boldsymbol{k}}^{②}$$

(4) 用单元集成法形成整体刚度矩阵 $\boldsymbol{K}$

由图 11-19b 中单元局部编码与结点位移统一编码的关系,各杆的单元定位向量可写出如下:

$$\boldsymbol{\lambda}^{①}=(1\quad 2\quad 3\quad 0\quad 0\quad 0)^{\mathrm{T}}$$

$$\boldsymbol{\lambda}^{②}=(1\quad 2\quad 3\quad 4\quad 5\quad 6)^{\mathrm{T}}$$

$$\boldsymbol{\lambda}^{③}=(4\quad 5\quad 6\quad 0\quad 0\quad 0)^{\mathrm{T}}$$

按照单元定位向量 $\boldsymbol{\lambda}^e$,依次将各单元 $\boldsymbol{k}^e$ 中的元素在 $\boldsymbol{K}$ 中定位并累加,最后得到 $\boldsymbol{K}$ 如下:

$$\boldsymbol{K}=\begin{array}{c}\\1\\2\\3\\4\\5\\6\end{array}\begin{array}{c}\begin{array}{cccccc}1 & 2 & 3 & 4 & 5 & 6\end{array}\\\left(\begin{array}{ccc|ccc}54.81 & 0 & -6.94 & -52.5 & 0 & 0\\0 & 83.88 & 3.47 & 0 & -0.58 & 3.47\\-6.94 & 3.47 & 55.6 & 0 & -3.47 & 13.9\\\hline -52.5 & 0 & 0 & 54.81 & 0 & -6.94\\0 & -0.58 & -3.47 & 0 & 83.88 & -3.47\\0 & 3.47 & 13.9 & -6.94 & -3.47 & 55.6\end{array}\right)\end{array}\times10^{-3}$$

(5) 求等效结点荷载向量 $\boldsymbol{P}$

首先,求单元固端约束力向量 $\overline{\boldsymbol{F}}_{\mathrm{P}}^{e}$:

只有单元①有 $\overline{\boldsymbol{F}}_{\mathrm{P}}^{①}$，

$$\overline{\boldsymbol{F}}_{\mathrm{P}}^{①}=\begin{pmatrix}0\\3\\3\\\hdashline 0\\3\\-3\end{pmatrix}$$

其次，求单元在整体坐标系中的等效结点荷载向量 $\boldsymbol{P}^{e}$：

单元①的倾角 $\alpha=\dfrac{\pi}{2}$，由式(11-47)和式(11-48)

$$\boldsymbol{P}^{①}=-\boldsymbol{T}^{①\mathrm{T}}\overline{\boldsymbol{F}}_{\mathrm{P}}^{①}=-\left(\begin{array}{ccc:ccc}0&-1&0&&&\\1&0&0&&\boldsymbol{0}&\\0&0&1&&&\\\hdashline &&&0&-1&0\\&\boldsymbol{0}&&1&0&0\\&&&0&0&1\end{array}\right)\begin{pmatrix}0\\3\\3\\\hdashline 0\\3\\-3\end{pmatrix}=\begin{pmatrix}3\\0\\-3\\\hdashline 3\\0\\3\end{pmatrix}$$

按单元定位向量 $\boldsymbol{\lambda}^{①}=(1\quad 2\quad 3\quad 0\quad 0\quad 0)^{\mathrm{T}}$，将 $\boldsymbol{P}^{①}$ 中的元素在 $\boldsymbol{P}$ 中定位，得

$$\boldsymbol{P}=\begin{pmatrix}3\\0\\-3\\\hdashline 0\\0\\0\end{pmatrix}$$

(6) 解基本方程

$$10^{-3}\times\left(\begin{array}{ccc:ccc}54.81&0&-6.94&-52.5&0&0\\0&83.88&3.47&0&-0.58&3.47\\-6.94&3.47&55.6&0&-3.47&13.9\\\hdashline -52.5&0&0&54.81&0&-6.94\\0&-0.58&-3.47&0&83.88&-3.47\\0&3.47&13.9&-6.94&-3.47&55.6\end{array}\right)\begin{pmatrix}u_A\\v_A\\\theta_A\\u_B\\v_B\\\theta_B\end{pmatrix}=\begin{pmatrix}3\\0\\-3\\\hdashline 0\\0\\0\end{pmatrix}$$

求得

$$\begin{pmatrix}u_A\\v_A\\\theta_A\\\hdashline u_B\\v_B\\\theta_B\end{pmatrix}=\begin{pmatrix}847\\-5.13\\28.4\\\hdashline 824\\5.13\\96.5\end{pmatrix}$$

(7) 求各杆杆端力向量 $\overline{\boldsymbol{F}}^{e}$

单元①：先求 $\boldsymbol{F}^{①}$，然后求 $\overline{\boldsymbol{F}}^{①}$。

$$\boldsymbol{F}^{①}=\boldsymbol{k}^{①}\boldsymbol{\Delta}^{①}+\boldsymbol{F}_{P}^{①}$$

$$=10^{-3}\times\begin{pmatrix} 2.31 & 0 & -6.94 & -2.31 & 0 & -6.94 \\ 0 & 83.3 & 0 & 0 & -83.3 & 0 \\ -6.94 & 0 & 27.8 & 6.94 & 0 & 13.9 \\ -2.31 & 0 & 6.94 & 2.31 & 0 & 6.94 \\ 0 & -83.3 & 0 & 0 & 83.3 & 0 \\ -6.94 & 0 & 13.9 & 6.94 & 0 & 27.8 \end{pmatrix}\begin{pmatrix} 847 \\ -5.13 \\ 28.4 \\ 0 \\ 0 \\ 0 \end{pmatrix}+$$

$$\begin{pmatrix} -3 \\ 0 \\ 3 \\ -3 \\ 0 \\ -3 \end{pmatrix}=\begin{pmatrix} -1.24 \\ -0.43 \\ -2.09 \\ -4.76 \\ 0.43 \\ -8.49 \end{pmatrix}$$

$$\overline{\boldsymbol{F}}^{①}=\boldsymbol{T}\boldsymbol{F}^{①}\begin{pmatrix} -0.43 \\ 1.24 \\ -2.09 \\ 0.43 \\ 4.76 \\ -8.49 \end{pmatrix}$$

单元②：

$$\overline{\boldsymbol{F}}^{②}=\boldsymbol{F}^{②}=\boldsymbol{k}^{②}\boldsymbol{\Delta}^{②}=10^{-3}\times\begin{pmatrix} 52.5 & 0 & 0 & -52.5 & 0 & 0 \\ 0 & 0.58 & 3.47 & 0 & -0.58 & 3.47 \\ 0 & 3.47 & 27.8 & 0 & -3.47 & 13.9 \\ -52.5 & 0 & 0 & 52.5 & 0 & 0 \\ 0 & -0.58 & -3.47 & 0 & 0.58 & -3.47 \\ 0 & 3.47 & 13.9 & 0 & -3.47 & 27.8 \end{pmatrix}\times$$

$$\begin{pmatrix} 847 \\ -5.13 \\ 28.4 \\ 824 \\ 5.13 \\ 96.5 \end{pmatrix}=\begin{pmatrix} 1.24 \\ 0.43 \\ 2.09 \\ -1.24 \\ -0.43 \\ 3.04 \end{pmatrix}$$

单元③：$\boldsymbol{F}^{③}=\boldsymbol{k}^{③}\boldsymbol{\Delta}^{③}=$

$$10^{-3}\times\begin{pmatrix}2.31 & 0 & -6.94 & -2.31 & 0 & -6.94\\ 0 & 83.3 & 0 & 0 & -83.3 & 0\\ -6.94 & 0 & 27.8 & 6.94 & 0 & 13.9\\ -2.31 & 0 & 6.94 & 2.31 & 0 & 6.94\\ 0 & -83.3 & 0 & 0 & 83.3 & 0\\ -6.94 & 0 & 13.9 & 6.94 & 0 & 27.8\end{pmatrix}\begin{pmatrix}824\\ 5.13\\ 96.5\\ 0\\ 0\\ 0\end{pmatrix}=\begin{pmatrix}1.24\\ 0.43\\ -3.04\\ -1.24\\ -0.43\\ -4.38\end{pmatrix}$$

$$\overline{\boldsymbol{F}}^{③}=\boldsymbol{TF}^{③}=\begin{pmatrix}0.43\\ -1.24\\ -3.04\\ -0.43\\ 1.24\\ -4.38\end{pmatrix}$$

（8）根据杆端力绘制内力图，如图 11-20a、b、c 所示。

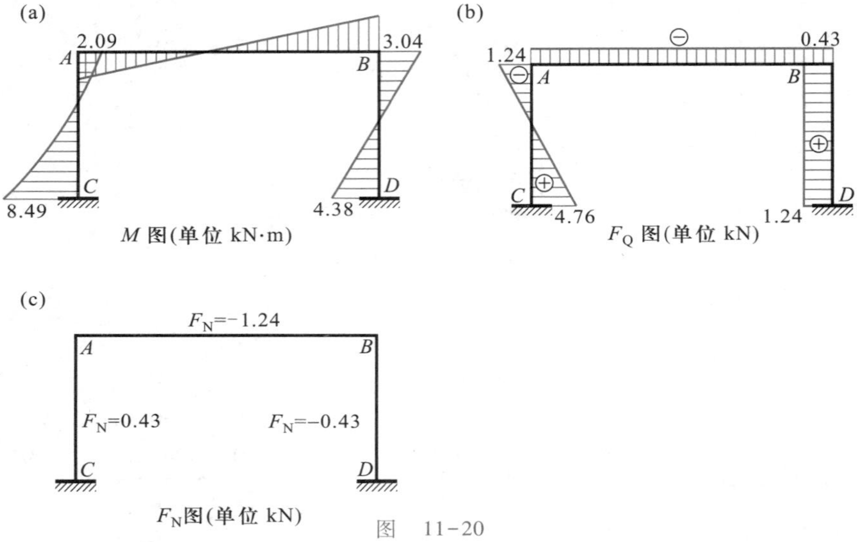

图 11-20

§ 11-8 桁架及组合结构的矩阵位移法

1. 桁架

桁架单元的刚度方程（局部坐标系，图 11-21）已在式（11-8）中给出，其矩阵形式为

$$\begin{pmatrix}\overline{F}_{x1}\\ \overline{F}_{x2}\end{pmatrix}^{e}=\begin{pmatrix}\dfrac{EA}{l} & -\dfrac{EA}{l}\\ -\dfrac{EA}{l} & \dfrac{EA}{l}\end{pmatrix}\begin{pmatrix}\overline{u}_1\\ \overline{u}_2\end{pmatrix}^{e} \tag{a}$$

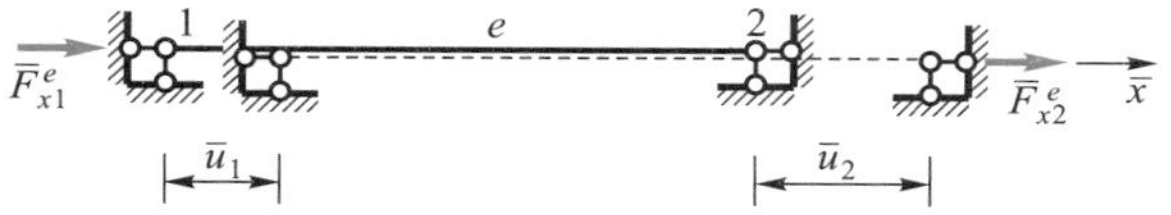

图　11-21

对于斜杆单元，其轴力和轴向位移在整体坐标系中将有沿 x 轴和 y 轴的两个分量。因此，整体坐标系中的杆端力向量和杆端位移向量为（图 11-22）

$$\boldsymbol{F}^e=\begin{pmatrix}F_{x1}\\F_{y1}\\\hdashline F_{x2}\\F_{y2}\end{pmatrix}^e,\quad \boldsymbol{\Delta}^e=\begin{pmatrix}u_1\\v_1\\\hdashline u_2\\v_2\end{pmatrix}^e$$

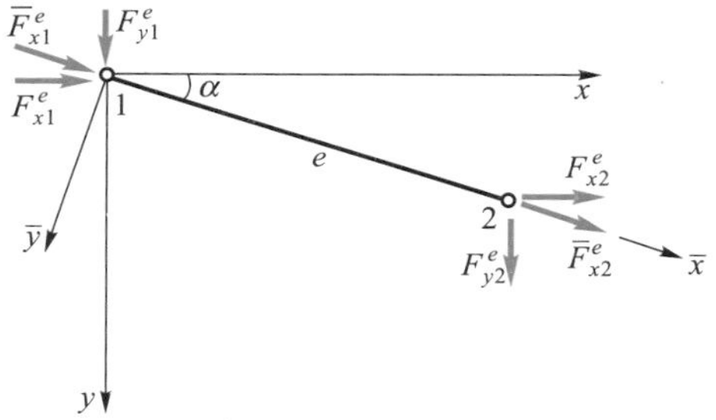

图　11-22

为了便于利用以前的坐标转换关系，先将局部坐标系中的单元刚度方程（a）扩大为四阶的形式：

$$\begin{pmatrix}\overline{F}_{x1}\\\overline{F}_{y1}\\\hdashline\overline{F}_{x2}\\\overline{F}_{y2}\end{pmatrix}^e=\frac{EA}{l}\times\left(\begin{array}{cc:cc}1&0&-1&0\\0&0&0&0\\\hdashline-1&0&1&0\\0&0&0&0\end{array}\right)\begin{pmatrix}\overline{u}_1\\\overline{v}_1\\\hdashline\overline{u}_2\\\overline{v}_2\end{pmatrix}^e \tag{11-50}$$

这里，在 $\overline{\boldsymbol{\Delta}}^e$ 和 $\overline{\boldsymbol{F}}^e$ 中引入了 $\overline{v}_1$、$\overline{v}_2$ 和 $\overline{F}_{y1}$、$\overline{F}_{y2}$，在 $\overline{\boldsymbol{k}}^e$ 中添上了相应的零元素。式（11-50）与式（a）是等价的。

对于桁架单元，由于 $\overline{M}_1=M_1=0,\overline{M}_2=M_2=0$，所以，删去坐标转换矩阵 $\boldsymbol{T}$[式（11-4）]中相应的行和列，便得到桁架单元的坐标转换矩阵 $\boldsymbol{T}$ 如下：

$$\boldsymbol{T}=\left(\begin{array}{cc:cc}\cos\alpha&\sin\alpha&&\\-\sin\alpha&\cos\alpha&\multicolumn{2}{c}{\raisebox{1.5ex}{$\boldsymbol{0}$}}\\\hdashline&&\cos\alpha&\sin\alpha\\\multicolumn{2}{c:}{\raisebox{1.5ex}{$\boldsymbol{0}$}}&-\sin\alpha&\cos\alpha\end{array}\right) \tag{11-51}$$

单元集成法求整体刚度矩阵的步骤仍为式（11-31）。编码时应注意，桁架单元的结点转角不是基本未知量。

例 11-5　试求图 11-23a 所示桁架的内力①。各杆 EA 相同。

解　（1）单元和整体编码如图 11-23b 所示

（2）形成局部坐标系中的单元刚度矩阵 $\overline{\boldsymbol{k}}^e$

① 本例 EA 没用真值，故运算过程中不再注明单位。

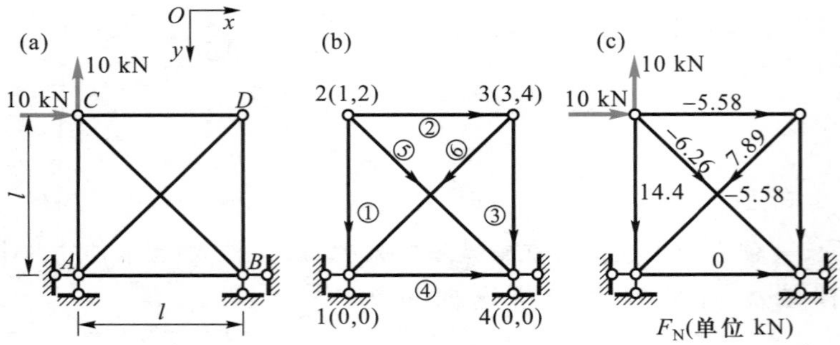

图　11-23

按四阶方阵的形式[式(11-50)]形成各单元在局部坐标系中的单元刚度矩阵 $\bar{\boldsymbol{k}}^e$。

$$\bar{\boldsymbol{k}}^{①}=\bar{\boldsymbol{k}}^{②}=\bar{\boldsymbol{k}}^{③}=\bar{\boldsymbol{k}}^{④}=\frac{EA}{l}\times\begin{pmatrix}1 & 0 & -1 & 0\\0 & 0 & 0 & 0\\-1 & 0 & 1 & 0\\0 & 0 & 0 & 0\end{pmatrix}$$

$$\bar{\boldsymbol{k}}^{⑤}=\bar{\boldsymbol{k}}^{⑥}=\frac{EA}{\sqrt{2}l}\times\begin{pmatrix}1 & 0 & -1 & 0\\0 & 0 & 0 & 0\\-1 & 0 & 1 & 0\\0 & 0 & 0 & 0\end{pmatrix}$$

(3) 形成整体坐标系中的单元刚度矩阵 $\boldsymbol{k}^e$

单元①和单元③:$\alpha=\frac{\pi}{2}$。由式(11-51)

$$\boldsymbol{T}=\begin{pmatrix}0 & 1 & & \\-1 & 0 & & \boldsymbol{0}\\ & & 0 & 1\\ \boldsymbol{0} & & -1 & 0\end{pmatrix}$$

得

$$\boldsymbol{k}^{①}=\boldsymbol{k}^{③}=\boldsymbol{T}^{\mathrm{T}}\bar{\boldsymbol{k}}^{①}\boldsymbol{T}=\frac{EA}{l}\times\begin{pmatrix}0 & 0 & 0 & 0\\0 & 1 & 0 & -1\\0 & 0 & 0 & 0\\0 & -1 & 0 & 1\end{pmatrix}$$

单元②和单元④:$\alpha=0$,得

$$\boldsymbol{k}^{②}=\boldsymbol{k}^{④}=\frac{EA}{l}\times\begin{pmatrix}1 & 0 & -1 & 0\\0 & 0 & 0 & 0\\-1 & 0 & 1 & 0\\0 & 0 & 0 & 0\end{pmatrix}$$

单元⑤:$\alpha=\frac{\pi}{4}$,由式(11-51)

$$\boldsymbol{T}=\frac{1}{\sqrt{2}}\times\left(\begin{array}{cc:cc}1 & 1 & & \\ -1 & 1 & \multicolumn{2}{c}{\mathbf{0}} \\ \hdashline & & 1 & 1 \\ \multicolumn{2}{c:}{\mathbf{0}} & -1 & 1\end{array}\right)$$

$$\boldsymbol{k}^{⑤}=\boldsymbol{T}^{\mathrm{T}}\overline{\boldsymbol{k}}^{⑤}\boldsymbol{T}=\frac{EA}{l}\times\frac{1}{2\sqrt{2}}\times\left(\begin{array}{cc:cc}1 & 1 & -1 & -1 \\ 1 & 1 & -1 & -1 \\ \hdashline -1 & -1 & 1 & 1 \\ -1 & -1 & 1 & 1\end{array}\right)$$

单元⑥：$\alpha=\frac{3\pi}{4}$，由式(11-51)

$$\boldsymbol{T}=\frac{1}{\sqrt{2}}\times\left(\begin{array}{cc:cc}-1 & 1 & & \\ -1 & -1 & \multicolumn{2}{c}{\mathbf{0}} \\ \hdashline & & -1 & 1 \\ \multicolumn{2}{c:}{\mathbf{0}} & -1 & -1\end{array}\right)$$

得

$$\boldsymbol{k}^{⑥}=\boldsymbol{T}^{\mathrm{T}}\overline{\boldsymbol{k}}^{⑥}\boldsymbol{T}=\frac{EA}{l}\times\frac{1}{2\sqrt{2}}\times\left(\begin{array}{cc:cc}1 & -1 & -1 & 1 \\ -1 & 1 & 1 & -1 \\ \hdashline -1 & 1 & 1 & -1 \\ 1 & -1 & -1 & 1\end{array}\right)$$

（4）用单元集成法形成整体刚度矩阵 $\boldsymbol{K}$

由图 11-23b，各杆的单元定位向量可写出如下：

$$\boldsymbol{\lambda}^{①}=(1\quad 2\quad 0\quad 0)^{\mathrm{T}}$$
$$\boldsymbol{\lambda}^{②}=(1\quad 2\quad 3\quad 4)^{\mathrm{T}}$$
$$\boldsymbol{\lambda}^{③}=(3\quad 4\quad 0\quad 0)^{\mathrm{T}}$$
$$\boldsymbol{\lambda}^{④}=(0\quad 0\quad 0\quad 0)^{\mathrm{T}}$$
$$\boldsymbol{\lambda}^{⑤}=(1\quad 2\quad 0\quad 0)^{\mathrm{T}}$$
$$\boldsymbol{\lambda}^{⑥}=(3\quad 4\quad 0\quad 0)^{\mathrm{T}}$$

按照单元定位向量 $\boldsymbol{\lambda}^{e}$，将各单元 $\boldsymbol{k}^{e}$ 中的元素在 $\boldsymbol{K}$ 中定位，并与前阶段结果累加，最后得到 $\boldsymbol{K}$ 如下：

$$\boldsymbol{K}=\begin{array}{c}\\1\\2\\3\\4\end{array}\begin{array}{c}\begin{array}{cccc}1 & 2 & 3 & 4\end{array}\\ \left(\begin{array}{cc:cc}1.35 & 0.35 & -1 & 0 \\ 0.35 & 1.35 & 0 & 0 \\ \hdashline -1 & 0 & 1.35 & -0.35 \\ 0 & 0 & -0.35 & 1.35\end{array}\right)\end{array}\frac{EA}{l}$$

（5）结点荷载向量 $\boldsymbol{P}$

由图 11-23a 和 b，$\boldsymbol{P}$ 可直接写出如下：

$$
\boldsymbol{P}=\begin{pmatrix} 10 \\ -10 \\ \hdashline 0 \\ 0 \end{pmatrix}
$$

（6）解基本方程

$$
\frac{EA}{l}\left(\begin{array}{cc:cc} 1.35 & 0.35 & -1 & 0 \\ 0.35 & 1.35 & 0 & 0 \\ \hdashline -1 & 0 & 1.35 & -0.35 \\ 0 & 0 & -0.35 & 1.35 \end{array}\right)\begin{pmatrix} u_C \\ v_C \\ \hdashline u_D \\ v_D \end{pmatrix}=\begin{pmatrix} 10 \\ -10 \\ \hdashline 0 \\ 0 \end{pmatrix}
$$

$$
\begin{pmatrix} u_C \\ v_C \\ \hdashline u_D \\ v_D \end{pmatrix}=\begin{pmatrix} 26.94 \\ -14.42 \\ \hdashline 21.36 \\ 5.58 \end{pmatrix}\frac{l}{EA}
$$

（7）求各杆杆端力向量 $\overline{\boldsymbol{F}}^e$

单元①：

$$
\overline{\boldsymbol{F}}^{①}=\boldsymbol{T}\boldsymbol{F}^{①}=\boldsymbol{T}\boldsymbol{k}^{①}\boldsymbol{\Delta}^{①}=\left(\begin{array}{cc:cc} 0 & 1 & \multicolumn{2}{c}{\multirow{2}{*}{$\boldsymbol{0}$}} \\ -1 & 0 & & \\ \hdashline \multicolumn{2}{c:}{\multirow{2}{*}{$\boldsymbol{0}$}} & 0 & 1 \\ & & -1 & 0 \end{array}\right)\times\left(\begin{array}{cc:cc} 0 & 0 & 0 & 0 \\ 0 & 1 & 0 & -1 \\ \hdashline 0 & 0 & 0 & 0 \\ 0 & -1 & 0 & 1 \end{array}\right)\begin{pmatrix} 26.94 \\ -14.42 \\ \hdashline 0 \\ 0 \end{pmatrix}
$$

$$
=\begin{pmatrix} -14.4 \\ 0 \\ \hdashline 14.4 \\ 0 \end{pmatrix}
$$

单元②：

$$
\overline{\boldsymbol{F}}^{②}=\boldsymbol{F}^{②}=\boldsymbol{k}^{②}\boldsymbol{\Delta}^{②}=\left(\begin{array}{cc:cc} 1 & 0 & -1 & 0 \\ 0 & 0 & 0 & 0 \\ \hdashline -1 & 0 & 1 & 0 \\ 0 & 0 & 0 & 0 \end{array}\right)\begin{pmatrix} 26.94 \\ -14.42 \\ \hdashline 21.36 \\ 5.58 \end{pmatrix}=\begin{pmatrix} 5.58 \\ 0 \\ \hdashline -5.58 \\ 0 \end{pmatrix}
$$

单元③：

$$
\overline{\boldsymbol{F}}^{③}=\boldsymbol{T}\boldsymbol{F}^{③}=\boldsymbol{T}\boldsymbol{k}^{③}\boldsymbol{\Delta}^{③}=\left(\begin{array}{cc:cc} 0 & 1 & \multicolumn{2}{c}{\multirow{2}{*}{$\boldsymbol{0}$}} \\ -1 & 0 & & \\ \hdashline \multicolumn{2}{c:}{\multirow{2}{*}{$\boldsymbol{0}$}} & 0 & 1 \\ & & -1 & 0 \end{array}\right)\left(\begin{array}{cc:cc} 0 & 0 & 0 & 0 \\ 0 & 1 & 0 & -1 \\ \hdashline 0 & 0 & 0 & 0 \\ 0 & -1 & 0 & 1 \end{array}\right)\times
$$

$$\begin{pmatrix}21.36\\5.58\\0\\0\end{pmatrix}=\begin{pmatrix}5.58\\0\\-5.58\\0\end{pmatrix}$$

单元④：

$$\overline{\boldsymbol{F}}^{④}=\boldsymbol{F}^{④}=\boldsymbol{k}^{④}\boldsymbol{\Delta}^{④}=\boldsymbol{0}$$

单元⑤：

$$\overline{\boldsymbol{F}}^{⑤}=\boldsymbol{T}\boldsymbol{F}^{⑤}=\boldsymbol{T}\boldsymbol{k}^{⑤}\boldsymbol{\Delta}^{⑤}$$

$$=\frac{1}{\sqrt{2}}\times\begin{pmatrix}1&1&&\\-1&1&&\boldsymbol{0}\\&&1&1\\\boldsymbol{0}&&-1&1\end{pmatrix}\times\frac{1}{2\sqrt{2}}\times\begin{pmatrix}1&1&-1&-1\\1&1&-1&-1\\-1&-1&1&1\\-1&-1&1&1\end{pmatrix}\begin{pmatrix}26.94\\-14.42\\0\\0\end{pmatrix}=\begin{pmatrix}6.26\\0\\-6.26\\0\end{pmatrix}$$

单元⑥：

$$\overline{\boldsymbol{F}}^{⑥}=\boldsymbol{T}\boldsymbol{F}^{⑥}=\boldsymbol{T}\boldsymbol{k}^{⑥}\boldsymbol{\Delta}^{⑥}$$

$$=\frac{1}{\sqrt{2}}\times\begin{pmatrix}-1&1&&\\-1&-1&&\boldsymbol{0}\\&&-1&1\\\boldsymbol{0}&&-1&-1\end{pmatrix}\times\frac{1}{2\sqrt{2}}\times\begin{pmatrix}1&-1&-1&1\\-1&1&1&-1\\-1&1&1&-1\\1&-1&-1&1\end{pmatrix}\begin{pmatrix}21.36\\5.58\\0\\0\end{pmatrix}=\begin{pmatrix}-7.89\\0\\7.89\\0\end{pmatrix}$$

各杆内力值标在图 11-23c 中桁架各杆旁边。

2. 组合结构

计算组合结构时，要区分梁式杆和链杆，分别采用一般单元和桁架单元的单元刚度方程及相应的计算公式。

例 11-6　试求图 11-24 所示组合结构的内力①。设横梁截面抗拉和抗弯刚度分别为 EA 和 EI，且 $EA=2EI/\text{m}^2$。又吊杆截面抗拉刚度 $E_1A_1=\frac{EI}{20}\Big/\text{m}^2$。

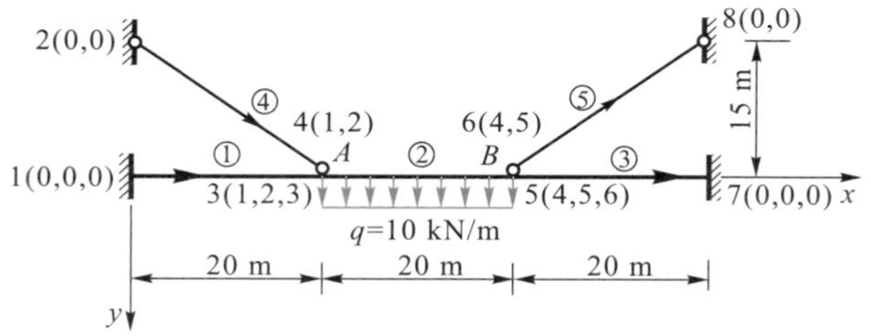

图　11-24

① 本例 EA、E_1A_1 与 EI 之间用倍数关系，没用真值，故运算中不再注明单位。

解　(1) 单元和整体编码如图 11-24 中所示。

(2) 形成局部坐标系中的单元刚度矩阵 $\bar{\boldsymbol{k}}^e$

单元①、②、③为梁式杆，按一般单元的式(11-11)形成单元刚度矩阵 $\bar{\boldsymbol{k}}^e$。

$$\bar{\boldsymbol{k}}^{①}=\bar{\boldsymbol{k}}^{②}=\bar{\boldsymbol{k}}^{③}=\frac{EI}{20}\times\left(\begin{array}{ccc:ccc} 2 & 0 & 0 & -2 & 0 & 0 \\ 0 & 0.03 & 0.3 & 0 & -0.03 & 0.3 \\ 0 & 0.3 & 4 & 0 & -0.3 & 2 \\ \hdashline -2 & 0 & 0 & 2 & 0 & 0 \\ 0 & -0.03 & -0.3 & 0 & 0.03 & -0.3 \\ 0 & 0.3 & 2 & 0 & -0.3 & 4 \end{array}\right)$$

单元④、⑤为链杆，按桁架单元的式(11-50)形成单元刚度矩阵 $\bar{\boldsymbol{k}}^e$。

$$\bar{\boldsymbol{k}}^{④}=\bar{\boldsymbol{k}}^{⑤}=E_1A_1\times\left(\begin{array}{cc:cc} 0.04 & 0 & -0.04 & 0 \\ 0 & 0 & 0 & 0 \\ \hdashline -0.04 & 0 & 0.04 & 0 \\ 0 & 0 & 0 & 0 \end{array}\right)$$

(3) 形成整体坐标系中的单元刚度矩阵 $\boldsymbol{k}^e$

单元①、②、③：$\alpha=0$，所以

$$\boldsymbol{k}^{①}=\boldsymbol{k}^{②}=\boldsymbol{k}^{③}=\bar{\boldsymbol{k}}^{①}=\bar{\boldsymbol{k}}^{②}=\bar{\boldsymbol{k}}^{③}$$

单元④：$\cos\alpha=0.8$，$\sin\alpha=0.6$。由式(11-51)

$$\boldsymbol{T}^{④}=\left(\begin{array}{cc:cc} 0.8 & 0.6 & \multicolumn{2}{c}{\multirow{2}{*}{$\boldsymbol{0}$}} \\ -0.6 & 0.8 & & \\ \hdashline \multicolumn{2}{c:}{\multirow{2}{*}{$\boldsymbol{0}$}} & 0.8 & 0.6 \\ & & -0.6 & 0.8 \end{array}\right)$$

$$\boldsymbol{k}^{④}=\boldsymbol{T}^{④\mathrm{T}}\bar{\boldsymbol{k}}^{④}\boldsymbol{T}^{④}=\begin{array}{c}(1)\\(2)\\(3)\\(4)\end{array}\overset{\begin{array}{cccc}(1)&(2)&(3)&(4)\end{array}}{\left(\begin{array}{cc:cc} 0.025\ 6 & 0.019\ 2 & -0.025\ 6 & -0.019\ 2 \\ 0.019\ 2 & 0.014\ 4 & -0.019\ 2 & -0.014\ 4 \\ \hdashline -0.025\ 6 & -0.019\ 2 & 0.025\ 6 & 0.019\ 2 \\ -0.019\ 2 & -0.014\ 4 & 0.019\ 2 & 0.014\ 4 \end{array}\right)}E_1A_1$$

单元⑤：$\cos\alpha=0.8$，$\sin\alpha=-0.6$。由式(11-51)

$$\boldsymbol{T}^{⑤}=\left(\begin{array}{cc:cc} 0.8 & -0.6 & \multicolumn{2}{c}{\multirow{2}{*}{$\boldsymbol{0}$}} \\ 0.6 & 0.8 & & \\ \hdashline \multicolumn{2}{c:}{\multirow{2}{*}{$\boldsymbol{0}$}} & 0.8 & -0.6 \\ & & 0.6 & 0.8 \end{array}\right)$$

$$
\boldsymbol{k}^{⑤}=\boldsymbol{T}^{⑤\mathrm{T}}\overline{\boldsymbol{k}}^{⑤}\boldsymbol{T}^{⑤}=\begin{array}{c} \\ (1)\\(2)\\(3)\\(4)\end{array}\begin{array}{c}\begin{array}{cccc}(1) & (2) & (3) & (4)\end{array}\\ \left(\begin{array}{cc:cc} 0.025\,6 & -0.019\,2 & -0.025\,6 & 0.019\,2\\ -0.019\,2 & 0.014\,4 & 0.019\,2 & -0.014\,4\\ \hdashline -0.025\,6 & 0.019\,2 & 0.025\,6 & -0.019\,2\\ 0.019\,2 & -0.014\,4 & -0.019\,2 & 0.014\,4\end{array}\right)\end{array}E_1A_1
$$

（4）用单元集成法形成整体刚度矩阵 $\boldsymbol{K}$

图 11-24 中，各单元的 $\bar{x}$ 轴正方向用箭头标明。各杆的单元定位向量可由图直接写出如下：

$$
\begin{aligned}
\boldsymbol{\lambda}^{①}&=(0\quad 0\quad 0\quad 1\quad 2\quad 3)^{\mathrm{T}}\\
\boldsymbol{\lambda}^{②}&=(1\quad 2\quad 3\quad 4\quad 5\quad 6)^{\mathrm{T}}\\
\boldsymbol{\lambda}^{③}&=(4\quad 5\quad 6\quad 0\quad 0\quad 0)^{\mathrm{T}}\\
\boldsymbol{\lambda}^{④}&=(0\quad 0\quad 1\quad 2)^{\mathrm{T}}\\
\boldsymbol{\lambda}^{⑤}&=(4\quad 5\quad 0\quad 0)^{\mathrm{T}}
\end{aligned}
$$

按照单元定位向量 $\boldsymbol{\lambda}^{e}$，将各单元 $\boldsymbol{k}^{e}$ 中的元素在 $\boldsymbol{K}$ 中定位并与前阶段结果累加，最后得到 $\boldsymbol{K}$ 如下（集成时用 $E_1A_1=\dfrac{EI}{20}$ 的关系）：

$$
\boldsymbol{K}=\begin{array}{c} \\ 1\\2\\3\\4\\5\\6\end{array}\begin{array}{c}\begin{array}{cccccc}1 & 2 & 3 & 4 & 5 & 6\end{array}\\ \left(\begin{array}{ccc:ccc} 4.025\,6 & 0.019\,2 & 0 & -2 & 0 & 0\\ 0.019\,2 & 0.074\,4 & 0 & 0 & -0.03 & 0.3\\ 0 & 0 & 8 & 0 & -0.3 & 2\\ \hdashline -2 & 0 & 0 & 4.025\,6 & -0.019\,2 & 0\\ 0 & -0.03 & -0.3 & -0.019\,2 & 0.074\,4 & 0\\ 0 & 0.3 & 2 & 0 & 0 & 8\end{array}\right)\end{array}\times\frac{EI}{20}
$$

（5）求等效结点荷载向量 $\boldsymbol{P}$

首先，求单元固端约束力向量 $\overline{\boldsymbol{F}}_{\mathrm{P}}^{e}$

只有单元②有 $\overline{\boldsymbol{F}}_{\mathrm{P}}{}^{②}$。因为无需转换坐标，所以

$$
\boldsymbol{P}^{②}=-\boldsymbol{F}_{\mathrm{P}}^{②}=-\left(\begin{array}{c}0\\ -\dfrac{200}{2}\\ -\dfrac{10}{12}\times 400\\ \hdashline 0\\ -\dfrac{200}{2}\\ \dfrac{10}{12}\times 400\end{array}\right)=\begin{array}{c}(1)\\(2)\\(3)\\(4)\\(5)\\(6)\end{array}\left(\begin{array}{c}0\\100\\333\\ \hdashline 0\\100\\-333\end{array}\right)
$$

按单元定位向量 $\boldsymbol{\lambda}^{②}=(1\quad 2\quad 3\quad 4\quad 5\quad 6)^{\mathrm{T}}$，将 $\boldsymbol{P}^{②}$ 中的元素在 $\boldsymbol{P}$ 中定位，得

$$\boldsymbol{P}=\begin{matrix}1\\2\\3\\4\\5\\6\end{matrix}\begin{pmatrix}0\\100\\333\\\hdashline 0\\100\\-333\end{pmatrix}$$

(6) 解基本方程

$$\frac{EI}{20}\times\left(\begin{array}{ccc:ccc}4.025\,6 & 0.019\,2 & 0 & -2 & 0 & 0\\0.019\,2 & 0.074\,4 & 0 & 0 & -0.03 & 0.3\\0 & 0 & 8 & 0 & -0.3 & 2\\\hdashline -2 & 0 & 0 & 4.025\,6 & -0.019\,2 & 0\\0 & -0.03 & -0.3 & -0.019\,2 & 0.074\,4 & 0\\0 & 0.3 & 2 & 0 & 0 & 8\end{array}\right)\begin{pmatrix}u_A\\v_A\\\theta_A\\\hdashline u_B\\v_B\\\theta_B\end{pmatrix}=\begin{pmatrix}0\\100\\333\\\hdashline 0\\100\\-333\end{pmatrix}$$

得

$$\begin{pmatrix}u_A\\v_A\\\theta_A\\\hdashline u_B\\v_B\\\theta_B\end{pmatrix}=\frac{20}{EI}\times\begin{pmatrix}-12.67\\3\,976\\254.3\\\hdashline 12.67\\3\,976\\-254.3\end{pmatrix}$$

(7) 求各杆杆端力向量 $\overline{\boldsymbol{F}}^{e}$

$$\overline{\boldsymbol{F}}^{①}=\frac{EI}{20}\times\left(\begin{array}{ccc:ccc}2 & 0 & 0 & -2 & 0 & 0\\0 & 0.03 & 0.3 & 0 & -0.03 & 0.3\\0 & 0.3 & 4 & 0 & -0.3 & 2\\\hdashline -2 & 0 & 0 & 2 & 0 & 0\\0 & -0.03 & -0.3 & 0 & 0.03 & -0.3\\0 & 0.3 & 2 & 0 & -0.3 & 4\end{array}\right)\times\frac{20}{EI}\times\begin{pmatrix}0\\0\\0\\\hdashline -12.67\\3\,976\\254.3\end{pmatrix}=\begin{pmatrix}25.34\\-42.99\\-684.2\\\hdashline -25.34\\42.99\\-175.6\end{pmatrix}$$

$$\overline{\boldsymbol{F}}^{②}=\left(\begin{array}{ccc:ccc}2 & 0 & 0 & -2 & 0 & 0\\0 & 0.03 & 0.3 & 0 & -0.03 & 0.3\\0 & 0.3 & 4 & 0 & -0.3 & 2\\\hdashline -2 & 0 & 0 & 2 & 0 & 0\\0 & -0.03 & -0.3 & 0 & 0.03 & -0.3\\0 & 0.3 & 2 & 0 & -0.3 & 4\end{array}\right)\begin{pmatrix}-12.67\\3\,976\\254.3\\\hdashline 12.67\\3\,976\\-254.3\end{pmatrix}+\begin{pmatrix}0\\-100\\-333\\\hdashline 0\\-100\\333\end{pmatrix}=\begin{pmatrix}-50.68\\-100\\175.6\\\hdashline 50.68\\-100\\-175.6\end{pmatrix}$$

$$\overline{\boldsymbol{F}}^{④}=\overline{\boldsymbol{k}}^{④}\boldsymbol{T}^{④}\boldsymbol{\Delta}^{④}=\frac{EI}{20}\times\begin{pmatrix}0.04 & 0 & -0.04 & 0\\ 0 & 0 & 0 & 0\\ -0.04 & 0 & 0.04 & 0\\ 0 & 0 & 0 & 0\end{pmatrix}\times\begin{pmatrix}0.8 & 0.6 & & \\ -0.6 & 0.8 & & \mathbf{0}\\ & & 0.8 & 0.6\\ \mathbf{0} & & -0.6 & 0.8\end{pmatrix}\times$$

$$\begin{pmatrix}0\\ 0\\ -12.67\\ 3\,976\end{pmatrix}\times\frac{20}{EI}=\begin{pmatrix}-95.02\\ 0\\ 95.02\\ 0\end{pmatrix}$$

$$\overline{\boldsymbol{F}}^{⑤}=\begin{pmatrix}-95.02\\ 0\\ 95.02\\ 0\end{pmatrix}$$

(8) 作内力图

内力图如图 11-25 所示。与卷 I 图 7-26 相比,可见横梁轴向变形的影响不大。

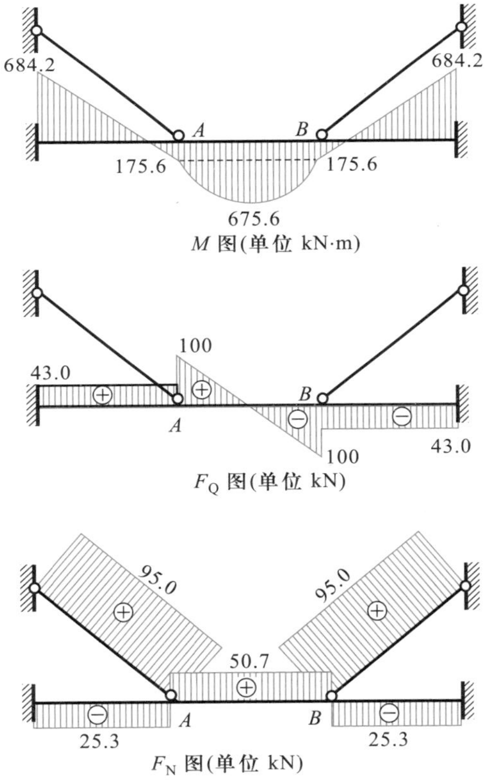

图　11-25

§11-9 小　　结

矩阵位移法是新的计算工具(计算机)与传统力学原理(位移法)相结合的产物。学习时,注意它们之间"原理上同源、作法上有别"的关系。

位移法最便于实现计算过程的程序化。矩阵位移法是结构矩阵分析中占主导地位的方法。由式(11-45)可知矩阵位移法基本方程为如下形式的整体刚度方程:

$$\boldsymbol{K\Delta}=\boldsymbol{P} \tag{a}$$

这是一个非常普遍、非常简洁的方程。用矩阵位移法分析梁、刚架、桁架和组合结构等平面和空间结构归结为式(a),用有限元法分析板、壳和弹性力学问题也归结为式(a),因此式(a)的方程具有普遍性。这样丰富的内容凝聚在三个符号、一个方程之中,形式简洁而具有高度的概括。

矩阵位移法基本方程的建立,归结为两个问题:一是根据结构的几何和弹性性质建立整体刚度矩阵 $\boldsymbol{K}$,二是根据结构的受载情况形成整体荷载向量 $\boldsymbol{P}$。

推导整体刚度矩阵 $\boldsymbol{K}$ 时,采用单元集成法,其推导过程为

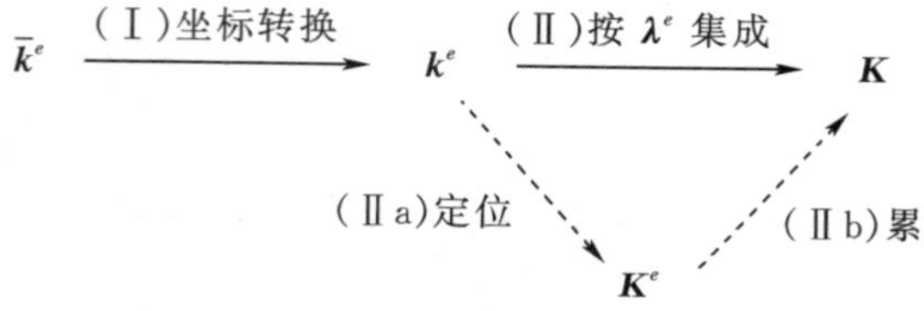

(b)

第Ⅰ步,进行坐标转换,由局部坐标系的单元刚度矩阵 $\bar{\boldsymbol{k}}^e$ 导出整体坐标系的单元刚度矩阵 $\boldsymbol{k}^e$,为第Ⅱ步作好准备。

第Ⅱ步,根据单元定位向量 $\boldsymbol{\lambda}^e$,依次由各单元的刚度矩阵 $\boldsymbol{k}^e$ 进行集成,得出整体刚度矩阵 $\boldsymbol{K}$。"集成"实际上包括将 $\boldsymbol{k}^e$ 的元素在 $\boldsymbol{K}$ 中"定位",以及将定在同一座位上的诸元素进行"累加"两个环节。

为了便于理解,不妨对"定位"和"累加"分别说明其含义。为此,在 $\boldsymbol{k}^e$ 与 $\boldsymbol{K}$ 之间再引入单元贡献矩阵 $\boldsymbol{K}^e$,如式(b)中的虚线所示。按 $\boldsymbol{\lambda}^e$ 重新"定位"的结果就是由 $\boldsymbol{k}^e$ 得出 $\boldsymbol{K}^e$;"累加"的结果就是由 $\boldsymbol{K}^e$ 得出 $\boldsymbol{K}$。但是在实际编制计算程序时,宁愿采取"边定位边累加"的方案,如式(b)中的实线所示。

对支座位移的处理,有"先处理"和"后处理"两种作法。本章采用的是先处理法,即在形成整体刚度矩阵时事先已根据结构的支承条件进行了处理。

为了加深对矩阵位移法的理解,应当同时对计算程序有所了解并上机进行实践。本书在附录 B 中给出了平面刚架源程序(FORTRAN 77 和 Fortran 90),可供学习和上机实习时参考。

§ 11-10 思考与讨论

§ 11-1 思考题

11-1 从计算步骤来看,矩阵位移法与传统的位移法有何异同?

§ 11-2、§ 11-3 思考题

11-2 单元定位向量是由什么组成的?它的用处是什么?

11-3 “一般单元”的单元刚度矩阵缺几个秩?为什么?

11-4 一般单元在局部坐标系下的单元刚度矩阵 $\bar{\boldsymbol{k}}^e$ 和整体坐标系下的单元刚度矩阵 $\boldsymbol{k}^e$,是否都是奇异矩阵?

11-5 一般单元在局部坐标系下的单元刚度矩阵 $\bar{\boldsymbol{k}}^e$ 和整体坐标系下的单元刚度矩阵 $\boldsymbol{k}^e$ 是否都是对称矩阵?

11-6 为什么有的特殊单元其单元刚度矩阵是可逆的?请举一个例子加以说明。

§ 11-4、§ 11-5 思考题

11-7 为什么连续梁的整体刚度矩阵是稀疏矩阵?认识了这一点对以后的计算有什么好处?

11-8 刚架中有铰结点时应该怎样处理?这样处理的理由是什么?

§ 11-6、§ 11-7 思考题

11-9 整体刚度方程和位移法基本方程是否一回事?它们有什么关系?

11-10 试求当结构温度改变时产生的等效结点荷载。

§ 11-8 思考题

11-11 桁架结构和组合结构的单元定位向量有何特点?

综合思考讨论题

11-12 为什么说矩阵位移法易于实现计算过程程序化?矩阵力法在这方面的优缺点是什么?

11-13 单元定位向量在本章重点讲解的先处理法中是极为重要的一个概念。你能否举例说明单元定位向量在整个计算过程中都用在哪些地方?

11-14 如果一个刚架结构具有弹性支座,应该如何形成它的刚度矩阵?

11-15 本书附录 B 中给出了平面刚架的计算程序。你能否将本章中的理论讲解和附录 B 中的框图及源程序加以对照,以加深对用矩阵位移法计算平面刚架步骤的认识?注意本章中讲解的方法在程序中是怎样实现的。

11-16 矩阵位移法对静定结构和超静定结构的计算是否都可以应用?计算步骤是否相同?

习 题

11-1、11-2 试计算图示连续梁的结点转角和杆端弯矩。

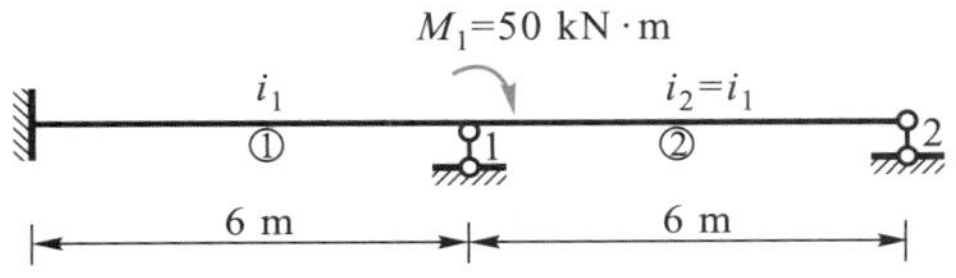

题 11-1 图

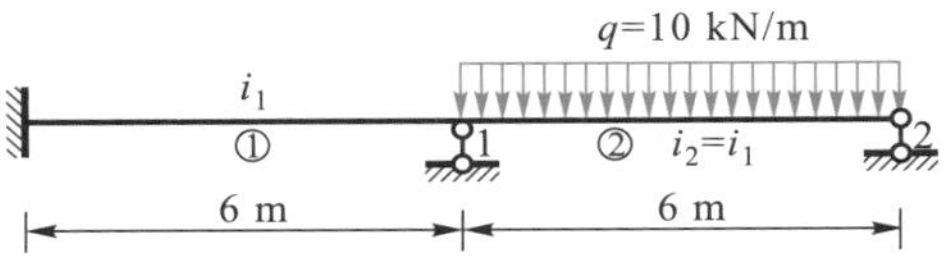

题 11-2 图

11-3 试用矩阵位移法计算图示连续梁，并画出弯矩图。

11-4 图中所示为一等截面连续梁，设支座 C 有沉降 $\Delta=0.005l$。试用矩阵位移法计算内力，并画出内力图。设 $E=3\times10^4$ MPa，$I=\frac{1}{24}$ m^4。

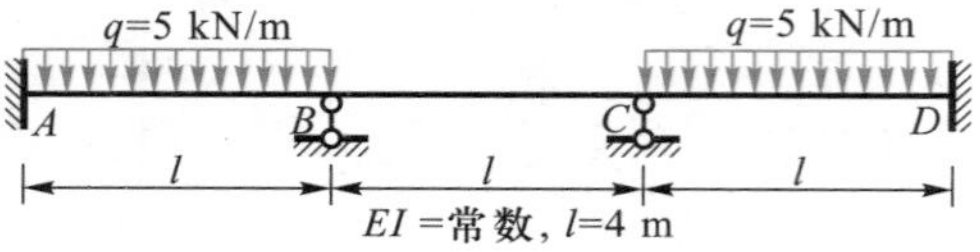

题 11-3 图

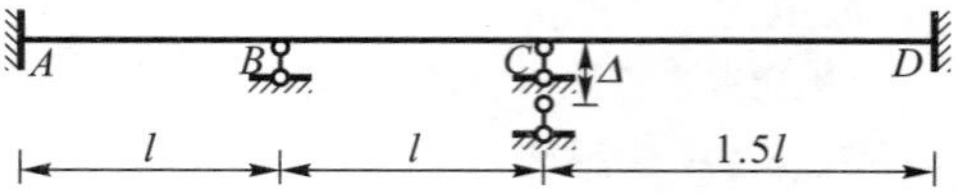

题 11-4 图

11-5 试求图示连续梁的刚度矩阵 $\boldsymbol{K}$（忽略轴向变形影响）。

11-6 试求图示刚架的整体刚度矩阵 $\boldsymbol{K}$（考虑轴向变形影响）。设各杆几何尺寸相同，$l=5$ m，$A=0.5$ m^2，$I=\frac{1}{24}$ m^4，$E=3\times10^4$ MPa。

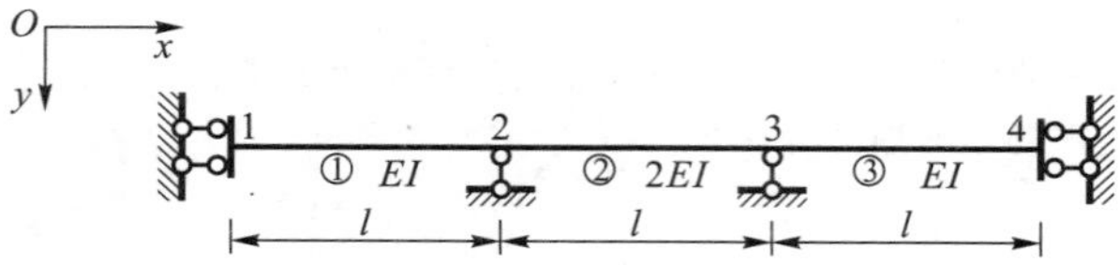

题 11-5 图

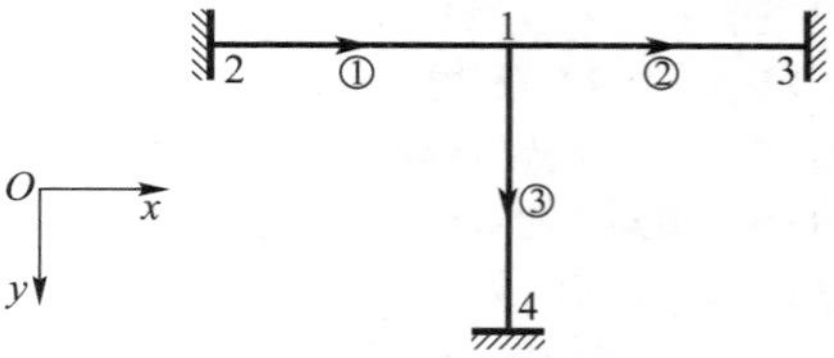

题 11-6 图

11-7 在上题的刚架中，设在单元①上作用向下的均布荷载 $q=4.8$ kN/m。试求刚架内力，并画出内力图。

11-8 试写出图示刚架在荷载作用下的位移法基本方程（考虑轴向变形影响）。设各杆的 E、A、I 为常数。

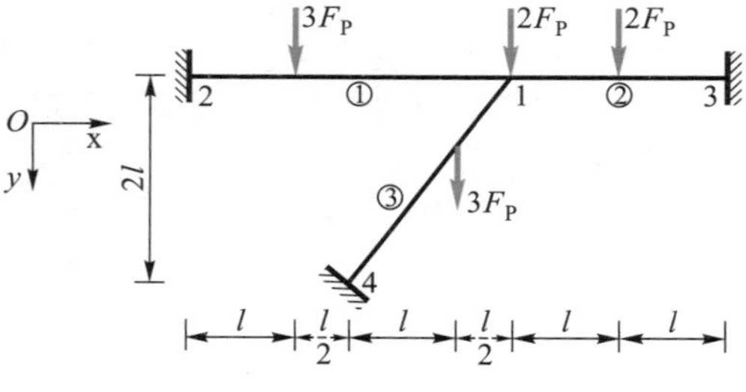

题 11-8 图

11-9 设图示刚架各杆的 E、I、A 相同，且 $A=12\sqrt{2}\frac{I}{l^2}$。试求各杆内力。

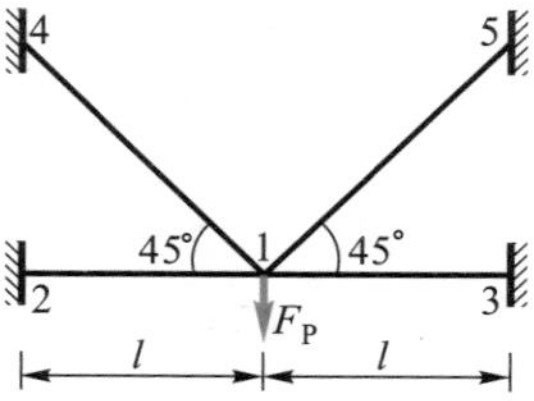

题 11-9 图

11-10　试求图示桁架各杆轴力，设各杆$\dfrac{EA}{l}$相同。

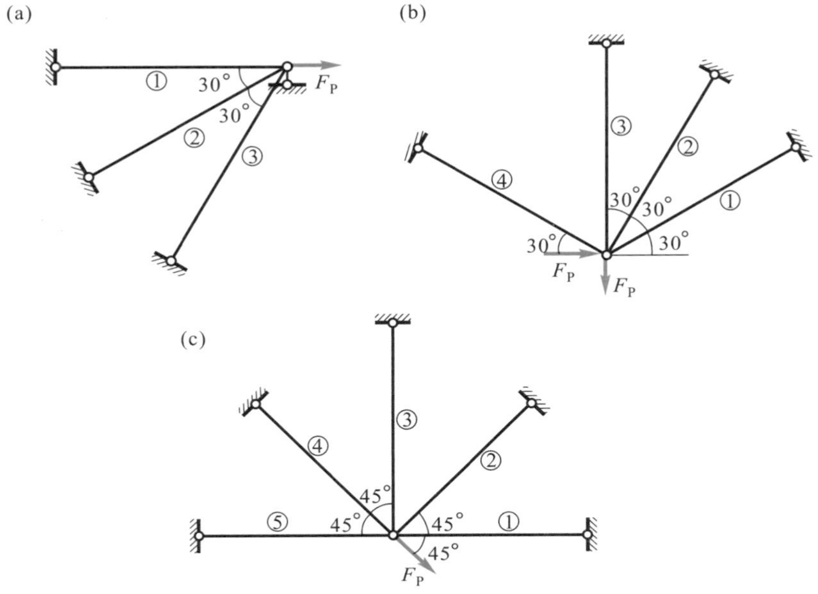

题 11-10 图

11-11　设图示桁架各杆 E、A 相同，试求各杆轴力。如撤去任一水平支杆，求解时会出现什么情况？

11-12　试求图示特殊单元的单元刚度矩阵 $\bar{\boldsymbol{k}}$（忽略轴向变形）。

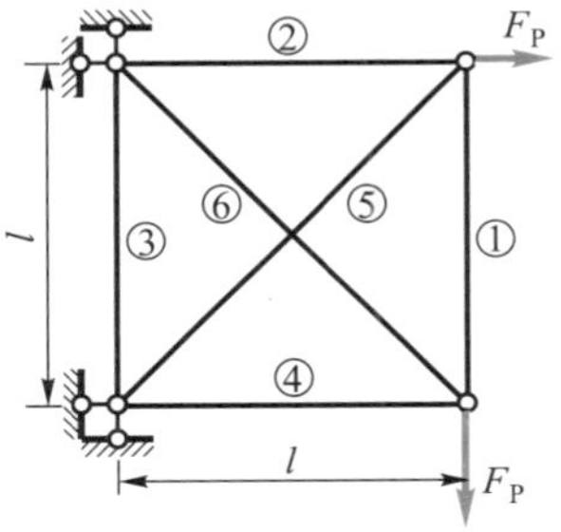

题 11-11 图

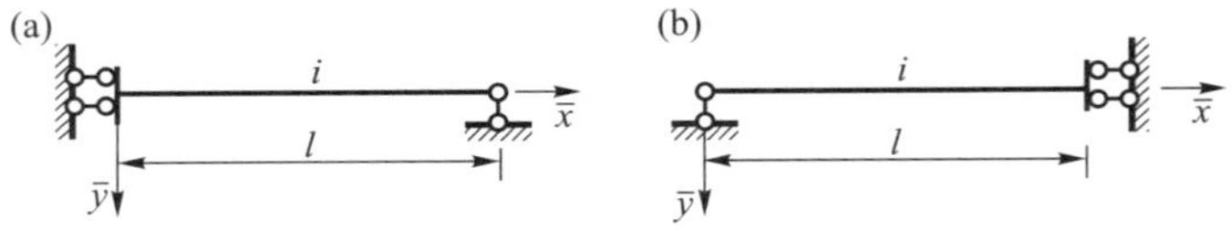

题 11-12 图

11-13　试求图示结构的整体刚度矩阵 $\boldsymbol{K}$（忽略轴向变形）。弹性支座刚度为 k。

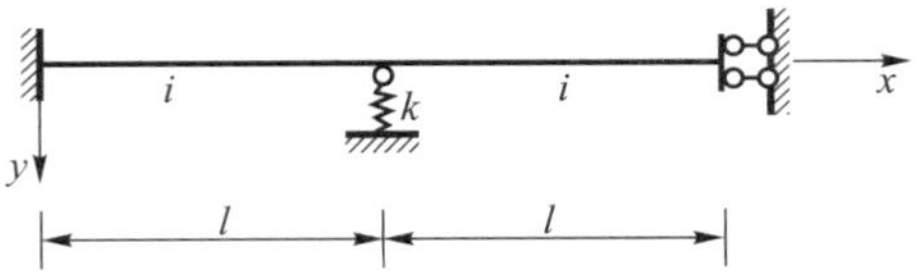

题 11-13 图

第12章 结构动力计算基础

前面各章讨论了在静力荷载作用下的结构计算问题,本章专门讨论在动力荷载作用下的结构计算问题。

按照结构力学课程教学基本要求,将动力计算内容分为两部分:本章讨论单自由度体系的振动问题、双自由度体系的自由振动和在简谐荷载下的强迫振动问题,属于教学基本要求的必修内容;多自由度和无限自由度体系的动力计算等,是提高与增选的内容,放在本书后面另章讨论。

§12-1 结构动力计算的特点和动力自由度

1. 结构动力计算的特点

首先,说明动力荷载与静力荷载的区别。动力荷载的特征是荷载(大小、方向、作用位置)随时间而变化。如果单纯从荷载本身性质来看,严格说来,绝大多数实际荷载都应属于动力荷载。但是,如果从荷载对结构所产生的影响这个角度来看,则可分为两种情况。一种情况是:荷载虽然随时间变化,但是变得很慢,荷载对结构所产生的影响与静力荷载相比相差甚微。因此,在这种荷载作用下的结构计算问题实际上可归属于静力荷载作用下的结构计算问题。换句话说,这种荷载实际上可看作静力荷载。另一种情况是:荷载不仅随时间在变,而且变得较快,荷载对结构所产生的影响与静力荷载相比相差甚大。因此,在这种荷载作用下的结构计算问题应归属于动力计算问题。换句话说,这种荷载实际上应看作动力荷载。

其次,说明结构的动力计算与静力计算的区别。根据达朗贝尔(J.Le R. d'Alembert)原理,动力计算问题可以转化为静力平衡问题来处理。但是,这是一种形式上的平衡,是一种动平衡,是在引进惯性力的条件下的平衡。换句话说,在动力计算中,虽然形式上仍是在列平衡方程,但是这里要注意两个特点:第一,在所考虑的力系中要包括惯性力;第二,这里考虑的是瞬间的平衡,荷载、内力等都是时间的函数。

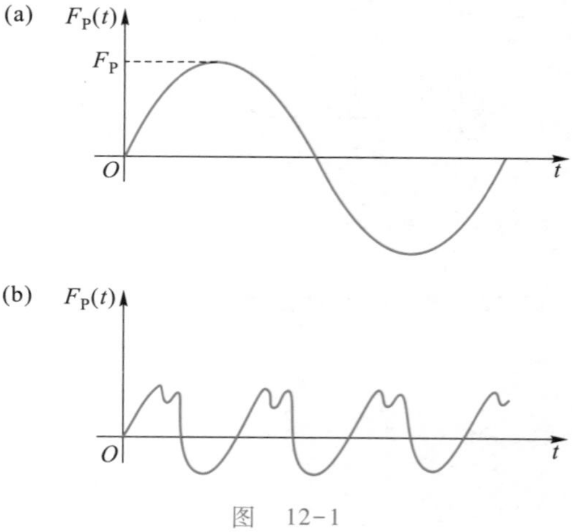

图 12-1

2. 动力荷载的分类

工程实际中经常遇到的动力荷载主要有下面几类:

第一类是周期荷载。这类荷载随时间作周期性的变化。周期荷载中最简单也是最重要的一种称为简谐荷载(图 12-1a),荷载 $F_P(t)$ 随时间 t 的变化规律可用正弦或余弦函数表示。机器转动部分引起的荷载常属于这一类。其他的周期荷载可称为非简谐性的周期荷载(图 12-1b)。

第二类是冲击荷载。这类荷载在很短的时间内,荷载值急剧增大(图12-2a)或急剧减小(图12-2b)。各种爆炸荷载属于这一类。

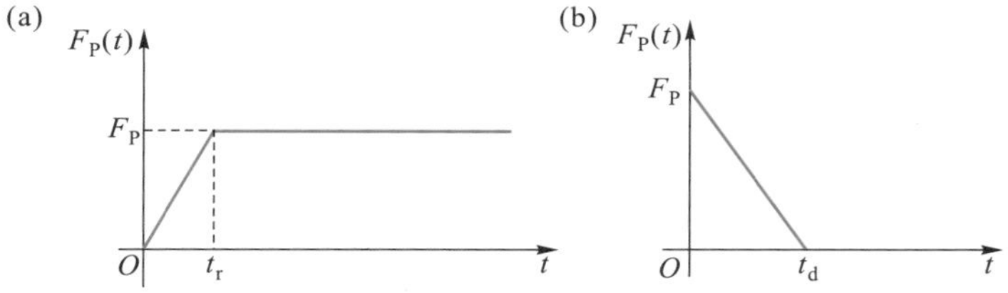

图 12-2

第三类是随机荷载。前面两类荷载都属于确定性荷载,任一时刻的荷载值都是事先确定的。如果荷载在将来任一时刻的数值无法事先确定,则称为非确定性荷载,或者称为随机荷载。地震荷载和风荷载是随机荷载的典型例子。图 12-3 所示为地震时记录到的地面加速度 $\ddot{u}(t)$。

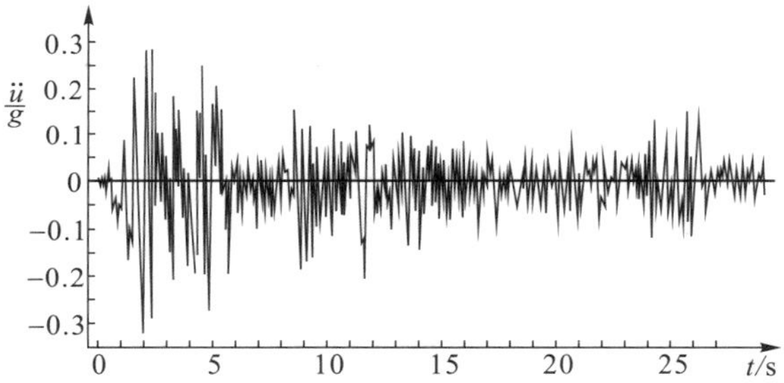

图 12-3

3. 动力计算中体系的自由度

与静力计算一样,在动力计算中也需要事先选取一个合理的计算简图。二者选取的原则基本相同,但在动力计算中,由于要考虑惯性力的作用,因此还需要研究质量在运动过程中的自由度问题。

在动力计算中,一个体系的自由度是指为了确定运动过程中任一时刻全部质量的位置所需确定的独立几何参数的数目。

由于实际结构的质量都是连续分布的,因此任何一个实际结构都可以说具有无限个自由度。但是如果所有结构都按无限自由度去计算,则不仅十分困难,而且也没有必要。因此,通常需要对计算方法加以简化。常用的简化方法有下列三种。

第一,集中质量法。

把连续分布的质量集中为几个质点,这样就可以把一个原来是无限自由度的问题简化成为有限自由度的问题。下面举几个例子加以说明。

图 12-4a 所示为一简支梁,跨中放有重物 W。当梁本身质量远小于重物的质量时,可取图 12-4b 所示的计算简图。这时,体系由无限自由度简化为一个自由度。

图 12-5a 所示为一三层平面刚架。在水平力作用下计算刚架的侧向振动时,一种常用的简

化计算方法是将柱的分布质量化为作用于上下横梁处的集中质量，因而刚架的全部质量都作用在横梁上；此外每个横梁上各点的水平位移可认为彼此相等，因而横梁上的分布质量可用一个集中质量来替代。最后，可取图 12-5b 所示的计算简图，只有三个自由度。

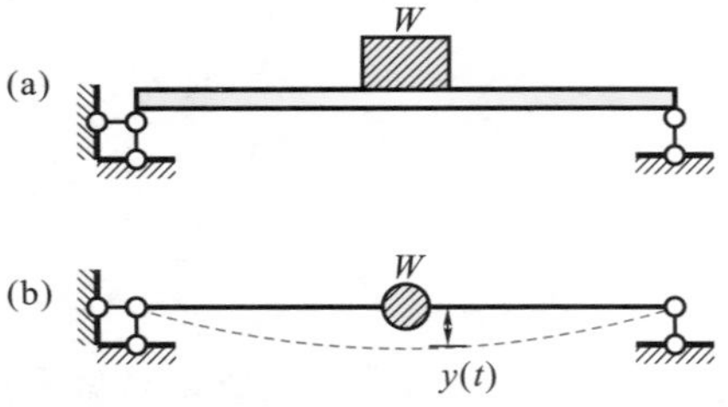

图　12-4

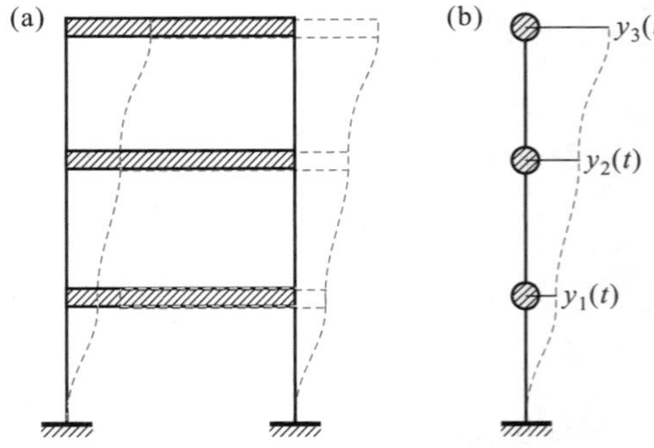

图　12-5

图 12-6a 所示为一块形基础，计算时可简化为一刚性质块。当考虑平面内的振动时，共有三个自由度，即水平位移 x、竖向位移 y 和角位移 φ（图 12-6b）。当仅考虑竖直方向的振动时，则只有一个自由度（图 12-6c）。

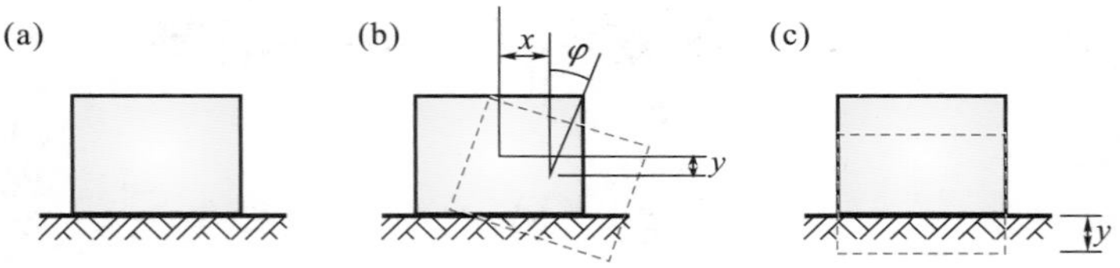

图　12-6

由图 12-6 还可看出，自由度的个数与集中质量的个数并不一定相等。又如图 12-7 所示体系，虽然只有一个集中质量，但有两个自由度。

第二，广义坐标法。

具有分布质量的简支梁是一个具有无限自由度的体系。简支梁的挠度曲线可用三角级数来表示：

$$y(x)=\sum_{k=1}^{\infty} a_k \sin\frac{k\pi x}{l} \tag{a}$$

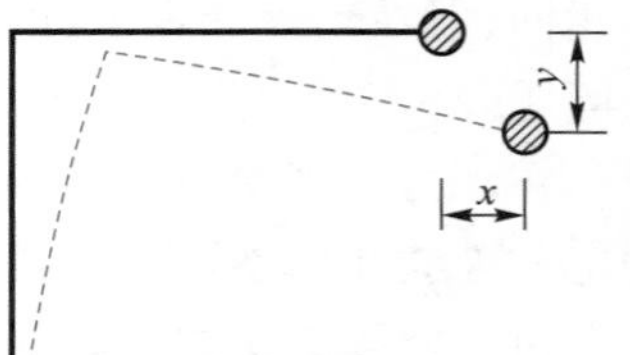

图　12-7

这里，$\sin\frac{k\pi x}{l}$是一组给定的函数，可称为形状函数；a_k 是一组待定参数，称为广义坐标。当形状函数选定之后，梁的挠度曲线 $y(x)$ 即由无限多个广义坐标 $a_1, a_2, \cdots, a_n, \cdots$ 所确定，因此简支梁具有无限自由度。在简化计算中，通常只取级数的前 n 项：

$$y(x)=\sum_{k=1}^{n} a_k \sin\frac{k\pi x}{l} \tag{b}$$

这时，简支梁被简化为具有 n 个自由度的体系。

图 12-8 所示的烟囱原来也是一个具有无限自由度的体系。由于底部是固定端，因此在 $x=0$ 处，挠度 y 及转角 $\frac{dy}{dx}$ 应为零。根据上述位移边界条件，挠度曲线可近似地设为

$$y(x)=x^2(a_1+a_2x+\cdots+a_nx^{n-1}) \tag{c}$$

这样，就简化为具有 n 个自由度的体系。

第三，有限元法。

有限元法可看作广义坐标法的一种特殊应用。以图 12-9a 所示两端固定梁为例作简要说明。

把结构分为若干单元。在图 12-9a 中，梁分为五个单元。

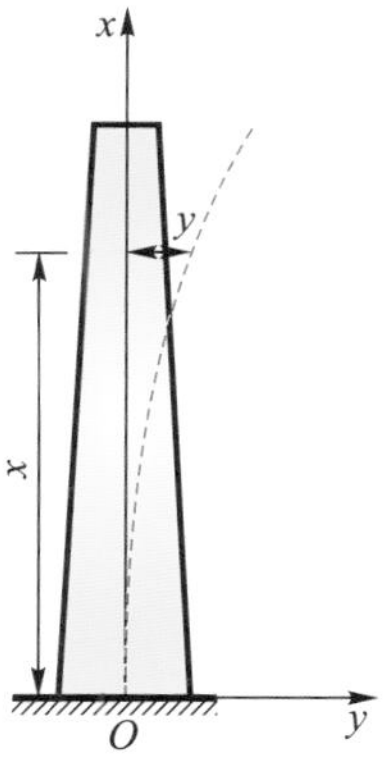

图　12-8

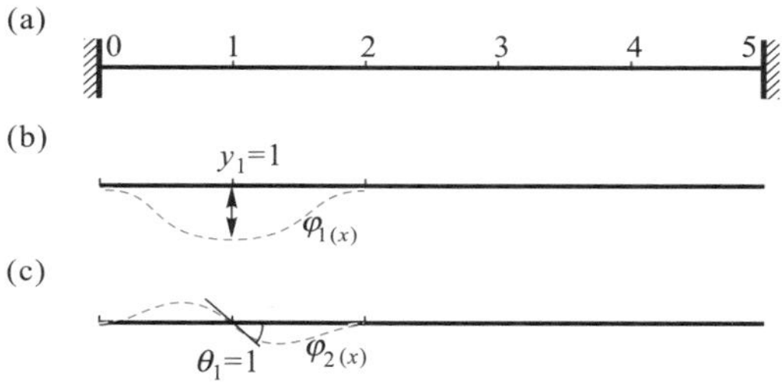

图　12-9

取结点位移参数（挠度 y 和转角 θ）作为广义坐标。在图 12-9a 中，取中间四个结点的八个位移参数 y_1、θ_1、y_2、θ_2、y_3、θ_3、y_4、θ_4 作广义坐标。

每个结点位移参数只在相邻两个单元内引起挠度。在图 12-9b、c 中分别给出结点位移参数 y_1 和 θ_1 相应的形状函数 $\varphi_1(x)$ 和 $\varphi_2(x)$。

梁的挠度可用八个广义坐标及其形状函数表示如下：

$$y(x)=y_1\varphi_1(x)+\theta_1\varphi_2(x)+\cdots+y_4\varphi_7(x)+\theta_4\varphi_8(x) \tag{d}$$

通过以上步骤，梁即转化为具有八个自由度的体系。可以看出，有限元法综合了集中质量法和广义坐标法的某些特点。

§12-2　单自由度体系的自由振动

这里用三节篇幅讨论单自由度体系的振动问题。依次讨论自由振动、强迫振动和阻尼影响。

单自由度体系的动力分析虽然比较简单，但是非常重要。这是因为：第一，很多实际的动力问题常可按单自由度体系进行计算，或者进行初步的估算；第二，单自由度体系的动力分析是多自由度体系动力分析的基础，只有牢固地打好这个基础，才能顺利地学习后面的内容。

1. 自由振动微分方程的建立

现结合图 12-10 讨论单自由度体系的自由振动。

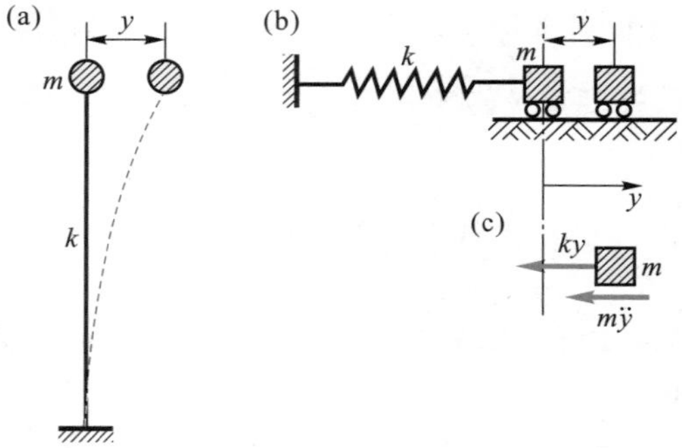

图　12-10

图12-10a所示的悬臂立柱在顶部有一重物，质量为 m。设柱本身的质量比 m 小得多，可以忽略不计。因此，体系只有一个自由度。

假设由于外界的干扰，质点 m 离开了静止平衡位置，干扰消失后，由于立柱弹性力的影响，质点 m 沿水平方向产生自由振动，在任一时刻 t，质点的水平位移为 $y(t)$。

在建立自由振动微分方程之前，先把图12-10a中的体系用图12-10b所示的弹簧模型来表示。原来由立柱对质量 m 所提供的弹性力这里改用弹簧来提供。因此，弹簧的刚度系数 k（使弹簧伸长单位距离时所需施加的拉力）应使之与立柱的刚度系数（使柱顶产生单位水平位移时在柱顶所需施加的水平力）相等。

现在推导自由振动的微分方程。以静平衡位置为原点，取质量 m 在振动中位置为 y 时的状态作隔离体，如图12-10c所示。如果忽略振动过程中所受到的阻力，则隔离体所受的力有下列两种：

（1）弹性力 $-ky$，与位移 y 的方向相反；

（2）惯性力 $-m\ddot{y}$，与加速度 $\ddot{y}$ 的方向相反。

根据达朗贝尔原理，可列出隔离体的平衡方程如下：

$$m\ddot{y}+ky=0 \tag{12-1}$$

这就是从力系平衡角度建立的自由振动微分方程。这种推导方法称为刚度法。

另一方面，自由振动微分方程也可从位移协调角度来推导。用 F_I 表示惯性力：$F_I=-m\ddot{y}$；用 δ 表示弹簧的柔度系数，即在单位力作用下所产生的位移，其值与刚度系数 k 互为倒数：

$$\delta=\frac{1}{k} \tag{a}$$

则质量 m 的位移为

$$y=F_I\delta=(-m\ddot{y})\delta \tag{b}$$

上式表明：质量 m 在运动过程中任一时刻的位移等于在当时惯性力作用下的静力位移。

将式(a)代入式(b)，整理后仍得到式(12-1)。这里，是从位移协调的角度建立自由振动微分方程的。这种推导方法称为柔度法。

2. 自由振动微分方程的解

单自由度体系自由振动微分方程(12-1)可改写为

$$\ddot{y}+\omega^2y=0 \tag{12-2}$$

其中

$$\omega=\sqrt{\frac{k}{m}} \tag{c}$$

式(12-2)是一个齐次方程，其通解为

$$y(t)=C_1\sin\omega t+C_2\cos\omega t \tag{d}$$

其中的系数 C_1 和 C_2 可由初始条件确定。设在初始时刻 $t=0$ 质点有初始位移 y_0 和初始速度 v_0，即

$$y(0)=y_0,\quad \dot{y}(0)=v_0$$

由此解出：

$$C_1=\frac{v_0}{\omega},\quad C_2=y_0$$

代入式(d)，即得

$$y(t)=y_0\cos\,\omega t+\frac{v_0}{\omega}\sin\,\omega t \tag{12-3}$$

由上式看出，振动是由两部分所组成：

一部分是单独由初始位移 y_0（没有初始速度）引起的，质点按 $y_0\cos\,\omega t$ 的规律振动，如图 12-11a所示。

另一部分是单独由初始速度（没有初始位移）引起的，质点按 $\frac{v_0}{\omega}\sin\,\omega t$ 的规律振动，如图 12-11b 所示。

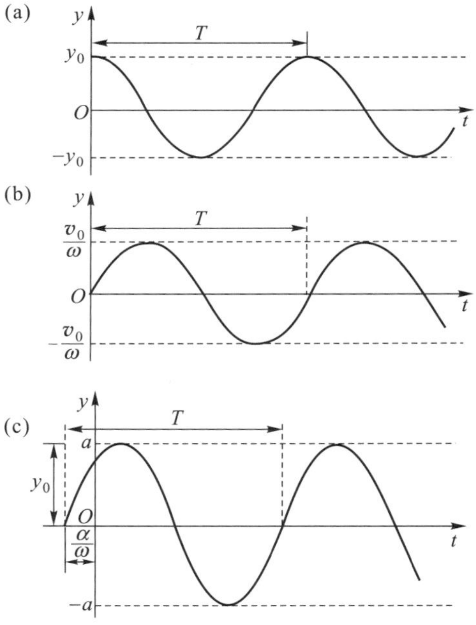

图 12-11

式(12-3)还可改写为

$$y(t)=a\sin(\omega t+\alpha) \tag{12-4}$$

其图形如图 12-11c 所示。其中参数 a 称为振幅，α 称为初始相位角。参数 a、α 与参数 y_0、v_0 之间的关系可导出如下：

先将式(12-4)的右边展开，得

$$y(t)=a\sin\,\alpha\,\cos\,\omega t+a\cos\,\alpha\,\sin\,\omega t$$

再与式(12-3)比较，即得

$$y_0=a\sin\,\alpha,\quad \frac{v_0}{\omega}=a\cos\,\alpha$$

或

$$a=\sqrt{y_0^2+\frac{v_0^2}{\omega^2}},\quad \alpha=\tan^{-1}\frac{y_0\omega}{v_0} \tag{12-5a、b}$$

3. 结构的自振周期

式(12-4)的右边是一个周期函数，其周期为

$$T=\frac{2\pi}{\omega} \tag{12-6}$$

不难验证，式(12-4)中的位移 $y(t)$ 确实满足周期运动的下列条件：

$$y(t+T)=y(t)$$

这就表明，在自由振动过程中，质点每隔一段时间 T 又回到原来的位置，因此 T 称为结构的自振周期。

自振周期的倒数称为频率,记作 f,

$$f=\frac{1}{T}=\frac{\omega}{2\pi} \tag{12-7}$$

频率 f 表示单位时间内的振动次数,其常用单位为 Hz 或 s^{-1}。

此外 ω 可称为圆频率或角频率(习惯上有时也称为频率):

$$\omega=\frac{2\pi}{T}=2\pi f \tag{12-8}$$

ω 表示在 2π 个单位时间内的振动次数。

下面给出自振周期计算公式的几种形式:

(1) 将式(c)代入式(12-6),得

$$T=2\pi\sqrt{\frac{m}{k}} \tag{12-9a}$$

(2) 将 $\frac{1}{k}=\delta$ 代入上式,得

$$T=2\pi\sqrt{m\delta} \tag{12-9b}$$

(3) 将 $m=W/g$ 代入上式,得

$$T=2\pi\sqrt{\frac{W\delta}{g}} \tag{12-9c}$$

(4) 令 $W\delta=\Delta_{st}$,得

$$T=2\pi\sqrt{\frac{\Delta_{st}}{g}} \tag{12-9d}$$

其中 δ 是沿质点振动方向的结构柔度系数,它表示在质点上沿振动方向施加单位荷载时质点沿振动方向所产生的静位移。因此,$\Delta_{st}=W\delta$ 表示在质点上沿振动方向施加数值为 W 的荷载时质点沿振动方向所产生的静位移。

同样,利用式(12-8),可得出圆频率的计算公式如下:

$$\omega=\sqrt{\frac{k}{m}}=\frac{1}{\sqrt{m\delta}}=\sqrt{\frac{g}{W\delta}}=\sqrt{\frac{g}{\Delta_{st}}} \tag{12-10}$$

由上面的分析可以看出结构自振周期 T 的一些重要性质:

(1) 自振周期与结构的质量和结构的刚度有关,而且只与这二者有关,与外界的干扰因素无关。干扰力的大小只能影响振幅 a 的大小,而不能影响结构自振周期 T 的大小。

(2) 自振周期与质量的平方根成正比,质量越大,则周期越大(频率 f 越小);自振周期与刚度的平方根成反比,刚度越大,则周期越小(频率 f 越大);要改变结构的自振周期,只有从改变结构的质量或刚度着手。

(3) 自振周期 T 是结构动力性能的一个很重要的数量标志。两个外表相似的结构,如果周期相差很大,则动力性能相差很大;反之,两个外表看来并不相同的结构,如果其自振周期相近,则在动荷载作用下其动力性能基本一致。地震中常发现这样的现象。所以,自振周期的计算十分重要。

例 12-1　图 12-12 所示为一等截面简支梁,截面抗弯刚度为 EI,跨度为 l。在梁的跨度中点有一个集中质量 m。如果忽略梁本身的质量,试求梁的自振周期 T 和圆频率 ω。

解　对于简支梁跨中质量的竖向振动来说,柔度系数为

$$\delta=\frac{l^3}{48EI}$$

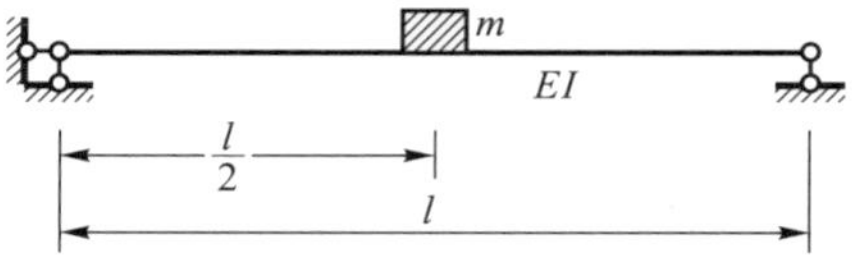

图　12-12

因此,由式(12-9b)和式(12-10)得

$$T=2\pi\sqrt{m\delta}=2\pi\sqrt{\frac{ml^3}{48EI}}$$

$$\omega=\frac{1}{\sqrt{m\delta}}=\sqrt{\frac{48EI}{ml^3}}$$

例 12-2　图 12-13 所示为一等截面竖直悬臂杆,长度为 l,截面面积为 A,惯性矩为 I,弹性模量为 E。杆顶有重物,其重量为 W。设杆件本身质量可忽略不计,试分别求水平振动和竖向振动时的自振周期。

解　(1) 水平振动

当杆顶作用水平力 W 时,杆顶的水平位移为

$$\Delta_{st}=\frac{Wl^3}{3EI}$$

所以

$$T=2\pi\sqrt{\frac{Wl^3}{3EIg}}$$

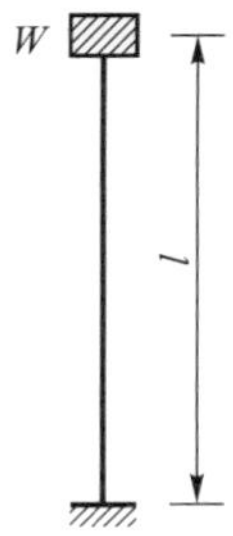

图　12-13

(2) 竖向振动

当杆顶作用竖向力 W 时,杆顶的竖向位移为

$$\Delta_{st}=\frac{Wl}{EA}$$

所以

$$T=2\pi\sqrt{\frac{Wl}{EAg}}$$

§ 12-3　单自由度体系的强迫振动

结构在动力荷载作用下的振动称为强迫振动或受迫振动。

图 12-14a 所示为单自由度体系的振动模型,质量为 m,弹簧刚度系数为 k,承受动荷载 $F_P(t)$。取质量 m 作隔离体,如图 12-14b 所示。弹性力 $-ky$、惯性力 $-m\ddot{y}$ 和动荷载 $F_P(t)$ 之间的平衡方程为

$$m\ddot{y}+ky=F_P(t)$$

或写成

$$\ddot{y}+\omega^2 y=\frac{F_P(t)}{m} \tag{12-11}$$

其中 ω 仍是 $\sqrt{\frac{k}{m}}$。

式(12-11)就是单自由度体系强迫振动的微分方程。

下面讨论几种常见的动力荷载作用时结构的振动情况。

1. 简谐荷载下的动力反应和共振现象

设体系承受如下的简谐荷载：

$$F_P(t)=F\sin\theta t \tag{a}$$

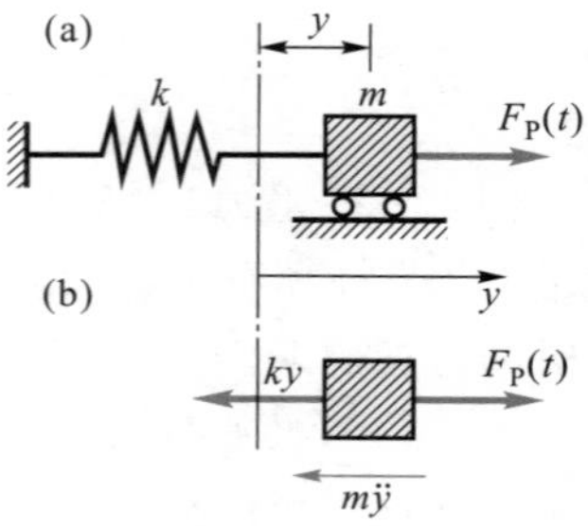

图　12-14

这里，θ 是简谐荷载的圆频率，F 是荷载的最大值，称为幅值。将式(a)代入式(12-11)，即得运动方程如下：

$$\ddot{y}+\omega^2 y=\frac{F}{m}\sin\theta t \tag{b}$$

先求方程的特解。设特解为

$$y(t)=A\sin\theta t \tag{c}$$

将式(c)代入式(b)，得

$$(-\theta^2+\omega^2)A\sin\theta t=\frac{F}{m}\sin\theta t$$

由此得

$$A=\frac{F}{m(\omega^2-\theta^2)}$$

因此特解为

$$y(t)=\frac{F}{m\omega^2\left(1-\frac{\theta^2}{\omega^2}\right)}\sin\theta t \tag{d}$$

如令

$$y_{st}=\frac{F}{m\omega^2}=F\delta \tag{e}$$

则 y_{st} 可称为最大静位移(即把荷载最大值 F 当作静荷载作用时结构所产生的位移)，而特解(d)可写为

$$y(t)=y_{st}\frac{1}{1-\frac{\theta^2}{\omega^2}}\sin\theta t \tag{f}$$

微分方程的齐次解已在上节求出，故得通解如下：

$$y(t)=C_1\sin\omega t+C_2\cos\omega t+y_{st}\frac{1}{1-\frac{\theta^2}{\omega^2}}\sin\theta t \tag{g}$$

积分常数 C_1 和 C_2 需由初始条件来求。设在 $t=0$ 时的初始位移和初始速度均为零，则得

$$C_1=-y_{st}\frac{\frac{\theta}{\omega}}{1-\frac{\theta^2}{\omega^2}},\quad C_2=0$$

代入式(g)，即得

$$y(t)=y_{st}\frac{1}{1-\frac{\theta^2}{\omega^2}}\left(\sin\,\theta t-\frac{\theta}{\omega}\sin\,\omega t\right)\tag{12-12}$$

由此看出，振动是由两部分合成的：第一部分按荷载频率 θ 振动，第二部分按自振频率 ω 振动。由于在实际振动过程中存在着阻尼力（参见下节），因此按自振频率振动的那一部分将会逐渐消失，最后只余下按荷载频率振动的那一部分。我们把振动刚开始两种振动同时存在的阶段称为“过渡阶段”，而把后来只按荷载频率振动的阶段称为“平稳阶段”。由于过渡阶段延续的时间较短，因此在实际问题中平稳阶段的振动较为重要。

下面讨论平稳阶段的振动。任一时刻的位移为

$$y(t)=y_{st}\frac{1}{1-\frac{\theta^2}{\omega^2}}\sin\,\theta t$$

最大位移（即振幅）为

$$[y(t)]_{max}=y_{st}\frac{1}{1-\frac{\theta^2}{\omega^2}}$$

最大动位移 $[y(t)]_{max}$ 与最大静位移 y_{st} 的比值称为动力系数，用 β 表示，即

$$\beta=\frac{[y(t)]_{max}}{y_{st}}=\frac{1}{1-\frac{\theta^2}{\omega^2}}\tag{12-13}$$

由此看出，动力系数 β 是频率比值 $\frac{\theta}{\omega}$ 的函数。函数图形如图 12-15 所示，其中横坐标为 $\frac{\theta}{\omega}$，纵坐标为 β 的绝对值 $\left(注意，当\frac{\theta}{\omega}>1 时，\beta 为负值\right)$。

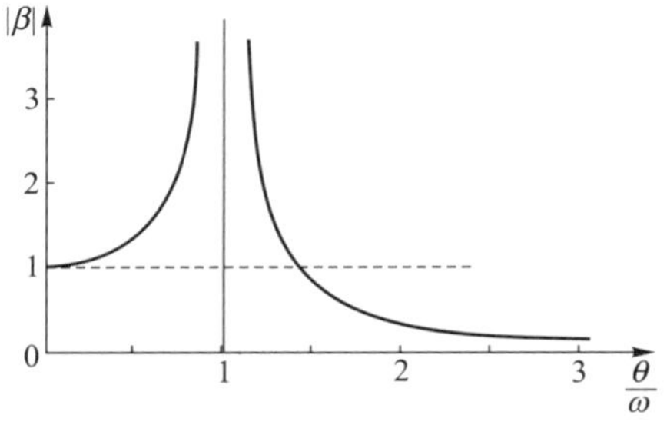

图　12-15

由图 12-15 可看出如下特性：

当 $\frac{\theta}{\omega}\to 0$ 时，动力系数 $\beta\to 1$。这时，简谐荷载的数值虽然随时间变化，但变化得非常慢（与结构的自振周期相比），因而可当作静力荷载处理。

当 $0<\frac{\theta}{\omega}<1$ 时，动力系数 $\beta>1$，又 β 随 $\frac{\theta}{\omega}$ 的增大而增大。

当$\frac{\theta}{\omega}\to 1$时，$|\beta|\to\infty$。即当荷载频率$\theta$接近于结构自振频率$\omega$时，振幅会无限增大，这种现象称为“共振”。实际上由于存在阻尼力的影响，共振时也不会出现振幅为无限大的情况，但是共振时的振幅比静位移大很多倍的情况是可能出现的。（还需指出，共振现象的形成有一个过程，振幅是由小逐渐变大的，并不是一开始就很大。在简谐振动实验中可以看到这个发展过程。）

当$\frac{\theta}{\omega}>1$时，β的绝对值随$\frac{\theta}{\omega}$的增大而减小。

以上分析了在简谐荷载作用下结构位移幅度随$\frac{\theta}{\omega}$变化的情况。对于结构内力（例如弯矩）也存在类似的情况。

例 12-3　设有一简支钢梁，跨度$l=4\ \text{m}$，采用型号为 I28 b 的工字钢，惯性矩$I=7\ 480\ \text{cm}^4$，截面系数$W=534\ \text{cm}^3$，弹性模量$E=2.1\times10^5\ \text{MPa}$。在跨度中点有电动机，重量$G=35\ \text{kN}$，转速$n=500\ \text{r/min}$。由于具有偏心，转动时产生离心力$F_P=10\ \text{kN}$，离心力的竖向分力为$F_P\sin\theta t$。忽略梁本身的质量，试求钢梁在上述竖向简谐荷载作用下强迫振动的动力系数和最大正应力。

解　(1) 简支钢梁的自振频率

$$\omega=\sqrt{\frac{g}{\Delta_{st}}}=\sqrt{\frac{48EIg}{Gl^3}}=\sqrt{\frac{48\times2.1\times10^4\ \text{kN/cm}^2\times7\ 480\ \text{cm}^4\times980\ \text{cm/s}^2}{35\ \text{kN}\times(400\ \text{cm})^3}}=57.4\ \text{s}^{-1}$$

(2) 荷载的频率θ可由转速n导出：

$$\theta=\frac{2\pi n}{60}=2\times3.141\ 6\times\frac{500}{60\ \text{s}}=52.3\ \text{s}^{-1}$$

(3) 求动力系数β

由式(12-13)

$$\beta=\frac{1}{1-\left(\frac{\theta^2}{\omega^2}\right)}=\frac{1}{1-\left(\frac{52.3\ \text{s}^{-1}}{57.4\ \text{s}^{-1}}\right)^2}=5.88$$

即动力位移和动力应力的最大值为静力值的 5.88 倍。

(4) 求跨中最大正应力

$$\sigma_{\max}=\frac{Gl}{4W}+\beta\frac{F_Pl}{4W}=\frac{(G+\beta F_P)l}{4W}=\frac{(35\ \text{kN}+5.88\times10\ \text{kN})\times400\ \text{cm}}{4\times534\ \text{cm}^3}=175.6\ \text{MPa}$$

式中第一项是电动机重量G产生的正应力，第二项是动荷载$F_P\sin\theta t$产生的最大正应力。

2. 一般动力荷载下的动力反应——杜哈梅积分

现在讨论在一般动力荷载$F_P(t)$作用下所引起的动力反应。我们分两步讨论：首先讨论瞬时冲量的动力反应，然后在此基础上讨论一般动力荷载的动力反应。

设体系在$t=0$时处于静止状态。然后有瞬时冲量S作用。例如，图 12-16 所示为在Δt时间内作用荷载F_P，其冲量S即为$F_P\Delta t$。由于冲量S的作用，体系将产生初速度$v_0=\frac{S}{m}$，但初位移仍为零，即$y_0=0$，代入式(12-3)，即得

$$y(t)=\frac{S}{m\omega}\sin\ \omega t \tag{12-14}$$

上式就是在 $t=0$ 时作用瞬时冲量 S 所引起的动力反应。

如果在 $t=\tau$ 时作用瞬时冲量 S(图 12-17)，则在以后任一时刻 $t(t>\tau)$ 的位移为

$$y(t)=\frac{S}{m\omega}\sin\ \omega(t-\tau) \tag{a}$$

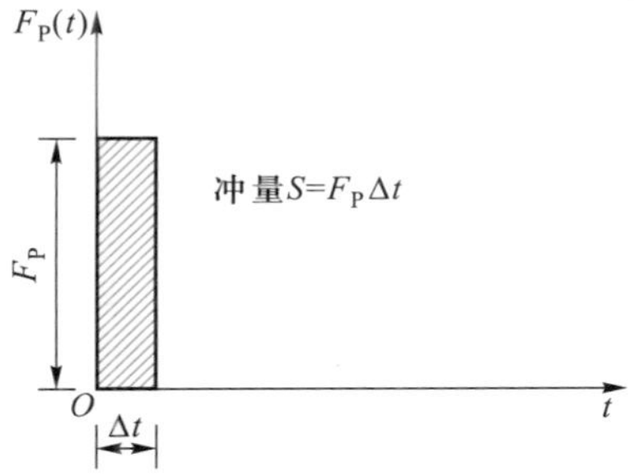

图　12-16

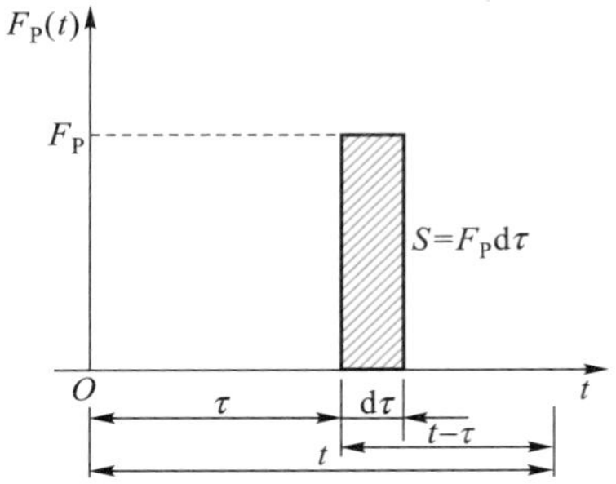

图　12-17

现在讨论图 12-18 所示任意动力荷载 $F_P(t)$ 的动力反应。整个加载过程可看作由一系列瞬时冲量所组成。例如，在时刻 $t=\tau$ 作用的荷载为 $F_P(\tau)$，此荷载在微分时段 $d\tau$ 内产生的冲量为 $dS=F_P(\tau)d\tau$。根据式(a)，此微分冲量引起如下的动力反应：对于 $t>\tau$，

$$dy=\frac{F_P(\tau)d\tau}{m\omega}\sin\ \omega(t-\tau) \tag{b}$$

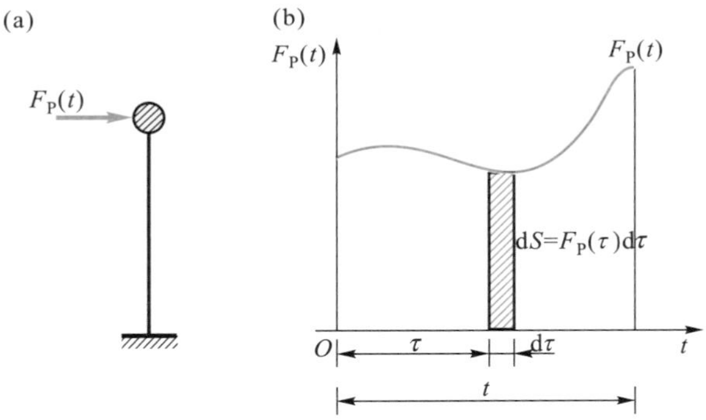

图　12-18

然后对加载过程中产生的所有微分反应进行叠加，即对式(b)进行积分，可得出总反应如下：

$$y(t)=\frac{1}{m\omega}\int_0^t F_P(\tau)\sin\ \omega(t-\tau)\,d\tau \tag{12-15}$$

式(12-15)称为**杜哈梅**(J.M.C.Duhamel)**积分**；这就是初始处于静止状态的单自由度体系在任意动力荷载 $F_P(t)$ 作用下的位移公式。如初始位移 y_0 和初始速度 v_0 不为零，则总位移应为

$$y(t)=y_0\cos\omega t+\frac{v_0}{\omega}\sin\omega t+\frac{1}{m\omega}\int_0^t F_P(\tau)\sin\omega(t-\tau)\mathrm{d}\tau \tag{12-16}$$

3. 几种常见动力荷载下的动力反应

下面应用式(12-16)来讨论几种动力荷载的动力反应。

（1）突加荷载

设体系原处于静止状态。在 $t=0$ 时,突然加上荷载 F_{P0},并一直作用在结构上。这种荷载称为突加荷载,其表示式为

$$F_P(t)=\begin{cases}0, & 当\ t<0\\ F_{P0}, & 当\ t>0\end{cases} \tag{c}$$

$F_P(t)-t$ 曲线如图 12-19 所示。这是一个阶梯形曲线,在 $t=0$ 处,曲线有间断点。

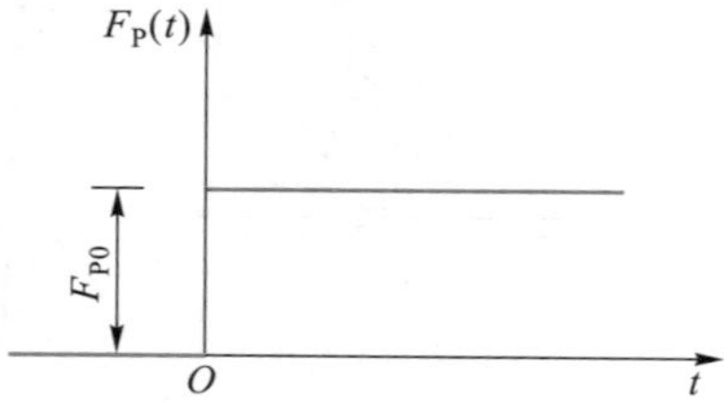

图 12-19

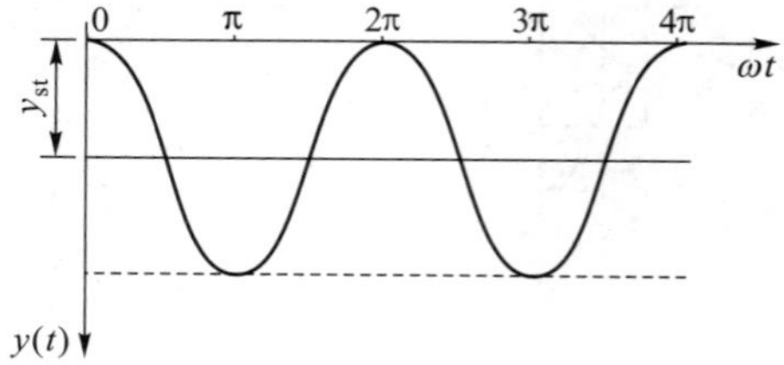

图 12-20

将式(c)中的荷载表示式代入式(12-15),可得动力位移如下:

当 $t>0$ 时,

$$\begin{aligned}y(t)&=\frac{1}{m\omega}\int_0^t F_{P0}\sin\omega(t-\tau)\mathrm{d}\tau\\&=\frac{F_{P0}}{m\omega^2}(1-\cos\omega t)\\&=y_{st}(1-\cos\omega t)\end{aligned} \tag{12-17}$$

这里,$y_{st}=\dfrac{F_{P0}}{m\omega^2}=F_{P0}\delta$,表示在静力荷载 F_{P0}作用下所产生的静位移。

根据式(12-17)可作出动力位移图如图 12-20 所示。由图看出,当$t>0$时,质点是围绕其静力平衡位置 $y=y_{st}$作简谐运动,动力系数为

$$\beta=\frac{[y(t)]_{max}}{y_{st}}=2 \tag{12-18}$$

由此看出,突加荷载所引起的最大位移比相应的静位移增大 1 倍。

（2）短时荷载

荷载 F_{P0}在时刻 $t=0$ 突然加上,在 $0<t<u$ 时段内,荷载数值保持不变,在时刻 $t=u$ 以后荷载又突然消失。这种荷载可表示为

$$F_P(t)=\begin{cases}0, & 当\ t<0\\ F_{P0}, & 当\ 0<t<u\\ 0, & 当\ t>u\end{cases} \tag{d}$$

$F_P(t)-t$ 曲线如图 12-21 所示。下面分两个阶段计算。

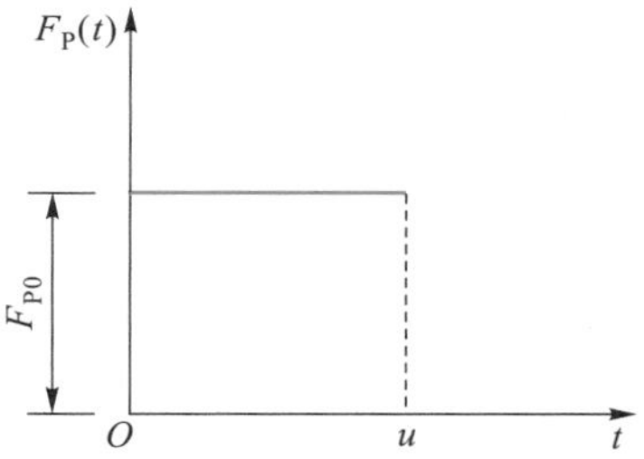

图　12-21

阶段 Ⅰ（$0\leqslant t\leqslant u$）　此阶段的荷载情况与突加荷载相同，故动力位移仍由式（12-17）给出：对于 $0\leqslant t\leqslant u$，

$$y(t)=y_{st}(1-\cos\omega t) \tag{e}$$

阶段 Ⅱ（$t\geqslant u$）　此阶段无荷载作用，因此体系为自由振动。以阶段 Ⅰ 终了时刻（$t=u$）的位移 $y(u)$ 和速度 $v(u)$ 作起始位移和起始速度，即可得出动力位移公式。此外，动力位移也可直接由式（12-15）求得。将荷载表示式（d）代入后，即得

$$\begin{aligned}y(t)&=\frac{1}{m\omega}\int_0^u F_{P0}\sin\omega(t-\tau)\,\mathrm{d}\tau\\&=\frac{F_{P0}}{m\omega^2}[\cos\omega(t-u)-\cos\omega t]\\&=y_{st}\times 2\sin\frac{\omega u}{2}\sin\omega\left(t-\frac{u}{2}\right)\end{aligned} \tag{12-19}$$

下面讨论体系的最大反应。为此，需分两种情况来讨论。

第一种情况是 $u>\frac{T}{2}$（加载持续时间大于半个自振周期）。这时，最大反应发生在阶段 Ⅰ，动力系数为［由式（12-18）］

$$\beta=2 \tag{f}$$

第二种情况是 $u<\frac{T}{2}$。这时，最大反应发生在阶段 Ⅱ，由式（12-19）得知动力位移的最大值为

$$y_{max}=y_{st}\times 2\sin\frac{\omega u}{2}$$

因此，动力系数为

$$\beta=2\sin\frac{\omega u}{2}=2\sin\frac{\pi u}{T} \tag{g}$$

综合上述两种情况的结果［式（f）和式（g）］得

$$\beta=\begin{cases}2\sin\dfrac{\pi u}{T}, & \dfrac{u}{T}<\dfrac{1}{2}\\[2ex] 2, & \dfrac{u}{T}>\dfrac{1}{2}\end{cases} \tag{12-20}$$

由此看出，动力系数 β 的数值取决于参数 $\frac{u}{T}$，即短时荷载的动力效果取决于加载持续时间的长短（与自振周期相比）。根据式（12-20），可画出 β 与 $\frac{u}{T}$ 间的关系曲线如图 12-22 所示。这种动力系数 β 与动荷时间比值 $\frac{u}{T}$ 之间的关系曲线，称为动力系数反应谱。

(3) 线性渐增荷载

在一定时间内($0\leqslant t\leqslant t_r$),荷载由 0 增至 F_{P0},然后荷载值保持不变(图12-23)。荷载表示式为

$$F_P(t)=\begin{cases}\dfrac{F_{P0}}{t_r}t, & 当\ 0\leqslant t\leqslant t_r,\\ F_{P0}, & 当\ t\geqslant t_r\end{cases}$$

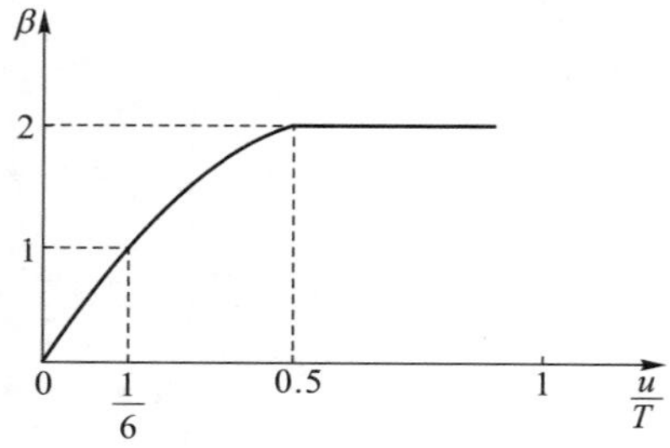

图　12-22

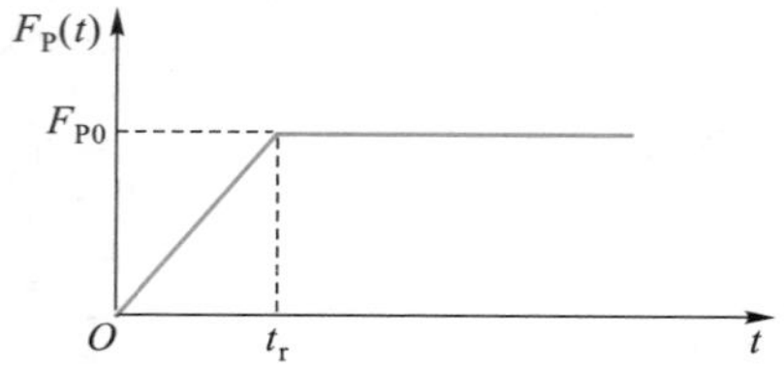

图　12-23

这种荷载引起的动力反应同样可利用杜哈梅公式求解,结果如下:

$$y(t)=\begin{cases}y_{st}\dfrac{1}{t_r}\left(t-\dfrac{\sin\omega t}{\omega}\right), & 当\ t\leqslant t_r\\ y_{st}\left\{1-\dfrac{1}{\omega t_r}[\sin\omega t-\sin\omega(t-t_r)]\right\}, & 当\ t\geqslant t_r\end{cases}\tag{12-21}$$

对于这种线性渐增荷载,其动力反应与升载时间 t_r 的长短有很大关系。图 12-24 所示曲线表示动力系数 β 随升载时间比值 $\dfrac{t_r}{T}$ 而变化的情形,即动力系数的反应谱曲线。

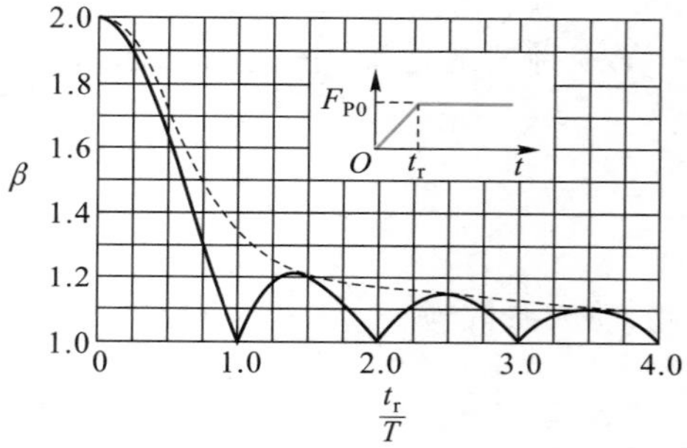

图　12-24

由图 12-24 看出,动力系数 β 介乎 1 与 2 之间。如果升载时间很短,例如 $t_r<\dfrac{T}{4}$,则动力系数 β 接近于 2.0,即相当于突加荷载的情况。如果升载时间很长,例如 $t_r>4T$,则动力系数 β 接近于 1.0,即相当于静力荷载的情况。在设计工作中,常以图 12-24 中所示外包虚线作为设计依据。

§12-4　阻尼对振动的影响

以上各节是在忽略阻尼影响的条件下研究体系的振动问题。所得的结果大体上反映实际结构的振动规律,例如结构的自振频率是结构本身一个固有值的结论,在简谐荷载作用下有可能出现共振现象的结论,等等。但是也有一些结果与实际振动情况不尽相符,例如自由振动时振幅永

不衰减的结论，共振时振幅可趋于无限大的结论，等等。因此，为了进一步了解结构的振动规律，有必要对阻尼力这个因素加以考虑。

振动中的阻尼力有多种来源，例如振动过程中结构与支承之间的摩擦，材料之间的内摩擦，周围介质的阻力，等等。

阻尼力对质点运动起阻碍作用。从方向上看，它总是与质点的速度方向相反。从数值上看，它与质点速度的关系有如下不同情况：

（1）阻尼力与质点速度成正比，这种阻尼力比较常用，称为粘滞阻尼力。

（2）阻尼力与质点速度的平方成正比，固体在流体中运动受到的阻力属于这一类。

（3）阻尼力的大小与质点速度无关，摩擦力属于这一类。

在上述几种阻尼力中，粘滞阻尼力的分析比较简便，其他类型的阻尼力也可化为等效粘滞阻尼力来分析。因此，下面只对粘滞阻尼力的情形加以讨论。

具有阻尼的单自由度体系的振动模型如图 12-25a 所示，体系的质量为 m，承受动荷载 $F_P(t)$ 的作用。体系的弹性性质用弹簧表示，弹簧的刚度系数为 k。体系的阻尼性质用阻尼减震器表示，阻尼常数为 c。取质量 m 为隔离体，如图 12-25b 所示，弹性力 $-ky$、阻尼力 $-c\dot{y}$、惯性力 $-m\ddot{y}$ 和动力荷载 $F_P(t)$ 之间的平衡方程为

$$m\ddot{y}+c\dot{y}+ky=F_P(t) \tag{12-22}$$

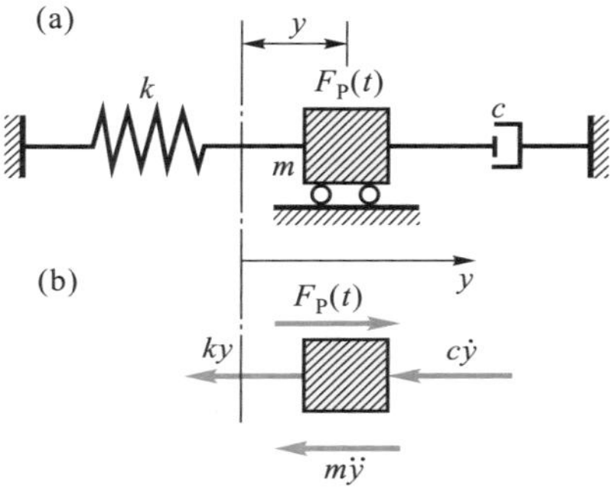

图　12-25

下面分别讨论自由振动和强迫振动。

1. 有阻尼单自由度体系的自由振动

在式（12-22）中令 $F_P(t)=0$，即为自由振动的方程，它可改写为

$$\ddot{y}+2\xi\omega\dot{y}+\omega^2 y=0 \tag{12-23}$$

其中

$$\omega=\sqrt{\frac{k}{m}},\quad \xi=\frac{c}{2m\omega} \tag{12-24}$$

微分方程（12-23）的解可设为如下形式：

$$y(t)=Ce^{\lambda t}$$

则 λ 由下列特征方程所确定：

$$\lambda^2+2\xi\omega\lambda+\omega^2=0$$

其解为

$$\lambda=\omega(-\xi\pm\sqrt{\xi^2-1}) \tag{12-25}$$

根据 $\xi<1$、$\xi=1$、$\xi>1$ 三种情况，可得出三种运动形态，现分述如下。

（1）考虑 $\xi<1$ 的情况（即低阻尼情况）。令

$$\omega_r=\omega\sqrt{1-\xi^2} \tag{12-26}$$

则

$$\lambda=-\xi\omega\pm i\omega_r$$

此时，微分方程(12-23)的解为

$$y(t)=\mathrm{e}^{-\xi\omega t}(C_1\cos\omega_r t+C_2\sin\omega_r t)$$

再引入初始条件，即得

$$y(t)=\mathrm{e}^{-\xi\omega t}\left(y_0\cos\omega_r t+\frac{v_0+\xi\omega y_0}{\omega_r}\sin\omega_r t\right) \tag{12-27}$$

上式也可写成

$$y(t)=\mathrm{e}^{-\xi\omega t}a\sin(\omega_r t+\alpha) \tag{12-28}$$

其中

$$a=\sqrt{y_0^2+\frac{(v_0+\xi\omega y_0)^2}{\omega_r^2}}$$

$$\tan\alpha=\frac{y_0\omega_r}{v_0+\xi\omega y_0}$$

由式(12-28)或式(12-27)可画出低阻尼体系自由振动时的 $y-t$ 曲线，如图12-26所示。这是一条逐渐衰减的波动曲线。

将图12-26与图12-11c相比，可看出在低阻尼体系中阻尼对自振频率和振幅的影响。

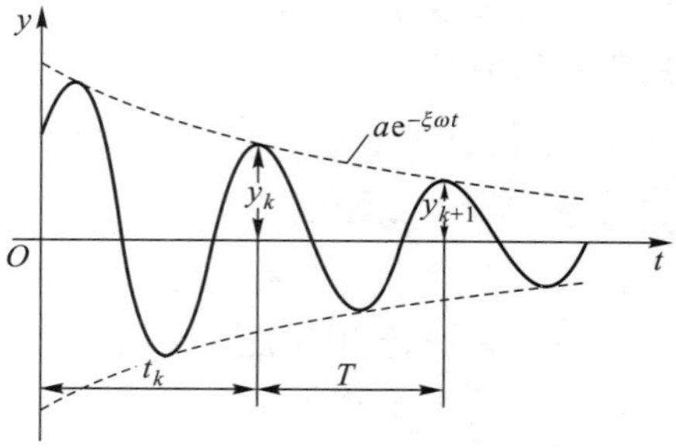

图　12-26

首先，看阻尼对自振频率的影响。在式(12-28)中，ω_r 是低阻尼体系的自振圆频率。有阻尼与无阻尼的自振圆频率 ω_r 和 ω 之间的关系由式(12-26)给出。由此可知，在 $\xi<1$ 的低阻尼情况下，ω_r 恒小于 ω，而且 ω_r 随 ξ 值的增大而减小。此外，在通常情况下，ξ 是一个小数。如果 $\xi<0.2$，则 $0.979\ 8<\frac{\omega_r}{\omega}<1$，即 ω_r 与 ω 的值很相近。因此，在 $\xi<0.2$ 的情况下，阻尼对自振频率的影响不大，可以忽略。

其次，看阻尼对振幅的影响。在式(12-28)中，振幅为 $a\mathrm{e}^{-\xi\omega t}$。由此看出，由于阻尼的影响，振幅随时间而逐渐衰减。还可看出，经过一个周期 T 后 $\left(T=\frac{2\pi}{\omega_r}\right)$，相邻两个振幅 y_{k+1} 与 y_k 的比值为

$$\frac{y_{k+1}}{y_k}=\frac{\mathrm{e}^{-\xi\omega(t_k+T)}}{\mathrm{e}^{-\xi\omega t_k}}=\mathrm{e}^{-\xi\omega T}$$

由此可见，ξ 值愈大，则衰减速度愈快。

由此可得

$$\ln\frac{y_k}{y_{k+1}}=\xi\omega T=\xi\omega\frac{2\pi}{\omega_r}$$

因此

$$\xi=\frac{1}{2\pi}\frac{\omega_r}{\omega}\ln\frac{y_k}{y_{k+1}}$$

如果 $\xi<0.2$，则 $\dfrac{\omega_r}{\omega}\approx 1$，而

$$\xi\approx\frac{1}{2\pi}\ln\frac{y_k}{y_{k+1}}$$

这里，$\ln\dfrac{y_k}{y_{k+1}}$ 称为振幅的对数递减率。同样，用 y_k 和 y_{k+n} 表示两个相隔 n 个周期的振幅，可得

$$\xi=\frac{1}{2\pi n}\frac{\omega_r}{\omega}\ln\frac{y_k}{y_{k+n}}$$

当 $\dfrac{\omega_r}{\omega}\approx 1$ 时，

$$\xi\approx\frac{1}{2\pi n}\ln\frac{y_k}{y_{k+n}} \tag{12-29}$$

（2）考虑 $\xi=1$ 的情形。此时由式（12-25）得

$$\lambda=-\omega$$

因此，微分方程（12-23）的解为

$$y=(C_1+C_2t)\mathrm{e}^{-\omega t}$$

再引入起始条件，得

$$y=[y_0(1+\omega t)+v_0t]\mathrm{e}^{-\omega t}$$

其 $y-t$ 曲线如图 12-27 所示。这条曲线仍然具有衰减性质，但不具有图12-26那样的波动性质。

综合以上的讨论可知：当 $\xi<1$ 时，体系在自由反应中是会引起振动的；而当阻尼增大到 $\xi=1$ 时，体系在自由反应中即不再引起振动，这时的阻尼常数称为临界阻尼常数，用 c_r 表示。在式（12-24）中令 $\xi=1$，即知临界阻尼常数为

$$c_r=2m\omega=2\sqrt{mk} \tag{12-30}$$

由式（12-24）和式（12-30）得

$$\xi=\frac{c}{c_r}$$

参数 ξ 表示阻尼常数 c 与临界阻尼常数 c_r 的比值，称为阻尼比。阻尼比 ξ 是反映阻尼情况的基本参数，它的数值可以通过实测得到。例如，在低阻尼体系中，如果我们测得了两个振幅值 y_k 和 y_{k+n}，则由式（12-29）即可推算出 ξ 值，由式（12-24）可确定阻尼常数。

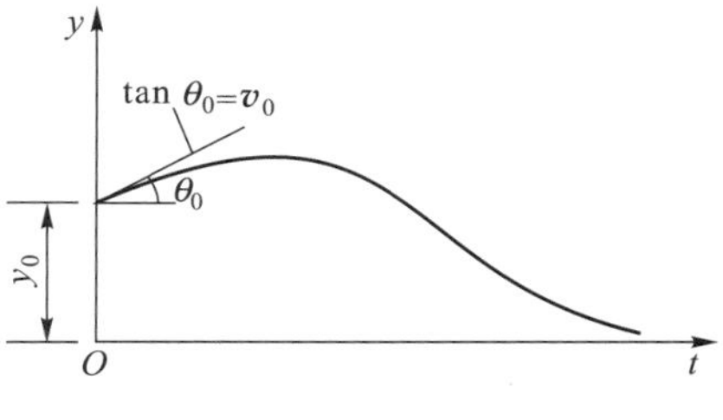

图　12-27

（3）至于 $\xi>1$ 的情形。体系在自由反应中仍不出现振动现象。由于在实际问题中很少遇到这种情况，故不作进一步讨论。

2. 有阻尼单自由度体系的强迫振动

有阻尼体系（设 $\xi<1$）承受一般动力荷载 $F_P(t)$ 时，它的反应也可表示为杜哈梅积分，与无阻尼体系的式（12-15）相似，推导方法也相似。

首先，由式（12-27）可知，单独由初始速度 v_0（初始位移 y_0 为零）所引起的振动为

$$y(t)=e^{-\xi\omega t}\frac{v_0}{\omega_r}\sin\omega_r t \tag{a}$$

由于冲量 $S=mv_0$，故在初始时刻由冲量 S 引起的振动为

$$y(t)=e^{-\xi\omega t}\frac{S}{m\omega_r}\sin\omega_r t \tag{b}$$

其次，任意荷载 $F_P(t)$ 的加载过程可看作由一系列瞬时冲量所组成。在由 $t=\tau$ 到 $t=\tau+d\tau$ 的时段内荷载的微分冲量为 $dS=F_P(\tau)d\tau$，此微分冲量引起如下的动力反应：对于 $t>\tau$，

$$dy=\frac{F_P(\tau)d\tau}{m\omega_r}e^{-\xi\omega(t-\tau)}\sin\omega_r(t-\tau) \tag{c}$$

然后对式(c)进行积分，即得总反应如下：

$$y(t)=\int_0^t\frac{F_P(\tau)}{m\omega_r}e^{-\xi\omega(t-\tau)}\sin\omega_r(t-\tau)d\tau \tag{12-31}$$

这就是开始处于静止状态的单自由度体系在任意荷载 $F_P(t)$ 作用下所引起的有阻尼的强迫振动的位移公式。

如果还有初始位移 y_0 和初始速度 v_0，则总位移为

$$y(t)=e^{-\xi\omega t}\left(y_0\cos\omega_r t+\frac{v_0+\xi\omega y_0}{\omega_r}\sin\omega_r t\right)+\int_0^t\frac{F_P(\tau)}{m\omega_r}e^{-\xi\omega(t-\tau)}\sin\omega_r(t-\tau)d\tau \tag{12-32}$$

下面讨论突加荷载和简谐荷载两种情形。

(1) 突加荷载 F_{P0}

此时，由式(12-31)可得动力位移如下：当 $t>0$ 时，

$$y(t)=\frac{F_{P0}}{m\omega^2}\left[1-e^{-\xi\omega t}\left(\cos\omega_r t+\frac{\xi\omega}{\omega_r}\sin\omega_r t\right)\right] \tag{12-33}$$

此式与无阻尼体系的式(12-17)相对应。

根据式(12-33)可作出动力位移图如图 12-28 所示(此图可与无阻尼体系的图 12-20 相对应)。由图看出，具有阻尼的体系在突加荷载作用下，最初所引起的最大位移可能接近静力位移 $y_{st}=\frac{F_{P0}}{m\omega^2}$ 的 2 倍，然后经过衰减振动，最后停留在静力平衡位置上。

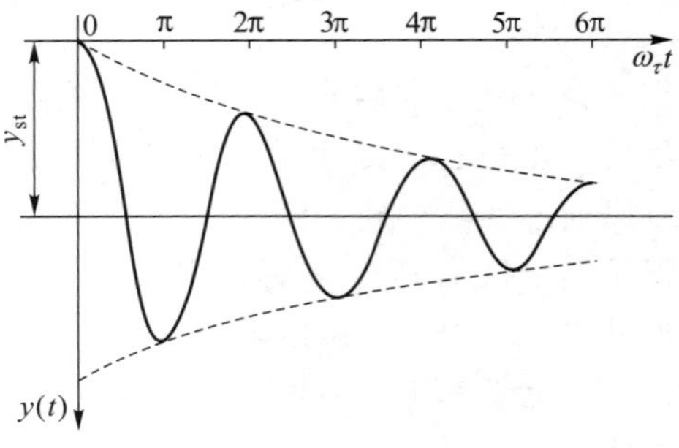

图 12-28

(2) 简谐荷载 $F_P(t)=F\sin\theta t$

在式(12-22)中令 $F_P(t)=F\sin\theta t$，即得简谐荷载作用下有阻尼体系的振动微分方程：

$$\ddot{y}+2\xi\omega\dot{y}+\omega^2 y=\frac{F}{m}\sin\theta t \tag{12-34}$$

首先，求方程的特解。设特解为

$$y=A\sin\theta t+B\cos\theta t \tag{d}$$

代入式(12-34),可得

$$\left.\begin{aligned}A&=\frac{F}{m}\frac{\omega^2-\theta^2}{(\omega^2-\theta^2)^2+4\xi^2\omega^2\theta^2}\\B&=\frac{F}{m}\frac{-2\xi\omega\theta}{(\omega^2-\theta^2)^2+4\xi^2\omega^2\theta^2}\end{aligned}\right\}\tag{e}$$

其次,叠加方程的齐次解,即得方程的全解如下:

$$y(t)=\{e^{-\xi\omega t}(C_1\cos\omega_r t+C_2\sin\omega_r t)\}+\{A\sin\theta t+B\cos\theta t\}$$

其中两个常数 C_1 和 C_2 由初始条件确定。

上式的右边分为两部分(各用大括号标出),表明体系的振动是由两个具有不同频率(ω_r 和 θ)的振动所组成。由于阻尼作用,频率为 ω_r 的第一部分含有因子 $e^{-\xi\omega t}$,因此将逐渐衰减而最后消失。频率为 θ 的第二部分由于受到荷载的周期影响而不衰减,这部分振动称为平稳振动。

下面讨论平稳振动。任一时刻的动力位移由式(d)及式(e)给出,并可改用下式来表示:

$$y(t)=y_p\sin(\theta t-\alpha)\tag{12-35a}$$

其中

$$y_p=\sqrt{A^2+B^2}=y_{st}\left[\left(1-\frac{\theta^2}{\omega^2}\right)^2+4\xi^2\frac{\theta^2}{\omega^2}\right]^{-1/2}$$

$$\alpha=\arctan\left(-\frac{B}{A}\right)=\arctan\frac{2\xi\left(\frac{\theta}{\omega}\right)}{1-\left(\frac{\theta}{\omega}\right)^2}\tag{12-35b}$$

这里,y_p 表示振幅,y_{st}表示荷载最大值 F 作用下的静力位移。由此可求得动力系数如下:

$$\beta=\frac{y_p}{y_{st}}=\left[\left(1-\frac{\theta^2}{\omega^2}\right)^2+4\xi^2\frac{\theta^2}{\omega^2}\right]^{-1/2}\tag{12-36}$$

上式表明,动力系数 β 不仅与频率比值$\frac{\theta}{\omega}$有关,而且与阻尼比 ξ 有关。对于不同的 ξ 值,可画出相应的 β 与$\frac{\theta}{\omega}$之间的关系曲线,如图 12-29 所示。

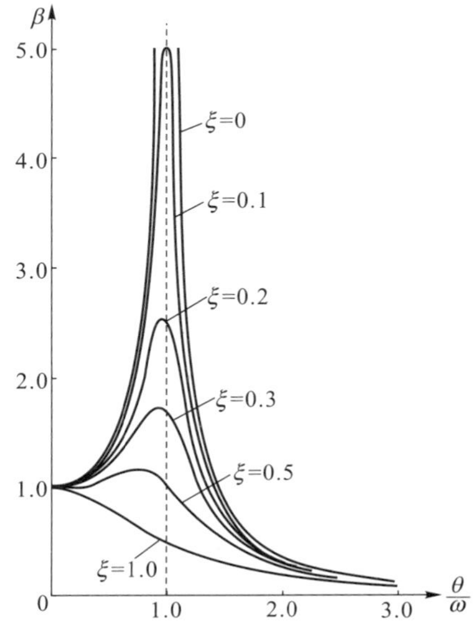

图 12-29

由图 12-29 和以上的讨论,可得以下几点:

第一,随着阻尼比 ξ 值的增大(在 $0\leqslant\xi\leqslant1$ 的范围内),在图 12-29 中相应的曲线渐趋平缓,由险峻的高山下降为平缓的小丘,特别是在$\frac{\theta}{\omega}=1$ 附近,β 的峰值下降得最为显著。

第二,在 $\frac{\theta}{\omega}=1$ 的共振情况下,动力系数可由式(12-36)求得

$$\beta\Big|_{\frac{\theta}{\omega}=1}=\frac{1}{2\xi} \tag{12-37}$$

如果忽略阻尼的影响，在式(12-37)中令 $\xi\to 0$，则得出无阻尼体系共振时动力系数趋于无穷大的结论。但是如果考虑阻尼的影响，则式(12-37)中的 ξ 不为零，因而得出共振时动力系数总是一个有限值的结论。因此，为了研究共振时的动力反应，阻尼的影响是不容忽略的。

第三，在阻尼体系中，$\frac{\theta}{\omega}=1$ 共振时的动力系数并不等于最大的动力系数 $\beta_{\max}$，但二者的数值比较接近。利用式(12-36)，求 β 对参数 $\frac{\theta}{\omega}$ 的导数，并令导数为零，可求出 β 为峰值时相应的频率比 $\left(\frac{\theta}{\omega}\right)_{\beta_{\max}}$。对于 $\xi<\frac{1}{\sqrt{2}}$ 的实际结构，可得

$$\left(\frac{\theta}{\omega}\right)_{\beta_{\max}}=\sqrt{1-2\xi^2}$$

代入式(12-36)，即得

$$\beta_{\max}=\frac{1}{2\xi\sqrt{1-\xi^2}}$$

由此可见，对于 $\xi\neq 0$ 的阻尼体系，

$$\left(\frac{\theta}{\omega}\right)_{\beta_{\max}}\neq 1,\quad \beta_{\max}\neq\beta\Big|_{\frac{\theta}{\omega}=1}=\frac{1}{2\xi}$$

但是由于通常情况下的 ξ 值很小，因此可近似地认为

$$\left(\frac{\theta}{\omega}\right)_{\beta_{\max}}\approx 1,\quad \beta_{\max}\approx\beta\Big|_{\frac{\theta}{\omega}=1}=\frac{1}{2\xi}$$

第四，由式(12-35a)看出，阻尼体系的位移比荷载滞后一个相位角 α。α 值可由式(12-35b)求出。下面是三个典型情况的相位角：

当 $\frac{\theta}{\omega}\to 0$ 时，$(\theta\ll\omega)$，$\alpha\to 0°$（$y(t)$ 与 $F_{\mathrm{P}}(t)$ 同步）；

当 $\frac{\theta}{\omega}\to 1$ 时，$(\theta\approx\omega)$，$\alpha\to 90°$；

当 $\frac{\theta}{\omega}\to\infty$ 时，$(\theta\gg\omega)$，$\alpha\to 180°$（$y(t)$ 与 $F_{\mathrm{P}}(t)$ 方向相反）。

上述三种典型情况的结果可结合各自的受力特点来说明。

当荷载频率很小时($\theta\ll\omega$)，体系振动很慢，因此惯性力和阻尼力都很小，动荷载主要与弹性力平衡。由于弹性力与位移成正比，但方向相反，故荷载与位移基本上是同步的。

当荷载频率很大时($\theta\gg\omega$)，体系振动很快，因此惯性力很大，弹性力和阻尼力相对说来比较小，动荷载主要与惯性力平衡。由于惯性力与位移是同相位的，因此荷载与位移的相位角相差 180°，即方向彼此相反。

当荷载频率接近自振频率时($\theta\approx\omega$)，$y(t)$ 与 $F_{\mathrm{P}}(t)$ 相差的相位角接近 90°。因此，当荷载值为最大时，位移和加速度接近于零，因而弹性力和惯性力都接近于零，这时动力荷载主要由阻尼

力相平衡。由此可见,在共振情况下,阻尼力起重要作用,它的影响是不容忽略的。

§ 12-5 双自由度体系的自由振动

在工程实际中,很多问题可以简化成单自由度体系进行计算,但也有一些问题不能这样处理。例如,多层房屋的侧向振动、不等高排架的振动等都要当成多自由度体系进行计算。按建立运动方程的方法,多自由度体系自由振动的求解的方法有两种:刚度法和柔度法。刚度法是从平衡方程出发建立基本微分方程,柔度法从位移协调方程出发建立基本微分方程。本节只讨论双自由度体系的自由振动问题。

1. 刚度法

图 12-30a 所示为一具有两个集中质量的体系,具有两个自由度。现按刚度法推导无阻尼自由振动的微分方程。

取质量 m_1 和 m_2 作隔离体,如图 12-30b 所示。隔离体 m_1 和 m_2 所受的力有下列两种:

① 惯性力 $-m_1\ddot{y}_1$ 和 $-m_2\ddot{y}_2$,分别与加速度 $\ddot{y}_1$ 和 $\ddot{y}_2$ 的方向相反。

② 弹性力 r_1 和 r_2 分别与位移 y_1 和 y_2 的方向相反。

根据达朗贝尔原理,可列出平衡方程如下:

$$\left.\begin{aligned} m_1\ddot{y}_1+r_1=0 \\ m_2\ddot{y}_2+r_2=0 \end{aligned}\right\} \tag{a}$$

弹性力 r_1、r_2 是质量 m_1、m_2 与结构之间的相互作用力。图 12-30b 中的 r_1、r_2 是质点受到的力,图 12-30c 中的 r_1、r_2 是结构所受的力,二者的方向彼此相反。在图 12-30c 中,结构所受的力 r_1、r_2 与结构的位移 y_1、y_2 之间应满足刚度方程:

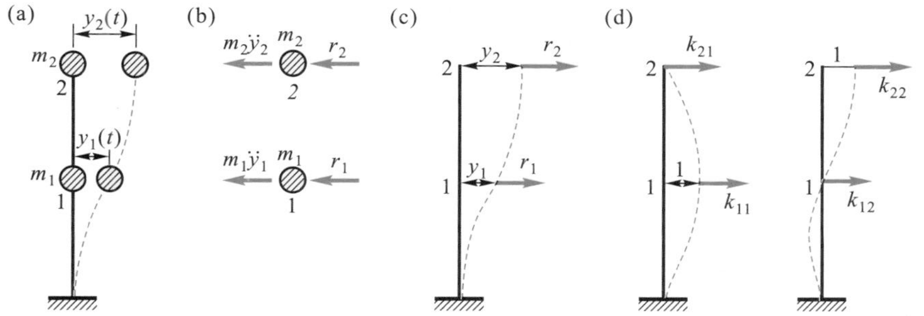

图 12-30

$$\left.\begin{aligned} r_1=k_{11}y_1+k_{12}y_2 \\ r_2=k_{21}y_1+k_{22}y_2 \end{aligned}\right\} \tag{b}$$

这里,k_{ij}是结构的刚度系数(图 12-30d)。例如,k_{12}是使点 2 沿运动方向产生单位位移(点 1 位移保持为零)时在点 1 需施加的力。

将式(b)代入式(a),可得

$$\left.\begin{aligned}m_1\ddot{y}_1(t)+k_{11}y_1(t)+k_{12}y_2(t)=0\\m_2\ddot{y}_2(t)+k_{21}y_1(t)+k_{22}y_2(t)=0\end{aligned}\right\}\tag{12-38}$$

这就是按刚度法建立的双自由度无阻尼体系的自由振动微分方程。

下面求微分方程(12-38)的解。与单自由度体系自由振动的情况一样，这里也假设两个质点为简谐振动，式(12-38)的解设为如下形式：

$$\left.\begin{aligned}y_1(t)=Y_1\sin(\omega t+\alpha)\\y_2(t)=Y_2\sin(\omega t+\alpha)\end{aligned}\right\}\tag{c}$$

上式所表示的运动具有以下特点：

① 在振动过程中，两个质点具有相同的频率 ω 和相同的相位角 α，Y_1 和 Y_2 是位移幅值。

② 在振动过程中，两个质点的位移在数值上随时间而变化，但二者的比值始终保持不变，即

$$\frac{y_1(t)}{y_2(t)}=\frac{Y_1}{Y_2}=\text{常数}$$

这种结构位移形状保持不变的振动形式可称为主振型或振型。

将式(c)代入式(12-38)，消去公因子 $\sin(\omega t+\alpha)$ 后，得

$$\left.\begin{aligned}(k_{11}-\omega^2m_1)Y_1+k_{12}Y_2=0\\k_{21}Y_1+(k_{22}-\omega^2m_2)Y_2=0\end{aligned}\right\}\tag{12-39}$$

上式为 Y_1、Y_2 的齐次方程，$Y_1=Y_2=0$ 虽然是方程的解，但它相应于没有发生振动的静止状态。为了要得到 Y_1、Y_2 不全为零的解答，应使其系数行列式为零，即

$$D=\begin{vmatrix}k_{11}-\omega^2m_1 & k_{12}\\k_{21} & k_{22}-\omega^2m_2\end{vmatrix}=0\tag{12-40a}$$

上式称为频率方程或特征方程，用它可以求出频率 ω。

将上式展开：

$$D=(k_{11}-\omega^2m_1)(k_{22}-\omega^2m_2)-k_{12}k_{21}=0\tag{12-40b}$$

整理后，得

$$(\omega^2)^2-\left(\frac{k_{11}}{m_1}+\frac{k_{22}}{m_2}\right)\omega^2+\frac{k_{11}k_{22}-k_{12}k_{21}}{m_1m_2}=0$$

上式是 ω^2 的二次方程，由此可解出 ω^2 的两个根：

$$\omega^2=\frac{1}{2}\left(\frac{k_{11}}{m_1}+\frac{k_{22}}{m_2}\right)\pm\sqrt{\left[\frac{1}{2}\left(\frac{k_{11}}{m_1}+\frac{k_{22}}{m_2}\right)\right]^2-\frac{k_{11}k_{22}-k_{12}k_{21}}{m_1m_2}}\tag{12-41}$$

可以证明这两个根都是正的。由此可见，双自由度体系共有两个自振频率。用 ω_1 表示其中最小的圆频率，称为第一圆频率或基本圆频率。另一个圆频率 ω_2 称为第二圆频率。

求出自振圆频率 ω_1 和 ω_2 之后，再来确定它们各自相应的振型。

将第一圆频率 ω_1 代入式(12-39)。由于行列式 $D=0$，方程组中的两个方程是线性相关的，实际上只有一个独立的方程。由式(12-39)的任一个方程可求出比值 Y_1/Y_2，这个比值所确定的振动形式就是与第一圆频率 ω_1 相对应的振型，称为第一振型或基本振型。例如，由式(12-39)的第一式可得

$$\frac{Y_{11}}{Y_{21}}=-\frac{k_{12}}{k_{11}-\omega_1^2 m_1} \tag{12-42a}$$

这里,Y_{11}和 Y_{21}分别表示第一振型中质点 1 和 2 的振幅。

同样,将 ω_2 代入式(12-39),可以求出 Y_1/Y_2 的另一个比值。这个比值所确定的另一个振动形式称为第二振型。例如,仍由式(12-39)的第一式可得

$$\frac{Y_{12}}{Y_{22}}=-\frac{k_{12}}{k_{11}-\omega_2^2 m_1} \tag{12-42b}$$

这里,Y_{12}和 Y_{22}分别表示第二振型中质点 1 和 2 的振幅。

上面求出的两个振型分别如图 12-31b、c 所示。

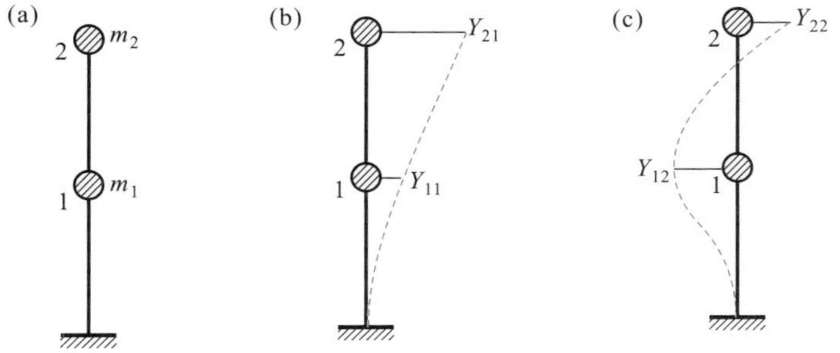

第一主振型,基本频率 ω_1　　第二主振型,第二频率 ω_2

图 12-31

双自由度体系如果按某个主振型自由振动时,由于它的振动形式保持不变,因此双自由度体系实际上是像一个单自由度体系那样在振动。双自由度体系能够按某个主振型自由振动的条件是:初始位移和初始速度应当与此主振型相对应。

在一般情形下,双自由度体系的自由振动可看作是两种频率及其主振型的组合振动,即

$$\left.\begin{aligned} y_1(t)&=A_1Y_{11}\sin(\omega_1 t+\alpha_1)+A_2Y_{12}\sin(\omega_2 t+\alpha_2)\\ y_2(t)&=A_1Y_{21}\sin(\omega_1 t+\alpha_1)+A_2Y_{22}\sin(\omega_2 t+\alpha_2)\end{aligned}\right\}$$

这就是微分方程(12-38)的全解。其中两对待定常数 A_1、α_1 和 A_2、α_2 可由初始条件来确定。

关于双自由度体系(或多自由度体系)自由振动问题可归纳出几点:

第一,在双(或多)自由度体系自由振动问题中,主要问题是确定体系的全部自振频率及其相应的主振型。

第二,双(或多)自由度体系的自振频率不止一个,其个数与自由度的个数相等。自振频率可由特征方程求出。

第三,每个自振频率有自己相应的主振型。主振型就是多自由度体系能够按单自由度振动时所具有的特定形式。

第四,与单自由度体系相同,多自由度体系的自振频率和主振型也是体系本身的固有性质。由式(12-41)看出,自振频率只与体系本身的刚度系数及其质量的分布情形有关,而与外部荷载无关。

例 12-4 图12-32a 所示两层刚架,其横梁为无限刚性。设质量集中在楼层上,第一、二层

的质量分别为 m_1、m_2。层间侧移刚度（即层间产生单位相对侧移时所需施加的力，如图 12-32b 所示）分别为 k_1、k_2。试求刚架水平振动时的自振频率和主振型。

解 由图 12-32c 和 d 可求出结构的刚度系数如下：

$$k_{11}=k_1+k_2,\quad k_{21}=-k_2$$
$$k_{12}=-k_2,\quad k_{22}=k_2$$

将刚度系数代入式（12-40b），得

$$D=(k_1+k_2-\omega^2 m_1)(k_2-\omega^2 m_2)-k_2^2=0 \tag{a}$$

分两种情况讨论：

① 当 $m_1=m_2=m, k_1=k_2=k$ 时，

此时式（a）变为

$$D=(2k-\omega^2 m)(k-\omega^2 m)-k^2=0 \tag{12-43}$$

由此求得

$$\omega_1^2=\frac{(3-\sqrt{5})}{2}\frac{k}{m}=0.381\ 97\frac{k}{m}$$

$$\omega_2^2=\frac{(3+\sqrt{5})}{2}\frac{k}{m}=2.618\ 03\frac{k}{m}$$

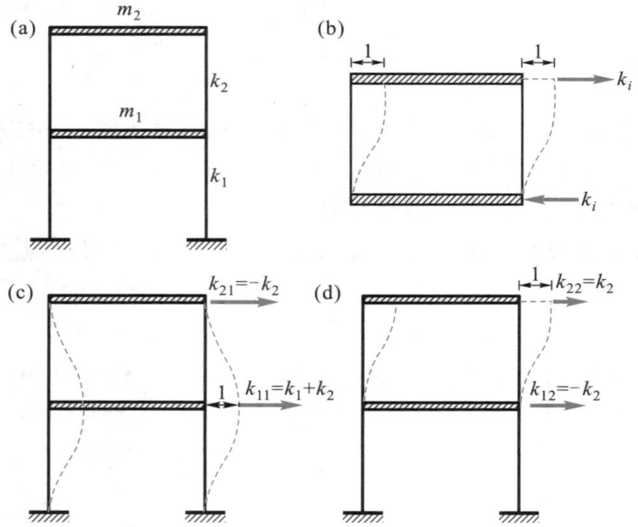

图 12-32

两个频率为

$$\omega_1=0.618\ 03\sqrt{\frac{k}{m}}$$

$$\omega_2=1.618\ 03\sqrt{\frac{k}{m}}$$

求主振型时，可由式(12-42a)和式(12-42b)求出振幅比值，从而画出振型图。

第一主振型：$$\frac{Y_{11}}{Y_{21}}=\frac{k}{2k-0.381\ 97k}=\frac{1}{1.618}$$

第二主振型：$$\frac{Y_{12}}{Y_{22}}=\frac{k}{2k-2.618\ 03k}=-\frac{1}{0.618}$$

两个主振型如图 12-33 所示。

② 当 $m_1=nm_2$，$k_1=nk_2$ 时，

此时式(a)变为

$$[(n+1)k_2-\omega^2 nm_2](k_2-\omega^2 m_2)-k_2^2=0$$

由此求得

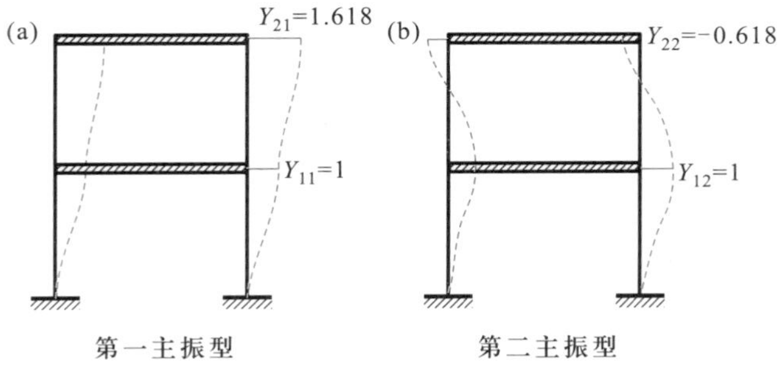

图 12-33

$$\omega_{\frac{1}{2}}^2=\frac{1}{2}\left[\left(2+\frac{1}{n}\right)\mp\sqrt{\frac{4}{n}+\frac{1}{n^2}}\right]\frac{k_2}{m_2}$$

代入式(12-42a)和式(12-42b)，可求出主振型：

$$\frac{Y_2}{Y_1}=\frac{1}{2}\pm\sqrt{n+\frac{1}{4}} \tag{b}$$

如 $n=90$ 时

$$\frac{Y_{21}}{Y_{11}}=\frac{10}{1},\quad \frac{Y_{22}}{Y_{12}}=-\frac{9}{1}$$

由上可见，当顶部质量和刚度突然变小时，顶部位移比下部位移要大很多。建筑结构中，这种因顶部质量和刚度突然变小，在振动中引起巨大反响的现象，有时称为鞭梢效应。地震灾害调查中发现，屋顶的小阁楼，女儿墙等附属结构物破坏严重，就是因为顶部质量和刚度的突变，由鞭梢效应引起的结果。

2. 柔度法

现在改用柔度法来讨论双自由度体系的自由振动问题。仍以图12-34a 所示双自由度体系为例进行讨论。

按柔度法建立自由振动微分方程时的思路是：在自由振动过程中的任一时刻 t，质量 m_1、m_2 的位移 $y_1(t)$、$y_2(t)$ 应当等于体系在当时惯性力 $-m_1\ddot{y}_1(t)$、$-m_2\ddot{y}_2(t)$ 作用下所产生的静力位移。

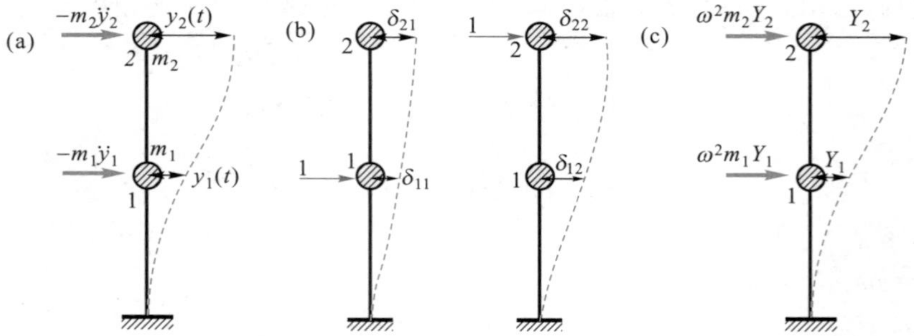

图 12-34

据此可列出方程如下：

$$\left.\begin{aligned}y_1(t)&=-m_1\ddot{y}_1(t)\delta_{11}-m_2\ddot{y}_2(t)\delta_{12}\\y_2(t)&=-m_1\ddot{y}_1(t)\delta_{21}-m_2\ddot{y}_2(t)\delta_{22}\end{aligned}\right\}\tag{12-44}$$

这里，δ_{ij}是体系的柔度系数，如图 12-34b 所示。这个按柔度法建立的方程可与按刚度法建立的方程(12-38)加以对照。

下面求微分方程(12-44)的解。仍设解为如下形式：

$$\left.\begin{aligned}y_1(t)&=Y_1\sin(\omega t+\alpha)\\y_2(t)&=Y_2\sin(\omega t+\alpha)\end{aligned}\right\}\tag{a}$$

这里，假设多自由度体系按某一主振型像单自由度体系那样作自由振动，Y_1 和 Y_2 是两质点的振幅(图 12-34c)。由式(a)可知两个质点的惯性力为

$$\left.\begin{aligned}-m_1\ddot{y}_1(t)&=m_1\omega^2Y_1\sin(\omega t+\alpha)\\-m_2\ddot{y}_2(t)&=m_2\omega^2Y_2\sin(\omega t+\alpha)\end{aligned}\right\}\tag{b}$$

因此两个质点惯性力的幅值为

$$\omega^2m_1Y_1,\quad \omega^2m_2Y_2$$

将式(a)和式(b)代入式(12-44)，消去公因子 $\sin(\omega t+\alpha)$后，得

$$\left.\begin{aligned}Y_1&=(\omega^2m_1Y_1)\delta_{11}+(\omega^2m_2Y_2)\delta_{12}\\Y_2&=(\omega^2m_1Y_1)\delta_{21}+(\omega^2m_2Y_2)\delta_{22}\end{aligned}\right\}\tag{12-45}$$

上式表明，主振型的位移幅值(Y_1、Y_2)就是体系在此主振型惯性力幅值($\omega^2m_1Y_1$、$\omega^2m_2Y_2$)作用下所引起的静力位移，如图 12-34c 所示。

式(12-45)还可写成

$$\left.\begin{aligned}\left(\delta_{11}m_1-\frac{1}{\omega^2}\right)Y_1+\delta_{12}m_2Y_2&=0\\\delta_{21}m_1Y_1+\left(\delta_{22}m_2-\frac{1}{\omega^2}\right)Y_2&=0\end{aligned}\right\}\tag{c}$$

为了得到 Y_1、Y_2 不全为零的解，应使系数行列式等于零，即

$$D=\begin{vmatrix} \delta_{11}m_1-\dfrac{1}{\omega^2} & \delta_{12}m_2 \\ \delta_{21}m_1 & \delta_{22}m_2-\dfrac{1}{\omega^2} \end{vmatrix}=0 \tag{12-46}$$

这就是用柔度系数表示的频率方程或特征方程,由它可以求出两个频率 ω_1 和 ω_2。

将上式展开:

$$\left(\delta_{11}m_1-\frac{1}{\omega^2}\right)\left(\delta_{22}m_2-\frac{1}{\omega^2}\right)-\delta_{12}m_2\delta_{21}m_1=0$$

设

$$\lambda=\frac{1}{\omega^2}$$

则上式化为一个关于 λ 的二次方程:

$$\lambda^2-(\delta_{11}m_1+\delta_{22}m_2)\lambda+(\delta_{11}\delta_{22}m_1m_2-\delta_{12}\delta_{21}m_1m_2)=0$$

由此可以解出 λ 的两个根:

$$\lambda_{\frac{1}{2}}=\frac{(\delta_{11}m_1+\delta_{22}m_2)\pm\sqrt{(\delta_{11}m_1+\delta_{22}m_2)^2-4(\delta_{11}\delta_{22}-\delta_{12}\delta_{21})m_1m_2}}{2} \tag{12-47}$$

于是求得圆频率的两个值为

$$\omega_1=\frac{1}{\sqrt{\lambda_1}},\quad \omega_2=\frac{1}{\sqrt{\lambda_2}}$$

下面求体系的主振型。将 $\omega=\omega_1$ 代入式(c),由其中第一式得

$$\frac{Y_{11}}{Y_{21}}=-\frac{\delta_{12}m_2}{\delta_{11}m_1-\dfrac{1}{\omega_1^2}} \tag{12-48a}$$

同样,将 $\omega=\omega_2$ 代入,可求出另一比值

$$\frac{Y_{12}}{Y_{22}}=-\frac{\delta_{12}m_2}{\delta_{11}m_1-\dfrac{1}{\omega_2^2}} \tag{12-48b}$$

例 12-5 试求图 12-35a 所示等截面简支梁的自振频率和主振型。设梁在三分点 1 和 2 处有两个相等的集中质量 m。

解 先求柔度系数。为此,作 $\overline{M}_1$、$\overline{M}_2$ 图如图 12-35b、c 所示。由图乘法求得

$$\delta_{11}=\delta_{22}=\frac{4l^3}{243EI}$$

$$\delta_{12}=\delta_{21}=\frac{7l^3}{486EI}$$

然后代入式(12-47),得

$$\lambda_1=(\delta_{11}+\delta_{12})m=\frac{15}{486}\frac{ml^3}{EI}$$

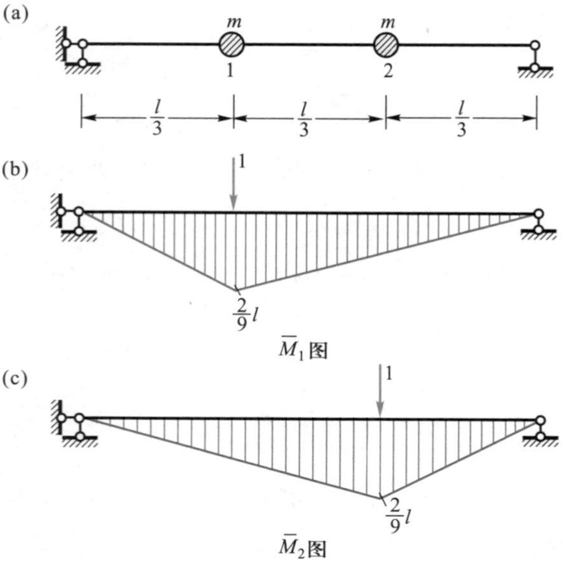

图　12-35

$$\lambda_2=(\delta_{11}-\delta_{12})m=\frac{1}{486}\frac{ml^3}{EI}$$

从而求得两个自振圆频率如下：

$$\omega_1=\frac{1}{\sqrt{\lambda_1}}=5.692\sqrt{\frac{EI}{ml^3}},\quad \omega_2=\frac{1}{\sqrt{\lambda_2}}=22.05\sqrt{\frac{EI}{ml^3}}$$

最后求主振型。由式(12-48a、b)，得

$$\frac{Y_{11}}{Y_{21}}=\frac{1}{1},\qquad \frac{Y_{12}}{Y_{22}}=\frac{1}{-1}$$

第一个主振型是对称的(图12-36a)，第二个主振型是反对称的(图12-36b)。主振型是对称的和反对称的，这是对称体系振动的一般规律。

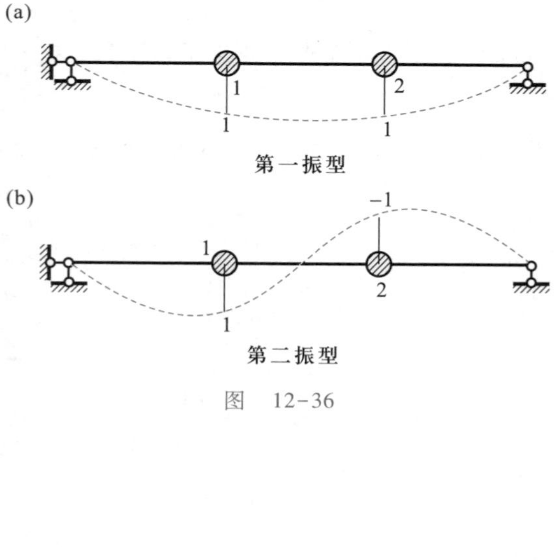

图　12-36

3. 主振型的正交性

现在说明主振型之间的一些重要特性（正交性质或正交关系）。这些特性在动力分析中是非常有用的。现以图 12-37 所示体系的两个主振型为例来说明。

图 12-37a 为第一主振型，频率为 ω_1，振幅为（Y_{11}、Y_{21}），其值正好等于相应惯性力（$\omega_1^2 m_1 Y_{11}$、$\omega_1^2 m_2 Y_{21}$）所产生的静位移。

图 12-37b 为第二主振型，频率为 ω_2，振幅为（Y_{12}、Y_{22}），其值正好等于相应惯性力（$\omega_2^2 m_1 Y_{12}$、$\omega_2^2 m_2 Y_{22}$）所产生的静位移。

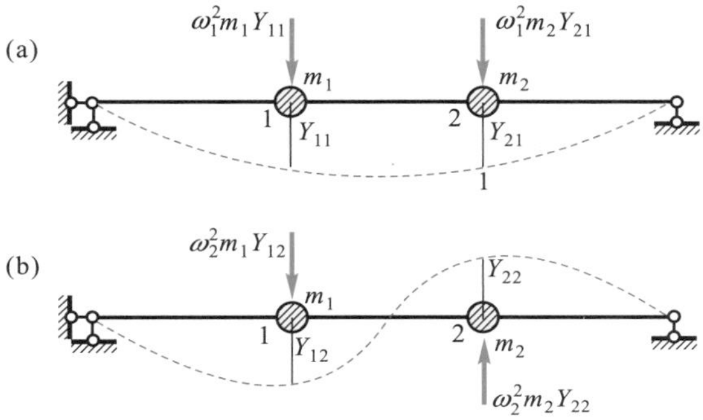

图　12-37

对上述两种静力平衡状态应用功的互等定理，可得

$$(\omega_1^2 m_1 Y_{11}) Y_{12} + (\omega_1^2 m_2 Y_{21}) Y_{22} = (\omega_2^2 m_1 Y_{12}) Y_{11} + (\omega_2^2 m_2 Y_{22}) Y_{21}$$

移项后，可得

$$(\omega_1^2 - \omega_2^2)(m_1 Y_{11} Y_{12} + m_2 Y_{21} Y_{22}) = 0$$

如果 $\omega_1 \neq \omega_2$，则有

$$m_1 Y_{11} Y_{12} + m_2 Y_{21} Y_{22} = 0 \tag{a}$$

上式就是两个主振型之间存在的第一个正交关系。

§ 12-6　双自由度体系在简谐荷载下的强迫振动

1. 刚度法

仍以图 12-38 所示双自由度体系为例，在动力荷载作用下的振动方程为

$$\left.\begin{aligned} m_1 \ddot{y}_1(t) + k_{11} y_1(t) + k_{12} y_2(t) = F_{P1}(t) \\ m_2 \ddot{y}_2(t) + k_{21} y_1(t) + k_{22} y_2(t) = F_{P2}(t) \end{aligned}\right\} \tag{12-49}$$

与自由振动的方程（12-38）相比，这里只多了荷载项 $F_{P1}(t)$、$F_{P2}(t)$。

如果荷载是简谐荷载，即

$$\left.\begin{aligned} F_{P1}(t) = F_{P1} \sin \theta t \\ F_{P2}(t) = F_{P2} \sin \theta t \end{aligned}\right\} \tag{a}$$

则在平稳振动阶段，各质点也作简谐振动：

$$\left.\begin{aligned}y_1(t)&=Y_1\sin\theta t\\y_2(t)&=Y_2\sin\theta t\end{aligned}\right\}\qquad\text{(b)}$$

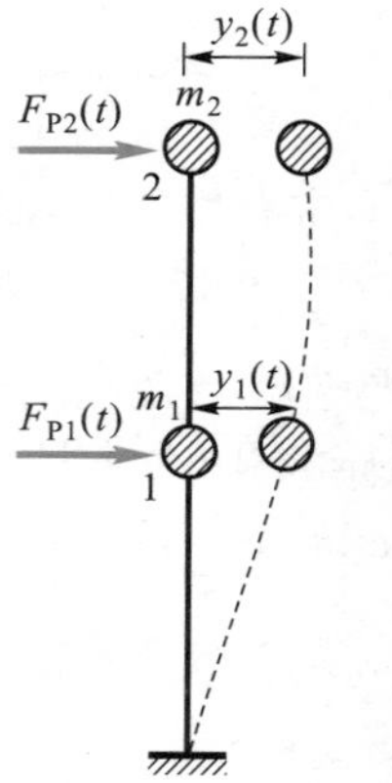

图　12-38

将式(a)和式(b)代入式(12-49)，消去公因子 $\sin\theta t$ 后，得

$$\left.\begin{aligned}(k_{11}-\theta^2m_1)Y_1+k_{12}Y_2&=F_{P1}\\k_{21}Y_1+(k_{22}-\theta^2m_2)Y_2&=F_{P2}\end{aligned}\right\}$$

由此可解得位移的幅值为

$$Y_1=\frac{D_1}{D_0},\quad Y_2=\frac{D_2}{D_0}\qquad(12-50)$$

式中

$$\left.\begin{aligned}D_0&=(k_{11}-\theta^2m_1)(k_{22}-\theta^2m_2)-k_{12}k_{21}\\D_1&=(k_{22}-\theta^2m_2)F_{P1}-k_{12}F_{P2}\\D_2&=-k_{21}F_{P1}+(k_{11}-\theta^2m_1)F_{P2}\end{aligned}\right\}\qquad(12-51)$$

将式(12-50)的位移幅值代回式(b)，即得任意时刻 t 的位移。

式(12-51)中的 D_0 与式(12-40a)中的行列式 D 具有相同的形式，只是 D 中的 ω 换成了 D_0 中的 θ。因此，如果荷载频率 θ 与任一个自振频率 ω_1、ω_2 重合，则

$$D_0=0$$

当 D_1、D_2 不全为零时，则位移幅值即为无限大，这时即出现共振现象。

例 12-6　设例 12-4 中的图 12-32a 所示刚架在底层横梁上作用简谐荷载 $F_{P1}(t)=F_P\sin\theta t$（图 12-39）。试画出第一、二层横梁的振幅 Y_1、Y_2 与荷载频率 θ 之间的关系曲线。设 $m_1=m_2=m$，$k_1=k_2=k$。

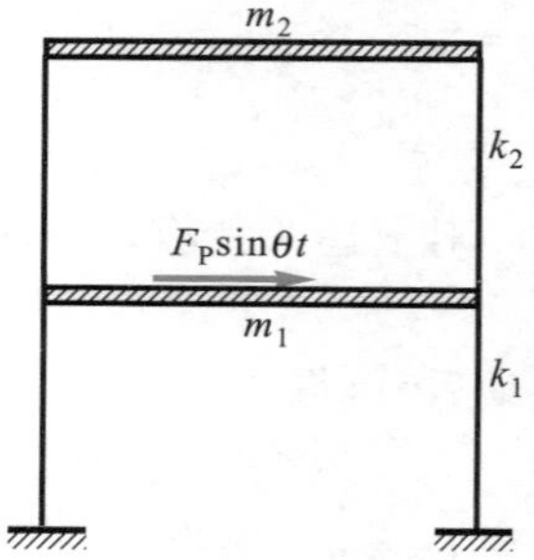

图　12-39

解　刚度系数为

$$k_{11}=k_1+k_2,\quad k_{12}=k_{21}=-k_2,\quad k_{22}=k_2$$

荷载幅值为

$$F_{P1}=F_P,\quad F_{P2}=0$$

代入式(12-51)和(12-50)，即得

$$\left.\begin{aligned}Y_1&=\frac{(k_2-\theta^2m_2)F_P}{D_0}\\Y_2&=\frac{k_2F_P}{D_0}\end{aligned}\right\}\qquad\text{(a)}$$

其中

$$D_0=(k_1+k_2-\theta^2m_1)(k_2-\theta^2m_2)-k_2^2\qquad\text{(b)}$$

再令 $m_1=m_2=m$，$k_1=k_2=k$，则得

$$\left.\begin{aligned}Y_1&=\frac{(k-m\theta^2)F_P}{D_0}\\Y_2&=\frac{kF_P}{D_0}\end{aligned}\right\}\tag{c}$$

其中

$$D_0=(2k-\theta^2m)(k-\theta^2m)-k^2\tag{d}$$

此刚架水平振动时的两个自振频率 ω_1 和 ω_2 已由例 12-4 中求出：

$$\omega_1^2=\frac{(3-\sqrt{5})}{2}\frac{k}{m},\quad \omega_2^2=\frac{(3+\sqrt{5})}{2}\frac{k}{m}$$

为了便于讨论共振现象与自振频率 ω_1 和 ω_2 的关系，现将式(d)中的 D_0 用 ω_1 和 ω_2 表示如下：

$$D_0=m^2(\theta^2-\omega_1^2)(\theta^2-\omega_2^2)$$

代入式(c)，得

$$\left.\begin{aligned}Y_1&=\frac{F_P}{k}\frac{\left(1-\frac{m}{k}\theta^2\right)}{\left(1-\frac{\theta^2}{\omega_1^2}\right)\left(1-\frac{\theta^2}{\omega_2^2}\right)}\\Y_2&=\frac{F_P}{k}\frac{1}{\left(1-\frac{\theta^2}{\omega_1^2}\right)\left(1-\frac{\theta^2}{\omega_2^2}\right)}\end{aligned}\right\}\tag{e}$$

图 12-40 所示为振幅参数 $Y_1\Big/\frac{F_P}{k}$、$Y_2\Big/\frac{F_P}{k}$与荷载频率参数 $\theta\Big/\sqrt{\frac{k}{m}}$之间的关系曲线。

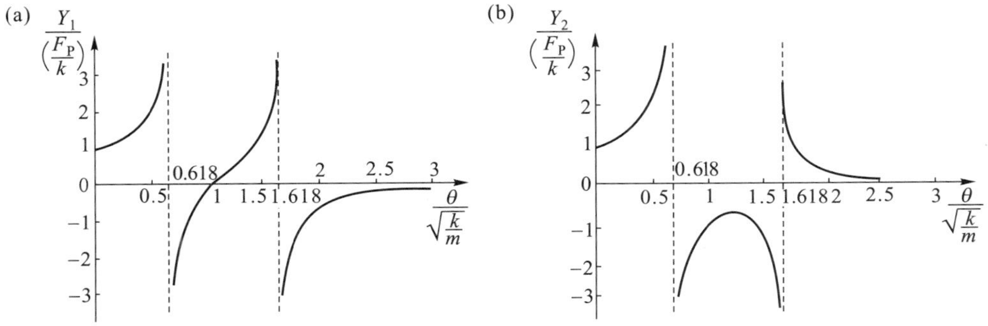

图　12-40

由图看出，当 $\theta=0.618\sqrt{\frac{k}{m}}=\omega_1$ 和 $\theta=1.618\sqrt{\frac{k}{m}}=\omega_2$ 时，Y_1 和 Y_2 趋于无穷大。可见，在双自由度体系中，在两种情况下（$\theta=\omega_1$ 和 $\theta=\omega_2$）可能出现共振现象。

讨论：当 $k_2=\theta^2m_2$ 时，由式(b)可知：

$$D_0=k_2^2$$

由式(a)可知：

$$Y_1=0,\quad Y_2=-\frac{F_P}{k_2}$$

这说明，如果在图 12-41a 的下层结构上，再按照 $k_2=\theta^2 m$ 的方式来设计上层结构（图 12-41b），则可以消除 m_1 的振动（即 $Y_1=0$），这就是动力吸振器的原理。设计吸振器时，可先根据 m_2 的许可振幅 $Y_2=\frac{F_P}{k_2}$ 选定 k_2，再由 $m_2=\frac{k_2}{\theta^2}$ 确定 m_2 的值。

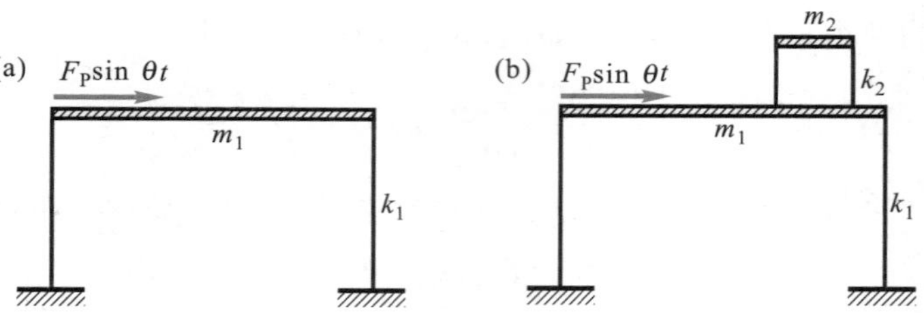

图　12-41

2. 柔度法

图 12-42a 所示双自由度体系，受简谐荷载作用。在任一时刻 t，质点 1、2 的位移 y_1 和 y_2，应等于体系在惯性力 $-m_1\ddot{y}_1$、$-m_2\ddot{y}_2$ 和动力荷载共同作用下的位移（图 12-42b）。

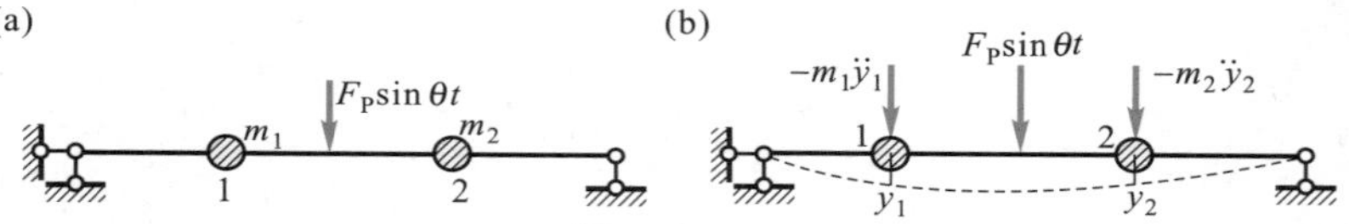

图　12-42

据此，按柔度法建立的振动方程可列出如下：

$$\left.\begin{aligned}y_1&=(-m_1\ddot{y}_1)\delta_{11}+(-m_2\ddot{y}_2)\delta_{12}+\Delta_{1P}\sin\theta t\\y_2&=(-m_1\ddot{y}_1)\delta_{21}+(-m_2\ddot{y}_2)\delta_{22}+\Delta_{2P}\sin\theta t\end{aligned}\right\}$$

式中 Δ_{1P}、Δ_{2P} 为荷载幅值在质点 1、2 产生的静力位移。
也可以写为

$$\left.\begin{aligned}m_1\ddot{y}_1\delta_{11}+m_2\ddot{y}_2\delta_{12}+y_1&=\Delta_{1P}\sin\theta t\\m_1\ddot{y}_1\delta_{21}+m_2\ddot{y}_2\delta_{22}+y_2&=\Delta_{2P}\sin\theta t\end{aligned}\right\}\qquad(12\text{-}52)$$

设平稳振动阶段的解为

$$\left.\begin{aligned}y_1(t)&=Y_1\sin\theta t\\y_2(t)&=Y_2\sin\theta t\end{aligned}\right\}\qquad(a)$$

将式（a）代入式（12-52），消去公因子 $\sin\theta t$ 后，得

$$\left.\begin{aligned}(m_1\theta^2\delta_{11}-1)Y_1+m_2\theta^2\delta_{12}Y_2+\Delta_{1P}&=0\\m_1\theta^2\delta_{21}Y_1+(m_2\theta^2\delta_{22}-1)Y_2+\Delta_{2P}&=0\end{aligned}\right\}\qquad(12\text{-}53)$$

由此可解得位移的幅值为

$$Y_1=\frac{D_1}{D_0},\quad Y_2=\frac{D_2}{D_0} \tag{12-54}$$

式中

$$\left.\begin{aligned}
D_0&=\begin{vmatrix}(m_1\theta^2\delta_{11}-1) & m_2\theta^2\delta_{12}\\ m_1\theta^2\delta_{21} & (m_2\theta^2\delta_{22}-1)\end{vmatrix}\\
D_1&=\begin{vmatrix}-\Delta_{1P} & m_2\theta^2\delta_{12}\\ -\Delta_{2P} & (m_2\theta^2\delta_{22}-1)\end{vmatrix}\\
D_2&=\begin{vmatrix}(m_1\theta^2\delta_{11}-1) & (-\Delta_{1P})\\ m_1\theta^2\delta_{21} & (-\Delta_{2P})\end{vmatrix}
\end{aligned}\right\} \tag{12-55}$$

式(12-55)中的 D_0 与自由振动中的行列式 D[参见式(12-46)]具有相同的形式，只是 D 中的 ω 换成了 D_0 中的 θ。因此，当荷载频率 θ 与任一个自振频率 ω_1、ω_2 相等时，则 $D_0=0$。当 D_1、D_2 不全为零时，位移幅值将趋于无限大，即出现共振。

在求得位移幅值 Y_1、Y_2 后，可得到各质点的位移和惯性力。

位移：

$$y_1(t)=Y_1\sin\theta t$$

$$y_2(t)=Y_2\sin\theta t$$

惯性力：

$$-m_1\ddot{y}_1(t)=m_1\theta^2Y_1\sin\theta t$$

$$-m_2\ddot{y}_2(t)=m_2\theta^2Y_2\sin\theta t$$

因为位移、惯性力和动力荷载同时到达幅值，动内力也在振幅位置到达幅值。动内力幅值可以在各质点的惯性力幅值和动力荷载幅值共同作用下按静力分析方法求得。如任一截面的弯矩幅值，可由下式求出：

$$M(t)_{\max}=\overline{M}_1I_1+\overline{M}_2I_2+M_P$$

式中 I_1、I_2 分别为质点 1、2 的惯性力幅值；

$\overline{M}_1$、$\overline{M}_2$ 分别为单位惯性力 $I_1=1$、$I_2=1$ 作用时，任一截面的弯矩值；

M_P 为动力荷载幅值静力作用下同一截面的弯矩值。

例 12-7 试求图 12-43a 所示体系的动位移和动弯矩的幅值图。已知：$m_1=m_2=m$，EI=常数，$\theta=0.6\,\omega_1$。

解 (1) 例 12-5 中已求出柔度系数和基本频率

$$\delta_{11}=\delta_{22}=\frac{4l^3}{243EI},\quad \delta_{12}=\delta_{21}=\frac{7l^3}{486EI},\quad \omega_1=5.692\sqrt{\frac{EI}{ml^3}}$$

所以

$$\theta=0.6\,\omega_1=3.415\sqrt{\frac{EI}{ml^3}}$$

(2) 作 M_P 图，与例 12-5 中的 $\overline{M}_1$、$\overline{M}_2$ 图乘，得

$$\Delta_{1P}=\frac{4F_Pl^3}{243EI},\quad \Delta_{2P}=\frac{7F_Pl^3}{486EI}$$

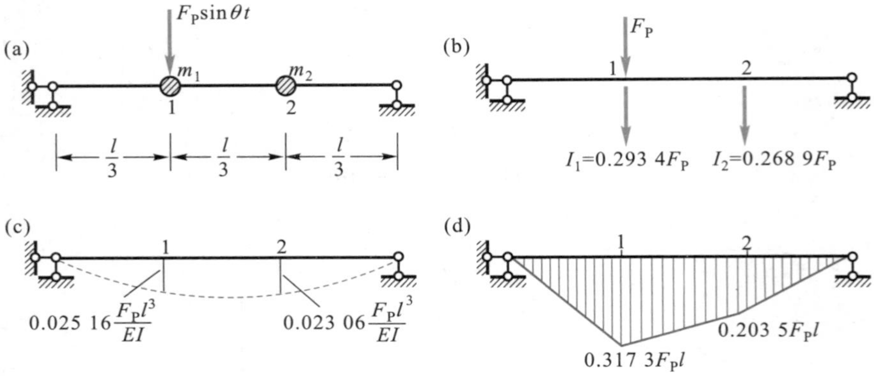

图 12-43

（3）计算 D_0、D_1 和 D_2

$$m_1\theta^2=m_2\theta^2=11.66\frac{EI}{l^3}$$

$$D_0=\begin{vmatrix}(m_1\theta^2\delta_{11}-1) & m_2\theta^2\delta_{12}\\ m_1\theta^2\delta_{21} & (m_2\theta^2\delta_{22}-1)\end{vmatrix}=0.624\ 7$$

$$D_1=\begin{vmatrix}-\Delta_{1P} & m_2\theta^2\delta_{12}\\ -\Delta_{2P} & (m_2\theta^2\delta_{22}-1)\end{vmatrix}=0.015\ 72\frac{F_Pl^3}{EI}$$

$$D_2=\begin{vmatrix}(m_1\theta^2\delta_{11}-1) & (-\Delta_{1P})\\ m_1\theta^2\delta_{21} & (-\Delta_{2P})\end{vmatrix}=0.014\ 40\frac{F_Pl^3}{EI}$$

（4）计算位移幅值

$$Y_1=\frac{D_1}{D_0}=\frac{0.015\ 72\ F_Pl^3}{0.624\ 7EI}=0.025\ 16\frac{F_Pl^3}{EI}$$

$$Y_2=\frac{D_2}{D_0}=\frac{0.014\ 40\ F_Pl^3}{0.624\ 7\ EI}=0.023\ 06\frac{F_Pl^3}{EI}$$

位移幅值图如图 12-43c 所示。

（5）计算惯性力幅值

$$I_1=m_1\theta^2Y_1=11.66\frac{EI}{l^3}\times0.025\ 16\frac{F_Pl^3}{EI}=0.293\ 4\ F_P$$

$$I_2=m_2\theta^2Y_2=11.66\frac{EI}{l^3}\times0.023\ 06\frac{F_Pl^3}{EI}=0.268\ 9\ F_P$$

（6）计算质点 1、2 的动弯矩幅值

体系所受动力荷载及惯性力的幅值，如图 12-43b 所示。据此可求出反力及弯矩幅值。弯矩幅值图，如图 12-43d 所示。

（7）计算质点 1 的位移、弯矩动力系数

$$y_{1st}=\Delta_{1P}=\frac{4F_Pl^3}{243EI}=0.016\ 46\frac{F_Pl^3}{EI}$$

$$\beta_{y1}=\frac{Y_1}{y_{1st}}=\frac{0.025\ 16\ \dfrac{F_P l^3}{EI}}{0.016\ 46\ \dfrac{F_P l^3}{EI}}=1.529$$

$$M_{1st}=\frac{2F_P l}{9}=0.222\ 2\ F_P l$$

$$\beta_{M1}=\frac{M_{1max}}{M_{1st}}=\frac{0.317\ 3\ F_P l}{0.222\ 2\ F_P l}=1.428$$

由此可见,在双自由度体系中,同一点的位移和弯矩的动力系数是不同的,即没有统一的动力系数,这是与单自由度体系不同的。

§ 12-7 小 结

本章是结构力学课程教学基本要求的必修内容。

首先,讨论单自由度体系的振动问题。在自由振动中,强调了自振周期的不同算式和它的一些重要性质。在强迫振动中,先讨论简谐荷载,后讨论一般荷载。一般动力荷载的影响是按照自由振动、冲量的影响、强迫振动的顺序,主要利用力学概念进行推导,从而更清楚地了解它们之间的相互关系。同时,结合几种重要的动力荷载,讨论了结构的动力反应的一些特点,与静力荷载进行了比较。例如,通过对突加荷载和线性渐增荷载的讨论,总结出静力荷载与动力荷载的划分标准等。单自由度体系的计算是本章的基础。因为实际结构的动力计算很多是简化为单自由度体系进行计算的。此外,多自由度体系的动力计算问题也可归结为单自由度体系的计算问题。因而,对这一部分仍应进行一定的练习,以求切实掌握。

其次,讨论双自由度体系的自由振动。先说明了双自由度体系按单自由度振动的可能性,并由此在自由振动中引出了主振型的概念。在强迫振动中,只讨论了简谐荷载作用的情况。在这一部分中,同时介绍了刚度法和柔度法,二者各有其特点,殊途同归。讲授和学习时,可以一种方法为主。

在学习时,可以进行一些对比以加深了解。例如,动力计算与静力计算的比较,结构静力特性与动力特性的比较,单自由度体系与双自由度体系在计算和性能方面的异同,结构动力计算与稳定计算(见本书第 16 章)的相似性(特征方程和特征值,主振型与失稳形式,能量解法)等。

可以使用一些简易的模型表演,以加深学生对结构动力影响的理解与认识。

§ 12-8 思考与讨论

§ 12-1 思考题

12-1 结构动力计算与静力计算的主要区别是什么?

12-2 本章 § 12-1 中自由度概念与卷 I 第 2 章中的自由度概念有何异同?

12-3　采用集中质量法、广义坐标法和有限元法都可使无限自由度体系简化为有限自由度体系，它们所采用的手法有何不同？

§ 12-2 思考题

12-4　按照图示体系建立振动微分方程时，如考虑重力的影响，动力位移的方程有无改变？

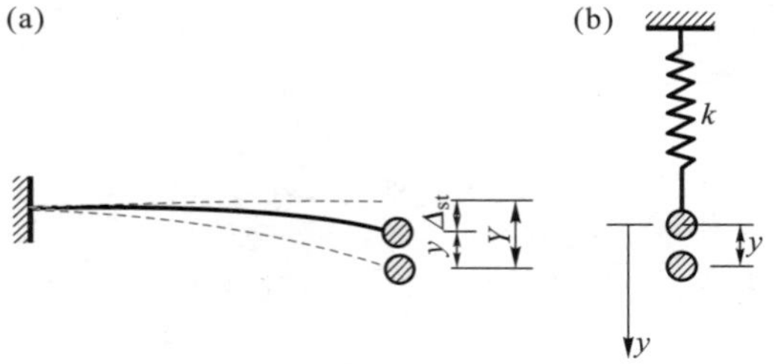

思考题 12-4 图

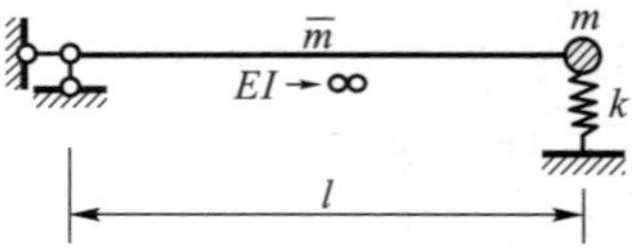

思考题 12-5 图

12-5　计算图示体系的自振频率时，可否直接应用式（12-10），得到 $\omega=\sqrt{\dfrac{k}{m+\bar{m}l}}$？这样计算对不对？为什么？

讨论：因为梁 $EI=\infty$，这是一个单自由度体系，除了梁端集中质量 m 外还有杆的均布质量 $\bar{m}$，质量的运动形态是怎样的？建议读者根据此体系的运动形态写出振动方程，从而求出自振频率。

12-6　为什么说自振周期是结构的固有性质？它与结构哪些固有量有关？

12-7　为了计算自由振动时质点在任意时刻的位移，除了要知道质点的初始位移和初始速度之外，还需要知道些什么？

§ 12-3 思考题

12-8　什么称为动力系数？动力系数的大小与哪些因素有关？在单自由度体系中，位移的动力系数与内力的动力系数是否一样？

12-9　在杜哈梅积分中时间变量 τ 与 t 有什么区别？怎样应用杜哈梅积分求解任意动力荷载作用下的动力位移问题？简谐荷载下的动位移可以用杜哈梅积分求吗？

12-10　如何结合杜哈梅积分这个具体实例进一步理解"叠加法"和"由特殊到一般"的分析方法？

12-11　在图 12-15 和图 12-24 中，何时出现 $\beta\to1$ 的情况？由此如何理解下述结论："随时间变化很慢的动力荷载实际上可看作静力荷载"。这里"很慢"的标准是什么？

12-12　单自由度体系动力荷载作用点不在体系的集中质量上时，动力计算如何进行？此时，体系中各量的动力系数是否仍是一样的？

讨论：动力荷载 $F_P(t)$ 作用点不在体系质量上，动力分析仍可利用刚度法或柔度法进行。

（a）　刚度法。

研究图 a 所示单自由度体系，动力荷载的作用点不在质量上。如在质点 1 处加水平支杆，约束点 1 的位移，此时质量不产生运动，无惯性力作用，可按静力方法求得支杆 1 中的反力 $r_{1P}F_P(t)$，如图 b 所示。将图 b 中的 $r_{1P}F_P(t)$ 反方向作用，即为动力荷载 $F_P(t)$ 对质点 1 的作用力，如图 c 所示。取质量 m 为隔离体，如图 d 所示，写平衡方程有

$$-m\ddot{y}-k_{11}y+r_{1P}F_P(t)=0$$

即

$$m\ddot{y}+k_{11}y=r_{1P}F_P(t)\tag{a}$$

式（a）就是动力荷载作用点不在质量上作用时的强迫振动的运动方程。式中 r_{1P} 为单位力 $F_P(t)=1$ 作用（保持

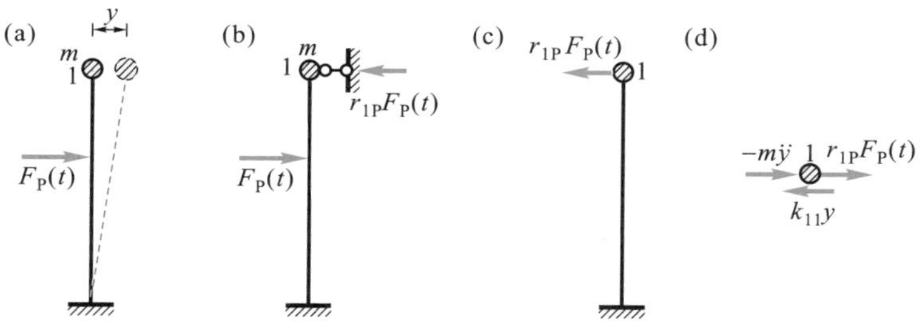

思考题 12-12 图

$y=0$)时，给质量 m 的沿运动方向的力，$r_{1P}F_P(t)$ 为动力荷载$F_P(t)$给质量 m 的等效作用力。

设 $\omega^2=\dfrac{k_{11}}{m}$，式(a)变为

$$\ddot{y}+\omega^2 y=\frac{r_{1P}}{m}F_P(t) \tag{b}$$

由杜哈梅积分，平稳阶段的解为

$$y(t)=\frac{r_{1P}}{m\omega}\int_0^t F_P(\tau)\sin\omega(t-\tau)\,d\tau$$

当动力荷载 $F_P(t)=F\sin\theta t$ 时，亦可由式(b)直接求解。

(b) 柔度法。

取图 a 整体为研究对象，质点位移 y 由惯性力$-m\ddot{y}$ 和动力荷载 $F_P(t)$共同产生，即

$$y(t)=-m\ddot{y}\,\delta_{11}+\delta_{1P}F_P(t) \tag{c}$$

式中 δ_{1P}为 $F_P(t)=1$ 作用时沿质量 1 运动方向产生的位移，$\delta_{1P}F_P(t)$为动力荷载$F_P(t)$引起的质量 1 处的位移。

设 $\omega^2=\dfrac{1}{m\delta_{11}}$，式(c)变为

$$\ddot{y}+\omega^2 y=\frac{\delta_{1P}}{m\delta_{11}}F_P(t) \tag{d}$$

式中 $\dfrac{\delta_{1P}}{\delta_{11}}F_P(t)$为动力荷载 $F_P(t)$给质量 m 的等效作用力。

由杜哈梅积分，平稳阶段的解为

$$y(t)=\frac{\delta_{1P}}{\delta_{11}}\frac{1}{m\omega}\int_0^t F_P(\tau)\sin\omega(t-\tau)\,d\tau$$

当动力荷载为简谐荷载时，$F_P(t)=F\sin\theta t$，亦可由式(d)直接求解。

(c) 建议读者自选一个动力荷载不作用在体系的质量上的小题，自己分析一下，看此时位移的动力系数与内力的动力系数是否一样，各截面内力的动力系数是否一样？

§ 12-4 思考题

12-13 在振动过程中产生阻尼的原因有哪些？

12-14 什么称为临界阻尼？什么称为阻尼比？怎样量测体系振动过程中的阻尼比？

12-15 如果阻尼数值变大，振动的周期将如何变化？

§ 12-5 思考题

12-16 对比刚度法和柔度法求频率的原理和计算步骤。在什么情况下用刚度法较好？在什么情况下用柔度法较好？

12-17　图 a 所示为一桁架，各杆 EA 为常数，桁架杆分布质量不计。此体系的动力自由度是几个？试求其自振频率与主振型。本问题中，当给定质点 m 的竖向位移 y_0 为初始条件时，质量是否是只沿竖向振动？为什么？求图 a 所示体系竖向振动的自振频率的提法，对吗？行吗？

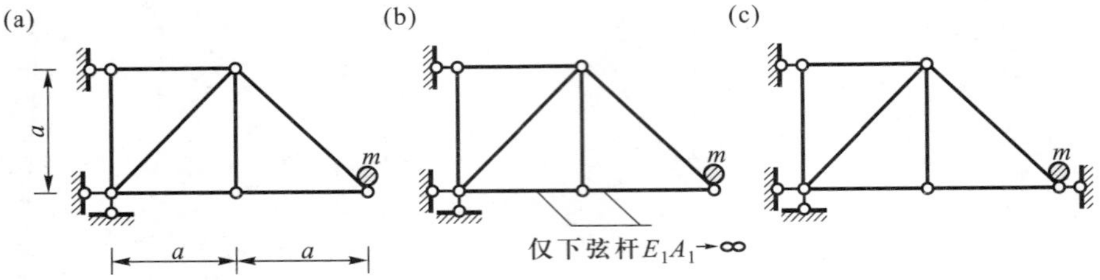

思考题 12-17 图

讨论：图 a 是一个双自由度的体系，不是一个单自由度体系。其两个自振频率和主振型分别为

$$\omega_1 = 0.288\sqrt{\frac{EA}{ma}},\quad \boldsymbol{Y}^{(1)\mathrm{T}} = (1\quad -0.198\ 9)$$

$$\omega_2 = 0.790\sqrt{\frac{EA}{ma}},\quad \boldsymbol{Y}^{(2)\mathrm{T}} = (1\quad 5.027\ 4)$$

当给质点 m 竖向位移 y_0 时，质点也不会只按竖向振动，因为这不是其主振型的振动方向。

求图 a 所示体系竖向振动的自振频率的提法是不对的，不能这样提问题。因为本体系没有竖向振动的振动形式。除非对此体系另外增加约束条件限制质点的水平运动，使其只能竖向振动；如图 b 所示，下弦杆 $E_1A_1\to\infty$，其他各杆 EA 不变；或者如图 c 所示，增加一个水平支杆。但这时已不是图 a 所示的双自由度体系，而是图 b 和图 c 所示的单自由度体系。

建议读者自己对本问题进行详细一些的分析。

§ 12-6 思考题

12-18　双自由度体系各质点的位移动力系数是否都是一样的？它们与内力动力系数是否相同？与单自由度体系有什么不同？

12-19　双自由度的体系有多少个发生共振的可能性？为什么？

习　题

12-1　试求图示梁的自振周期和圆频率。设梁端有重物 $W = 1.23$ kN；梁重不计，$E = 21\times10^4$ MPa，$I = 78$ cm^4。

12-2　一块形基础，底面积 $A = 18$ m^2，重量 $W = 2\ 352$ kN，土壤的弹性压力系数为3 000 kN/m^3。试求基础竖向振动时的自振频率。

12-3　试求图示体系的自振频率。

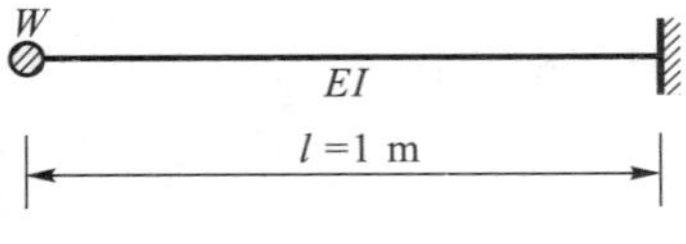

题 12-1 图

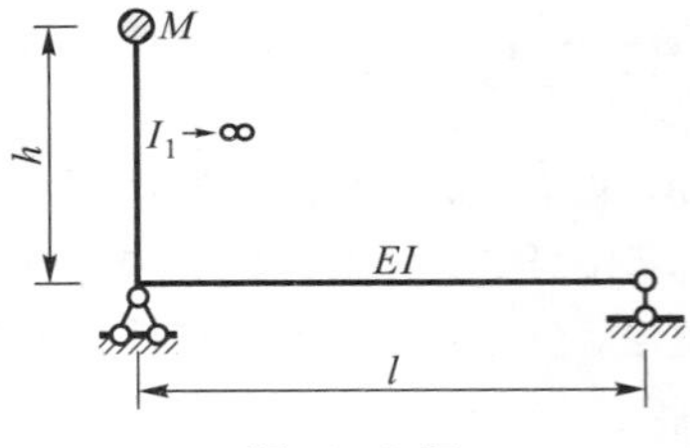

题 12-3 图

12-4 设图示竖杆顶端在振动开始时的初位移为 0.1 cm(被拉到位置 B'后放松引起振动)。试求顶端 B 的位移振幅、最大速度和加速度。

12-5 试求图示排架的水平自振周期。柱的重量已简化到顶部,与屋盖重合在一起。

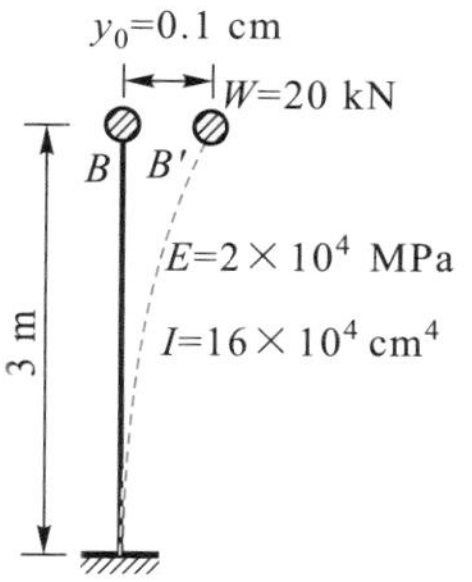

题 12-4 图

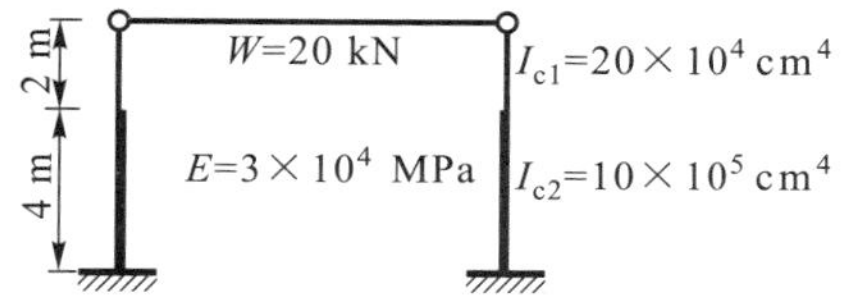

题 12-5 图

12-6 图示刚架跨中有集中重量 W,刚架自重不计,弹性模量为 E。试求竖向振动时的自振频率。

12-7 试求上题图示刚架水平振动时的自振周期。

12-8 试求图示梁的最大竖向位移和 A 端弯矩幅值。已知 $W=10$ kN, $F_P=2.5$ kN, $E=2\times10^5$ MPa, $I=$ 1 130 cm^4, $\theta=57.6$ s^{-1}, $l=150$ cm。

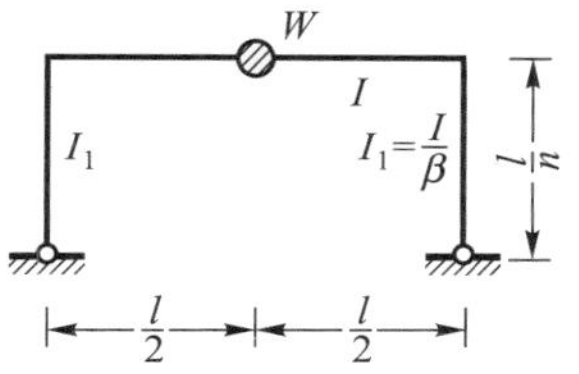

题 12-6 图

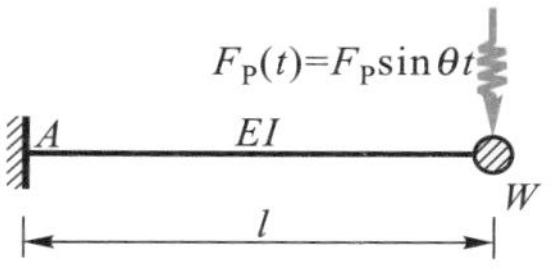

题 12-8 图

12-9 设有一个单自由度的体系,其自振周期为 T,所受荷载为

$$F_P(t)=F_{P0}\sin\frac{\pi t}{T},\quad 当\ 0\leqslant t\leqslant T$$

$$F_P(t)=0,\qquad 当\ t>T$$

试求质点的最大位移及其出现的时间(结果用 F_{P0}、T 和弹簧刚度 k 表示)。

12-10 图示结构在柱顶有电动机,试求电动机转动时的最大水平位移和柱端弯矩的幅值。已知电动机和结构的重量集中于柱顶,$W=20$ kN,电动机水平离心力的幅值$F_P=250$ N,电动机转速 $n=550$ r/min,柱的线刚度 $i=\dfrac{EI_1}{h}=5.88\times10^8$ N · cm。

12-11 设有一个自振周期为 T 的单自由度体系,承受图示直线渐增荷载 $F_P(t)=F_P\dfrac{t}{\tau}$作用。试:

(a) 求 $t=\tau$时的振动位移值 $y(\tau)$。

(b) 当$\tau=\dfrac{3}{4}T$、$\tau=T$、$\tau=1\dfrac{1}{4}T$、$\tau=4\dfrac{3}{4}T$、$\tau=5T$、$\tau=5\dfrac{1}{4}T$、$\tau=9\dfrac{3}{4}T$、$\tau=10T$、$\tau=10\dfrac{1}{4}T$ 时,分别计算动位移和静位移的比值$\dfrac{y(\tau)}{y_{st}}$。静位移 $y_{st}=\dfrac{F_P}{k}$,k 为体系的刚度系数。

(c) 从以上的计算结果,可以得到怎样的结论?

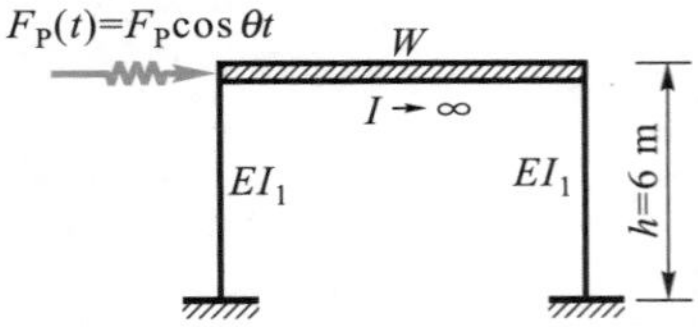

题 12-10 图

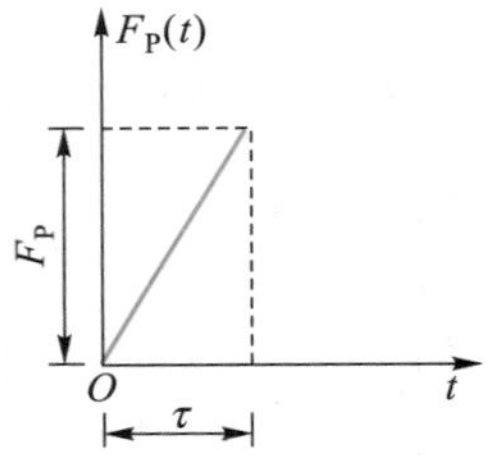

题 12-11 图

12-12　设有一个自振周期为 T 的单自由度体系,承受图示突加荷载作用。试:

(a) 求任意时刻 t 的位移 $y(t)$。

(b) 证明:当$\tau<0.5T$ 时,最大位移发生在时刻 $t>\tau$(即卸载后);当$\tau>0.5T$ 时,最大位移发生在 $t<\tau$(即卸载前)。

(c) 当$\tau=0.1T,\tau=0.2T,\tau=0.3T,\tau=0.5T$ 时,求最大位移 y_{max}与静位移 $y_{st}=\dfrac{F_P}{k}$的比值。

(d) 证明:$\dfrac{y_{max}}{y_{st}}$的最大值为 2;当$\tau<0.1T$ 时,可按瞬时冲量计算,误差不大。

12-13　图示结构中柱的质量集中在刚性横梁上,$m=5$ t,$EI=7.2\times10^4$ kN·m^2,突加荷载 $F_P(t)=10$ kN。试求柱顶最大位移及所发生的时间,并画动弯矩图。

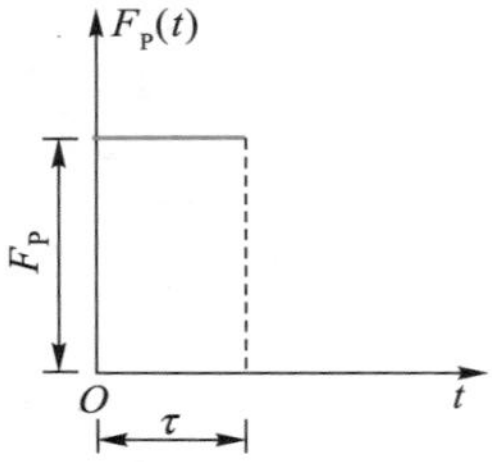

题 12-12 图

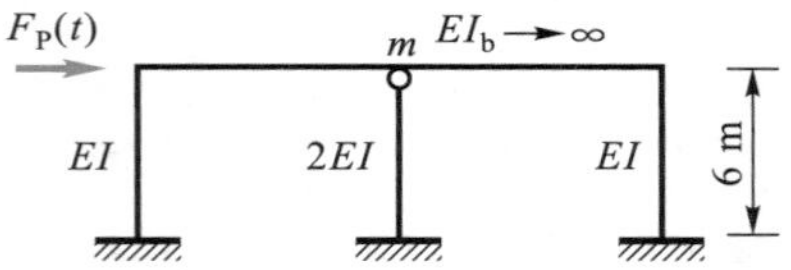

题 12-13 图

12-14　某结构自由振动经过 10 个周期后,振幅降为原来的 10%。试求结构的阻尼比 ξ 和在简谐荷载作用下共振时的动力系数。

12-15　通过图示结构做自由振动实验。用油压千斤顶使横梁产生侧向位移,当梁侧移 0.49 cm 时,需加侧向力 90.698 kN。在此初位移状态下放松横梁,经过一个周期($T=1.40$ s)后,横梁最大位移仅为 0.392 cm。试求:

(a) 结构的重量 W(假设重量集中于横梁上)。

(b) 阻尼比。

(c) 振动 6 周后的位移振幅。

12-16　试求图示体系 1 点的位移动力系数和 0 点的弯矩动力系数;它们与动力荷载通过质点作用时的动力系数是否相同?不同在何处?

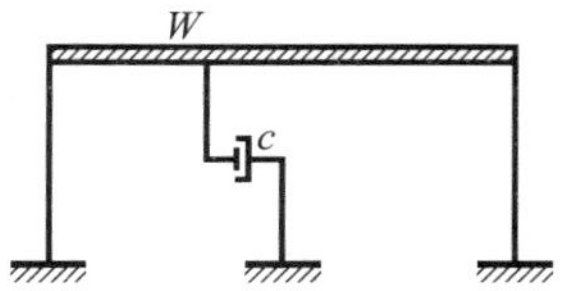

题 12-15 图

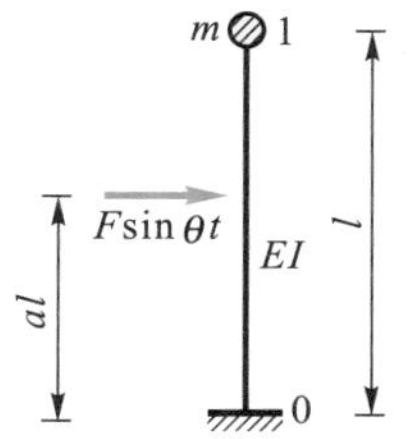

题 12-16 图

12-17　试求图示体系中弹簧支座的最大动反力。已知 q_0、$\theta(\neq\omega)$、m 和弹簧系数 k,$EI\rightarrow\infty$ 。

12-18　试求图示梁的自振频率和主振型。

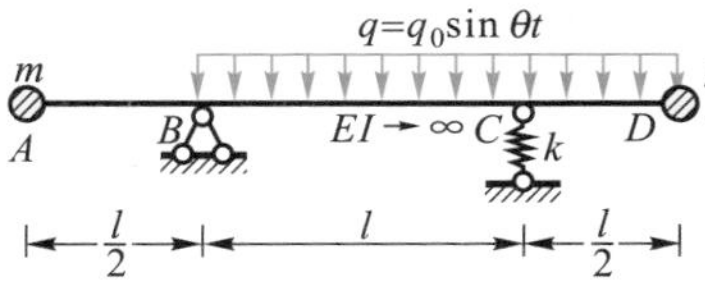

题 12-17 图

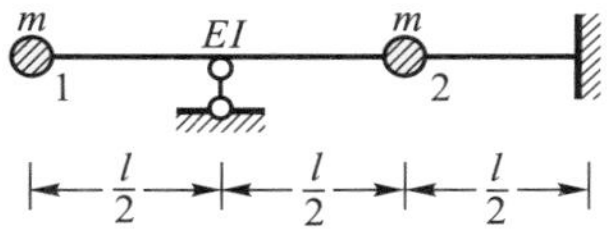

题 12-18 图

12-19　试求图示刚架的自振频率和主振型。

12-20　试求图示双跨梁的自振频率。已知 $l=100$ cm,$mg=1\ 000$ N,$I=68.82$ cm^4,$E=2\times10^5$ MPa。

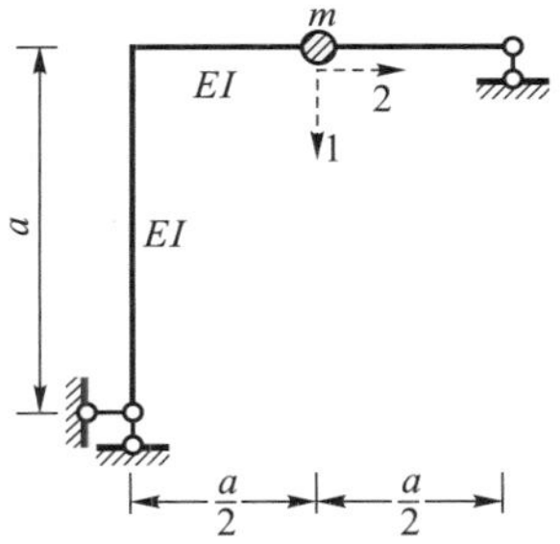

题 12-19 图

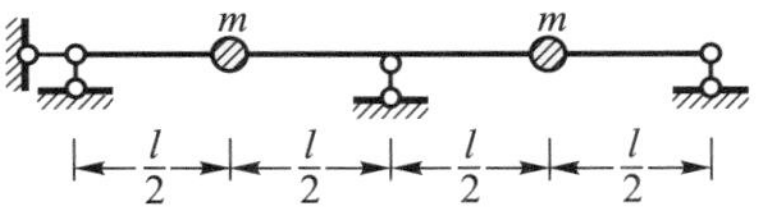

题 12-20 图

12-21　试求图示三跨梁的自振频率和主振型。已知 $l=100$ cm,$W=1\ 000$ N,$I=68.82$ cm^4,$E=2\times10^5$ MPa。(提示:利用对称性。)

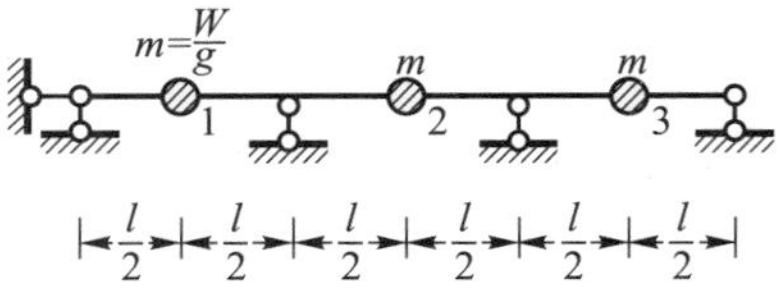

题 12-21 图

12-22　试求图示两层刚架的自振频率和主振型。设楼面质量分别为 $m_1=120$ t 和 $m_2=100$ t,柱的质量已集中于楼面,柱的线刚度分别为 $i_1=20$ MN · m 和 $i_2=14$ MN · m,横梁刚度为无限大。

12-23　设在题 12-22 的两层刚架的二层楼面处沿水平方向作用一简谐干扰力 $F_P \sin \theta t$，其幅值 $F_P = 5$ kN，机器转速 $n = 150$ r/min。试求图示第一、二层楼面处的振幅值和柱端弯矩的幅值。

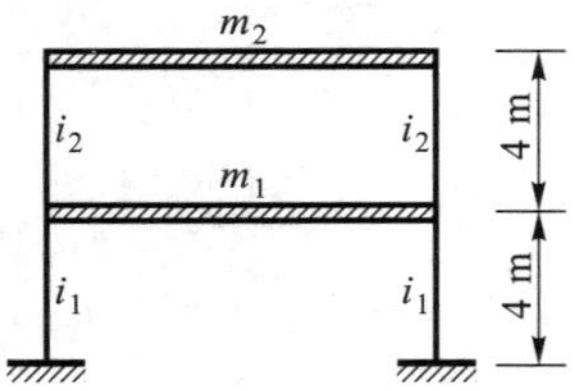

题 12-22 图

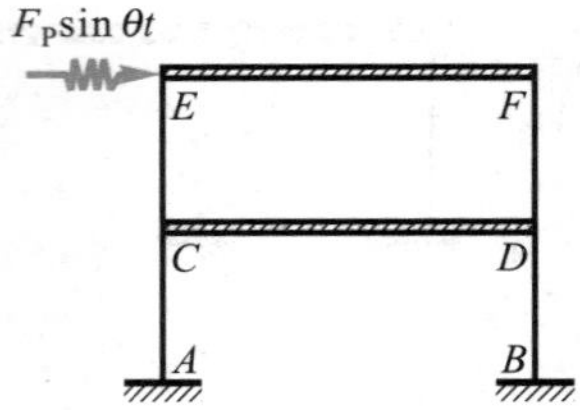

题 12-23 图

第13章
能量原理

在本书卷Ⅰ §1-1 中曾经提到：结构力学问题的解法，从其表述形式来看，可分为两类：

第一类解法——应用荷载和内力之间的平衡方程（在动力问题中为运动方程）、应变和位移之间的几何方程及应变和应力之间的物理方程（本构方程）求解结构的内力和位移。这是一种常用的或传统的解法，可称为平衡（运动）-几何-物理解法，或者简称为"三基方程解法"（这里把平衡、几何、本构三类方程简称为"三基方程"）。在静力分析中也称为静力法。

第二类解法——把平衡（运动）方程、几何方程用相应的虚功方程或能量方程来代替。这种解法称为虚功法或能量法。在虚功法中，用虚位移方程代替平衡方程，用虚力方程代替几何方程，由于物理方程还没有引入，所以这些虚功方程对弹性或非弹性问题都可应用。在能量法中，由于一开始就引入弹性方程，并采用弹性能量的形式来表述相应的方程，因此只对弹性问题才能应用。

两类解法是彼此相通的，只是在表述形式上有些差异。两类解法之间存在许多对偶关系。学习时不要把两种解法割裂开来，以为彼此毫不相干；而是要把二者互相联系和对照，掌握二者之间的对偶性，学一知二。要学会"由此及彼"，要学会"翻译"，把一类解法中的方程和结论翻译成另一类解法的方程和结论。要学会"融会贯通"，"一以贯之"和"善于优选"。

本章介绍能量原理和能量解法。首先，介绍能量原理中的两个基本原理，即势能原理和余能原理。并且指出，势能原理与位移法相通，余能原理与力法相通。其次，在势能原理和余能原理的基础上，引入分区混合概念，介绍分区混合能量驻值原理。最后，将卡氏第一、第二定理加以推广，介绍势能和余能偏导数定理及分区混合能量偏导数定理。

§13-1 可能内力与可能位移

本节对杆件结构的静力方程和几何方程加以回顾，并引入静力可能内力、几何可能位移等概念。它们通常分别简称为可能内力、可能位移。此外还介绍几何可能应变和静力可能应变等概念。

简单地说，静力可能内力指的就是平衡内力，几何可能位移指的就是协调位移。实际上这些概念前面早已涉及：例如力法的第一步是求静力可能内力，然后从多种静力可能内力中把真实内力选出来；又如位移法的第一步是求几何可能位移，然后从多种几何可能位移中把真实位移选出来。由于可能内力和可能位移等概念在能量原理和虚功原理中是重要概念，因此这里对这些概念再作一些更详细的说明。

在杆件结构中，我们采用两套右手坐标系（图 13-1）：

整体坐标或公共坐标(x,y)——在建立结点连接条件和边界条件时采用；

局部坐标(s,n)——在建立杆件微分方程时采用,s 轴为杆件 AB 的轴线(在第 11 章曾用$\bar{x}$,$\bar{y}$表示局部坐标)。

1. 静力方程

杆件结构的全部静力方程包括三组方程——各杆的平衡微分方程,杆端的静力边界条件,结点的静力连接条件。现分述如下:

(1) 杆件的平衡微分方程

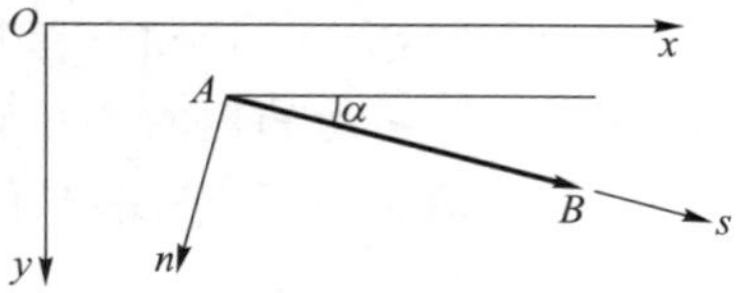

图　13-1

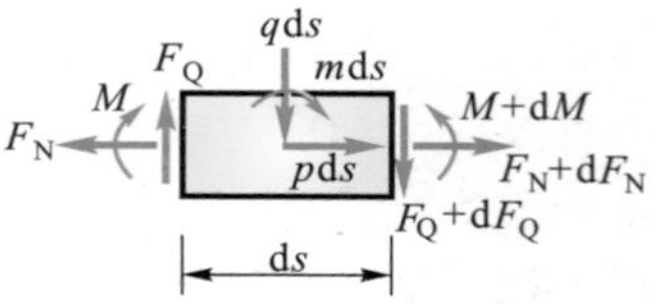

图　13-2

采用局部坐标,考虑杆件微段 ds 的平衡(图 13-2),可得出平衡微分方程如下:

$$\left.\begin{aligned}\frac{\mathrm{d}F_{\mathrm{N}}}{\mathrm{d}s}&=-p\\ \frac{\mathrm{d}F_{\mathrm{Q}}}{\mathrm{d}s}&=-q\\ \frac{\mathrm{d}M}{\mathrm{d}s}-F_{\mathrm{Q}}&=m\end{aligned}\right\}\tag{13-1}$$

这里,F_{N}、F_{Q}、M 是截面的三个内力分量,即轴力、剪力、弯矩。p、q、m 是局部坐标系中的三个荷载分量,即轴向、横向、力偶荷载的集度。

(2) 杆端的静力边界条件

采用整体坐标。杆件每端有三个杆端力分量 F_x、F_y、F_θ,其正方向如图 13-3 所示。

在杆件结构中,杆端的静力边界条件为

$$\left.\begin{aligned}F_x&=F_{\mathrm{P}x}\quad(\text{在沿 }x\text{ 方向为自由的杆端处})\\ F_y&=F_{\mathrm{P}y}\quad(\text{在沿 }y\text{ 方向为自由的杆端处})\\ F_\theta&=F_{\mathrm{P}\theta}\quad(\text{在沿 }\theta\text{ 方向为自由的杆端处})\end{aligned}\right\}\tag{13-2}$$

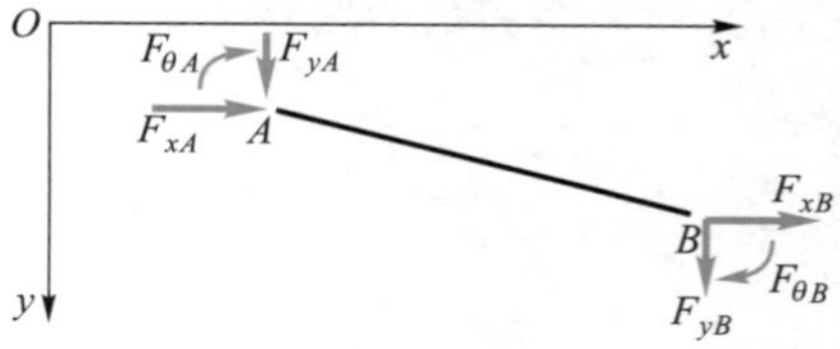

图　13-3

这里,$F_{\mathrm{P}x}$、$F_{\mathrm{P}y}$、$F_{\mathrm{P}\theta}$分别为在杆端给定的集中荷载分量。

例如,在图 13-4a 所示悬臂梁中,全部静力边界条件为

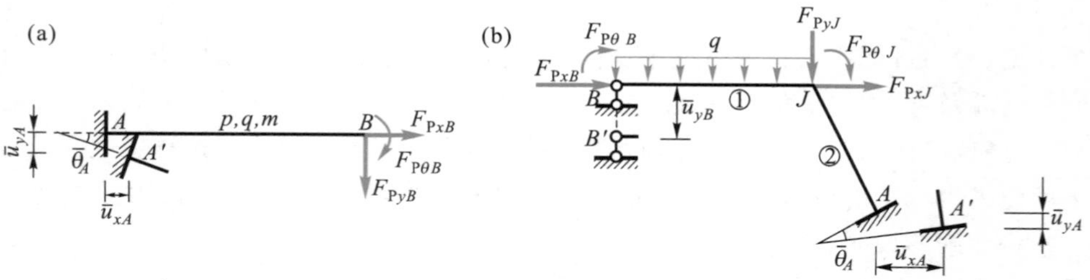

图　13-4

$$\left.\begin{aligned} F_{xB} &= F_{\mathrm{P}xB} \\ F_{yB} &= F_{\mathrm{P}yB} \\ F_{\theta B} &= F_{\mathrm{P}\theta B} \end{aligned}\right\} \quad (\text{在杆端 } B \text{ 处}) \tag{a}$$

又如在图 13-4b 所示结构中,全部静力边界条件为

$$\left.\begin{aligned} F_{xB} &= F_{\mathrm{P}xB} \\ F_{\theta B} &= F_{\mathrm{P}\theta B} \end{aligned}\right\} \quad (\text{在杆端 } B \text{ 处}) \tag{b}$$

(3) 结点的静力连接条件

在图 13-4b 中,刚结点 J 处有杆件①、②相交,并有给定的集中荷载 $F_{\mathrm{P}xJ}$、$F_{\mathrm{P}yJ}$、$F_{\mathrm{P}\theta J}$作用。结点 J 的静力连接条件为

$$\left.\begin{aligned} \sum_{e=1,2} F_x^e &= F_{\mathrm{P}x} \\ \sum_{e=1,2} F_y^e &= F_{\mathrm{P}y} \\ \sum_{e=1,2} F_\theta^e &= F_{\mathrm{P}\theta} \end{aligned}\right\} \quad (\text{在刚结点 } J \text{ 处}) \tag{13-3}$$

2. 静力可能内力

满足全部静力条件的内力称为静力可能内力。在杆件结构中,满足式(13-1)、(13-2)、(13-3)的内力称为静力可能内力。

关于静力可能内力的上述定义中,只考虑了静力条件这个方面。至于结构的真实状态(真实内力、真实应变、真实位移)则要综合考虑静力条件、几何条件、物理条件三个方面。也就是说,满足静力、几何、物理全部条件的状态称为真实状态,其中的内力、应变、位移称为真实内力、真实应变、真实位移。

可能内力与真实内力既有联系又有区别。现对静定结构和超静定结构两种情况分别讨论:

在静定结构中,由于静力条件的解是唯一的,静力可能内力只有一种,因此可能内力就是真实内力。

在超静定结构中,由于静力条件的解不是唯一的,静力可能内力有无穷多种,因此在无穷多种可能内力中,有一种是真实内力,其余的都不是真实内力。

超静定结构的静力可能内力可利用力法基本结构的概念表达成如下形式:

$$\begin{aligned} F_{\mathrm{N}}(s) &= \sum_{i=1}^{n} \overline{F}_{\mathrm{N}i}(s) X_i + F_{\mathrm{NP}}(s) \\ F_{\mathrm{Q}}(s) &= \sum_{i=1}^{n} \overline{F}_{\mathrm{Q}i}(s) X_i + F_{\mathrm{QP}}(s) \\ M(s) &= \sum_{i=1}^{n} \overline{M}_i(s) X_i + M_{\mathrm{P}}(s) \end{aligned} \tag{13-4}$$

这里,X_i①($i=1,2,\cdots,n$)是多余未知力,$\overline{F}_{\mathrm{N}i}$、$\overline{F}_{\mathrm{Q}i}$、$\overline{M}_i$ 和 F_{NP}、F_{QP}、M_{P} 分别是静定的基本结构在单位力 $X_i=1$ 和给定荷载 F_{P} 作用下产生的平衡内力。式(13-4)中的内力 $F_{\mathrm{N}}(s)$、$F_{\mathrm{Q}}(s)$、$M(s)$就

① 多余未知力用 X_i 表示,见本书卷 I 第 6 章。

是原超静定结构在给定荷载下的平衡内力,亦即静力可能内力。由于式(13-4)中含有 n 个任意参数 $X_1, X_2, \cdots, X_n$,因此超静定结构的可能内力有无穷多种,而真实内力是其中之一(此时,$X_1, X_2, \cdots, X_n$ 已不是任意值,而是根据力法典型方程解出的那一组确定值)。

总之,从一方面看,真实内力必定是可能内力;从另一方面看,可能内力一般不等同于真实内力,只是在静定结构的特殊情况下,可能内力才等同于真实内力。

3. 静力可能应变

应用物理条件,由静力可能内力导出的应变称为静力可能应变。

4. 几何方程

杆件截面有三个位移分量(图 13-5)。在局部坐标系中,它们是截面形心的轴向位移 u、横向位移 v 及截面转角 θ。它们的正方向与荷载 p、q、m 的正方向一致。在考虑杆端位移时,采用整体坐标系,它们是 u_x、u_y 和 θ。它们的正方向与杆端力 F_x、F_y、F_θ 的正方向一致。

杆件的广义应变(简称应变)有三个分量:轴线应变 ε、截面平均切应变 γ①、曲率 κ。它们以与正号内力 F_N、F_Q、M 相应时为正。

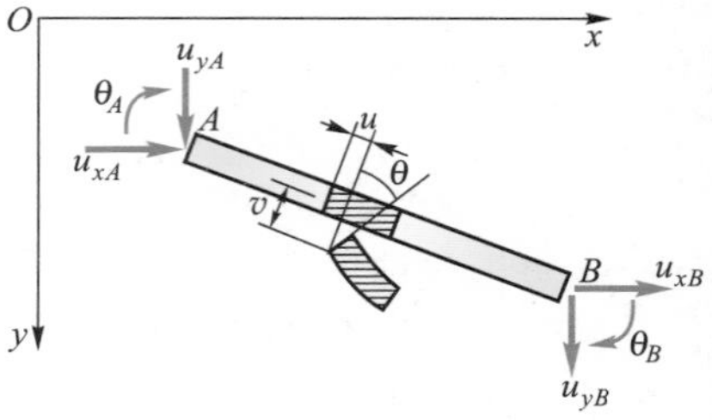

图 13-5

杆件结构的全部几何方程包括三组方程——各杆的应变位移间的微分关系、杆端的位移边界条件、结点的位移连接条件。现分述如下:

(1) 杆件的应变位移关系

采用局部坐标,考虑微段 ds 的变形,可得出位移与应变之间的几何微分关系:

$$\left.\begin{aligned}\varepsilon&=\frac{\mathrm{d}u}{\mathrm{d}s}\\ \gamma&=\frac{\mathrm{d}v}{\mathrm{d}s}-\theta\\ \kappa&=-\frac{\mathrm{d}\theta}{\mathrm{d}s}\end{aligned}\right\} \qquad (13\text{-}5a)$$

如果忽略切应变,令 $\gamma=0$,则得

$$\theta=\frac{\mathrm{d}v}{\mathrm{d}s},\quad \kappa=-\frac{\mathrm{d}^2v}{\mathrm{d}s^2} \qquad (13\text{-}5b)$$

关于变量 v 和 θ 的独立性,应注意有两种情况:在式(13-5b)中,截面转角 θ 与挠曲线倾角 $\frac{\mathrm{d}v}{\mathrm{d}s}$ 彼此相等,v 是独立变量,而 θ 不是独立变量;在式(13-5a)中,由于考虑切应变的存在和影响,θ 和 v 都是独立变量。

(2) 杆端的位移边界条件

采用整体坐标系。在杆件结构中,杆端的位移边界条件为

① 截面平均切应变原用 γ_0 表示。为了简便,在本章中改用 γ 表示(而用 γ_0 表示其初应变)。

$$\left.\begin{aligned} &u_x=\bar{u}_x \quad (\text{在沿 } x \text{ 方向有支承的杆端处})\\ &u_y=\bar{u}_y \quad (\text{在沿 } y \text{ 方向有支承的杆端处})\\ &\theta=\bar{\theta} \quad (\text{在沿 } \theta \text{ 方向有支承的杆端处}) \end{aligned}\right\} \tag{13-6}$$

这里，$\bar{u}_x$、$\bar{u}_y$、$\bar{\theta}$ 是在整体坐标系中杆端支座位移的给定值。

例如，在图 13-4a 所示结构中，全部位移边界条件为

$$\left.\begin{aligned} &u_{xA}=\bar{u}_{xA}\\ &u_{yA}=\bar{u}_{yA}\\ &\theta_A=\bar{\theta}_A \end{aligned}\right\} \quad (\text{在杆端 } A \text{ 处}) \tag{c}$$

在图 13-4b 所示结构中，全部位移边界条件为

$$\left.\begin{aligned} &u_{xA}=\bar{u}_{xA}, \quad u_{yA}=\bar{u}_{yA}, \quad \theta_A=\bar{\theta}_A \quad (\text{在杆端 } A \text{ 处})\\ &u_{yB}=\bar{u}_{yB} \qquad\qquad\qquad\qquad\qquad\quad (\text{在杆端 } B \text{ 处}) \end{aligned}\right\}$$

（3）结点的位移连接条件

在图 13-4b 的刚结点 J 处的位移连接条件为

$$\left.\begin{aligned} &u_{xJ}^{①}=u_{xJ}^{②}=u_{xJ}\\ &u_{yJ}^{①}=u_{yJ}^{②}=u_{yJ}\\ &\theta_J^{①}=\theta_J^{②}=\theta_J \end{aligned}\right\} \quad (\text{在刚结点 } J \text{ 处}) \tag{13-7}$$

这里，u_{xJ}、u_{yJ}、θ_J 为结点 J 处各杆端的公共位移，称为结点位移。

5. 几何可能位移

如果结构中存在某种位移状态，能够满足全部位移边界条件和位移连接条件，式(13-6)和(13-7)，则此位移称为几何可能位移。（关于超静定结构几何可能位移的存在条件将在下面讨论。）

自然，几何可能位移 u、v、θ 还应当具有连续性和必要的可微性[例如式(13-5)中的导数$\frac{\mathrm{d}u}{\mathrm{d}s}$，$\frac{\mathrm{d}v}{\mathrm{d}s}$，$\frac{\mathrm{d}\theta}{\mathrm{d}s}$应是存在的]。我们将默认这些条件而不一一指出。

为了求结构的几何可能位移，首先要考虑应变位移关系式(13-5)，这是一个以位移为未知函数的微分方程。解微分方程时还要考虑位移边界(连接)条件式(13-6)和(13-7)。因此，求可能位移的问题归结为在位移边界(连接)条件下解微分方程(13-5)的问题，首先要讨论可能位移是否存在的问题，并导出可能位移的存在条件。

微分方程解答存在性问题虽然是一个数学问题，但用力学方法来解释也许会更简明清晰。下面分两种情况讨论：

超静定结构——n 次超静定结构有 n 个多余约束。按照力法概念，先将多余约束截断，得到静定的基本结构。然后根据各杆的应变 ε、γ、κ 及位移的边界(连接)条件(边界处的支座位移给定为 c_k)，可求出基本结构沿多余力 X_i 方向的广义位移 D_i(这里用 D_i 表示沿 X_i 方向的位移，用 Δ_i 表示位移法基本未知量)：

$$D_i(\varepsilon,\gamma,\kappa)=\sum\int(\overline{M}\kappa+\overline{F}_{\mathrm{N}}\varepsilon+\overline{F}_{\mathrm{Q}}\gamma)\,\mathrm{d}s-\sum\overline{F}_{\mathrm{R}k}c_k \tag{13-8}$$

如果应变 ε、γ、κ 使 $D_1, D_2, \cdots, D_n$ 不全为零，则在多余约束截断处出现非零的相对位移，也就是原超静定结构在这些截面处的位移为不连续和不协调。对于这样的应变，超静定结构的可能位移是不存在的。只有当应变 ε、γ、κ 事先满足下列变形协调条件（或称变形相容条件）：

$$D_i(\varepsilon,\gamma,\kappa)=\sum\int(\overline{M}\kappa+\overline{F}_{\mathrm{N}}\varepsilon+\overline{F}_{\mathrm{Q}}\gamma)\mathrm{d}s-\sum\overline{F}_{\mathrm{R}k}c_k=0\qquad(i=1,2,\cdots,n)\tag{13-9}$$

超静定结构才有可能位移存在。式（13-9）也就是超静定结构可能位移的存在条件。

静定结构——由于静定结构没有多余约束，当各杆应变为任意给定时，满足位移边界（连接）条件的可能位移总是存在的。

综合起来，为了保证可能位移的存在，对超静定结构来说，应变必须事先满足变形协调条件（13-9）；对于静定结构来说，应变无需事先满足任何附加条件。

结构的几何可能位移还可利用位移法基本结构的概念表达成如下形式：

$$\left.\begin{aligned}u(s)&=\sum_{i=1}^{n}\overline{u}_i(s)\Delta_i+u_{\mathrm{P}}(s)\\v(s)&=\sum_{i=1}^{n}\overline{v}_i(s)\Delta_i+v_{\mathrm{P}}(s)\\\theta(s)&=\sum_{i=1}^{n}\overline{\theta}_i(s)\Delta_i+\theta_{\mathrm{P}}(s)\end{aligned}\right\}\tag{13-10}$$

这里，$\Delta_i(i=1,2,\cdots,n)$ 是位移法基本未知量，$\overline{u}_i$、$\overline{v}_i$、$\overline{\theta}_i$ 和 u_{P}、v_{P}、θ_{P} 分别是由单位位移 $\Delta_i=1$ 和荷载引起的基本结构的真实位移。式（13-10）中的位移 $u(s)$、$v(s)$、$\theta(s)$ 就是原结构在给定荷载下的可能位移。由于式（13-10）中含有 n 个任意参数 $\Delta_1, \Delta_2, \cdots, \Delta_n$，因此结构的可能位移有无穷多种，而真实位移是其中之一（此时，$\Delta_1, \Delta_2, \cdots, \Delta_n$ 已不是任意值，而是根据位移法典型方程解出的那一组确定值）。

6. 几何可能应变

如果几何可能位移存在，则按照式（13-5）对可能位移进行微分运算而导出的应变称为几何可能应变。

为了保证几何可能位移的存在，对于超静定结构来讲，几何可能应变应当满足附加条件（13-9）。对于静定结构来讲，几何可能应变无需满足任何附加条件。

7. 小结

本节内容可用下列关系简图加以概括。

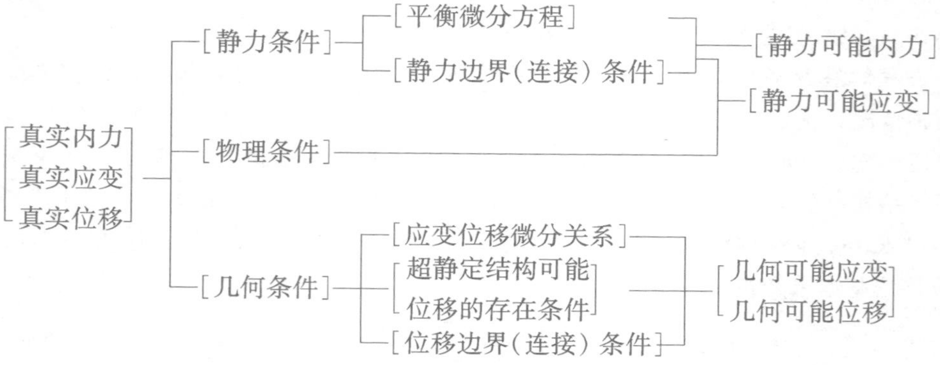

§13-2 应变能与应变余能

本节引入弹性杆件结构的应变能 V_ε 和应变余能 V_C 等概念。杆件单位长度的应变能和应变余能称为应变能密度 v_ε 和应变余能密度 v_C。

关于弹性的含义,需要说明两点。第一,弹性体的应力-应变关系应当是单值函数关系。如果物体在卸载时的变形特性与加载时的不同,则应力与应变之间已不是单值函数关系,这种非弹性情况在这里不予考虑。第二,弹性体的应力-应变关系可以是线性的或非线性的,前者称为线性弹性体,后者称为非线性弹性体。本节只讨论线性弹性情况。

1. 弹性杆件的物理方程

在线性弹性情况下,杆件截面内力 F_N、F_Q、M 与广义应变 ε、γ、κ 之间的物理方程为线性方程:

$$\left.\begin{aligned} F_N &= EA\varepsilon \\ F_Q &= \frac{GA}{k}\gamma \\ M &= EI\kappa \end{aligned}\right\} \tag{13-11a}$$

$$\left.\begin{aligned} \varepsilon &= \frac{1}{EA}F_N \\ \gamma &= \frac{k}{GA}F_Q \\ \kappa &= \frac{1}{EI}M \end{aligned}\right\} \tag{13-11b}$$

式中 EA、$\frac{GA}{k}$、EI 分别为截面的抗拉、抗剪、抗弯刚度。式(13-11a,b)分别称为物理方程的刚度形式和柔度形式。

2. 杆件的应变能密度

杆件的应变能密度 v_ε 是单位杆长内由于杆件产生应变而储存的能量,等于截面内力在应变上所作的功,v_ε 为拉伸、剪切、弯曲应变能密度 $v_{\varepsilon n}$、$v_{\varepsilon s}$、$v_{\varepsilon b}$ 之和:

$$\begin{gathered} v_{\varepsilon n} = \int_0^\varepsilon F_N \mathrm{d}\varepsilon, \quad v_{\varepsilon s} = \int_0^\gamma F_Q \mathrm{d}\gamma, \quad v_{\varepsilon b} = \int_0^\kappa M \mathrm{d}\kappa \\ v_\varepsilon = v_{\varepsilon n} + v_{\varepsilon s} + v_{\varepsilon b} = \int_0^\varepsilon F_N \mathrm{d}\varepsilon + \int_0^\gamma F_Q \mathrm{d}\gamma + \int_0^\kappa M \mathrm{d}\kappa \end{gathered} \tag{13-12}$$

在线性弹性情况下,将线性关系式(13-11a)代入式(13-12),得

$$\left.\begin{aligned} v_{\varepsilon n} &= \int_0^\varepsilon EA\varepsilon \mathrm{d}\varepsilon = \frac{1}{2}EA\varepsilon^2 \\ v_{\varepsilon s} &= \int_0^\gamma \frac{GA}{k}\gamma \mathrm{d}\gamma = \frac{1}{2}\frac{GA}{k}\gamma^2 \\ v_{\varepsilon b} &= \int_0^\kappa EI\kappa \mathrm{d}\kappa = \frac{1}{2}EI\kappa^2 \end{aligned}\right\} \tag{a}$$

因此

$$v_{\varepsilon}=\frac{1}{2}EA\varepsilon^{2}+\frac{1}{2}\frac{GA}{k}\gamma^{2}+\frac{1}{2}EI\kappa^{2} \tag{13-13}$$

应变能密度 v_{ε} 为应变 ε、γ、κ 的齐次二次式。

如用位移表示，则在小位移情况下，有

$$\left.\begin{aligned}v_{\varepsilon\mathrm{n}}&=\frac{1}{2}EA\left(\frac{\mathrm{d}u}{\mathrm{d}s}\right)^{2}\\v_{\varepsilon\mathrm{s}}&=\frac{1}{2}\frac{GA}{k}\left(\frac{\mathrm{d}v}{\mathrm{d}s}-\theta\right)^{2}\\v_{\varepsilon\mathrm{b}}&=\frac{1}{2}EI\left(\frac{\mathrm{d}\theta}{\mathrm{d}s}\right)^{2}\end{aligned}\right\} \tag{b}$$

$$v_{\varepsilon}=\frac{1}{2}EA\left(\frac{\mathrm{d}u}{\mathrm{d}s}\right)^{2}+\frac{1}{2}\frac{GA}{k}\left(\frac{\mathrm{d}v}{\mathrm{d}s}-\theta\right)^{2}+\frac{1}{2}EI\left(\frac{\mathrm{d}\theta}{\mathrm{d}s}\right)^{2} \tag{13-14}$$

3. 杆件结构的应变能

杆件 e 的应变能 V_{ε}^{e} 由应变能密度 v_{ε} 沿杆件长度积分得出：

$$V_{\varepsilon}^{e}=\int v_{\varepsilon}\mathrm{d}s \tag{c}$$

杆件结构的应变能 V_{ε} 是各杆应变能 V_{ε}^{e} 之和：

$$V_{\varepsilon}=\sum_{e}V_{\varepsilon}^{e}=\sum_{e}\int v_{\varepsilon}\mathrm{d}s \tag{13-15}$$

在线性弹性情况下，将式(13-13)和(13-14)代入上式，得

$$\begin{aligned}V_{\varepsilon}&=\sum_{e}\int\frac{1}{2}\left(EA\varepsilon^{2}+\frac{GA}{k}\gamma^{2}+EI\kappa^{2}\right)\mathrm{d}s\\&=\sum_{e}\int\frac{1}{2}\left[EA\left(\frac{\mathrm{d}u}{\mathrm{d}s}\right)^{2}+\frac{GA}{k}\left(\frac{\mathrm{d}v}{\mathrm{d}s}-\theta\right)^{2}+EI\left(\frac{\mathrm{d}\theta}{\mathrm{d}s}\right)^{2}\right]\mathrm{d}s\end{aligned} \tag{13-16}$$

对于薄杆，可忽略剪切变形，因而 $\theta=\frac{\mathrm{d}v}{\mathrm{d}s}$，故得

$$V_{\varepsilon}=\sum_{e}\int\frac{1}{2}\left[EA\left(\frac{\mathrm{d}u}{\mathrm{d}s}\right)^{2}+EI\left(\frac{\mathrm{d}^{2}v}{\mathrm{d}s^{2}}\right)^{2}\right]\mathrm{d}s \tag{13-17}$$

4. 杆件的应变余能密度

杆件的应变余能密度 v_{C} 是拉伸、剪切、弯曲应变余能密度 v_{Cn}、v_{Cs}、v_{Cb}之和：

$$\left.\begin{aligned}&v_{\mathrm{Cn}}=\int_{0}^{F_{\mathrm{N}}}\varepsilon\mathrm{d}F_{\mathrm{N}},\quad v_{\mathrm{Cs}}=\int_{0}^{F_{\mathrm{Q}}}\gamma\mathrm{d}F_{\mathrm{Q}},\quad v_{\mathrm{Cb}}=\int_{0}^{M}\kappa\mathrm{d}M\\&v_{\mathrm{C}}=v_{\mathrm{Cn}}+v_{\mathrm{Cs}}+v_{\mathrm{Cb}}=\int_{0}^{F_{\mathrm{N}}}\varepsilon\mathrm{d}F_{\mathrm{N}}+\int_{0}^{F_{\mathrm{Q}}}\gamma\mathrm{d}F_{\mathrm{Q}}+\int_{0}^{M}\kappa\mathrm{d}M\end{aligned}\right. \tag{13-18}$$

现以拉伸情况为例，说明拉伸应变能密度 $v_{\varepsilon\mathrm{n}}$与拉伸应变余能密度 v_{Cn}彼此互为余数这一性质。在图 13-6a、b 中给出 F_{N} 与 ε 之间的内力-应变曲线。$v_{\varepsilon\mathrm{n}}$表示该曲线与横坐标轴之间的面积，即 $v_{\varepsilon\mathrm{n}}=\int_{0}^{\varepsilon}F_{\mathrm{N}}\mathrm{d}\varepsilon$(图 13-6a)；而 v_{Cn} 表示该曲线与纵坐标轴之间的面积，即 $v_{\mathrm{Cn}}=\int_{0}^{F_{\mathrm{N}}}\varepsilon\mathrm{d}F_{\mathrm{N}}$

(图 13-6b)。面积 $v_{\varepsilon n}$ 和面积 v_{Cn} 正好合成一个矩形面积,即

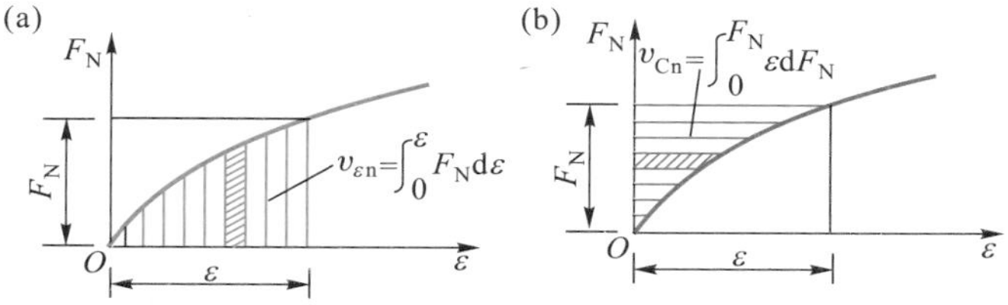

图　13-6

$$v_{\varepsilon n}+v_{Cn}=F_N\varepsilon$$

换句话说,对于矩形面积 $F_N\varepsilon$ 来说,$v_{\varepsilon n}$ 和 v_{Cn} 彼此互为余数。这就是"余能"这个名称的由来。

在线性弹性情况下,将线性关系式(13-11b)代入式(13-18),得

$$\left.\begin{aligned} v_{Cn} &= \int_0^{F_N} \frac{1}{EA}F_N dF_N = \frac{1}{2EA}F_N^2 \\ v_{Cs} &= \int_0^{F_Q} \frac{k}{GA}F_Q dF_Q = \frac{k}{2GA}F_Q^2 \\ v_{Cb} &= \int_0^{M} \frac{1}{EI}M dM = \frac{1}{2EI}M^2 \end{aligned}\right\} \tag{d}$$

因此

$$v_C=\frac{1}{2EA}F_N^2+\frac{k}{2GA}F_Q^2+\frac{1}{2EI}M^2 \tag{13-19}$$

应变余能密度 v_C 为内力 F_N、F_Q、M 的齐次二次式。式(13-13)和(13-19)分别给出了在线性弹性情况下 v_ε 和 v_C 的表示式。根据线性物理方程(13-11),可知 v_ε 和 v_C 在数值上彼此相等。从另一角度看,如果材料为线性弹性,则图 13-6a、b 的内力-应变曲线退化为一直线。此时,互为余数的两个面积 $v_{\varepsilon n}$ 和 v_{Cn} 也是彼此相等的。

5. 杆件结构的应变余能

杆件 e 的应变余能 V_C^e 由应变余能密度 v_C 沿杆件长度积分得出:

$$V_C^e=\int v_C ds \tag{e}$$

杆件结构的应变余能 V_C 是各杆应变余能 V_C^e 之和:

$$V_C=\sum_e V_C^e=\sum_e\int v_C ds \tag{13-20}$$

对于线性弹性情况,将式(13-19)代入上式,得

$$V_C=\sum_e\int\frac{1}{2}\left(\frac{1}{EA}F_N^2+\frac{k}{GA}F_Q^2+\frac{1}{EI}M^2\right)ds \tag{13-21}$$

6. 具有初应变时的情况

设杆件具有初应变 ε_0、γ_0、κ_0;此外,由内力 F_N、F_Q、M 引起的应变为 ε、γ、κ;总应变为 $\varepsilon_0+\varepsilon$、$\gamma_0+\gamma$、$\kappa_0+\kappa$。

应变能密度 v_ε 和应变能 V_ε 仍由式(13-12)和(13-15)表示,因而初应变对应变能没有影响。另一方面,应变余能密度 v_C 和应变余能 V_C 则应考虑初应变的影响,改为

$$\left.\begin{aligned} v_{Cn} &= \int_0^{F_N}(\varepsilon_0+\varepsilon)\mathrm{d}F_N = \varepsilon_0 F_N + \int_0^{F_N}\varepsilon\mathrm{d}F_N \\ v_{Cs} &= \int_0^{F_Q}(\gamma_0+\gamma)\mathrm{d}F_Q = \gamma_0 F_Q + \int_0^{F_Q}\gamma\mathrm{d}F_Q \\ v_{Cb} &= \int_0^{M}(\kappa_0+\kappa)\mathrm{d}M = \kappa_0 M + \int_0^{M}\kappa\mathrm{d}M \end{aligned}\right\} \tag{f}$$

$$v_C=\varepsilon_0F_N+\gamma_0F_Q+\kappa_0M+\int_0^{F_N}\varepsilon\mathrm{d}F_N+\int_0^{F_Q}\gamma\mathrm{d}F_Q+\int_0^{M}\kappa\mathrm{d}M \tag{13-22a}$$

$$V_C=\sum_e\int\left[\varepsilon_0F_N+\gamma_0F_Q+\kappa_0M+\int_0^{F_N}\varepsilon\mathrm{d}F_N+\int_0^{F_Q}\gamma\mathrm{d}F_Q+\int_0^{M}\kappa\mathrm{d}M\right]\mathrm{d}s \tag{13-23a}$$

对于线性弹性情况，则有

$$v_C=\varepsilon_0F_N+\gamma_0F_Q+\kappa_0M+\frac{1}{2EA}F_N^2+\frac{k}{2GA}F_Q^2+\frac{1}{2EI}M^2 \tag{13-22b}$$

$$V_C=\sum_e\int\left[\varepsilon_0F_N+\gamma_0F_Q+\kappa_0M+\frac{1}{2EA}F_N^2+\frac{k}{2GA}F_Q^2+\frac{1}{2EI}M^2\right]\mathrm{d}s \tag{13-23b}$$

7. 用能量密度偏导数表示的物理方程

应变能密度 v_ε 和应变余能密度 v_C 是根据物理方程采用积分形式定义的，如式(13-12)、(13-18)所示。反之，物理方程也可借助 v_ε 和 v_C 采用微分形式来表示，如式(13-24)、(13-25)所示。

(1) 刚度形式的物理方程——用 v_ε 的偏导数表示

由 v_ε 的表示式(13-12)，可得出如下的偏微分关系：

$$\frac{\partial v_\varepsilon}{\partial\varepsilon}=F_N,\quad \frac{\partial v_\varepsilon}{\partial\gamma}=F_Q,\quad \frac{\partial v_\varepsilon}{\partial\kappa}=M \tag{13-24}$$

这就是用 v_ε 的偏导数表示的物理方程(刚度形式)。对于线性弹性情况，v_ε 的表示式由式(13-13)给出。将式(13-13)代入式(13-24)，即得到线性物理方程(13-11a)。

(2) 柔度形式的物理方程——用 v_C 的偏导数表示

由 v_C 的表示式(13-18)，可得出如下的偏微分关系：

$$\frac{\partial v_C}{\partial F_N}=\varepsilon,\quad \frac{\partial v_C}{\partial F_Q}=\gamma,\quad \frac{\partial v_C}{\partial M}=\kappa \tag{13-25a}$$

这就是用 v_C 的偏导数表示的物理方程(柔度形式)。对于线性弹性情况，v_C 的表示式由式(13-19)给出。将式(13-19)代入式(13-25a)，即得到线性物理方程(13-11b)。

如果有初应变存在，则由 v_C 的表示式(13-22a)可得出偏微分关系如下：

$$\frac{\partial v_C}{\partial F_N}=\varepsilon_0+\varepsilon,\quad \frac{\partial v_C}{\partial F_Q}=\gamma_0+\gamma,\quad \frac{\partial v_C}{\partial M}=\kappa_0+\kappa \tag{13-25b}$$

这就是具有初应变时用 v_C 的偏导数表示的物理方程。如将 v_C 的表示式(13-22b)代入上式，则得到线性物理方程(13-11b)。

8. v_ε 与 v_C 的区别，V_ε 与 V_C 的区别

在没有初应变且材料为线性弹性的特殊情况下，应变能密度 v_ε 与应变余能密度 v_C 在数值上彼此相等[参见式(13-13)和(13-19)]。尽管如此,v_ε 和 v_C 毕竟是两个不同的概念,不可混淆。

① 当有初应变时,v_ε 和 v_C 在数值上不相等[参见式(13-13)和(13-22)]。

② 当材料为非线弹性时,v_ε 和 v_C 在数值上不相等。

③ 函数 v_ε 和 v_C 具有不同的自变量:v_ε 是应变的函数,v_C 是内力的函数。

以上列举了 v_ε 与 v_C 的区别。下面再讨论 V_ε 和 V_C 的区别。V_ε 和 V_C 分别是对 v_ε 和 v_C 积分后得到的结构总能量。v_ε 和 v_C 只与材料的性质有关,与结构的性质无关;而 V_ε 和 V_C 则还与结构的性质有关,要考虑结构的几何组成形式和边界条件等情况。因此,除以上区别外,V_ε 和 V_C 还有下列区别:

④ 应变能 V_ε 是由结构应变分布函数确定的能量,在位移法、势能法中应用。应变余能 V_C 是由结构内力分布函数确定的能量,在力法、余能法中应用。

例 13-1 图 13-7a 所示为一线性弹性对称桁架。考虑对称变形情况:结点 B 只有竖向位移 Δ,水平位移为零。试求各杆的应变及桁架的应变能。

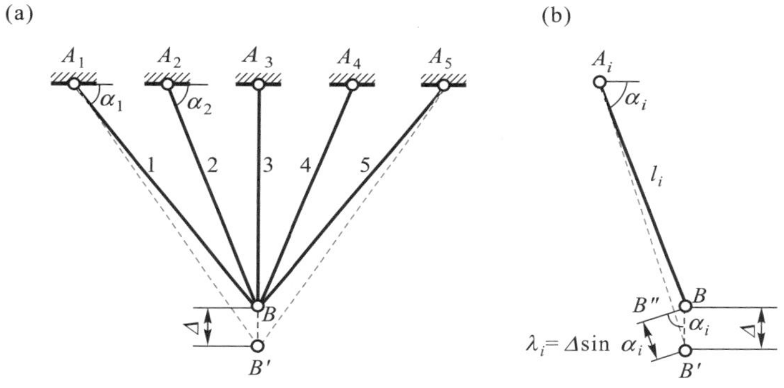

图 13-7

解 (1) 杆 A_iB 的应变

设 A_iB 杆的杆长为 l_i,截面面积为 A_i,由图 13-7b 得知,A_iB 杆的伸长量 λ_i 和轴向应变 ε_i 分别为

$$\lambda_i=\Delta\sin\alpha_i \tag{13-26}$$

$$\varepsilon_i=\frac{\Delta}{l_i}\sin\alpha_i \tag{13-27}$$

(2) 桁架的应变能

A_iB 杆的应变能为

$$\frac{1}{2}EA_il_i\varepsilon_i^2=\frac{1}{2}\frac{EA_i}{l_i}\Delta^2\sin^2\alpha_i$$

因此,桁架的应变能为

$$V_\varepsilon=\frac{1}{2}E\Delta^2\sum_{i=1}^{5}\frac{A_i}{l_i}\sin^2\alpha_i \tag{13-28}$$

应变能 V_ε 是位移 Δ 的二次齐次式。

例 13-2 图 13-8 所示为一线性弹性等截面薄梁 AB,设梁的两端有竖向位移 Δ_A 和 Δ_B 以及角位移 θ_A 和 θ_B。试求梁的曲率 κ 和弯曲应变能 V_ε。

解　(1) 梁的挠曲线和曲率

由于梁上没有荷载作用,因此梁的挠曲线的微分方程为

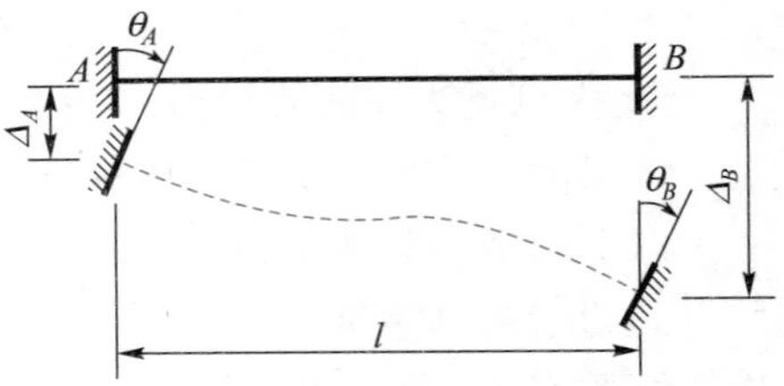

图　13-8

$$\frac{d^4v}{dx^4}=0$$

其解为

$$v=c_1+c_2x+c_3x^2+c_4x^3$$

四个待定常数由下列四个位移边界条件确定:

$$v\big|_{x=0}=\Delta_A,\quad v\big|_{x=l}=\Delta_B$$

$$\left.\frac{dv}{dx}\right|_{x=0}=\theta_A,\quad \left.\frac{dv}{dx}\right|_{x=l}=\theta_B$$

从而求得挠曲线方程如下:

$$v=\Delta_A+\theta_Ax-\frac{1}{2}k_0x^2-\frac{1}{6}k_1x^3$$

其中

$$k_0=\frac{6}{l^2}(\Delta_A-\Delta_B)+\frac{4}{l}\theta_A+\frac{2}{l}\theta_B$$

$$k_1=\frac{12}{l^3}(\Delta_B-\Delta_A)-\frac{6}{l^2}(\theta_A+\theta_B)$$

梁的曲率 κ 求得如下:

$$\kappa=-\frac{d^2v}{dx^2}=k_0+k_1x$$

(2) 梁的弯曲应变能

线性弹性等截面薄梁的弯曲应变能为

$$V_\varepsilon=\frac{1}{2}EI\int_0^l\kappa^2dx=\frac{1}{2}EI\left(k_0^2l+k_0k_1l^2+\frac{1}{3}k_1^2l^3\right)$$

最后得

$$V_\varepsilon=\frac{2EI}{l}\left[\theta_A^2+\theta_A\theta_B+\theta_B^2-3(\theta_A+\theta_B)\frac{\Delta_B-\Delta_A}{l}+\frac{3}{l^2}(\Delta_B-\Delta_A)^2\right]\tag{13-29}$$

应变能 V_ε 是两端位移的齐次二次式,叠加原理不成立。例如,位移 θ_A、θ_B、Δ_A、Δ_B 共同引起的 V_ε 不等于它们单独引起的 V_ε 的总和。

例 13-3　线性弹性悬臂梁 AB 在自由端作用广义力 X_1 和 X_2,又梁的初始曲率为 κ_0(图 13-9)。试求梁的应变余能 V_C。

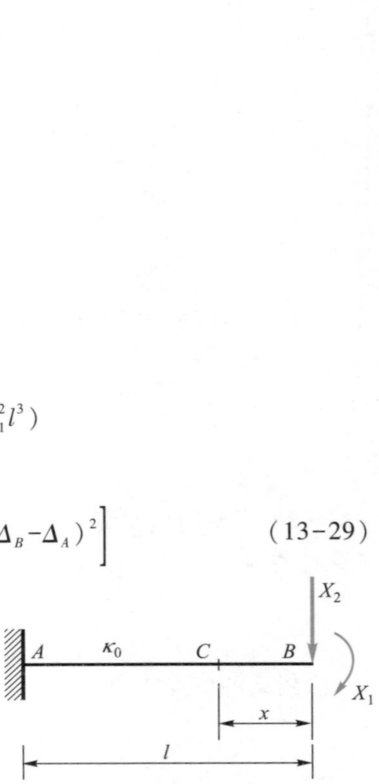

图　13-9

解　在坐标为 x 的任一截面处弯矩为

$$M=-X_1-xX_2$$

应变余能为(只考虑弯曲应变余能)

$$V_C=\int_0^l\left(\kappa_0 M+\frac{M^2}{2EI}\right)dx$$

最后得

$$V_C=-\kappa_0\left(X_1 l+X_2\frac{l^2}{2}\right)+\frac{1}{2EI}\left(X_1^2 l+X_1X_2l^2+X_2^2\frac{l^3}{3}\right) \tag{13-30}$$

§13-3 势能驻值原理

势能驻值原理和余能驻值原理是与位移法和力法对应的两个基本的能量原理。如果把问题限定为弹性结构小位移的平衡问题(不包括弹性稳定问题),则能量的驻值实际上是极小值,此时又称为最小势能原理和最小余能原理,简称为势能原理和余能原理。此外,分区混合法是位移法与力法的综合应用,与分区混合法对应的能量原理是分区混合能量驻值原理,简称为分区混合能量原理。

在势能原理中,只考虑如下情况:荷载和支座位移都是给定量;但在§13-10的势能偏导数定理中,支座位移可看作是变量位移。

1. 结构的势能

考虑结构的各种几何可能位移状态,结构在可能位移状态下的势能 E_P 定义为两部分能量之和:

$$E_P=V_\varepsilon+V_P \tag{13-31}$$

其中 V_ε 是结构在可能位移状态下的应变能,其表示式由式(13-16)给出。对于刚架,通常只考虑弯曲应变能,如用挠度 v 表示,则为

$$V_\varepsilon=\sum_e\int\frac{1}{2}EI\kappa^2 ds=\sum_e\int\frac{1}{2}EI(v'')^2 ds \tag{13-32}$$

这里 $\sum\limits_e$ 表示对各杆求和。V_P 是结构的荷载势能,即各荷载 F_P 在其相应的广义位移 D 上所作虚功总和的负值(这里用 D 表示位移,用 Δ_i 表示位移法的基本未知量):

$$V_P=-\sum_P F_P D \tag{13-33}$$

这里 $\sum\limits_P$ 表示对各荷载求和。因此结构的势能可用位移表示如下:

$$E_P=\sum_e\int\frac{1}{2}EI(v'')^2 ds-\sum_P F_P D \tag{13-34}$$

2. 势能驻值原理

势能驻值原理可表述如下:

在位移是可能位移的前提下,如果与位移相应的内力(即根据物理条件由此位移求得的内力)还是可能内力,则该位移必使其势能 E_P 为驻值;反之,在位移是可能位移的前提下,如果此位移还使势能 E_P 为驻值,则该位移相应的内力必然是可能内力。

势能驻值原理可用下列图式表示:

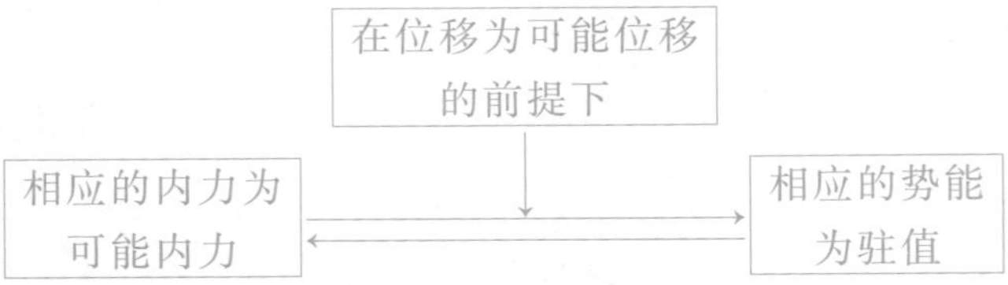

如果结构的位移既是可能位移，其相应的内力又是可能内力，则此位移就是结构的真实位移。因此，势能驻值原理又可表述为：

在所有可能位移中，真实位移使势能为驻值；反之，使势能为驻值的可能位移就是真实位移。

3. 基于势能原理的解法

基于势能原理的解法实质上就是以能量形式表示的位移法。其解法可分为三步：

第一步，考虑几何条件，确定结构的各种几何可能位移状态，其中含有待定的位移参数 Δ_i。这些位移参数在位移法中称为位移法的基本未知量。

第二步，考虑物理条件，求出在各种可能位移状态下结构相应的势能 E_P。

第三步，应用势能驻值条件，从而求出基本位移参数 Δ_i。这里的势能驻值条件就是以能量形式表示的静力方程，即位移法的基本方程。

由此看出，以上求解步骤与位移法基本相同，唯一的区别是：这里改用能量表述形式，用势能驻值条件替代位移法基本方程。

例 13-4　试用势能原理解图 13-10 所示桁架的位移和内力。设材料为线性弹性，各杆截面 A 相同。

解　(1) 确定几何可能位移

由于结构处于对称变形状态，因此取结点 D 的竖向位移 Δ 作为基本位移参数，根据几何条件，各杆伸长量和应变求得如下：

$$\lambda_1=\Delta,\quad \lambda_2=\lambda_3=\frac{\sqrt{2}}{2}\Delta$$

$$\varepsilon_1=\frac{\Delta}{a},\quad \varepsilon_2=\varepsilon_3=\frac{\Delta}{2a} \tag{a}$$

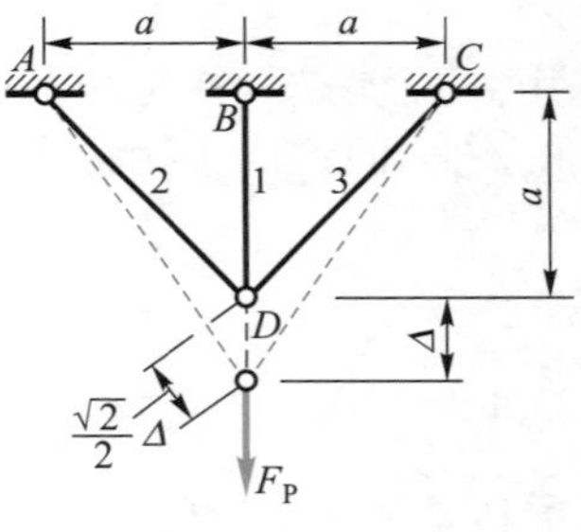

图　13-10

上式即为在对称变形情况下结构可能位移状态的应变表示式。

(2) 求结构的势能

结构应变能为各杆拉伸应变能之和

$$V_\varepsilon=\sum\frac{EA}{2}\varepsilon_i^2 l_i=\frac{EA}{2}\left[\left(\frac{\Delta}{a}\right)^2\cdot a+\left(\frac{\Delta}{2a}\right)^2\times\sqrt{2}a\times 2\right]$$

$$=\frac{EA\Delta^2}{2a}\left(1+\frac{\sqrt{2}}{2}\right) \tag{b}$$

结构的荷载势能为

$$V_P=-F_P\Delta \tag{c}$$

结构的势能为

$$E_P=\frac{EA\Delta^2}{2a}\left(1+\frac{\sqrt{2}}{2}\right)-F_P\Delta \tag{d}$$

（3）应用势能驻值条件

$$\frac{\mathrm{d}E_{\mathrm{P}}}{\mathrm{d}\Delta}=\frac{EA\Delta}{a}\left(1+\frac{\sqrt{2}}{2}\right)-F_{\mathrm{P}}=0$$

由此解得

$$\Delta=\frac{2}{2+\sqrt{2}}\frac{F_{\mathrm{P}}a}{EA} \tag{e}$$

（4）求内力

$$F_{\mathrm{N}_1}=\frac{EA}{a}\Delta=\frac{2}{2+\sqrt{2}}F_{\mathrm{P}},\quad F_{\mathrm{N}_2}=F_{\mathrm{N}_3}=\frac{1}{2+\sqrt{2}}F_{\mathrm{P}} \tag{f}$$

例 13-5　试用势能原理求图 13-11 所示刚架的位移和内力（参看卷 I 例 7-2，其中曾用位移法解此刚架）。

解　忽略横梁的轴向变形。根据几何条件，各柱顶的水平位移彼此相等。此水平位移 Δ 取作基本未知量。

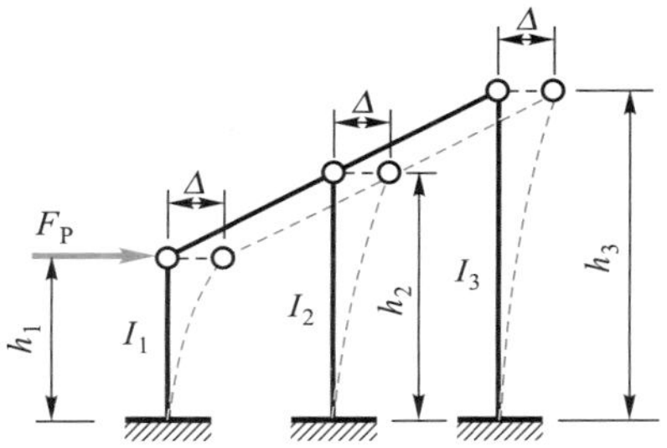

图　13-11

当柱顶有水平位移 Δ 时，柱端剪力为 $3\Delta\dfrac{i}{h^2}$，柱的应变能为 $\dfrac{3}{2}\Delta^2\dfrac{i}{h^2}$。这里，$i=\dfrac{EI}{h}$是柱的线刚度。

由于横梁无应变，因此刚架的应变能是各柱应变能之和，即

$$V_{\varepsilon}=\frac{3}{2}\Delta^2\sum\frac{i}{h^2} \tag{a}$$

而刚架的势能为

$$E_{\mathrm{P}}=\frac{3}{2}\Delta^2\sum\frac{i}{h^2}-F_{\mathrm{P}}\Delta \tag{b}$$

势能驻值条件为

$$\frac{\mathrm{d}E_{\mathrm{P}}}{\mathrm{d}\Delta}=3\Delta\sum\frac{i}{h^2}-F_{\mathrm{P}}=0 \tag{c}$$

由此求得

$$\Delta=\frac{F_{\mathrm{P}}}{3\sum\dfrac{i}{h^2}} \tag{d}$$

所得结果与例 7-2 中用位移法求得的相同。

§ 13-4　势能法与位移法之间的对偶关系

势能法（基于势能原理的解法）与位移法之间有多方面的相似性，上节以举例的方式作了对

比，本节再从一般情况加以论证——证明位移法基本方程与势能驻值方程是等价方程。

1. 位移法计算步骤的回顾

在上节中把势能法计算步骤分为三步。与此对应，位移法计算步骤也可分为三步：

第一步，以位移 $\Delta_1,\Delta_2,\cdots,\Delta_n$ 为基本未知量，采用位移法基本体系，基本体系的各杆挠度可表示为

$$v(s)=\sum_{i=1}^{n}\bar{v}_i(s)\Delta_i+v_{\mathrm{P}}(s) \tag{13-35}$$

这里，$\bar{v}_i(s)$ 和 $v_{\mathrm{P}}(s)$ 分别为基本结构由单位位移 $\Delta_i=1$ 和荷载引起的挠度。当位移参数 $\boldsymbol{\Delta}$ 为任意值时，式(13-35)中的位移 $v(s)$ 都是原结构的几何可能位移，但相应的内力却不一定是原结构的静力可能内力。在第一步中，只考虑了几何条件，暂时只要求解答在几何上是可能的。

第二步，引入物理条件，由位移导出相应内力，各杆弯矩为

$$M(s)=-EIv''(s) \tag{13-36}$$

第三步，引入平衡条件，建立位移法基本方程

$$\sum_{j=1}^{n}k_{ij}\Delta_j+F_{i\mathrm{P}}=0 \quad (i=1,2,\cdots,n) \tag{13-37a}$$

或写成矩阵形式：

$$\boldsymbol{K\Delta}+\boldsymbol{F}_{\mathrm{P}}=\boldsymbol{0} \tag{13-37b}$$

其中刚度系数 k_{ij} 和自由项 $F_{i\mathrm{P}}$ 的一般算式为(其推导过程随后给出)

$$k_{ij}=\sum_e\int EI\bar{v}''_i\bar{v}''_j\mathrm{d}s=\sum_e\int\frac{\overline{M}_i\overline{M}_j}{EI}\mathrm{d}s \tag{13-38}$$

$$F_{i\mathrm{P}}=-\sum_{\mathrm{P}}F_{\mathrm{P}}\overline{D}_i \tag{13-39}$$

$\sum\limits_e$ 表示对各杆求和，$\sum\limits_{\mathrm{P}}$ 表示对各荷载求和，$\overline{D}_i$ 是由单位位移 $\Delta_i=1$ 引起的与荷载 F_{P} 相应的位移。在第二步和第三步中，我们又考虑了物理条件和静力条件，进一步要求解答在静力上也是可能的。

在同时满足几何条件、物理条件和静力条件的解答只有唯一解答的问题中，这样就求得了问题的真实解。

关于刚度系数 k_{ij} 和自由项 $F_{i\mathrm{P}}$，在本书卷 Ⅰ 第 7 章中是直接用平衡条件导出的。而式(13-38)和(13-39)的优点在于给出了 k_{ij} 和 $F_{i\mathrm{P}}$ 的一般算式，具有普遍意义。而且它们与力法中的柔度系数 δ_{ij} 和自由项 $\Delta_{i\mathrm{P}}$ 的一般算式前后呼应，可以进一步了解位移法与力法之间的对偶性质。

式(13-38)和式(13-39)可由虚功方程导出，也可用卡氏第一定理和互等定理导出。下面结合图 13-12 所示刚架为例加以说明。

首先，推导刚度系数 k_{ij} 的一般算式(13-38)。

应用虚功方程，令图 13-12b 中的力系在图 13-12a 中的变形上作功，得

$$k_{12}=\sum_e\int EI\bar{v}''_2\bar{v}''_1\mathrm{d}s$$

其他系数 k_{21}、k_{11}、k_{22} 也可同样导出。

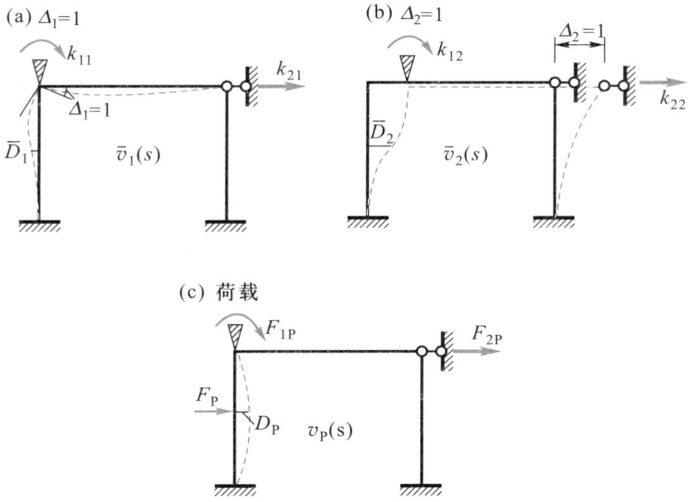

图 13-12

其次,推导自由项 F_{iP} 的一般公式(13-39)。

应用功的互等定理,图 13-12c 的力系在图 13-12a 的变形上所作的功应等于图 13-12a 的力系在图 13-12c 的变形上所作的功,得

$$F_{1P}=-\sum F_P\bar{D}_1$$

其他自由项也可同样导出。

2. 势能驻值方程与位移法基本方程是等价方程

在势能原理中,由势能驻值条件可导出位移法基本方程。在驻值条件中,势能 E_P 需对位移参数 Δ_i 进行微分运算,势能表示式中与 Δ_i 无关的常数项在微分运算后消失。因此,为了简便,可将势能表示式中的常数项略去。下面写出推导过程。

第一步,求应变能 V_ε。

$$\begin{aligned}V_\varepsilon &= \sum_e\int\frac{1}{2}EI(v'')^2\mathrm{d}s\\&=\sum_e\int\frac{1}{2}EI\Big(\sum_{i=1}^{n}\bar{v}''_i\Delta_i+v''_P\Big)^2\mathrm{d}s\end{aligned}\tag{a}$$

根据虚功方程,令图 13-12a 或 b 的力系在图 13-12c 的变形上作功,得

$$\sum_e\int EI\bar{v}''_i v''_P\mathrm{d}s=0\tag{13-40}$$

将式(13-40)和式(13-38)代入式(a),略去常数项,得

$$V_\varepsilon=\frac{1}{2}\sum_{i=1}^{n}\sum_{j=1}^{n}k_{ij}\Delta_i\Delta_j\tag{13-41}$$

第二步,求荷载势能 V_P。

由式(13-33),

$$V_P=-\sum F_PD$$

其中位移 D 可表示为

$$D=\sum_{i=1}^{n}\overline{D}_{i}\Delta_{i}+D_{\mathrm{P}}$$

故得

$$V_{\mathrm{P}}=-\sum F_{\mathrm{P}}\left(\sum_{i=1}^{n}\overline{D}_{i}\Delta_{i}+D_{\mathrm{P}}\right)$$

将式(13-39)代入上式,略去常数项,得

$$V_{\mathrm{P}}=\sum_{i=1}^{n}F_{i\mathrm{P}}\Delta_{i} \tag{13-42}$$

第三步,应用势能驻值条件。

将式(13-41)和(13-42)叠加,得到结构势能 E_{P} 用 Δ_i 表示的算式如下:

$$E_{\mathrm{P}}=\frac{1}{2}\sum_{i=1}^{n}\sum_{j=1}^{n}k_{ij}\Delta_{i}\Delta_{j}+\sum_{i=1}^{n}F_{i\mathrm{P}}\Delta_{i} \tag{13-43}$$

应用驻值条件:

$$\frac{\partial E_{\mathrm{P}}}{\partial \Delta_{i}}=0 \quad (i=1,2,\cdots,n)$$

得

$$\sum_{j=1}^{n}k_{ij}\Delta_{j}+F_{i\mathrm{P}}=0 \quad (i=1,2,\cdots,n) \tag{13-44a}$$

即

$$\boldsymbol{K\Delta}+\boldsymbol{F}_{\mathrm{P}}=\boldsymbol{0} \tag{13-44b}$$

上式就是位移法基本方程。

至此,我们证明了下述普遍性结论:位移法基本方程可由势能驻值方程导出。反之,势能驻值方程也可由位移法基本方程导出。由此看出,两个方程是等价方程。

下面,对结构势能 E_{P} 的表示式(13-43)、应变能 V_{ε} 的表示式(13-41)和荷载势能表示式(13-42)作一点讨论:

首先,由式(13-35)可知,结构各杆的挠度 $v(s)$ 由两部分组成:式(13-35)右边第 1 项 $\sum_{i=1}^{n}\bar{v}_{i}(s)\Delta_{i}$ 是第一部分,即由位移参数 $\boldsymbol{\Delta}$ 引起的挠度,右边第 2 项 $v_{\mathrm{P}}(s)$ 是第二部分,即由荷载引起的附加挠度。

其次,由式(13-41)可知,求应变能 V_{ε} 时只考虑了第一部分挠度的影响,忽略了第二部分挠度的影响,也没有两部分之间的交互影响。同理,由式(13-42)可知,求荷载势能 V_{P} 也只考虑了第一部分挠度的影响。由式(13-43)可知,求结构总势能 E_{P} 时也只考虑了第一部分挠度的影响。这些都是简化了的表示式。

最后,为什么求 V_{ε}、V_{P} 和 E_{P} 时可以只考虑第一部分变形的影响而采用上述简化了的表示式呢?其理由有两点。第一是因为在势能驻值条件中需要对 Δ_i 进行微分运算,因而势能 E_{P} 表示式中与 Δ_i 无关的常数项最后会消失,故可事先略去。第二是因为如式(13-40)所示,第一部分变形状态与第二部分变形状态彼此交互所作的功为零,因而在应变能 V_{ε} 表示式中两部分变形状态的交叉项实际上并不存在。基于以上两点理由,可以得出结论:对势能 E_{P} 本身来说,尽管式(13-43)是缺项的,但对导出的势能驻值条件来说,则是完备的和正确的。

例 13-6　试采用势能原理求图 13-13a 所示连续梁的内力，设 EI= 常数。

解　取结点 B 的转角 Δ_1 作为基本未知量。

求应变能 V_ε 和荷载势能 V_P 时可采用简化式（13-41）和（13-42），这时只需考虑由 Δ_1 引起的变形状态（图 13-13b）。

（1）求应变能 V_ε

应变能 V_ε 可由式（13-41）求出，其中 k_{ij} 由式（13-38）计算。另一种求法是依次求图 13-13b 中各杆的应变能，然后叠加。

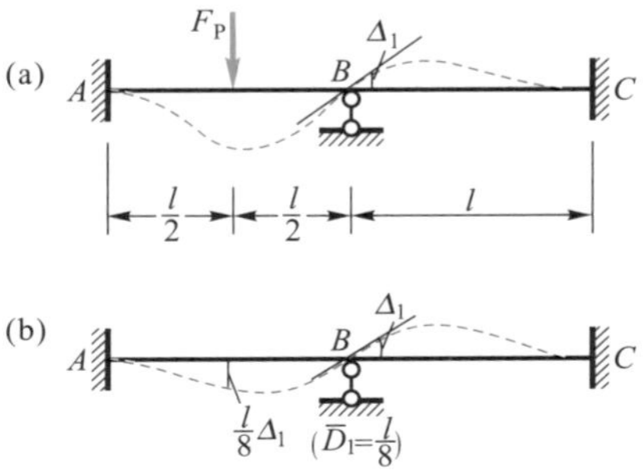

图　13-13

图 13-13b 中，AB 杆和 BC 杆的应变能由式（13-29）求得

$$V_{\varepsilon AB}=V_{\varepsilon BC}=2i\Delta_1^2$$

叠加后，连续梁的总应变能为

$$V_\varepsilon=V_{\varepsilon AB}+V_{\varepsilon BC}=4i\Delta_1^2 \tag{a}$$

（2）求荷载势能 V_P

在图 13-13b 中，由 $\Delta_1=1$ 引起的沿荷载 F_P 的挠度为

$$\overline{D}_1=\frac{l}{8}$$

由式（13-39）和式（13-42），得

$$F_{1P}=-F_P\frac{l}{8}$$

$$V_P=-F_P\frac{l}{8}\Delta_1 \tag{b}$$

（3）应用势能驻值条件

将式（a）和（b）叠加，得

$$E_P=V_\varepsilon+V_P=4i\Delta_1^2-\frac{F_Pl}{8}\Delta_1 \tag{c}$$

令

$$\frac{\mathrm{d}E_P}{\mathrm{d}\Delta_1}=8i\Delta_1-\frac{1}{8}F_Pl=0$$

解得

$$\Delta_1=\frac{F_Pl}{64i}=\frac{F_Pl^2}{64EI}$$

转角 Δ_1 求出后，即可进而求出梁的内力。

3. 最小势能原理

下面只讨论弹性结构小位移平衡问题有唯一解的情况，不讨论第 16 章中的弹性结构失稳问题。在此情况下，结构的真实位移不仅使势能为驻值，而且使势能为极小值。也就是说，不仅势能驻值原理成立，而且最小势能原理也成立。

最小势能原理可表述如下：

在所有可能位移中，真实位移使势能为极小值；反之，使势能为极小值的可能位移就是真实位移。

最小势能原理的数学表示式为

$$E_{\mathrm{P}}(\boldsymbol{\Delta}+\mathrm{d}\boldsymbol{\Delta})>E_{\mathrm{P}}(\boldsymbol{\Delta}) \tag{13-45}$$

这里，$\boldsymbol{\Delta}$ 是位移法基本未知量的真实解，$\mathrm{d}\boldsymbol{\Delta}$ 是 $\boldsymbol{\Delta}$ 的任一非零增量。

式(13-45)可证明如下：

真实解 $\boldsymbol{\Delta}$ 相应的势能由式(13-43)给出，即

$$E_{\mathrm{P}}(\boldsymbol{\Delta})=\frac{1}{2}\sum_{i=1}^{n}\sum_{j=1}^{n}k_{ij}\Delta_i\Delta_j+\sum_{i=1}^{n}F_{i\mathrm{P}}\Delta_i \tag{a}$$

再考虑 $\boldsymbol{\Delta}+\mathrm{d}\boldsymbol{\Delta}$ 相应的势能

$$\begin{aligned}E_{\mathrm{P}}(\boldsymbol{\Delta}+\mathrm{d}\boldsymbol{\Delta})&=E_{\mathrm{P}}(\boldsymbol{\Delta})+\Delta E_{\mathrm{P}}\\&=\frac{1}{2}\sum_{i=1}^{n}\sum_{j=1}^{n}k_{ij}(\Delta_i+\mathrm{d}\Delta_i)(\Delta_j+\mathrm{d}\Delta_j)+\sum_{i=1}^{n}F_{i\mathrm{P}}(\Delta_i+\mathrm{d}\Delta_i)\end{aligned} \tag{b}$$

以上二式相减，得

$$\Delta E_{\mathrm{P}}=\frac{1}{2}\sum_{i=1}^{n}\sum_{j=1}^{n}k_{ij}[\Delta_i(\mathrm{d}\Delta_j)+\Delta_j(\mathrm{d}\Delta_i)+(\mathrm{d}\Delta_i)(\mathrm{d}\Delta_j)]+\sum_{i=1}^{n}F_{i\mathrm{P}}(\mathrm{d}\Delta_i) \tag{c}$$

由于

$$k_{ij}=k_{ji}$$

$$\sum_{i=1}^{n}\sum_{j=1}^{n}k_{ij}\Delta_i(\mathrm{d}\Delta_j)=\sum_{i=1}^{n}\sum_{j=1}^{n}k_{ij}\Delta_j(\mathrm{d}\Delta_i)$$

因此，式(c)可写成

$$\Delta E_{\mathrm{P}}=\sum_{i=1}^{n}\left(\sum_{j=1}^{n}k_{ij}\Delta_j+F_{i\mathrm{P}}\right)(\mathrm{d}\Delta_i)+\frac{1}{2}\sum_{i=1}^{n}\sum_{j=1}^{n}k_{ij}(\mathrm{d}\Delta_i)(\mathrm{d}\Delta_j) \tag{d}$$

引入势能驻值条件式(13-44a)，则上式为

$$\Delta E_{\mathrm{P}}=\frac{1}{2}\sum_{i=1}^{n}\sum_{j=1}^{n}k_{ij}(\mathrm{d}\Delta_i)(\mathrm{d}\Delta_j)$$

由式(13-41)看出，上式右边就是与位移 $\mathrm{d}\boldsymbol{\Delta}$ 相应的应变能 $V_\varepsilon(\mathrm{d}\boldsymbol{\Delta})$，故上式可写为

$$\Delta E_{\mathrm{P}}=V_\varepsilon(\mathrm{d}\boldsymbol{\Delta}) \tag{e}$$

当 $\mathrm{d}\Delta_i$ 不全为零时，相应的应变能为恒正，即

$$V_\varepsilon(\mathrm{d}\boldsymbol{\Delta})>0 \tag{f}$$

将式(f)代入式(e)，即得

$$\Delta E_{\mathrm{P}}>0$$

从而式(13-45)成立，证毕。

顺便指出，本节结论只适用于弹性结构小位移平衡问题，不适用于第 16 章弹性失稳问题，二者有下列区别：

① 在本节中，荷载势能 V_{P} 是位移参数 Δ_i 的一次式[式(13-42)]；在第 16 章中，V_{P} 是 Δ_i 的二次式。

② 在本节中，势能驻值条件是关于 Δ_i 的非齐次线性方程组[式(13-44)]，有唯一解；在第 16

章中，势能驻值条件是齐次线性方程组，属于特征值问题。

③ 在本节中，满足势能驻值条件的解同时使势能为极小值；在第 16 章中，该解只使势能为驻值，并不同时使其为极小值。

§ 13-5　由势能原理推导矩阵位移法基本方程

本书第 11 章在位移法的基础上讨论了矩阵位移法，把它看作是“采用单元集成方案的位移法”。本节将在势能原理的基础上重新讨论矩阵位移法，把它看作是“采用单元集成方案的势能法”。

矩阵位移法本来是采用向量和矩阵等符号并进行运算。（例如，结点位移向量 $\boldsymbol{\Delta}$，等效结点荷载向量 $\boldsymbol{P}$，刚度矩阵 $\boldsymbol{K}$。）现在按势能原理来进行推导，把问题归结为势能驻值问题，而势能又是一个标量（纯量），这样就只需对标量进行运算了。标量的运算比向量和矩阵的运算要简单得多。例如，同一个单元的刚度矩阵在不同坐标系中需进行坐标转换，而同一个单元的势能在不同坐标系中则是不变量，不需进行坐标转换。又如，由单元刚度矩阵到整体刚度矩阵的集成过程并不是简单的求和过程，而由单元应变能到整体应变能的集成过程却是简单的求和过程。把复杂的矩阵运算问题归结为简单的标量运算问题，这正是应用势能原理推导矩阵位移法的方便之处。通常把能量原理看作结构矩阵分析及有限元法的理论基础，原因也在这里。

前已指出，建立矩阵位移法基本方程时要做两件事：

第一，建立整体结构刚度矩阵 $\boldsymbol{K}$，由各单元刚度矩阵 $\boldsymbol{k}^e$ 集成。

第二，建立整体结构的等效结点荷载向量 $\boldsymbol{P}$，由各单元等效结点荷载向量 $\boldsymbol{P}^e$ 集成。

现在在势能原理基础上推导矩阵位移法基本方程，上述两件事将采用如下作法：

第一，由整体结构应变能 V_ε 导出整体结构刚度矩阵 $\boldsymbol{K}$，而 V_ε 则由各单元应变能 V_ε^e 的简单求和得出。

第二，由整体结构的荷载势能 V_{P} 导出整体结构的等效结点荷载向量 $\boldsymbol{P}$，而 V_{P} 则由各单元荷载势能 V_{P}^e 的简单求和得出。

现对上述两个问题分述如下。

1. 由应变能导出刚度矩阵

现在讨论应变能与刚度矩阵之间的关系。先结合杆件单元 e 进行讨论。

单元 e 的杆端位移为 $\Delta_1, \Delta_2, \cdots, \Delta_n$。单元杆端位移向量为

$$\boldsymbol{\Delta}^e = (\Delta_1 \quad \Delta_2 \quad \cdots \quad \Delta_n)^{\mathrm{T}} \tag{13-46}$$

单元的应变能 V_ε^e 是单元杆端位移的齐次二次式：

$$V_\varepsilon^e = \frac{1}{2} \sum_{i=1}^{n} \sum_{j=1}^{n} k_{ij} \Delta_i \Delta_j = \frac{1}{2} \boldsymbol{\Delta}^{e\mathrm{T}} \boldsymbol{k}^e \boldsymbol{\Delta}^e \tag{13-47}$$

这里，$\boldsymbol{k}^e$ 是应变能齐次二次式的系数矩阵。

单元杆端力向量为

$$\boldsymbol{F}^e = (F_1 \quad F_2 \quad \cdots \quad F_n)^{\mathrm{T}} \tag{13-48}$$

应用卡氏第一定理［参见 § 13-9 及式（13-100）］，求得

$$F_i = \frac{\partial V_\varepsilon^e}{\partial \Delta_i} = \sum_{j=1}^{n} k_{ij}\Delta_j \tag{13-49}$$

即

$$\boldsymbol{F}^e = \boldsymbol{k}^e \boldsymbol{\Delta}^e \tag{13-50}$$

式(13-50)是由结点位移 $\boldsymbol{\Delta}^e$ 求杆端力 $\boldsymbol{F}^e$ 的方程,即单元的刚度方程,刚度方程中的系数矩阵 $\boldsymbol{k}^e$,即单元刚度矩阵。

由式(13-50)给出了刚度矩阵的定义后,再回过来看应变能的表示式(13-47),即可得出如下结论:

当应变能 V_ε 表示为结点位移 $\boldsymbol{\Delta}$ 的齐次二次式时,其中的系数矩阵 $\boldsymbol{k}$ 就是刚度矩阵。

利用上述结论,即可方便地由应变能的表示式导出刚度矩阵。

不难看出,上述关于应变能与刚度矩阵之间的关系既适用于单元分析,也适用于结构整体分析。

现将上述结论分别应用于三种情况:局部坐标系中的单元分析,整体坐标系中的单元分析,结构整体分析。

(1) 局部坐标系中的单元应变能和单元刚度矩阵

采用局部坐标系,单元端点位移向量为

$$\overline{\boldsymbol{\Delta}}^e = (\bar{u}_1 \quad \bar{v}_1 \quad \bar{\theta}_1 \quad \bar{u}_2 \quad \bar{v}_2 \quad \bar{\theta}_2)^{\mathrm{T}}$$

单独由杆端位移引起的杆内任一点的位移为

$$\left.\begin{aligned} \bar{u} &= \left(1-\frac{\bar{x}}{l}\right)\bar{u}_1 + \frac{\bar{x}}{l}\bar{u}_2 \\ \bar{v} &= \bar{v}_1 N_1 + \bar{\theta}_1 N_2 + \bar{v}_2 N_3 + \bar{\theta}_2 N_4 \end{aligned}\right\} \tag{13-51}$$

这里,$N_i(i=1,2,3,4)$是四个形状函数:

$$\left.\begin{aligned} N_1 &= 1-\frac{3\bar{x}^2}{l^2}+2\left(\frac{\bar{x}}{l}\right)^3 \\ N_2 &= \bar{x}\left(1-2\frac{\bar{x}}{l}+\frac{\bar{x}^2}{l^2}\right) \\ N_3 &= 3\left(\frac{\bar{x}}{l}\right)^2-2\left(\frac{\bar{x}}{l}\right)^3 \\ N_4 &= -\frac{\bar{x}^2}{l}\left(1-\frac{\bar{x}}{l}\right) \end{aligned}\right\} \tag{13-52}$$

单元的应变能

$$\begin{aligned} \bar{V}_\varepsilon^e &= \int_0^l \frac{1}{2}\left[EA\bar{u}'^2+EI\bar{v}''^2\right]\mathrm{d}\bar{x} \\ &= \frac{EA}{2l}(\bar{u}_2-\bar{u}_1)^2+\frac{EI}{2}\left[\frac{12}{l^3}(\bar{v}_1-\bar{v}_2)^2+\frac{12}{l^2}(\bar{v}_1-\bar{v}_2)(\bar{\theta}_1+\bar{\theta}_2)+\frac{4}{l}(\bar{\theta}_1^2+\bar{\theta}_2^2+\bar{\theta}_1\bar{\theta}_2)\right] \end{aligned} \tag{13-53}$$

将上式写成矩阵形式:

$$\bar{V}_\varepsilon^e = \frac{1}{2}\overline{\boldsymbol{\Delta}}^{e\mathrm{T}}\bar{\boldsymbol{k}}^e\overline{\boldsymbol{\Delta}}^e \tag{13-54}$$

由其中的系数矩阵即得到单元刚度矩阵 $\bar{\boldsymbol{k}}^e$，其结果与第 11 章导出的式(11-11)相同。

这里的矩阵 $\bar{\boldsymbol{k}}^e$ 是由标量 $\bar{V}_\varepsilon^e$ 导出的。推导方法比较简单，而且具有普遍意义，可用于推导各种单元的刚度矩阵 $\bar{\boldsymbol{k}}^e$。

(2) 整体坐标系中的单元应变能和单元刚度矩阵

在整体和局部两个坐标系中，杆端位移向量分别为 $\boldsymbol{\Delta}^e$ 和 $\bar{\boldsymbol{\Delta}}^e$，它们之间的转换关系由式(11-3)中前一式给出，即

$$\bar{\boldsymbol{\Delta}}^e = \boldsymbol{T}\boldsymbol{\Delta}^e \tag{13-55}$$

由于应变能为标量，故在两个坐标系中为不变量，即

$$V_\varepsilon^e = \bar{V}_\varepsilon^e \tag{13-56}$$

将以上二式代入式(13-54)，即得

$$V_\varepsilon^e = \frac{1}{2}\boldsymbol{\Delta}^{e\mathrm{T}}\boldsymbol{k}^e\boldsymbol{\Delta}^e \tag{13-57}$$

其中

$$\boldsymbol{k}^e = \boldsymbol{T}^{\mathrm{T}}\bar{\boldsymbol{k}}^e\boldsymbol{T} \tag{13-58}$$

$\boldsymbol{k}^e$ 即为整体坐标系中的单元刚度矩阵。式(13-58)与前面导出的式(11-14)相同。这里由于利用了 V_ε^e 为标量的性质(13-56)，因此不需另外推导杆端力向量 $\boldsymbol{F}^e$ 和 $\bar{\boldsymbol{F}}^e$ 之间的坐标转换关系(11-5)，即可导出式(13-58)。推导过程比较简单。

实际上，式(11-5)可以直接由式(13-56)和(13-55)导出。式(13-54)可写成

$$\bar{V}_\varepsilon^e = \frac{1}{2}\bar{\boldsymbol{\Delta}}^{e\mathrm{T}}\bar{\boldsymbol{F}}^e \tag{13-59}$$

同理，

$$V_\varepsilon^e = \frac{1}{2}\boldsymbol{\Delta}^{e\mathrm{T}}\boldsymbol{F}^e \tag{13-60}$$

将以上两式代入式(13-56)并利用式(13-55)，即得

$$\frac{1}{2}\boldsymbol{\Delta}^{e\mathrm{T}}\boldsymbol{T}^{\mathrm{T}}\bar{\boldsymbol{F}}^e = \frac{1}{2}\boldsymbol{\Delta}^{e\mathrm{T}}\boldsymbol{F}^e$$

考虑到 $\boldsymbol{\Delta}^e$ 是任意向量，故由上式可导出式(11-5)。

(3) 整体结构的应变能和整体刚度矩阵

整体结构的应变能 V_ε 和整体刚度矩阵 $\boldsymbol{K}$ 的关系为

$$V_\varepsilon = \frac{1}{2}\boldsymbol{\Delta}^{\mathrm{T}}\boldsymbol{K}\boldsymbol{\Delta} \tag{13-61}$$

这里，$\boldsymbol{\Delta}$ 是整体结构的结点位移向量。

下面采用单元集成法。首先，由于应变能是标量，V_ε 可由各单元 V_ε^e 的简单求和得出，即

$$V_\varepsilon = \sum_e V_\varepsilon^e = \sum_e \frac{1}{2}\boldsymbol{\Delta}^{e\mathrm{T}}\boldsymbol{k}^e\boldsymbol{\Delta}^e \tag{13-62}$$

其次，上式中的 V_ε^e 是用 $\boldsymbol{\Delta}^e$ 表示的，现改用 $\boldsymbol{\Delta}$ 表示：

$$V_\varepsilon^e = \frac{1}{2}\boldsymbol{\Delta}^{e\mathrm{T}}\boldsymbol{k}^e\boldsymbol{\Delta}^e = \frac{1}{2}\boldsymbol{\Delta}^{\mathrm{T}}\boldsymbol{K}^e\boldsymbol{\Delta} \tag{13-63}$$

这里，$\boldsymbol{K}^e$ 是将 $\boldsymbol{k}^e$ 中的元素按照单元定位向量重新排列而得到的与 $\boldsymbol{K}$ 同阶的矩阵，称为单元贡献矩阵。将式(13-63)代入式(13-62)，得

$$V_\varepsilon = \sum_e V_\varepsilon^e = \sum_e \frac{1}{2}\boldsymbol{\Delta}^{\mathrm{T}}\boldsymbol{K}^e\boldsymbol{\Delta} = \frac{1}{2}\boldsymbol{\Delta}^{\mathrm{T}}\Big(\sum_e \boldsymbol{K}^e\Big)\boldsymbol{\Delta} \tag{13-64}$$

由式(13-64)与式(13-61)，即得

$$\boldsymbol{K} = \sum_e \boldsymbol{K}^e \tag{13-65}$$

上式就是按单元集成法得到的整体刚度矩阵。式(13-65)就是第 11 章导出的式(11-30)。

这里的推导过程比较简单，而且概念明确，这是由于利用了应变能的标量性质：

第一，在式(13-63)中，利用 V_ε^e 的标量性质，阐明了单元贡献矩阵 $\boldsymbol{K}^e$ 与单元刚度矩阵 $\boldsymbol{k}^e$ 之间的关系；

第二，在式(13-64)中利用了 $V_\varepsilon = \sum_e V_\varepsilon^e$ 的标量性质，从而使集成过程变成求和过程。

2. 由荷载势能导出等效结点荷载向量

在矩阵位移法中，先要把实际荷载(一般是非结点荷载与结点荷载的组合)换成与之等效的结点荷载 $\boldsymbol{P}$。等效的定义是两种荷载在位移法基本结构中产生的结点约束力 $\boldsymbol{F}_{\mathrm{P}}$ 应当彼此相同。

由式(13-39)可知，位移法基本结构中的结点约束力 $F_{i\mathrm{P}}$ 等于荷载在 $\Delta_i = 1$ 时的位移状态上所作虚功的负值。因此，等效的定义也可表述为两种荷载在由 $\boldsymbol{\Delta}$ 引起的位移状态上所作的虚功应当彼此相等。

又由式(13-33)可知，荷载势能 V_{P} 等于荷载在由 $\boldsymbol{\Delta}$ 引起的位移状态上所作虚功的负值。因此，等效的定义又可表述为两种荷载的荷载势能 V_{P} 应当彼此相等。

关于等效的上述三种定义显然是一致的。而第三种定义表明：等效结点荷载 $\boldsymbol{P}$ 可由荷载势能 V_{P} 导出。

首先讨论由 $\boldsymbol{P}$ 求 V_{P} 的问题。如果等效结点荷载 $\boldsymbol{P}$ 已经给定，则其荷载势能 V_{P} 即可求出如下：

$$V_{\mathrm{P}} = -\boldsymbol{P}^{\mathrm{T}}\boldsymbol{\Delta} = -\boldsymbol{\Delta}^{\mathrm{T}}\boldsymbol{P} \tag{13-66}$$

上式表明，荷载势能 V_{P} 应是位移向量 $\boldsymbol{\Delta}$ 的齐次一次式。

反过来，讨论由 V_{P} 求 $\boldsymbol{P}$ 的问题。如果式(13-66)左边的荷载势能 V_{P} 已经根据实际荷载求出，并表示成位移向量 $\boldsymbol{\Delta}$ 的齐次一次式的形式，则由此齐次一次式的系数组成的向量就是 $-\boldsymbol{P}$。这里是按照

实际荷载→荷载势能→等效结点荷载

的顺序，通过荷载势能 V_{P} 来导出等效结点荷载 $\boldsymbol{P}$。

下面按照上述作法分别导出等效结点荷载的三种情况。

(1) 局部坐标系中的单元荷载势能 $\overline{V}_{\mathrm{P}}^e$ 和单元等效结点荷载 $\overline{\boldsymbol{P}}^e$

考虑一般薄杆单元。在局部坐标系中，设轴向、横向和力偶荷载集度分别为 p、q、m。根据这些实际荷载，单元的荷载势能 $\overline{V}_{\mathrm{P}}^e$ 为

$$\overline{V}_{\mathrm{P}}^e = -\int\left(p\bar{u} + q\bar{v} + m\,\frac{\mathrm{d}\bar{v}}{\mathrm{d}\bar{x}}\right)\mathrm{d}\bar{x} \tag{13-67}$$

将式(13-51)代入上式，得

$$\overline{V}_{\mathrm{P}}^{e}=-\left[\bar{u}_{1}\int p\left(1-\frac{\bar{x}}{l}\right)\mathrm{d}\bar{x}+\bar{v}_{1}\int\left(qN_{1}+m\frac{\mathrm{d}N_{1}}{\mathrm{d}\bar{x}}\right)\mathrm{d}\bar{x}+\bar{\theta}_{1}\int\left(qN_{2}+m\frac{\mathrm{d}N_{2}}{\mathrm{d}\bar{x}}\right)\mathrm{d}\bar{x}+\right.$$
$$\left.\bar{u}_{2}\int p\left(\frac{\bar{x}}{l}\right)\mathrm{d}\bar{x}+\bar{v}_{2}\int\left(qN_{3}+m\frac{\mathrm{d}N_{3}}{\mathrm{d}\bar{x}}\right)\mathrm{d}\bar{x}+\bar{\theta}_{2}\int\left(qN_{4}+m\frac{\mathrm{d}N_{4}}{\mathrm{d}\bar{x}}\right)\mathrm{d}\bar{x}\right] \tag{13-68}$$

上式右边是位移向量 $\overline{\boldsymbol{\Delta}}^{e}$ 的齐次一次式,可表示成 $-\overline{\boldsymbol{\Delta}}^{e\mathrm{T}}\overline{\boldsymbol{P}}^{e}$ 的形式,由此得知 $\overline{\boldsymbol{P}}^{e}$ 应为如下形式:

$$\overline{\boldsymbol{P}}^{e}=\begin{pmatrix}\int p\left(1-\frac{\bar{x}}{l}\right)\mathrm{d}\bar{x}\\ \int\left(qN_{1}+m\frac{\mathrm{d}N_{1}}{\mathrm{d}\bar{x}}\right)\mathrm{d}\bar{x}\\ \int\left(qN_{2}+m\frac{\mathrm{d}N_{2}}{\mathrm{d}\bar{x}}\right)\mathrm{d}\bar{x}\\ \int p\left(\frac{\bar{x}}{l}\right)\mathrm{d}\bar{x}\\ \int\left(qN_{3}+m\frac{\mathrm{d}N_{3}}{\mathrm{d}\bar{x}}\right)\mathrm{d}\bar{x}\\ \int\left(qN_{4}+m\frac{\mathrm{d}N_{4}}{\mathrm{d}\bar{x}}\right)\mathrm{d}\bar{x}\end{pmatrix} \tag{13-69}$$

上式即为在局部坐标系中的单元等效结点荷载向量的表示式。

可以验证,对于表 11-2 中的几种典型荷载,由式(13-69)求得的 $\overline{\boldsymbol{P}}^{e}$ 与表 11-2 中给出的 $\overline{\boldsymbol{F}}_{\mathrm{P}}^{e}$ 满足式(11-47),即

$$\overline{\boldsymbol{P}}^{e}=-\overline{\boldsymbol{F}}_{\mathrm{P}}^{e}$$

(2) 整体坐标系中的单元荷载势能 V_{P}^{e} 和单元等效结点荷载 $\boldsymbol{P}^{e}$

由于荷载势能是标量,因此在整体和局部坐标系中其值相等,即

$$V_{\mathrm{P}}^{e}=\overline{V}_{\mathrm{P}}^{e} \tag{13-70}$$

由此得

$$-\boldsymbol{\Delta}^{e\mathrm{T}}\boldsymbol{P}^{e}=-\overline{\boldsymbol{\Delta}}^{e\mathrm{T}}\overline{\boldsymbol{P}}^{e} \tag{13-71}$$

因 $\overline{\boldsymbol{\Delta}}^{e\mathrm{T}}=\boldsymbol{\Delta}^{e\mathrm{T}}\boldsymbol{T}^{\mathrm{T}}$,且 $\boldsymbol{\Delta}^{e}$ 为任意向量,故得

$$\boldsymbol{P}^{e}=\boldsymbol{T}^{\mathrm{T}}\overline{\boldsymbol{P}}^{e} \tag{13-72}$$

上式即前已导出的式(11-48)。

(3) 整体结构的荷载势能 V_{P} 和整体结构的等效结点荷载 $\boldsymbol{P}$

由于荷载势能是标量,V_{P} 可由各单元 V_{P}^{e} 的总和求得

$$V_{\mathrm{P}}=\sum_{e}V_{\mathrm{P}}^{e}=-\sum\boldsymbol{\Delta}^{e\mathrm{T}}\boldsymbol{P}^{e} \tag{13-73}$$

这里,V_{P}^{e} 是用 $\boldsymbol{\Delta}^{e}$ 表示的,现改用 $\boldsymbol{\Delta}$ 表示:

$$V_{\mathrm{P}}^{e}=-\boldsymbol{\Delta}^{e\mathrm{T}}\boldsymbol{P}^{e}=-\boldsymbol{\Delta}^{\mathrm{T}}\hat{\boldsymbol{P}}^{e} \tag{13-74}$$

这里,$\hat{\boldsymbol{P}}^{e}$ 是将 $\boldsymbol{P}^{e}$ 中的元素按照单元定位向量重新排列的与 $\boldsymbol{\Delta}$ 同阶的向量,称为单元荷载贡献向

量。将式(13-74)代入式(13-73),得

$$V_{\mathrm{P}}=\sum_{e} V_{\mathrm{P}}^{e}=-\sum_{e} \boldsymbol{\Delta}^{\mathrm{T}} \hat{\boldsymbol{P}}^{e}=-\boldsymbol{\Delta}^{\mathrm{T}}\left(\sum_{e} \hat{\boldsymbol{P}}^{e}\right) \tag{13-75}$$

上式可写成

$$V_{\mathrm{P}}=-\boldsymbol{\Delta}^{\mathrm{T}} \boldsymbol{P} \tag{13-76}$$

其中

$$\boldsymbol{P}=\sum_{e} \hat{\boldsymbol{P}}^{e} \tag{13-77}$$

上式就是按单元集成法得到的整体结构的等效结点荷载向量的表示式。

§13-6　余能驻值原理

余能驻值原理常简称为余能原理。基于余能原理的解法实质上就是以能量形式表示的力法。

力法与位移法之间,余能原理与势能原理之间,存在多方面的对偶性。但要注意一个主要区别:力法与余能原理只适用于超静定结构,而位移法和势能原理却同时适用于静定和超静定结构。(在§13-10中的余能偏导数定理也同时适用于静定和超静定结构。)

在余能原理中,我们只考虑如下情况:荷载和支座位移都是给定量,但在§13-10中的余能偏导数定理中,荷载可看作是变量力。

1. 超静定结构的余能

考虑超静定结构的各种静力可能内力状态。超静定结构在静力可能内力状态下的余能 E_{C} 定义为两部分之和:

$$E_{\mathrm{C}}=V_{\mathrm{C}}+V_{\mathrm{Cd}} \tag{13-78}$$

这里,V_{C} 是超静定结构在可能内力状态下的应变余能,用内力表示,其表示式由式(13-23b)给出:

$$V_{\mathrm{C}}=\sum \int\left[\varepsilon_{0} F_{\mathrm{N}}+\gamma_{0} F_{\mathrm{Q}}+\kappa_{0} M+\frac{1}{2 E A} F_{\mathrm{N}}^{2}+\frac{k}{2 G A} F_{\mathrm{Q}}^{2}+\frac{1}{2 E I} M^{2}\right] \mathrm{d} s \tag{13-79}$$

V_{Cd}是结构的支座位移余能,即在给定的支座位移 c 上相应的支座反力 F_{R} 所作虚功总和的负值:

$$V_{\mathrm{Cd}}=-\sum F_{\mathrm{R}} c \tag{13-80}$$

因此,超静定结构的余能可用内力表示如下:

$$E_{\mathrm{C}}=\sum \int\left[\varepsilon_{0} F_{\mathrm{N}}+\gamma_{0} F_{\mathrm{Q}}+\kappa_{0} M+\frac{1}{2 E A} F_{\mathrm{N}}^{2}+\frac{k}{2 G A} F_{\mathrm{Q}}^{2}+\frac{1}{2 E I} M^{2}\right] \mathrm{d} s-\sum F_{\mathrm{R}} c \tag{13-81}$$

2. 余能驻值原理

超静定结构的余能驻值原理可表述如下:

在内力为可能内力的前提下,如果与内力相应的应变还是几何可能应变,满足变形协调条件(13-9),则该内力必使其余能 E_{C} 为驻值;反之,在内力为可能内力的前提下,如果内力还使余能 E_{C} 为驻值,则与该内力相应的应变必然是几何可能应变,满足变形协调条件。

超静定结构的余能驻值原理可用下列图式表示:

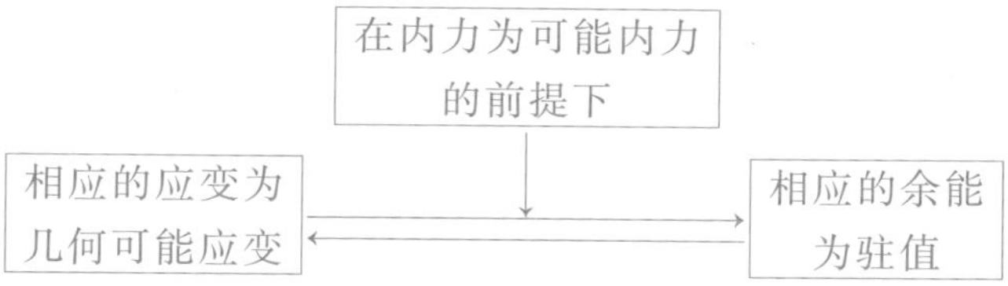

如果超静定结构的内力既满足全部静力条件，其相应的应变又满足全部变形协调条件，则此内力就是结构的真实内力。因此，余能驻值原理又可表述为：

在所有可能内力中，真实内力使余能为驻值；反之，使余能为驻值的可能内力就是真实内力。

3. 基于余能原理的解法

基于余能原理的解法可称为余能法。余能法基本上就是力法。唯一的差别是改用能量表述形式，把力法基本方程换成与其等价的余能驻值条件。

余能法包含以下步骤：

第一步，考虑静力条件，确定超静定结构的各种静力可能内力状态，其中含有待定的内力参数 X_i。这些内力参数在力法中称为力法的基本未知量。确定可能内力状态时，可以引入或不引入静定的基本体系。通常作法是引入静定基本体系的概念，并以其中的多余未知力作为待定参数 X_i。

第二步，考虑物理条件，求出在各种可能内力状态下超静定结构相应的余能 E_C。

第三步，应用余能驻值条件，从而求出基本内力参数 X_i。这里的余能驻值条件就是以能量形式表示的几何条件，即力法的基本方程。

例 13-7　试用余能驻值原理解图 13-14a 所示超静定体系，并与例13-4加以比较。设材料为线性弹性，各杆截面 A 相同。

解　(1) 确定静力可能内力

取支点 B 的反力 X 作为多余未知力，力法基本体系如图 13-14b 所示。根据静力条件，各杆轴力求得如下：

$$F_{N1}=X,\quad F_{N2}=F_{N3}=\frac{\sqrt{2}}{2}(F_P-X)\tag{a}$$

上式即为该超静定结构各种可能内力的表示式。

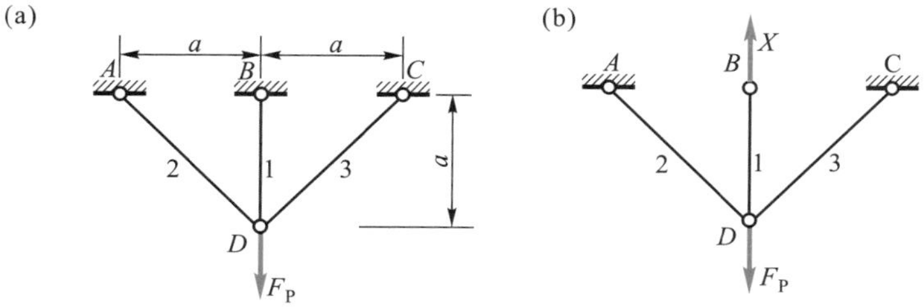

图　13-14

(2) 求超静定结构的余能 E_C

由于各杆只受轴力，由式(13-79)得

$$V_C=\sum\int\frac{1}{2EA}F_N^2\,ds=\sum\frac{F_N^2 l}{2EA}$$

$$=\frac{1}{2EA}[F_{N1}^2a+(F_{N2}^2+F_{N3}^2)\sqrt{2}a]$$

$$=\frac{a}{2EA}[X^2+\sqrt{2}(F_P-X)^2]$$

由于无支座位移，故 $V_{Cd}=0$，结构余能为

$$E_C=V_C=\frac{a}{2EA}[X^2+\sqrt{2}(F_P-X)^2] \tag{b}$$

（3）应用余能驻值条件

$$\frac{dE_C}{dX}=\frac{a}{EA}[(1+\sqrt{2})X-\sqrt{2}F_P]=0$$

由此解得

$$X=\frac{2}{2+\sqrt{2}}F_P \tag{c}$$

（4）求内力

将式（c）代入式（a），得

$$F_{N1}=\frac{2}{2+\sqrt{2}}F_P,\quad F_{N2}=F_{N3}=\frac{1}{2+\sqrt{2}}F_P \tag{d}$$

所得内力与例 13-4 的结果相同。

例 13-8 图 13-15a 所示为一等截面梁 AB，左端为固定端，右端为滚轴支承，材料为线性弹性。设梁上边缘温度上升 t_1，下边缘上升 t_2，同时支座 A 发生转角 $\bar{\theta}_A$。试用余能原理求此梁由温度变化和支座位移而产生的内力。

解 （1）确定静力可能内力

选取力法基本体系如图 13-15b 所示。基本结构在单位多余力 $X_1=1$ 作用下的弯矩 $\overline{M}_1$ 图示于图 13-15c。该超静定梁的可能内力（弯矩）可表示为

$$M=\overline{M}_1X_1=xX_1 \tag{a}$$

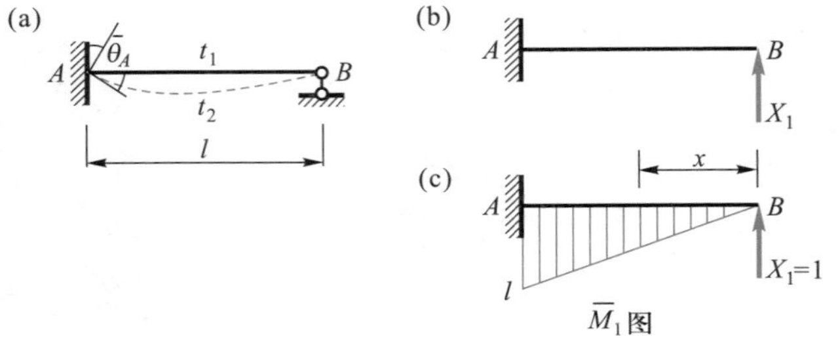

图 13-15

（2）求结构余能 E_C

由梁的上、下边缘的温度差 $\Delta t=t_2-t_1$ 而引起的初始曲率为（h 为梁的截面高度）

$$\kappa_0=\frac{\alpha}{h}\Delta t$$

由式（13-79），应变余能为

$$V_C=\int_0^l\left(\kappa_0 M+\frac{M^2}{2EI}\right)\mathrm{d}x=\frac{\alpha\Delta t}{h}\frac{l^2}{2}X_1+\frac{l^3}{6EI}X_1^2$$

结构余能为

$$E_C=V_C-M_A\bar{\theta}_A=\frac{\alpha\Delta t}{h}\frac{l^2}{2}X_1+\frac{l^3}{6EI}X_1^2-X_1 l\bar{\theta}_A \tag{b}$$

（3）应用余能驻值条件

$$\frac{\mathrm{d}E_C}{\mathrm{d}X_1}=\frac{l^3}{3EI}X_1+\frac{\alpha\Delta t}{h}\frac{l^2}{2}-l\bar{\theta}_A=0$$

由此解得

$$X_1=\frac{3EI}{l^2}\left(\bar{\theta}_A-\frac{\alpha\Delta t}{2}\frac{l}{h}\right) \tag{c}$$

截面 A 的弯矩为

$$M_A=\frac{3EI}{l}\left(\bar{\theta}_A-\frac{\alpha\Delta t}{2}\frac{l}{h}\right) \tag{d}$$

§13-7 余能法与力法之间的对偶关系

在上节中已经了解到余能法与力法之间有多方面的相似性，本节再证明力法基本方程可由余能驻值条件导出。

如果将讨论的范围局限于超静定结构的弹性、小位移的平衡问题，则可证明：结构的真实内力不仅使余能为驻值，而且使余能为极小值。也就是说，不仅余能驻值原理成立，而且最小余能原理也成立。

1. 由余能原理推导力法基本方程

在余能原理中，我们引入力法基本体系的概念。设结构为 n 次超静定。采用力法基本体系后，以多余未知力为基本未知量：

$$\boldsymbol{X}=(X_1\quad X_2\quad\cdots\quad X_n)^{\mathrm{T}}$$

基本体系的内力可表示为

$$\left.\begin{aligned}F_N&=\sum_{i=1}^{n}\bar{F}_{Ni}X_i+F_{NP}\\F_Q&=\sum_{i=1}^{n}\bar{F}_{Qi}X_i+F_{QP}\\M&=\sum_{i=1}^{n}\bar{M}_iX_i+M_P\end{aligned}\right\} \tag{13-82}$$

这里，$\bar{F}_{Ni}$、$\bar{F}_{Qi}$、$\bar{M}_i$ 和 F_{NP}、F_{QP}、M_P 分别为基本结构由单位力 $X_i=1$ 和荷载引起的轴力、剪力、弯矩。当 $X_i(i=1,2,\cdots,n)$ 为 n 个任意参数时，式(13-82)就是原超静定结构的静力可能内力的一般表示式。

上面利用力法基本体系的概念，得出了原结构可能内力的一般表示式。下面再将余能法的其余步骤归纳如下：

第一步，将应变余能 V_C 用 $\boldsymbol{X}$ 表示。

将式(13-82)代入式(13-79)，得

$$V_C=\sum\int[\varepsilon_0(\sum_{i=1}^{n}\overline{F}_{Ni}X_i+F_{NP})+\gamma_0(\sum_{i=1}^{n}\overline{F}_{Qi}X_i+F_{QP})+\kappa_0(\sum_{i=1}^{n}\overline{M}_iX_i+M_P)]ds+$$
$$\frac{1}{2}\sum\int\left[\frac{1}{EA}(\sum_{i=1}^{n}\overline{F}_{Ni}X_i+F_{NP})^2+\frac{k}{GA}(\sum_{i=1}^{n}\overline{F}_{Qi}X_i+F_{QP})^2+\right.$$
$$\left.\frac{1}{EI}(\sum_{i=1}^{n}\overline{M}_iX_i+M_P)^2\right]ds$$

上式可写成

$$V_C=\frac{1}{2}\sum_{i=1}^{n}\sum_{j=1}^{n}\delta_{ij}X_iX_j+\sum_{i=1}^{n}\Delta_{iP}X_i+\sum_{i=1}^{n}\Delta_{i0}X_i+\text{常数项} \tag{13-83}$$

其中

$$\delta_{ij}=\sum\int\left[\frac{\overline{F}_{Ni}\overline{F}_{Nj}}{EA}+\frac{k\overline{F}_{Qi}\overline{F}_{Qj}}{GA}+\frac{\overline{M}_i\overline{M}_j}{EI}\right]ds \tag{13-84a}$$

$$\Delta_{iP}=\sum\int\left[\frac{\overline{F}_{Ni}F_{NP}}{EA}+\frac{k\overline{F}_{Qi}F_{QP}}{GA}+\frac{\overline{M}_iM_P}{EI}\right]ds \tag{13-84b}$$

$$\Delta_{i0}=\sum\int[\overline{F}_{Ni}\varepsilon_0+\overline{F}_{Qi}\gamma_0+\overline{M}_i\kappa_0]ds \tag{13-84c}$$

第二步，将支座位移余能 V_{Cd} 用 $\boldsymbol{X}$ 表示。

在原超静定结构静力可能受力状态中，支座反力 F_R 也可写成类似式(13-82)的叠加公式

$$F_R=\sum_{i=1}^{n}\overline{F}_{Ri}X_i+F_{RP} \tag{13-85}$$

这里，$\overline{F}_{Ri}$ 和 F_{RP} 为基本结构上由 $X_i=1$ 和荷载分别引起的支座反力。将上式代入式(13-80)，得

$$V_{Cd}=\sum_{i=1}^{n}\Delta_{ic}X_i+\text{常数项} \tag{13-86}$$

其中

$$\Delta_{ic}=-\sum\overline{F}_{Ri}c \tag{13-87}$$

第三步，应用余能驻值条件求 $\boldsymbol{X}$。

将式(13-83)和(13-86)叠加，即得结构余能 E_C 用 $\boldsymbol{X}$ 表示的算式：

$$E_C=\frac{1}{2}\sum_{i=1}^{n}\sum_{j=1}^{n}\delta_{ij}X_iX_j+\sum_{i=1}^{n}(\Delta_{iP}+\Delta_{i0}+\Delta_{ic})X_i+\text{常数项} \tag{13-88}$$

应用余能驻值条件：

$$\frac{\partial E_C}{\partial X_i}=0 \qquad (i=1,2,\cdots,n)$$

得

$$\sum_{j=1}^{n}\delta_{ij}X_j+\Delta_{iP}+\Delta_{i0}+\Delta_{ic}=0 \qquad (i=1,2,\cdots,n) \tag{13-89}$$

上式就是力法基本方程，由此可解出 $\boldsymbol{X}$。

至此，证明了下述普遍性结论：力法基本方程可由余能驻值条件导出。

最后指出，余能原理的应用前提是所设的内力应是静力可能内力。如果采用力法中的静定基本体系的概念，则 n 次超静定结构的静力可能内力可以表示为式(13-82)的形式。通常的作法是：式(13-82)中的 $n+1$ 组内力[即由 n 个多余力 $X_i=1$ 引起的 $\overline{F}_{Ni}$、$\overline{F}_{Qi}$、$\overline{M}_i(i=1,2,\cdots,n)$ 及由荷载引起的 F_{NP}、F_{QP}、M_P]都是采用同一个基本结构求出的。如果采用别的作法：这 $n+1$ 组内力分别采用不同的基本结构来求，同时保证 n 组内力 $\overline{F}_{Ni}$、$\overline{F}_{Qi}$、$\overline{M}_i(i=1,2,\cdots,n)$ 为彼此线性无关，则式(13-82)仍旧是原超静定结构的静力可能内力，因而余能原理的应用前提条件仍旧得到满足。由此得出结论：在力法计算中，式(13-82)中的 $n+1$ 组内力可以分别采用不同的基本结构求解。这个结论一方面使我们对力法的理解得到加深，另一方面又使力法的应用更加具有灵活性。下面举两个例子给予说明。

例 13-9　试用余能驻值原理计算图 13-16a 所示超静定梁，并说明在力法中可以混合采用不同的基本结构来分别计算 $\overline{M}_1$ 和 M_P。

解　混合采用两种不同的基本结构：

首先，取简支梁作基本结构(图 13-16b)，作荷载作用下的 M_P 图。

其次，另取悬臂梁作基本结构(图 13-16c)，作单位力 $X_1=1$ 作用下的 $\overline{M}_1$ 图。

因此，原超静定梁在给定荷载下静力可能内力的一般表示式由下式给出：

$$M=\overline{M}_1X_1+M_P \tag{a}$$

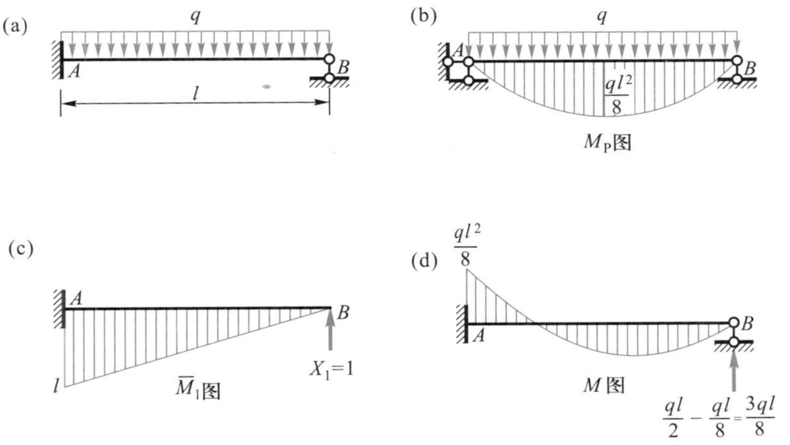

图　13-16

由上述可能内力，可求出余能 E_C 和应变余能 V_C 如下：

$$E_C=V_C=\int\frac{1}{2EI}(\overline{M}_1X_1+M_P)^2\mathrm{d}x \tag{b}$$

由余能驻值条件，$\dfrac{\mathrm{d}E_C}{\mathrm{d}X_1}=0$，得

$$X_1\int\frac{\overline{M}_1^2}{EI}\mathrm{d}x+\int\frac{\overline{M}_1M_P}{EI}\mathrm{d}x=0 \tag{c}$$

这就是由余能驻值条件导出的力法基本方程。

如将式(c)写成

$$\delta_{11}X_1+\Delta_{1P}=0 \tag{d}$$

则得

$$\delta_{11}=\int\frac{\overline{M}_1^2}{EI}dx,\quad \Delta_{1P}=\int\frac{\overline{M}_1M_P}{EI}dx \tag{e}$$

系数 δ_{11} 与自由项 Δ_{1P} 的算式与通常的形式完全相同。

由式(d)求得

$$X_1=-\frac{\Delta_{1P}}{\delta_{11}}=-\frac{ql}{8}$$

利用下列叠加公式

$$M=\overline{M}_1X_1+M_P \tag{f}$$

超静定梁的 M 图如图 13-16d 所示。可以验证,所得的结果是正确的。

由此看出,尽管 $\overline{M}_1$ 和 M_P 是由不同的基本结构求得的,仍然可以应用余能原理(即力法)求出正确解答,而且力法方程(d)和(e)与通常形式也完全相同。

例 13-10 图 13-17a 所示为一等截面圆形无铰拱,承受均布水压力 q。试用余能驻值原理求其内力。

解 为了使计算得到简化,求 $\overline{M}_i$ 和 M_P 时采用不同的基本结构。

首先,按弹性中心法选取基本结构(图 13-17b)。这时,力法基本方程简化为

$$\left.\begin{aligned}\delta_{11}X_1+\Delta_{1P}=0\\ \delta_{22}X_2+\Delta_{2P}=0\end{aligned}\right\} \tag{g}$$

其次,求荷载作用下的内力时,最好改取三铰拱作基本结构(图 13-17c)。这时拱处于无弯矩状态,内力的表示式最为简单,即

$$M_P=0,\quad F_{QP}=0,\quad F_{NP}=-qR \tag{h}$$

由图 13-17b 的基本结构知:

$$\left.\begin{aligned}&\overline{M}_1=1,\quad \overline{F}_{Q1}=0,\quad \overline{F}_{N1}=0\\ &\overline{M}_2=-y,\quad \overline{F}_{Q2}=-\sin\varphi,\quad \overline{F}_{N2}=-\cos\varphi\end{aligned}\right\} \tag{i}$$

因此求得

$$\left.\begin{aligned}\Delta_{1P}&=0\\ \Delta_{2P}&=\frac{qR}{EA}\int\cos\varphi\,ds=\frac{qRl}{EA}\end{aligned}\right\}$$

代入式(g),解得

$$X_1=0,\quad X_2=-\frac{qRl}{EA\delta_{22}}$$

最后,按下式求出弯矩:

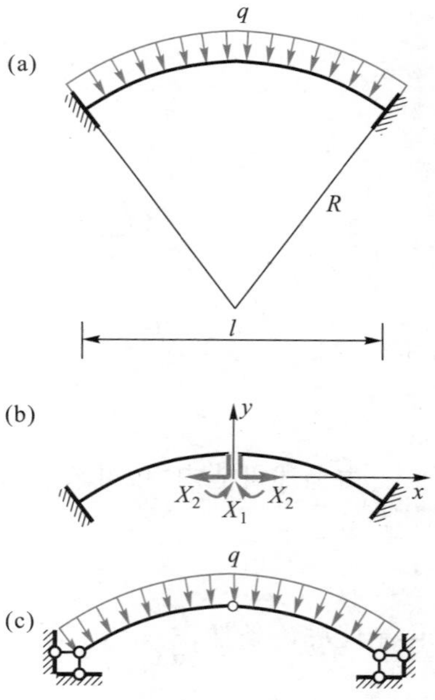

图 13-17

$$M=\overline{M}_1X_1+\overline{M}_2X_2+M_P$$

在上面的计算中，由荷载引起的内力算式（h）及由多余力引起的内力算式（i）都非常简单，这里显示了混合采用不同基本结构进行计算的优点。

上述算法的正确性，读者可用余能驻值原理自行说明。需注意，在 n 次超静定结构中，n 个单位弯矩图（$\overline{M}_i$ 图）虽然可以混合选取不同基本结构求出，但它们必须是彼此线性无关的。

2. 最小余能原理

最小余能原理适用于超静定弹性结构小位移的平衡问题，可表述如下：

在所有可能内力中，真实内力使余能为极小值；反之，使余能为极小值的可能内力就是真实内力。

最小余能原理的数学表示式为

$$E_C(\boldsymbol{X}+\mathrm{d}\boldsymbol{X})>E_C(\boldsymbol{X}) \tag{13-90}$$

这里，$\boldsymbol{X}$ 是多余力的真实解，$\mathrm{d}\boldsymbol{X}$ 是 $\boldsymbol{X}$ 的任一非零增量。

关于式（13-90）的证明可给出如下：

真实解 $\boldsymbol{X}$ 相应的余能由式（13-88）给出，略去常数项后即为

$$E_C=\frac{1}{2}\sum_{i=1}^{n}\sum_{j=1}^{n}\delta_{ij}X_iX_j+\sum_{i=1}^{n}(\Delta_{iP}+\Delta_{i0}+\Delta_{ic})X_i \tag{a}$$

再考虑 $\boldsymbol{X}+\mathrm{d}\boldsymbol{X}$ 相应的余能

$$\begin{aligned}E_C(\boldsymbol{X}+\mathrm{d}\boldsymbol{X})&=E_C(\boldsymbol{X})+\Delta E_C\\&=\frac{1}{2}\sum_{i=1}^{n}\sum_{j=1}^{n}\delta_{ij}(X_i+\mathrm{d}X_i)(X_j+\mathrm{d}X_j)+\\&\quad\sum_{i=1}^{n}(\Delta_{iP}+\Delta_{i0}+\Delta_{ic})(X_i+\mathrm{d}X_i)\end{aligned} \tag{b}$$

以上二式相减，得

$$\begin{aligned}\Delta E_C=&\frac{1}{2}\sum_{i=1}^{n}\sum_{j=1}^{n}\delta_{ij}[X_i(\mathrm{d}X_j)+X_j(\mathrm{d}X_i)+(\mathrm{d}X_i)(\mathrm{d}X_j)]+\\&\sum_{i=1}^{n}(\Delta_{iP}+\Delta_{i0}+\Delta_{ic})(\mathrm{d}X_i)\end{aligned} \tag{c}$$

由于

$$\delta_{ij}=\delta_{ji}$$

$$\sum_{i=1}^{n}\sum_{j=1}^{n}\delta_{ij}X_i(\mathrm{d}X_j)=\sum_{i=1}^{n}\sum_{j=1}^{n}\delta_{ij}X_j(\mathrm{d}X_i)$$

因此，式（c）可写成

$$\Delta E_C=\sum_{i=1}^{n}\left(\sum_{j=1}^{n}\delta_{ij}X_j+\Delta_{iP}+\Delta_{i0}+\Delta_{ic}\right)\mathrm{d}X_i+\frac{1}{2}\sum_{i=1}^{n}\sum_{j=1}^{n}\delta_{ij}(\mathrm{d}X_i)(\mathrm{d}X_j) \tag{d}$$

引入余能驻值条件（13-89），则上式为

$$\Delta E_C=\frac{1}{2}\sum_{i=1}^{n}\sum_{j=1}^{n}\delta_{ij}(\mathrm{d}X_i)(\mathrm{d}X_j) \tag{e}$$

由式（13-83）看出，上式右边就是由多余力 $\mathrm{d}\boldsymbol{X}$ 单独引起的应变余能（设荷载和初应变均为零）。

当 $\mathrm{d}X_i$ 不全为零时，此应变余能为恒正，即

$$\frac{1}{2}\sum_{i=1}^{n}\sum_{j=1}^{n}\delta_{ij}(\mathrm{d}X_i)(\mathrm{d}X_j)>0 \tag{f}$$

将上式代入式(e),即得

$$\Delta E_{\mathrm{C}}>0$$

从而式(13-90)成立。证毕。

§13-8　分区混合能量驻值原理

在本书卷Ⅰ §10-2 中介绍过分区混合法。与分区混合法对应的能量原理是分区混合能量驻值原理。①

在分区混合能量原理中,结构分为两区:余能区(a 区)和势能区(b 区)。

如果余能区的内力满足本区的全部静力条件,势能区的位移满足本区的全部几何条件,则此分区混合的内力和位移状态称为分区混合可能状态。(注:在分区混合可能状态的上述定义中,对两区交接处的内力和位移不要求满足任何条件。)

结构在各种分区混合可能状态下的混合能量 E_{m} 定义如下:

$$\begin{aligned} E_{\mathrm{m}} &= (E_{\mathrm{P}})_{\mathrm{b}} - (E_{\mathrm{C}})_{\mathrm{a}} + E_J \\ &= (E_{\mathrm{P}})_{\mathrm{b}} - (E_{\mathrm{C}})_{\mathrm{a}} + \sum_J (\hat{F})_{\mathrm{a}}(\hat{D})_{\mathrm{b}} \end{aligned} \tag{13-91}$$

这里,$(E_{\mathrm{P}})_{\mathrm{b}}$ 是 b 区的势能,$(E_{\mathrm{C}})_{\mathrm{a}}$ 是 a 区的余能,右边最后一项是两区交接处 J 的附加能量:

$$E_J = \sum_J (\hat{F})_{\mathrm{a}}(\hat{D})_{\mathrm{b}} \tag{13-92}$$

此附加能量等于交接处的 a 区约束力 $(\hat{F})_{\mathrm{a}}$ 在 b 区位移 $(\hat{D})_{\mathrm{b}}$ 上所作的功。注意,在式(13-91)右边第二项前有一个负号。

分区混合能量原理可表述如下:

设结构已分为势能区和余能区。在所有的分区混合可能状态中,真实状态使分区混合能量 E_{m} 为驻值;反之,使 E_{m} 为驻值的分区混合可能状态就是真实状态。

1. 基于分区混合能量原理的解法

分区混合能量法包含以下步骤:

第一步,确定结构的各种分区混合可能状态。将结构分为余能区(a 区)和势能区(b 区)。在余能区中,根据静力条件,确定 a 区的各种静力可能内力状态,其中含有待定的内力参数 $\boldsymbol{X}$;根据几何条件,确定 b 区的各种几何可能位移状态,其中含有待定的位移参数 $\boldsymbol{\Delta}$。$\boldsymbol{X}$ 和 $\boldsymbol{\Delta}$ 合在一起组成分区混合能量法的基本未知量。

第二步,按式(13-91),写出分区混合能量 E_{m} 的算式。

第三步,应用分区混合能量驻值条件,从而解出基本未知量 $\boldsymbol{X}$ 和 $\boldsymbol{\Delta}$。这里的分区混合能量驻

① 龙驭球,分区和分项混合能量原理,1980 年全国弹性与塑性力学学术交流会论文集,清华大学学报,1982 年,22(1):1-11。

值条件就是以能量形式表示的分区混合法的基本方程。

例 13-11 试用分区混合能量原理重作例 10-2。

解 取半边结构进行计算(图 13-18a)。

(1) 确定分区混合可能状态

取 B 点为交界处,B 以上为余能区,B 以下为势能区。分区混合法基本体系如图 13-18b 所示。余能区的多余未知力 X_1 及势能区的结点角位移 θ_2 为基本未知量。

余能区的静力可能弯矩为

$$(M)_a=(\overline{M}_1)_a X_1+(M_P)_a \tag{a}$$

其中 $(M_P)_a$ 图和 $(\overline{M}_1)_a$ 图在图 13-18c 和 d 中给出。

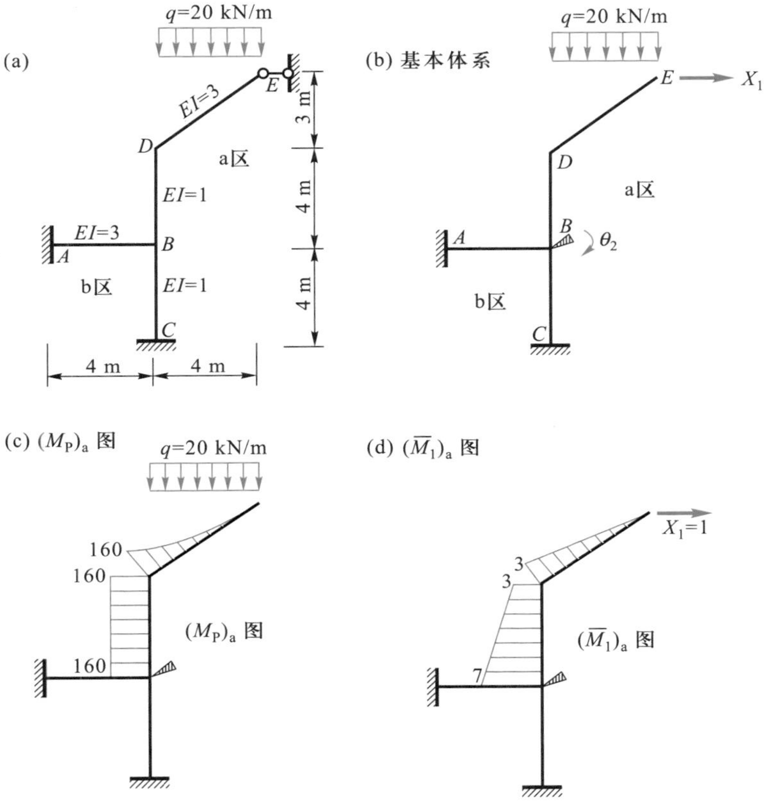

图 13-18

(2) 写出分区混合能量 E_m 的算式

a 区余能为

$$(E_C)_a=\sum_a\int\frac{1}{2EI}[(\overline{M}_1)_a X_1+(M_P)_a]^2\mathrm{d}s \tag{b}$$

b 区势能为

$$(E_{\mathrm{P}})_{\mathrm{b}} = 2\theta_2^2(i_{AB} + i_{BC}) = 2\theta_2^2\left(\frac{3}{4} + \frac{1}{4}\right) = 2\theta_2^2 \tag{c}$$

在交接处 B,b 区位移$(\hat{D})_{\mathrm{b}}$为 B 点转角(顺时针为正),a 区约束力$(\hat{F})_{\mathrm{a}}$为 B 点约束力矩(顺时针为正):

$$(\hat{D})_{\mathrm{b}} = \theta_2, \quad (\hat{F})_{\mathrm{a}} = -7X_1 - 160 \tag{d}$$

将式(b)、(c)、(d)代入式(13-91),得

$$E_{\mathrm{m}} = 2\theta_2^2 - \sum_{\mathrm{a}}\int \frac{1}{2EI}[(\overline{M}_1)_{\mathrm{a}}X_1 + (M_{\mathrm{P}})_{\mathrm{a}}]^2\mathrm{d}s - (7X_1 + 160)\theta_2 \tag{e}$$

(3) 应用分区混合能量驻值条件

令

$$\frac{\partial E_{\mathrm{m}}}{\partial X_1} = 0, \quad \frac{\partial E_{\mathrm{m}}}{\partial \theta_2} = 0$$

得

$$\left.\begin{aligned} & -X_1\int \frac{(\overline{M}_1)_{\mathrm{a}}^2}{EI}\mathrm{d}s - \int \frac{(\overline{M}_1)_{\mathrm{a}}(M_{\mathrm{P}})_{\mathrm{a}}}{EI}\mathrm{d}s - 7\theta_2 = -110.3X_1 - 7\theta_2 - 3\ 400 = 0 \\ & -7X_1 + 4\theta_2 - 160 = 0 \end{aligned}\right\} \tag{f}$$

式(f)就是混合法基本方程,与例 10-2 的结果相同。

2. 由分区混合能量原理推导分区混合法基本方程

以图 10-9a 所示刚架为例,应用分区混合能量原理来导出分区混合法基本方程(10-2)。

在分区混合能量原理中,我们引入分区混合法基本体系(图 10-9b),以余能区(a 区)的多余未知力 X_1 和势能区(b 区)的结点位移 Δ_2 作为基本未知量。

a 区的静力可能弯矩可表示为

$$(M)_{\mathrm{a}} = (\overline{M}_1)_{\mathrm{a}}X_1 + (M_{\mathrm{P}})_{\mathrm{a}} \tag{13-93}$$

$(\overline{M}_1)_{\mathrm{a}}$图和$(M_{\mathrm{P}})_{\mathrm{a}}$图在图 10-11a、c 中给出。

在 b 区,可先求几何可能位移,然后求相应的弯矩。b 区弯矩可表示为

$$(M)_{\mathrm{b}} = (\overline{M}_2)_{\mathrm{b}}\Delta_2 + (M_{\mathrm{P}})_{\mathrm{b}} \tag{13-94}$$

$(\overline{M}_2)_{\mathrm{b}}$图和$(M_{\mathrm{P}})_{\mathrm{b}}$图在图 10-11b、c 中给出。

上面利用分区混合法基本体系的概念,得出了原结构分区混合可能状态的一般表示式。下面再将分区混合能量法的其余步骤归纳如下:

第一步,a 区余能用 X_1 表示

$$(E_{\mathrm{C}})_{\mathrm{a}} = \sum_{\mathrm{a}}\int \frac{1}{2EI}(M)_{\mathrm{a}}^2\mathrm{d}s = \sum_{\mathrm{a}}\int \frac{1}{2EI}[(\overline{M}_1)_{\mathrm{a}}X_1 + (M_{\mathrm{P}})_{\mathrm{a}}]^2\mathrm{d}s \tag{13-95}$$

第二步,b 区势能用 Δ_2 表示

$$(E_{\mathrm{P}})_{\mathrm{b}} = \sum_{\mathrm{b}}\int \frac{1}{2EI}(M)_{\mathrm{b}}^2\mathrm{d}s + (V_{\mathrm{P}})_{\mathrm{b}}$$

由式(13-42),$(V_{\mathrm{P}})_{\mathrm{b}} = (F_{2\mathrm{P}})_{\mathrm{b}}\Delta_2$,得

$$(E_{\mathrm{P}})_{\mathrm{b}} = \sum_{\mathrm{b}} \int \frac{1}{2EI}[(\overline{M}_2)_{\mathrm{b}}\Delta_2 + (M_{\mathrm{P}})_{\mathrm{b}}]^2 \mathrm{d}s + (F_{2\mathrm{P}})_{\mathrm{b}}\Delta_2 \tag{13-96}$$

第三步，在交接处 J，b 区在 J 点的位移为

$$(\hat{D})_{\mathrm{b}} = \Delta_2$$

a 区在 J 点的相应约束力为

$$(\hat{F})_{\mathrm{a}} = k'_{21} X_1 + (F_{2\mathrm{P}})_{\mathrm{a}}$$

交接处的附加能量为

$$(\hat{F})_{\mathrm{a}}(\hat{D})_{\mathrm{b}} = [k'_{21} X_1 + (F_{2\mathrm{P}})_{\mathrm{a}}]\Delta_2 \tag{13-97}$$

第四步，应用分区混合能量驻值条件

将式(13-95)、(13-96)、(13-97)代入式(13-91)，得

$$\begin{aligned} E_{\mathrm{m}} = & \sum_{\mathrm{b}} \int \frac{1}{2EI}[(\overline{M}_2)_{\mathrm{b}}\Delta_2 + (M_{\mathrm{P}})_{\mathrm{b}}]^2 \mathrm{d}s + (F_{2\mathrm{P}})_{\mathrm{b}}\Delta_2 - \\ & \sum_{\mathrm{a}} \int \frac{1}{2EI}[(\overline{M}_1)_{\mathrm{a}}X_1 + (M_{\mathrm{P}})_{\mathrm{a}}]^2 \mathrm{d}s + [k'_{21} X_1 + (F_{2\mathrm{P}})_{\mathrm{a}}]\Delta_2 \end{aligned} \tag{13-98}$$

应用驻值条件

$$\frac{\partial E_{\mathrm{m}}}{\partial X_1} = 0, \quad \frac{\partial E_{\mathrm{m}}}{\partial \Delta_2} = 0$$

得

$$\left. \begin{aligned} & -\sum_{\mathrm{a}} \int \frac{1}{EI}[(\overline{M}_1)_{\mathrm{a}}X_1 + (M_{\mathrm{P}})_{\mathrm{a}}](\overline{M}_1)_{\mathrm{a}} \mathrm{d}s + k'_{21}\Delta_2 = 0 \\ & \sum_{\mathrm{b}} \int \frac{1}{EI}[(\overline{M}_2)_{\mathrm{b}}\Delta_2 + (M_{\mathrm{P}})_{\mathrm{b}}](\overline{M}_2)_{\mathrm{b}} \mathrm{d}s + (F_{2\mathrm{P}})_{\mathrm{b}} + k'_{21} X_1 + (F_{2\mathrm{P}})_{\mathrm{a}} = 0 \end{aligned} \right\} \tag{13-99}$$

由式(10-3)、(10-4)、(10-5)，有

$$\delta'_{12} = -k'_{21}$$

$$\sum_{\mathrm{a}} \int \frac{(\overline{M}_1)_{\mathrm{a}}^2}{EI} \mathrm{d}s = \delta_{11}, \quad \sum_{\mathrm{a}} \int \frac{(\overline{M}_1)_{\mathrm{a}}(M_{\mathrm{P}})_{\mathrm{a}}}{EI} \mathrm{d}s = D_{1\mathrm{P}}$$

$$\sum_{\mathrm{b}} \int \frac{(\overline{M}_2)_{\mathrm{b}}^2}{EI} \mathrm{d}s = k_{22}, \quad (F_{2\mathrm{P}})_{\mathrm{a}} + (F_{2\mathrm{P}})_{\mathrm{b}} = F_{2\mathrm{P}}$$

又

$$\sum_{\mathrm{b}} \int \frac{(\overline{M}_2)_{\mathrm{b}}(M_{\mathrm{P}})_{\mathrm{b}}}{EI} \mathrm{d}s = 0$$

将以上各式代入式(13-99)，即得

$$\left. \begin{aligned} \delta_{11}X_1 + \delta'_{12}\Delta_2 + D_{1\mathrm{P}} = 0 \\ k'_{21} X_1 + k_{22}\Delta_2 + F_{2\mathrm{P}} = 0 \end{aligned} \right\}$$

此即分区混合法基本方程(10-2)。以上证明：分区混合法基本方程可由分区混合能量驻值条件导出。

*§13-9　卡氏第一与第二定理和克罗蒂-恩格塞定理

本节介绍最早提出的能量偏导数定理:即1873年提出的卡氏(Castigliano)第一和第二定理;以及1878年与1889年分别提出的克罗蒂-恩格塞(Crotti-Engesser)定理(卡氏第二定理的推广形式)。随后两节介绍1995年提出的分区混合能量偏导数定理及其两个特例(势能偏导数定理和余能偏导数定理),它们是卡氏定理进一步推广的新形式。本节内容请扫二维码阅读。

*§13-10　势能和余能偏导数定理——卡氏定理的推广

上节介绍过两组能量偏导数定理:一组是卡氏第一定理,另一组是克罗蒂-恩格塞定理及其特殊形式——卡氏第二定理。

本节将这两组定理加以推广,得到两个广义能量偏导数定理,即势能偏导数定理和余能偏导数定理。

势能偏导数定理可由虚位移方程导出。它实际上与单位位移法是相通的。由它可导出势能驻值原理。卡氏第一定理是它的特殊形式。

余能偏导数定理可由虚力方程导出。它实际上与单位荷载法是相通的。由它可导出余能驻值原理。克罗蒂-恩格塞定理和卡氏第二定理是它的特殊形式。本节详细内容请扫二维码阅读。

*§13-11　分区混合能量偏导数定理

本节讨论分区混合能量偏导数定理①(是本书作者之首创)以及其与分区混合能量驻值原理之间的关系。上节介绍过的势能偏导数定理和余能偏导数定理可看作是分区混合能量偏导数定理的两个特殊情况。本节内容请扫二维码阅读。

§13-12　结构力学中的对偶关系

在结构力学学园里,各种算法争奇斗艳。其共同目标就是应用“三基方程”,求出内力和位移,进行强度和刚度设计。三基方程包括:

力系的平衡方程,

位移-应变的几何方程,

① 龙驭球,分区混合能量偏导数定理,第四届全国结构工程学术会议论文集,1995年,188-194。

应力-应变的本构方程。

力学解法可从不同角度加以分类：

（1）从“分～合”角度看，可分为下列两类：

- 分析法（又称三基分析法）——直接应用三基方程分析求解。
- 综合法（又称能量综合法）——先将三基变量（力、位移、应变）综合成能量，再用能量原理求解。

（2）从“刚～柔”角度看，可分为下列两类：

- 刚度法（又称位移法）——把位移选作基本未知量。
- 柔度法（又称力法）——把多余约束力选作基本未知量。

1. 四种主要解法和四种对偶关系

上面从“分～合”与“刚～柔”角度进行了分类。如果把“刚”和“柔”作为两条经线，把“分”与“合”作为两条纬线，则可织成四个网站（四种主要解法）。四法之间又有四副对联（四种对偶关系）纵横联系：

四法——传统的力法与位移法，综合的势能法与余能法。

四联——分、合、刚、柔四副对联，即：

分——分析法对联［位移法 ∩∪ 力法］
合——综合法对联［势能法 ∩∪ 余能法］
刚——刚度法对联［位移法 ∩∪ 势能法］
柔——柔度法对联［力法 ∩∪ 余能法］

四法与四联的关系图可参看图 13-25。

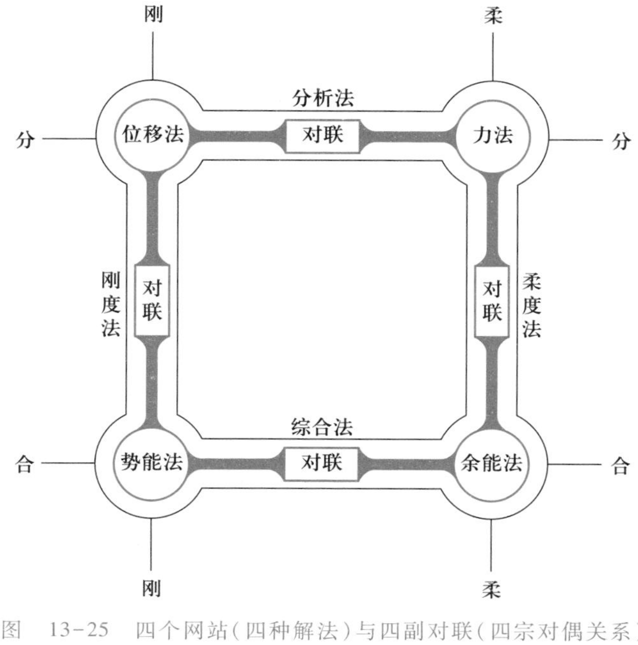

图 13-25 四个网站（四种解法）与四副对联（四宗对偶关系）

下面对“分-合-刚-柔”四宗对偶关系作进一步评述。

2. 分析法对联[位移法 ∩∪ 力法]

位移法与力法的对比参见表 13-1。

表 13-1　位移法与力法的对比

	位移法	力法
待求量	独立的结点位移{Δ}含位移变量 $\Delta_i(i=1,2,\cdots,n)$	多余约束力{X}，含力变量 $X_i(i=1,2,\cdots,n)$
前期工作	1. 由几何条件，确定几何可能位移 $v=\sum v_i\Delta_i+v_P$ 及相应应变。 2. 由本构条件，确定内力	1. 由平衡条件，确定静力可能内力 $M=\sum \overline{M}_iX_i+M_P$ 2. 由本构条件，确定应变
基本方程	由平衡条件建立位移法典型方程 $\sum k_{ij}\Delta_j+F_{iP}=0(i=1,2,\cdots,n)$	由几何协调条件，建立力法典型方程 $\sum \delta_{ij}X_j+\Delta_{iP}=0(i=1,2,\cdots,n)$
分析顺序	先满足几何条件，后考虑本构与平衡条件。先求几何可能位移，再求真实位移	先满足平衡条件，后考虑本构与几何条件。先求静力可能内力，再求真实内力
共同点	同是分析法	同是分析法
不同点	先求位移，属于刚度法	先求力，属于柔度法

3. 综合法对联[势能法 ∩∪ 余能法]

势能法与余能法的对比参见表 13-2。

表 13-2　势能法与余能法的对比

	势能法	余能法
方法的本质	能量形式的位移法	能量形式的力法
待求量	综合性势能泛函 E_P 含位移变量 $\Delta_i(i=1,2,\cdots,n)$	综合性余能泛函 E_C 含力变量 $X_i(i=1,2,\cdots,n)$
前期工作	1. 由几何条件确定几何可能位移：$v=\sum \overline{v}_i\Delta_i+v_P$ 及相应应变。 2. 由本构条件，确定内力。 3. 确定势能泛函 E_P：$E_P=\sum\int\frac{1}{2}EIv''^2\mathrm{d}s-\sum F_PD$	1. 由平衡条件确定静力可能内力：$M=\sum M_iX_i+M_P$ 2. 由本构条件，确定应变。 3. 确定余能泛函 E_C：$E_C=\sum\int\frac{1}{2EI}M^2\mathrm{d}s-\sum F_Rc$
基本方程	势能驻值条件（能量形式的平衡方程）$\frac{\partial E_P}{\partial \Delta_i}=0$ 即 $\sum k_{ij}\Delta_j+F_{iP}=0(i=1,2,\cdots,n)$	余能驻值条件（能量形式的几何方程）$\frac{\partial E_C}{\partial X_i}=0$ 即 $\sum \delta_{ij}X_j+\Delta_{iP}=0(i=1,2,\cdots,n)$

续表

	势能法	余能法
共同点	同是能量法	同是能量法
不同点	属于刚度法(借势能 E_P 求 $\{\Delta\}$)	属于柔度法(借余能 E_C 求 $\{X\}$)

4. 刚度法对联[位移法 ∩∪ 势能法]

位移法与势能法的对比参见表 13-3。

表 13-3　位移法与势能法的对比

	位移法	势能法
待求量	独立的结点位移 $\{\Delta\}$,含位移变量 $\Delta_i(i=1,2,\cdots,n)$	综合性势能泛函 E_P 含位移变量 $\Delta_i(i=1,2,\cdots,n)$
前期工作	1. 由几何条件,确定几何可能位移: $v=\sum \bar{v}_i\Delta_i+v_P$ 及相应应变。 2. 由本构条件,确定内力	1. 由几何条件确定几何可能位移: $v=\sum \bar{v}_i\Delta_i+v_P$ 及相应应变。 2. 由本构条件,确定内力。 3. 确定势能泛函 E_P: $E_P=\sum\int\frac{1}{2}EIv''^2\mathrm{d}s-\sum F_PD$
基本方程	由平衡条件建立位移法典型方程 $\sum k_{ij}\Delta_j+F_{iP}=0(i=1,2,\cdots,n)$	势能驻值条件(能量形式的平衡方程) $\frac{\partial E_P}{\partial\Delta_i}=0$ 即 $\sum k_{ij}\Delta_j+F_{iP}=0(i=1,2,\cdots,n)$
共同点	同是刚度法	同是刚度法
不同点	1. 分析法(直接由三基方程求 $\{\Delta\}$); 2. $\{\Delta\}$ 是向量(含 n 个位移变量 Δ_i)	1. 综合法(借助势能 E_P 求 $\{\Delta\}$); 2. E_P 是纯量(含 n 个位移变量 Δ_i)

5. 柔度法对联[力法 ∩∪ 余能法]

力法与余能法的对比参见表 13-4。

表 13-4　力法与余能法的对比

	力法	余能法
待求量	多余约束力 $\{X\}$,含力变量 $X_i(i=1,2,\cdots,n)$	综合性余能泛函 E_C,含力变量 $X_i(i=1,2,\cdots,n)$

续表

	力法	余能法
前期工作	1. 由平衡条件确定静力可能内力 $M=\sum \overline{M}_i X_i+M_P$ 2. 由本构条件,确定应变	1. 由平衡条件,确定静力可能内力 $M=\sum \overline{M}_i X_i+M_P$ 2. 由本构条件,确定应变。 3. 确定余能泛函 $E_C=\sum \int \frac{M^2}{2EI}ds-\sum F_R c$
基本方程	由几何协调条件,建立力法典型方程 $\sum \delta_{ij}X_j+\Delta_{iP}=0(i=1,2,\cdots,n)$	建立余能驻值条件(能量形式的几何协调条件) $\frac{\partial E_C}{\partial X_i}=0$ 即 $\sum \delta_{ij}X_j+\Delta_{iP}=0(i=1,2,\cdots,n)$
共同点	同是柔度法	同是柔度法
不同点	1. 分析法(直接由三基方程求$\{X\}$); 2. $\{X\}$是向量(含n个力变量X_i)	1. 综合法(借助余能E_C求$\{X\}$); 2. E_C是纯量(含n个力变量X_i)

§13-13 思考与讨论

§13-1 思考题

13-1 试指出可能内力与真实内力的区别和联系,并按静定结构与超静定结构分别讨论。

13-2 试指出可能位移与真实位移的区别和联系,并利用位移法基本结构的概念予以讨论。

13-3 在什么情况下,杆件体系不存在静力可能内力?在什么情况下,杆件结构不存在几何可能位移?

13-4 为了保证超静定结构存在几何可能位移,应变需满足什么条件?变形协调条件(13-9)与力法基本方程有何区别?

13-5 在虚功原理、虚位移原理、虚力原理中是如何引用静力可能内力和几何可能位移这些概念的?

§13-3 思考题

13-6 在势能原理中,对几何条件和静力条件的处理方式有何不同?

13-7 应用势能原理时,其前提条件是什么?哪些量看作给定量?哪些量看作变量?

§13-4 思考题

13-8 如何利用位移法基本体系这个工具导出结构的几何可能位移的通式?

13-9 为什么说势能驻值条件实际上代表静力条件?

13-10 试将位移法基本方程的系数k_{ij}、自由项F_{iP}与力法基本方程的系数δ_{ij}、自由项Δ_{iP}之间的对偶性质作进一步比较(提示:可参看k_{ij}和F_{iP}的一般算式(13-38)和(13-39)。

13-11 试比较势能驻值原理和最小势能原理的异同。

§13-5 思考题

13-12 矩阵位移法既可在位移法基础上导出,也可在势能原理的基础上导出,试对两种推导方法加以比较。后一种推导方法有何优点？

13-13 试说明刚度矩阵 $\boldsymbol{K}$ 与应变能 V_ε 之间的对应关系，等效结点荷载向量 $\boldsymbol{P}$ 与荷载势能 V_P 之间的对应关系。

§13-6 思考题

13-14 在余能原理中，对几何条件和静力条件的处理方式有何不同？试与思考题13-6进行综合讨论与比较。

13-15 应用余能原理时，其前提条件是什么？哪些量看作给定量？哪些量看作变量？试与思考题 13-7 进行综合讨论与比较。

§13-7 思考题

13-16 如何利用力法基本体系这个工具导出超静定结构的静力可能内力的通式？从这个角度对超静定结构与静定结构加以比较。

13-17 为什么说余能驻值条件实际上代表几何条件？

13-18 试比较余能驻值原理和最小余能原理的异同。

13-19 为什么在力法计算中，式(13-82)中的 $n+1$ 组内力可以分别采用不同的基本结构来求？试从余能原理的角度加以解释。

* §13-10 思考题

13-20 试对能量偏导数定理及其各种特殊形式加以总结，画出它们之间的关系图，指出各自的应用范围。

13-21 在势能偏导数定理和势能驻值原理中，势能 E_P 都表示为变量位移 $\boldsymbol{\Delta}$ 的函数。试问两种情况下的 $\boldsymbol{\Delta}$ 有何区别？

13-22 在余能偏导数定理和余能驻值原理中，余能 E_C 都表示为变量力 $\boldsymbol{X}$ 的函数。试问两种情况下的 $\boldsymbol{X}$ 有何区别？

习　题

13-1 对于图 a 所示一次超静定梁，试检验下列两种弯矩表示式是否都是静力可能内力。

(a) $M(x)=\overline{M}_1(x)X_1'+M_P'(x)$。

(b) $M(x)=\overline{M}_1(x)X''_1+M''_P(x)$。

其中$\overline{M}_1(x)$、$M'_P(x)$、$M''_P(x)$分别对应于图 b、c、d 所示的弯矩图。

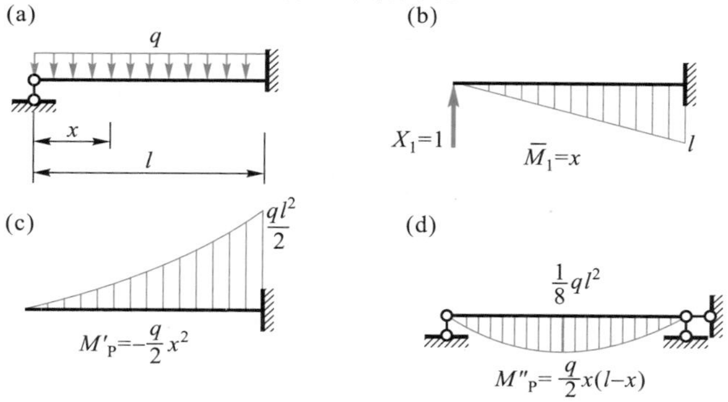

题 13-1 图

13-2　对于图中所示的悬臂梁，试检验下列挠度表示式是否都是几何可能位移？

（a）$v=a_1+a_2x+\cdots+a_nx^{n-1}$。

（b）$v=a_1x^2+a_2x^3+\cdots+a_nx^{n+1}$。

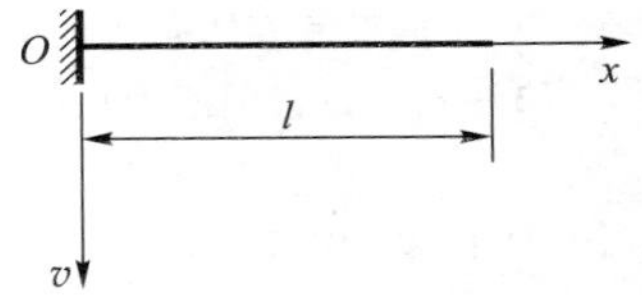

题 13-2 图

13-3　对于图中所示的简支梁，试检验下列挠度表示式是否都是几何可能位移？

（a）$v = x(l-x)(a_1 + a_2x + \cdots + a_nx^{n-1})$。

（b）$v = \sum\limits_{n=1}^{\infty} a_n \sin\dfrac{n\pi x}{l}$。

13-4　对于图中所示的两端固定梁，试检验下列挠度表示式是否都是几何可能位移？

（a）$v = x^2(l-x)^2(a_1 + a_2x + \cdots + a_nx^{n-1})$。

（b）$v = \sum\limits_{n=1}^{\infty} a_n\left(1 - \cos\dfrac{2n\pi x}{l}\right)$。

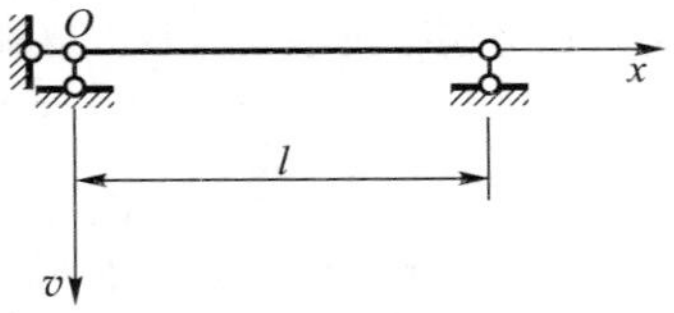

题 13-3 图

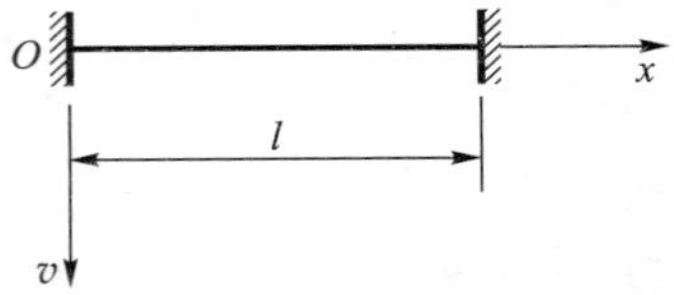

题 13-4 图

13-5　试用势能原理分析图示桁架。设各杆截面相等，又设材料为线性弹性。

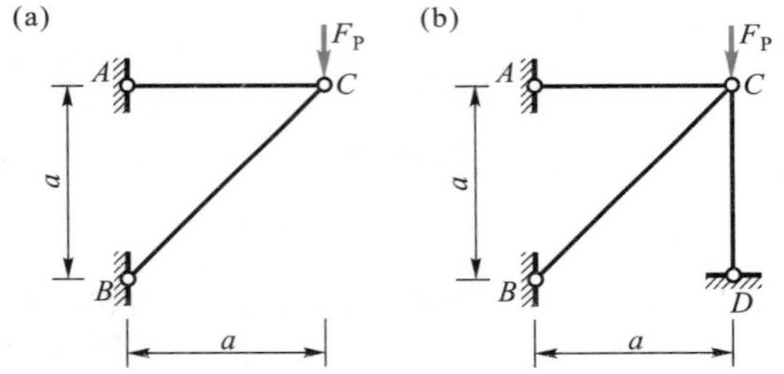

题 13-5 图

13-6　试用势能原理分析图示刚架。设材料为线性弹性。

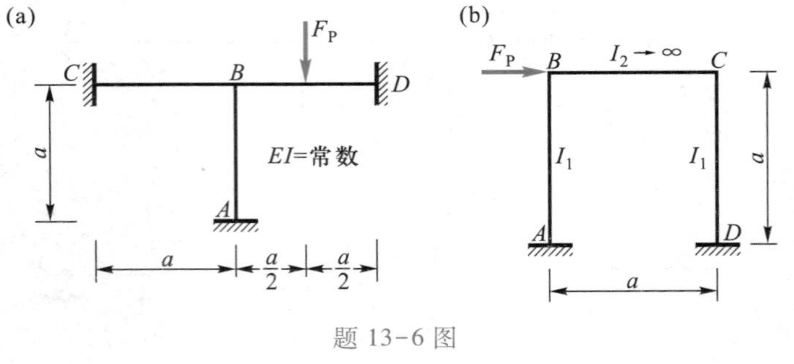

题 13-6 图

13-7　采用位移法解图中所示连续梁时，基本未知量 Δ_1 和 Δ_2 分别为 B 和 C 结点的角位移，基本方程为

$$\sum_{j=1}^{2} k_{ij}\Delta_j + F_{iP} = 0 \qquad (i = 1,2)$$

试用式(13-38)和式(13-39)求 k_{ij} 和 F_{iP}，并与用本书卷Ⅰ第7章的方法得出的结果加以比较。设各杆 EI=常数。

13-8　图示桁架在结点 A 有荷载 F_P 作用，材料为线性弹性。设各杆杆长和截面均相同。

(a) 试求出在真实位移状态下桁架的势能，记为$\overline{E}_P$。此时结点 A 的竖向位移为一常量，记为 $\overline{\Delta}$；

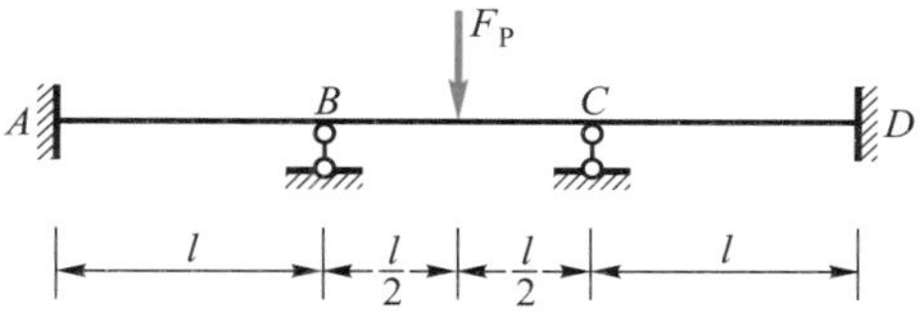

题 13-7 图

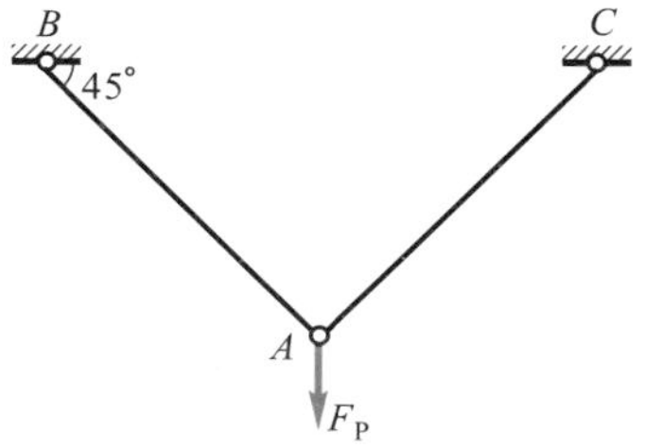

题 13-8 图

(b) 考虑桁架的任一几何可能位移状态，此时结点 A 的竖向位移为一变量，记为 Δ。试求出在几何可能位移状态下桁架势能 E_P 的表示式。这里 E_P 是 Δ 的函数，即 $E_P = E_P(\Delta)$；

(c) 试求出函数 E_P 的极小值，记为$(E_P)_{min}$；并验证：$(E_P)_{min} = \overline{E}_P$。

13-9　试用余能原理分析图示超静定梁。

13-10　试用余能原理分析题 13-1 图 a 所示超静定梁，并采用题 13-1 给出的静力可能内力的两种表示式进行计算，对其分别得出的最终弯矩图加以比较。

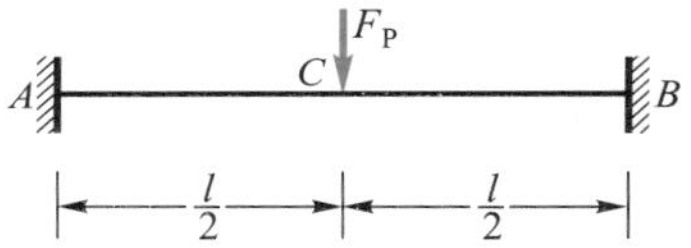

题 13-9 图

13-11　试用余能原理分析题 13-5 图 b 所示超静定桁架。

(a) 设 CD 杆温度上升 t；

(b) 设支座 A 处有向右的水平位移 c。

13-12　仍分析题 13-5 图 b 所示超静定桁架。试：

(a) 求出在真实受力状态下桁架的余能，记为$\overline{E}_C$。

(b) 取 CD 杆的轴力作为多余未知力 X，此超静定桁架的静力可能内力可表示为

$$F_N = \overline{F}_N X + F_{NP}$$

求出在可能内力状态下桁架余能 E_C 的表示式，这里，X 是变量，E_C 是 X 的函数，即$E_C = E_C(X)$；

(c) 求出函数 E_C 的极小值，记为$(E_C)_{min}$，并验证：$(E_C)_{min} = \overline{E}_C$。

13-13　试用势能偏导数定理求图示刚架 A 点支座反力 F_1，设 A 点支座水平位移为变量位移 Δ_1。

13-14　图示一矩形截面悬臂梁 AB，在自由端 B 处作用荷载 F_P，在固定端 A 处有给定的支座转角$\overline{\theta}_A$。试用余能偏导数定理求 B 点的竖向位移 v_B。

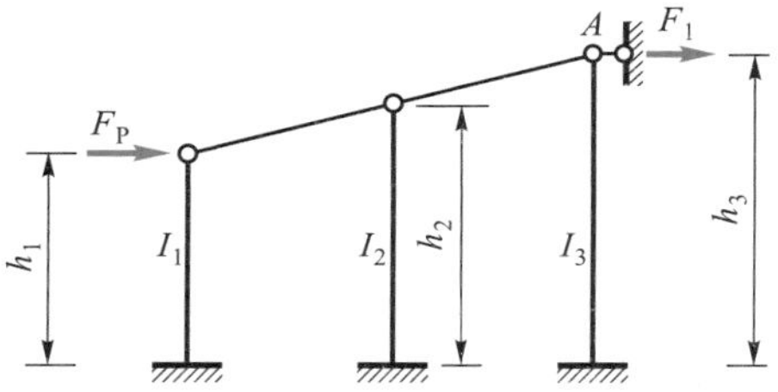

题 13-13 图

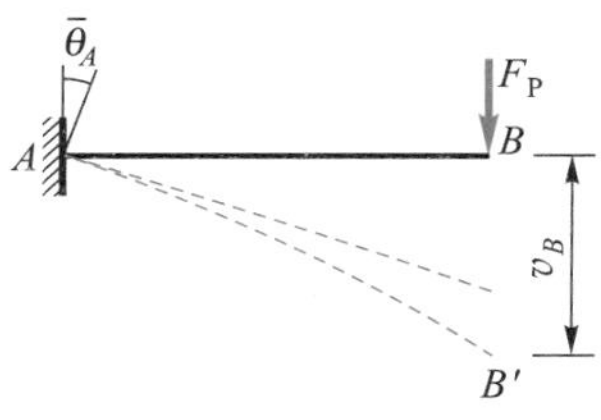

题 13-14 图

* 第 14 章 结构矩阵分析续论

* §14-1 概　　述

在本书第 11 章"矩阵位移法"的基础上，本章再对结构矩阵分析作些补充：在理论基础方面适当加强拓宽，在分析方法方面打破"单打一"的沉闷。

(1) 平衡方程、几何方程和本构方程，有人称之为结构力学中的"三基方程"。本章首先建立起结构矩阵分析中的"三基矩阵方程"，即

"内力-荷载"之间的平衡矩阵方程(及其平衡矩阵 $\boldsymbol{H}$)，

"变形-位移"之间的几何矩阵方程(及其几何矩阵 $\boldsymbol{G}$)，

"内力-变形"之间的本构矩阵方程(及其本构矩阵 $\boldsymbol{A}$)。

(2) 提出并论证了平衡矩阵 $\boldsymbol{H}$ 与几何矩阵 $\boldsymbol{G}$ 之间的互伴定理。这个定理揭示了"平衡"与"几何"两个不同领域之间深藏的互伴关系，并用精密简洁的形式来表述。

(3) 对矩阵位移法作些补充：推导出刚度矩阵的三个新算式，其中一个是

$$\boldsymbol{K}=\boldsymbol{HAG}$$

上式右边是"三基矩阵"排排坐，简洁而有趣。

(4) 补充了"矩阵内力法"和"矩阵冗力法"等其他解法，为原来一枝独秀的"矩阵位移法"赶走了孤独。

本章内容是本书作者首创提出[①~③]。本章内容请扫二维码阅读。

* §14-2 单元平衡矩阵及其两种方案(局部坐标系)

* §14-3 单元几何矩阵及其两种方案(局部坐标系)

① §14-2 和 §14-3 内容参见袁驷编著《程序结构力学》(高等教育出版社，2008 年)第 5 章和第 4 章。

② §14-4 部分内容参见龙驭球等编著《能量原理新论》(中国建筑工业出版社，2007 年)第 8 章。

③ §14-2、§14-3 和 §14-4 内容参见龙驭球《结构矩阵分析中的"平衡-几何"互伴定理》，工程力学，2012 年，29(5)：1-7。

* § 14-4 “平衡-几何”互伴定理

* § 14-5 整体坐标系中的单元平衡矩阵与单元几何矩阵

* § 14-6 整体平衡矩阵与整体几何矩阵

* § 14-7 本 构 矩 阵

* § 14-8 刚度矩阵的新算式

* § 14-9 矩阵内力法及其两种应用方案

* § 14-10 超静定结构的矩阵冗力法

* § 14-11 思考与讨论

* 习 题

第 15 章 结构动力计算续论

在第 12 章中曾经讨论过单自由度体系的振动，双自由度体系的自由振动和在简谐荷载下的强迫振动。在此基础上，本章进一步讨论多自由度体系和无限自由度体系的动力计算问题。

§15-1 多自由度体系的自由振动

本节讨论多自由度体系的自由振动。先介绍刚度法，后介绍柔度法。

1. 刚度法

图 15-1a 所示为一具有 n 个自由度的体系。按照双自由度体系类似的方法可将无阻尼自由振动的微分方程推导如下。

取各质点作隔离体，如图 15-1b 所示。质点 m_i 所受的力包括惯性力 $m_i\ddot{y}_i$ 和弹性力 r_i，其平衡方程为

$$m_i\ddot{y}_i+r_i=0 \qquad (i=1,2,\cdots,n) \tag{a}$$

弹性力 r_i 是质点 m_i 与结构之间的相互作用力。图 15-1b 中的 r_i 是质点 m_i 所受的力，图 15-1c 中的 r_i 是结构所受的力，二者的方向彼此相反。在图 15-1c 中，结构所受的力 r_i 与结构的位移 $y_1,y_2,\cdots,y_n$ 之间应满足刚度方程：

$$r_i=k_{i1}y_1+k_{i2}y_2+\cdots+k_{in}y_n \qquad (i=1,2,\cdots,n) \tag{b}$$

这里，k_{ij}是结构的刚度系数，即使点 j 产生单位位移（其他各点的位移保持为零）时在点 i 所需施加的力。

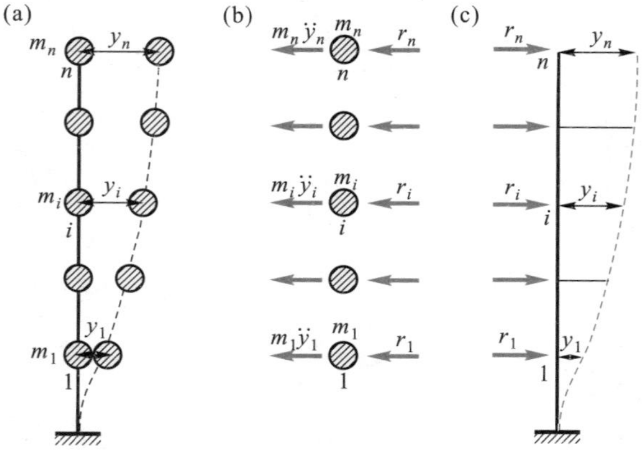

图 15-1

将式(b)代入式(a),即得自由振动微分方程组如下:

$$\left.\begin{aligned}m_1\ddot{y}_1+k_{11}y_1+k_{12}y_2+\cdots+k_{1n}y_n=0\\m_2\ddot{y}_2+k_{21}y_1+k_{22}y_2+\cdots+k_{2n}y_n=0\\\cdots\cdots\cdots\cdots\\m_n\ddot{y}_n+k_{n1}y_1+k_{n2}y_2+\cdots+k_{nn}y_n=0\end{aligned}\right\}\tag{15-1a}$$

上式可用矩阵形式表示如下:

$$\begin{pmatrix}m_1&&&\\&m_2&&\\&&\ddots&\\&&&m_n\end{pmatrix}\begin{pmatrix}\ddot{y}_1\\\ddot{y}_2\\\vdots\\\ddot{y}_n\end{pmatrix}+\begin{pmatrix}k_{11}&k_{12}&\cdots&k_{1n}\\k_{21}&k_{22}&\cdots&k_{2n}\\\vdots&\vdots&&\vdots\\k_{n1}&k_{n2}&\cdots&k_{nn}\end{pmatrix}\begin{pmatrix}y_1\\y_2\\\vdots\\y_n\end{pmatrix}=\begin{pmatrix}0\\0\\\vdots\\0\end{pmatrix}$$

或简写为

$$\boldsymbol{M}\ddot{\boldsymbol{y}}+\boldsymbol{K}\boldsymbol{y}=\boldsymbol{0}\tag{15-1b}$$

这里,$\boldsymbol{y}$ 和 $\ddot{\boldsymbol{y}}$ 分别是位移向量和加速度向量:

$$\boldsymbol{y}=\begin{pmatrix}y_1\\y_2\\\vdots\\y_n\end{pmatrix},\quad\ddot{\boldsymbol{y}}=\begin{pmatrix}\ddot{y}_1\\\ddot{y}_2\\\vdots\\\ddot{y}_n\end{pmatrix}$$

$\boldsymbol{M}$ 和 $\boldsymbol{K}$ 分别是质量矩阵和刚度矩阵:

$$\boldsymbol{M}=\begin{pmatrix}m_1&&&\\&m_2&&\\&&\ddots&\\&&&m_n\end{pmatrix},\quad\boldsymbol{K}=\begin{pmatrix}k_{11}&k_{12}&\cdots&k_{1n}\\k_{21}&k_{22}&\cdots&k_{2n}\\\vdots&\vdots&&\vdots\\k_{n1}&k_{n2}&\cdots&k_{nn}\end{pmatrix}$$

$\boldsymbol{K}$ 是对称方阵;在集中质量的体系中,$\boldsymbol{M}$ 是对角矩阵。

下面求方程(15-1b)的解答。设解答为如下形式:

$$\boldsymbol{y}=\boldsymbol{Y}\sin(\omega t+\alpha)\tag{c}$$

这里,$\boldsymbol{Y}$ 是位移幅值向量,即

$$\boldsymbol{Y}=\begin{pmatrix}Y_1\\Y_2\\\vdots\\Y_n\end{pmatrix}$$

将式(c)代入式(15-1b),消去公因子 $\sin(\omega t+\alpha)$,即得

$$(\boldsymbol{K}-\omega^2\boldsymbol{M})\boldsymbol{Y}=\boldsymbol{0}\tag{15-2}$$

上式是位移幅值 $\boldsymbol{Y}$ 的齐次方程。为了得到 $\boldsymbol{Y}$ 的非零解,应使系数行列式为零,即

$$|\boldsymbol{K}-\omega^2\boldsymbol{M}|=0\tag{15-3a}$$

方程(15-3a)为多自由度体系的频率方程。其展开形式如下:

$$\begin{vmatrix} k_{11}-\omega^2 m_1 & k_{12} & \cdots & k_{1n} \\ k_{21} & k_{22}-\omega^2 m_2 & \cdots & k_{2n} \\ \vdots & \vdots & & \vdots \\ k_{n1} & k_{n2} & \cdots & k_{nn}-\omega^2 m_n \end{vmatrix} = 0 \tag{15-3b}$$

将行列式展开，可得到一个关于频率参数 ω^2 的 n 次代数方程（n 是体系自由度的次数）。求出这个方程的 n 个根 $\omega_1^2, \omega_2^2, \cdots, \omega_n^2$，即可得出体系的 n 个自振频率 $\omega_1, \omega_2, \cdots, \omega_n$。把全部自振频率按照由小到大的顺序排列而成的向量称为频率向量 $\boldsymbol{\omega}$，其中最小的频率称为基本频率或第一频率。

令 $\boldsymbol{Y}^{(i)}$ 表示与频率 ω_i 相应的主振型向量：

$$\boldsymbol{Y}^{(i)\mathrm{T}} = (Y_{1i} \quad Y_{2i} \quad \cdots \quad Y_{ni})$$

将 ω_i 和 $\boldsymbol{Y}^{(i)}$ 代入式(15-2)得

$$(\boldsymbol{K}-\omega_i^2\boldsymbol{M})\boldsymbol{Y}^{(i)} = \boldsymbol{0} \tag{15-4}$$

令 $i=1,2,\cdots,n$，可得出 n 个向量方程，由此可求出 n 个主振型向量 $\boldsymbol{Y}^{(1)}, \boldsymbol{Y}^{(2)}, \cdots, \boldsymbol{Y}^{(n)}$。

每一个向量方程(15-4)都代表 n 个联立代数方程，以 $Y_{1i}, Y_{2i}, \cdots, Y_{ni}$ 为未知数。这是一组齐次方程，如果

$$Y_{1i}, Y_{2i}, \cdots, Y_{ni}$$

是方程组的解，则

$$CY_{1i}, CY_{2i}, \cdots, CY_{ni}$$

也是方程组的解（这里 C 是任一常数）。也就是说，由式(15-4)可唯一地确定主振型 $\boldsymbol{Y}^{(i)}$ 的形状，但不能唯一地确定它的振幅。

为了使主振型 $\boldsymbol{Y}^{(i)}$ 的振幅也具有确定值，需要另外补充条件。这样得到的主振型称为标准化主振型。

进行标准化的作法有多种。一种作法是规定主振型 $\boldsymbol{Y}^{(i)}$ 中的某个元素为某个给定值。例如，规定第一个元素 Y_{1i} 等于 1，或者规定最大元素等于 1。

另一种作法是规定主振型 $\boldsymbol{Y}^{(i)}$ 满足下式：

$$\boldsymbol{Y}^{(i)\mathrm{T}}\boldsymbol{M}\boldsymbol{Y}^{(i)} = 1$$

例 15-1　试求图 15-2 所示刚架的自振频率和主振型。设横梁的变形略去不计，第一、二、三层的层间刚度系数分别为 k、$\frac{k}{3}$、$\frac{k}{5}$。刚架的质量都集中在楼板上，第一、二、三层楼板处的质量分别为 $2m$、m、m。

解　(1) 求自振频率

刚架的刚度系数如图 15-3 所示，刚度矩阵和质量矩阵分别为

$$\boldsymbol{K} = \frac{k}{15} \times \begin{pmatrix} 20 & -5 & 0 \\ -5 & 8 & -3 \\ 0 & -3 & 3 \end{pmatrix}, \quad \boldsymbol{M} = m \times \begin{pmatrix} 2 & 0 & 0 \\ 0 & 1 & 0 \\ 0 & 0 & 1 \end{pmatrix}$$

因此

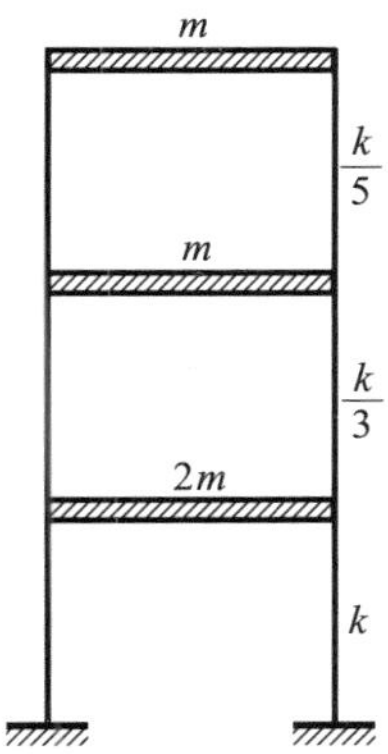

图 15-2

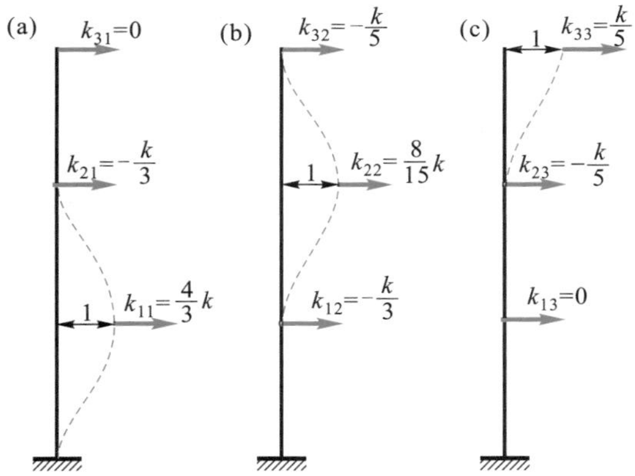

图 15-3

$$K-\omega^2 M=\frac{k}{15}\times\begin{pmatrix}20-2\eta & -5 & 0\\ -5 & 8-\eta & -3\\ 0 & -3 & 3-\eta\end{pmatrix} \tag{a}$$

其中

$$\eta=\frac{15m}{k}\omega^2 \tag{b}$$

频率方程为

$$|K-\omega^2 M|=0$$

其展开式为

$$2\eta^3-42\eta^2+225\eta-225=0 \tag{c}$$

用试算法求得方程的三个根为

$$\eta_1=1.293,\quad \eta_2=6.680,\quad \eta_3=13.027$$

由式(b),求得

$$\omega_1^2=0.086\ 2\,\frac{k}{m},\quad \omega_2^2=0.445\ 3\,\frac{k}{m},\quad \omega_3^2=0.868\ 5\,\frac{k}{m}$$

因此,三个自振频率为

$$\omega_1=0.293\ 6\sqrt{\frac{k}{m}},\quad \omega_2=0.667\ 3\sqrt{\frac{k}{m}},\quad \omega_3=0.931\ 9\sqrt{\frac{k}{m}}$$

(2) 求主振型

主振型 $\boldsymbol{Y}^{(i)}$ 由式(15-4)求解。在标准化主振型中,我们规定第三个元素 $Y_{3i}=1$。

首先,求第一主振型。将 ω_1 和 η_1 代入式(a),得

$$K-\omega_1^2 M=\frac{k}{15}\times\begin{pmatrix}17.414 & -5 & 0\\ -5 & 6.707 & -3\\ 0 & -3 & 1.707\end{pmatrix}$$

代入式(15-4)中并展开,保留后两个方程,得

$$\left.\begin{aligned}-5Y_{11}+6.707Y_{21}-3Y_{31}=0\\-3Y_{21}+1.707Y_{31}=0\end{aligned}\right\}\tag{d}$$

由于规定 $Y_{31}=1$，故式(d)的解为

$$\boldsymbol{Y}^{(1)}=\begin{pmatrix}Y_{11}\\Y_{21}\\Y_{31}\end{pmatrix}=\begin{pmatrix}0.163\\0.569\\1\end{pmatrix}$$

其次，求第二主振型。将 ω_2 和 η_2 代入式(a)，得

$$\boldsymbol{K}-\omega_2^2\boldsymbol{M}=\frac{k}{15}\times\begin{pmatrix}6.640&-5&0\\-5&1.320&-3\\0&-3&-3.680\end{pmatrix}$$

代入式(15-4)，后两个方程为

$$\left.\begin{aligned}-5Y_{12}+1.320Y_{22}-3Y_{32}=0\\-3Y_{22}-3.680Y_{32}=0\end{aligned}\right\}\tag{e}$$

令 $Y_{32}=1$，式(e)的解为

$$\boldsymbol{Y}^{(2)}=\begin{pmatrix}Y_{12}\\Y_{22}\\Y_{32}\end{pmatrix}=\begin{pmatrix}-0.924\\-1.227\\1\end{pmatrix}$$

最后求第三主振型。将 ω_3 和 η_3 代入式(a)，得

$$\boldsymbol{K}-\omega_3^2\boldsymbol{M}=\frac{k}{15}\times\begin{pmatrix}-6.054&-5&0\\-5&-5.027&-3\\0&-3&-10.027\end{pmatrix}$$

代入式(15-4)，后两个方程为

$$\left.\begin{aligned}5Y_{13}+5.027Y_{23}+3Y_{33}=0\\3Y_{23}+10.027Y_{33}=0\end{aligned}\right\}\tag{f}$$

令 $Y_{33}=1$，式(f)的解为

$$\boldsymbol{Y}^{(3)}=\begin{pmatrix}Y_{13}\\Y_{23}\\Y_{33}\end{pmatrix}=\begin{pmatrix}2.760\\-3.342\\1\end{pmatrix}$$

三个主振型的大致形状如图15-4所示。

2. 柔度法

柔度法的一般方程可采用两种方法来推导。一种是像第12章双自由度那样直接用柔度法推导，另一种是利用刚度法的方程间接地导出。现采用后一种作法。

首先利用刚度法导出的方程(15-2)，即

$$(\boldsymbol{K}-\omega^2\boldsymbol{M})\boldsymbol{Y}=\boldsymbol{0}$$

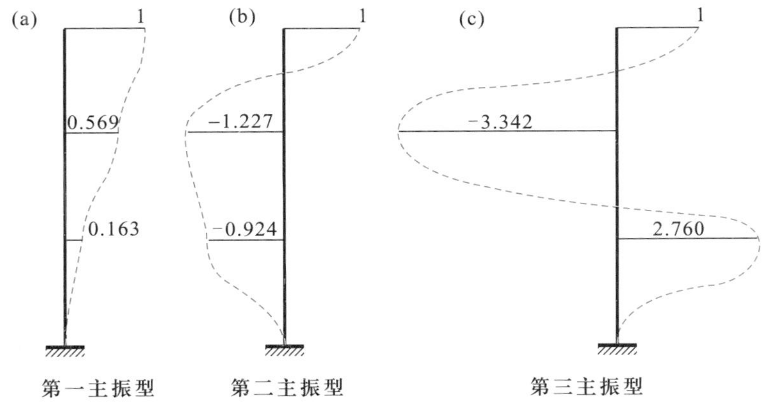

图　15-4

然后用 $\boldsymbol{K}^{-1}$ 前乘上式，并利用刚度矩阵与柔度矩阵之间的如下关系①

$$\boldsymbol{\delta}=\boldsymbol{K}^{-1}$$

即得

$$(\boldsymbol{I}-\omega^2\boldsymbol{\delta M})\boldsymbol{Y}=\boldsymbol{0}$$

再令 $\lambda=\dfrac{1}{\omega^2}$，可得

$$(\boldsymbol{\delta M}-\lambda\boldsymbol{I})\boldsymbol{Y}=\boldsymbol{0} \tag{15-5}$$

由此可得出频率方程如下：

$$|\boldsymbol{\delta M}-\lambda\boldsymbol{I}|=0 \tag{15-6a}$$

其展开形式如下：

$$\begin{vmatrix} (\delta_{11}m_1-\lambda) & \delta_{12}m_2 & \cdots & \delta_{1n}m_n \\ \delta_{21}m_1 & (\delta_{22}m_2-\lambda) & \cdots & \delta_{2n}m_n \\ \vdots & \vdots & & \vdots \\ \delta_{n1}m_1 & \delta_{n2}m_2 & \cdots & (\delta_{nn}m_n-\lambda) \end{vmatrix}=0 \tag{15-6b}$$

由此得到关于 λ 的 n 次代数方程，可解出 n 个根 $\lambda_1,\lambda_2,\cdots,\lambda_n$。因此，可求出 n 个频率 $\omega_1,\omega_2,\cdots,\omega_n$。

最后求与频率 ω_i 相应的主振型 $\boldsymbol{Y}^{(i)}$。为此，将 $\lambda_i=\dfrac{1}{\omega_i^2}$和 $\boldsymbol{Y}^{(i)}$ 代入式(15-5)，得

$$(\boldsymbol{\delta M}-\lambda_i\boldsymbol{I})\boldsymbol{Y}^{(i)}=\boldsymbol{0} \tag{15-7}$$

令 $i=1,2,\cdots,n$，可得出 n 个向量方程，由此可求出 n 个主振型 $\boldsymbol{Y}^{(1)},\boldsymbol{Y}^{(2)},\cdots,\boldsymbol{Y}^{(n)}$。

例 15-2　试用柔度法重做例 15-1。设第一层的层间柔度系数为 $\delta_1=\delta=\dfrac{1}{k}$，即单位层间力引起的层间位移；则第二、三层的层间柔度系数分别为 $\delta_2=\dfrac{3}{k}$，$\delta_3=\dfrac{5}{k}$（图 15-5a）。

① 思考题 15-1 中论证了此关系。

解　(1) 求自振频率

由层间柔度系数求得刚架的柔度矩阵(图 15-5b、c、d)为

$$\boldsymbol{\delta}=\delta\times\begin{pmatrix}1&1&1\\1&4&4\\1&4&9\end{pmatrix}$$

因此

$$\boldsymbol{\delta M}=\delta m\times\begin{pmatrix}1&1&1\\1&4&4\\1&4&9\end{pmatrix}\begin{pmatrix}2&0&0\\0&1&0\\0&0&1\end{pmatrix}=\delta m\times\begin{pmatrix}2&1&1\\2&4&4\\2&4&9\end{pmatrix}$$

$$\boldsymbol{\delta M}-\lambda\boldsymbol{I}=\delta m\times\begin{pmatrix}2-\xi&1&1\\2&4-\xi&4\\2&4&9-\xi\end{pmatrix}\tag{a}$$

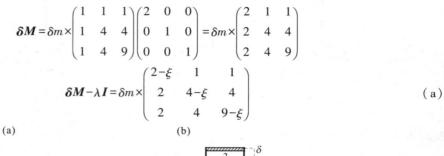

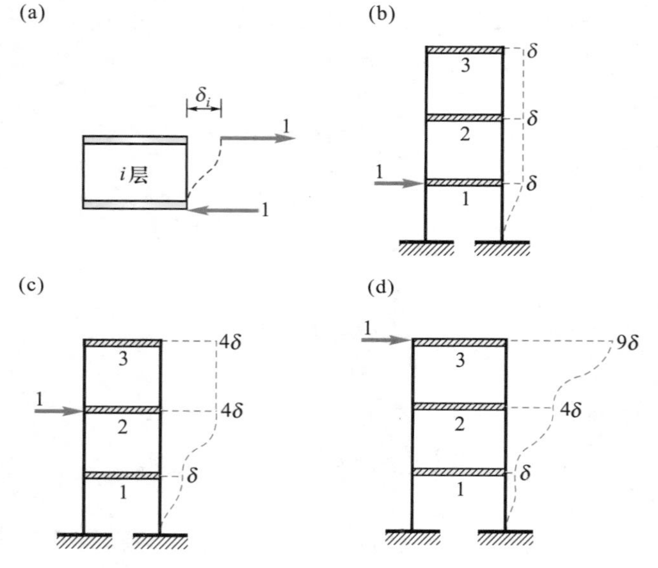

图　15-5

其中

$$\xi=\frac{\lambda}{\delta m}=\frac{1}{\delta m\omega^2}\tag{b}$$

频率方程为

$$|\boldsymbol{\delta M}-\lambda\boldsymbol{I}|=0$$

其展开式为

$$\xi^3-15\xi^2+42\xi-30=0\tag{c}$$

由于 $\xi=\dfrac{15}{\eta}$,故由式(c)即可导出例 15-1 中的式(c)。式(c)的三个根为

$$\xi_1=11.601,\quad \xi_2=2.246,\quad \xi_3=1.151$$

因此，三个自振频率为

$$\omega_1 = 0.293\ 6\frac{1}{\sqrt{\delta m}},\quad \omega_2 = 0.667\ 3\frac{1}{\sqrt{m\delta}},\omega_3 = 0.931\ 9\frac{1}{\sqrt{m\delta}}$$

(2) 求主振型

主振型 $\boldsymbol{Y}^{(i)}$ 可根据式(15-7)求解。

首先，求第一主振型。将 λ_1 和 ξ_1 的值代入式(a)，得

$$\boldsymbol{\delta M}-\lambda_1\boldsymbol{I} = \delta m\times\begin{pmatrix} -9.601 & 1 & 1 \\ 2 & -7.601 & 4 \\ 2 & 4 & -2.601 \end{pmatrix}$$

在标准化主振型 $\boldsymbol{Y}^{(1)}$ 中，规定 $Y_{31}=1$。为了求另外两个元素 Y_{11} 和 Y_{21}，可在式(15-7)中保留前两个方程，即

$$\left.\begin{aligned} -9.601Y_{11}+Y_{21}+Y_{31}=0 \\ 2Y_{11}-7.601Y_{21}+4Y_{31}=0 \end{aligned}\right\} \tag{d}$$

由于 $Y_{31}=1$，故式(d)的解为

$$\boldsymbol{Y}^{(1)} = \begin{pmatrix} Y_{11} \\ Y_{21} \\ Y_{31} \end{pmatrix} = \begin{pmatrix} 0.163 \\ 0.569 \\ 1 \end{pmatrix}$$

所得结果与例 15-1 的相同。

第二和第三主振型也可同样求出。

§15-2 多自由度体系主振型的正交性和主振型矩阵

1. 主振型的正交性

在本书§12-5 第 3 段中讨论过双自由度体系中两个主振型之间的正交关系，见该段之式(a)。此正交关系的一般情形可表述如下：

设体系具有 n 个自由度，ω_k 和 ω_l 为两个不同的自振频率，相应的两个主振型向量分别为

$$\boldsymbol{Y}^{(k)\mathrm{T}} = (Y_{1k}\quad Y_{2k}\quad \cdots\quad Y_{nk})$$

$$\boldsymbol{Y}^{(l)\mathrm{T}} = (Y_{1l}\quad Y_{2l}\quad \cdots\quad Y_{nl})$$

体系的质量矩阵为

$$\boldsymbol{M} = \begin{pmatrix} m_1 & & & \\ & m_2 & & \\ & & \ddots & \\ & & & m_n \end{pmatrix}$$

则第一个正交关系为

$$\boldsymbol{Y}^{(l)\mathrm{T}}\boldsymbol{M}\boldsymbol{Y}^{(k)} = 0 \tag{15-8}$$

即

$$\sum_{i=1}^{n} m_i Y_{il} Y_{ik} = 0$$

如同 §12-5 第 3 段中式(a)一样,式(15-8)也可利用功的互等定理来证明。现在我们给出另外一种证明如下:

在式(15-4)中,分别令 i 等于 k 和 l,则得

$$\boldsymbol{KY}^{(k)} = \omega_k^2 \boldsymbol{MY}^{(k)} \tag{b}$$

$$\boldsymbol{KY}^{(l)} = \omega_l^2 \boldsymbol{MY}^{(l)} \tag{c}$$

式(b)两边前乘以 $\boldsymbol{Y}^{(l)\mathrm{T}}$,式(c)两边前乘以 $\boldsymbol{Y}^{(k)\mathrm{T}}$,则得

$$\boldsymbol{Y}^{(l)\mathrm{T}} \boldsymbol{KY}^{(k)} = \omega_k^2 \boldsymbol{Y}^{(l)\mathrm{T}} \boldsymbol{MY}^{(k)} \tag{d}$$

$$\boldsymbol{Y}^{(k)\mathrm{T}} \boldsymbol{KY}^{(l)} = \omega_l^2 \boldsymbol{Y}^{(k)\mathrm{T}} \boldsymbol{MY}^{(l)} \tag{e}$$

由于 $\boldsymbol{K}^{\mathrm{T}} = \boldsymbol{K}, \boldsymbol{M}^{\mathrm{T}} = \boldsymbol{M}$,故将式(e)两边转置后,即得

$$\boldsymbol{Y}^{(l)\mathrm{T}} \boldsymbol{KY}^{(k)} = \omega_l^2 \boldsymbol{Y}^{(l)\mathrm{T}} \boldsymbol{MY}^{(k)} \tag{f}$$

由式(d)与式(f)相减,即得

$$(\omega_k^2 - \omega_l^2) \boldsymbol{Y}^{(l)\mathrm{T}} \boldsymbol{MY}^{(k)} = 0$$

如果 $\omega_k \neq \omega_l$,则得

$$\boldsymbol{Y}^{(l)\mathrm{T}} \boldsymbol{MY}^{(k)} = 0$$

上式就是所要证明的第一个正交关系式(15-8)。它表明,相对于质量矩阵 $\boldsymbol{M}$ 来说,不同频率相应的主振型是彼此正交的。

如果把第一个正交关系代入式(d),则可导出第二个正交关系如下:

$$\boldsymbol{Y}^{(l)\mathrm{T}} \boldsymbol{KY}^{(k)} = 0 \tag{15-9}$$

上式表明,相对于刚度矩阵 $\boldsymbol{K}$ 来说,不同频率相应的主振型也是彼此正交的。

以上导出了两个正交关系式(15-8)和式(15-9)。对于只具有集中质量的体系来说,由于质量矩阵 $\boldsymbol{M}$ 通常是对角线矩阵,因而第一个正交关系式(15-8)比第二个正交关系式(15-9)要简单一些。

两个正交关系是针对 $k \neq l$ 的情况得出的。对于 $k = l$ 的情况,我们定义两个量 M_k 和 K_k 如下:

$$M_k = \boldsymbol{Y}^{(k)\mathrm{T}} \boldsymbol{MY}^{(k)} \tag{15-10a}$$

$$K_k = \boldsymbol{Y}^{(k)\mathrm{T}} \boldsymbol{KY}^{(k)} \tag{15-10b}$$

M_k 和 K_k 分别称为第 k 个主振型相应的广义质量和广义刚度。以 $\boldsymbol{Y}^{(k)\mathrm{T}}$ 前乘式(b)的两边,得

$$\boldsymbol{Y}^{(k)\mathrm{T}} \boldsymbol{KY}^{(k)} = \omega_k^2 \boldsymbol{Y}^{(k)\mathrm{T}} \boldsymbol{MY}^{(k)}$$

即

$$K_k = \omega_k^2 M_k$$

由此得

$$\omega_k = \sqrt{\frac{K_k}{M_k}} \tag{15-11}$$

这就是根据广义刚度 K_k 和广义质量 M_k 来求频率 ω_k 的公式。这个公式是单自由度体系频率公式(12-10)的推广。

主振型的正交关系以后要多次用到。现在提出两点应用。

第一,利用正交关系来判断主振型的形状特点。以图 15-4 所示三个主振型为例。第一主振型的特点是各点水平位移都位于结构的同侧(图15-4a)。第二主振型的特点是位移图分为两区,各居结构的一侧(图15-4b)。这样才能符合它与第一主振型彼此正交的条件。第三主振型的特点是位移图分为三区,交替位于结构的不同侧(图 15-4c)。这样才能符合它与第一、第二主振型都彼此正交的条件。

第二,利用正交关系来确定位移展开公式中的系数。在多自由度体系中,任意一个位移向量 $\boldsymbol{y}$ 都可按主振型展开,写成各主振型的线性组合,即

$$\boldsymbol{y}=\eta_1\boldsymbol{Y}^{(1)}+\eta_2\boldsymbol{Y}^{(2)}+\cdots+\eta_n\boldsymbol{Y}^{(n)}=\sum_{i=1}^{n}\eta_i\boldsymbol{Y}^{(i)} \tag{15-12}$$

其中的待定系数 η_i 可根据正交关系加以确定。事实上,用 $\boldsymbol{Y}^{(j)\mathrm{T}}\boldsymbol{M}$ 前乘上式的两边,即得

$$\boldsymbol{Y}^{(j)\mathrm{T}}\boldsymbol{M}\boldsymbol{y}=\sum_{i=1}^{n}\eta_i\boldsymbol{Y}^{(j)\mathrm{T}}\boldsymbol{M}\boldsymbol{Y}^{(i)}$$

上式右边为 n 项之和,其中除第 j 项外,其他各项都因主振型的正交性质而变为零。因此,上式变为

$$\boldsymbol{Y}^{(j)\mathrm{T}}\boldsymbol{M}\boldsymbol{y}=\eta_j\boldsymbol{Y}^{(j)\mathrm{T}}\boldsymbol{M}\boldsymbol{Y}^{(j)}=\eta_jM_j$$

由此可求出系数 η_j 为

$$\eta_j=\frac{\boldsymbol{Y}^{(j)\mathrm{T}}\boldsymbol{M}\boldsymbol{y}}{M_j} \tag{15-13}$$

式(15-12)和(15-13)合称为位移按主振型分解的展开公式。

例 15-3　验算例 15-1 中所求得的主振型是否满足正交关系,求出每个主振型相应的广义质量和广义刚度,并用式(15-11)求频率。

解　由例 15-1 得知刚度矩阵和质量矩阵分别为

$$\boldsymbol{K}=\frac{k}{15}\times\begin{pmatrix}20&-5&0\\-5&8&-3\\0&-3&3\end{pmatrix},\quad \boldsymbol{M}=m\times\begin{pmatrix}2&0&0\\0&1&0\\0&0&1\end{pmatrix}$$

又三个主振型分别为

$$\boldsymbol{Y}^{(1)}=\begin{pmatrix}0.163\\0.569\\1\end{pmatrix},\quad \boldsymbol{Y}^{(2)}=\begin{pmatrix}-0.924\\-1.227\\1\end{pmatrix},\quad \boldsymbol{Y}^{(3)}=\begin{pmatrix}2.760\\-3.342\\1\end{pmatrix}$$

(1) 验算正交关系式(15-8)

$$\begin{aligned}\boldsymbol{Y}^{(1)\mathrm{T}}\boldsymbol{M}\boldsymbol{Y}^{(2)}&=(0.163\quad 0.569\quad 1)\begin{pmatrix}2&0&0\\0&1&0\\0&0&1\end{pmatrix}\begin{pmatrix}-0.924\\-1.227\\1\end{pmatrix}m\\&=m\times[0.163\times2\times(-0.924)+0.569\times1\times(-1.227)+1\times1\times1]\\&=m\times(1-0.999\ 4)=0.000\ 6m\approx0\end{aligned}$$

同理,

$$\boldsymbol{Y}^{(1)\mathrm{T}}\boldsymbol{M}\boldsymbol{Y}^{(3)}=-0.002m\approx0$$

$$\boldsymbol{Y}^{(2)\mathrm{T}}\boldsymbol{M}\boldsymbol{Y}^{(3)}=0.000\ 2m\approx 0$$

（2）验算正交关系式(15-9)

$$\boldsymbol{Y}^{(1)\mathrm{T}}\boldsymbol{K}\boldsymbol{Y}^{(2)}=(0.163\quad 0.569\quad 1)\frac{k}{15}\times\begin{pmatrix}20&-5&0\\-5&8&-3\\0&-3&3\end{pmatrix}\begin{pmatrix}-0.924\\-1.227\\1\end{pmatrix}$$

$$=\frac{k}{15}\times(0.163\quad 0.569\quad 1)\begin{pmatrix}-12.345\\-8.196\\6.681\end{pmatrix}$$

$$=\frac{k}{15}\times(6.681-6.676)=\frac{k}{15}\times 0.005\approx 0$$

同理，

$$\boldsymbol{Y}^{(1)\mathrm{T}}\boldsymbol{K}\boldsymbol{Y}^{(3)}=\frac{k}{15}\times(24.75-24.77)=\frac{k}{15}\times(-0.02)\approx 0$$

$$\boldsymbol{Y}^{(2)\mathrm{T}}\boldsymbol{K}\boldsymbol{Y}^{(3)}=\frac{k}{15}\times(34.072\ 0-34.072\ 2)=\frac{k}{15}\times(-0.000\ 2)\approx 0$$

（3）求广义质量

$$M_1=\boldsymbol{Y}^{(1)\mathrm{T}}\boldsymbol{M}\boldsymbol{Y}^{(1)}=(0.163\quad 0.569\quad 1)m\times\begin{pmatrix}2&0&0\\0&1&0\\0&0&1\end{pmatrix}\begin{pmatrix}0.163\\0.569\\1\end{pmatrix}=1.377m$$

$$M_2=\boldsymbol{Y}^{(2)\mathrm{T}}\boldsymbol{M}\boldsymbol{Y}^{(2)}=4.213m$$

$$M_3=\boldsymbol{Y}^{(3)\mathrm{T}}\boldsymbol{M}\boldsymbol{Y}^{(3)}=27.404m$$

（4）求广义刚度

$$K_1=\boldsymbol{Y}^{(1)\mathrm{T}}\boldsymbol{K}\boldsymbol{Y}^{(1)}=(0.163\quad 0.569\quad 1)\frac{k}{15}\times\begin{pmatrix}20&-5&0\\-5&8&-3\\0&-3&3\end{pmatrix}\begin{pmatrix}0.163\\0.569\\1\end{pmatrix}$$

$$=\frac{k}{15}\times 1.780$$

$$K_2=\boldsymbol{Y}^{(2)\mathrm{T}}\boldsymbol{K}\boldsymbol{Y}^{(2)}=\frac{k}{15}\times 28.144$$

$$K_3=\boldsymbol{Y}^{(3)\mathrm{T}}\boldsymbol{K}\boldsymbol{Y}^{(3)}=\frac{k}{15}\times 356.995$$

（5）求频率

$$\omega_1=\sqrt{\frac{K_1}{M_1}}=0.293\ 6\sqrt{\frac{k}{m}}$$

$$\omega_2=\sqrt{\frac{K_2}{M_2}}=0.667\ 3\sqrt{\frac{k}{m}}$$

$$\omega_3=\sqrt{\frac{K_3}{M_3}}=0.931\ 9\sqrt{\frac{k}{m}}$$

这里,求得的频率与例 15-1 求得的相同。

2. 主振型矩阵

在具有 n 个自由度的体系中,可将 n 个彼此正交的主振型向量组成一个方阵:

$$\boldsymbol{Y}=(\boldsymbol{Y}^{(1)}\quad \boldsymbol{Y}^{(2)}\quad \cdots\quad \boldsymbol{Y}^{(n)})=\begin{pmatrix} Y_{11} & Y_{12} & \cdots & Y_{1n}\\ Y_{21} & Y_{22} & \cdots & Y_{2n}\\ \vdots & \vdots & & \vdots\\ Y_{n1} & Y_{n2} & \cdots & Y_{nn}\end{pmatrix} \tag{15-14}$$

这个方阵称为主振型矩阵。它的转置矩阵为

$$\boldsymbol{Y}^{\mathrm{T}}=\begin{pmatrix} Y_{11} & Y_{21} & \cdots & Y_{n1}\\ Y_{12} & Y_{22} & \cdots & Y_{n2}\\ \vdots & \vdots & & \vdots\\ Y_{1n} & Y_{2n} & \cdots & Y_{nn}\end{pmatrix}=\begin{pmatrix}\boldsymbol{Y}^{(1)\mathrm{T}}\\ \boldsymbol{Y}^{(2)\mathrm{T}}\\ \vdots\\ \boldsymbol{Y}^{(n)\mathrm{T}}\end{pmatrix} \tag{15-15}$$

根据主振型向量的两个正交关系,可以导出关于主振型矩阵 $\boldsymbol{Y}$ 的两个性质,即 $\boldsymbol{Y}^{\mathrm{T}}\boldsymbol{M}\boldsymbol{Y}$ 和 $\boldsymbol{Y}^{\mathrm{T}}\boldsymbol{K}\boldsymbol{Y}$ 都应是对角矩阵。这可验证如下:

$$\begin{aligned}\boldsymbol{Y}^{\mathrm{T}}\boldsymbol{M}\boldsymbol{Y}&=\begin{pmatrix}\boldsymbol{Y}^{(1)\mathrm{T}}\\ \boldsymbol{Y}^{(2)\mathrm{T}}\\ \vdots\\ \boldsymbol{Y}^{(n)\mathrm{T}}\end{pmatrix}\boldsymbol{M}(\boldsymbol{Y}^{(1)}\quad \boldsymbol{Y}^{(2)}\quad \cdots\quad \boldsymbol{Y}^{(n)})\\ &=\begin{pmatrix}\boldsymbol{Y}^{(1)\mathrm{T}}\boldsymbol{M}\\ \boldsymbol{Y}^{(2)\mathrm{T}}\boldsymbol{M}\\ \vdots\\ \boldsymbol{Y}^{(n)\mathrm{T}}\boldsymbol{M}\end{pmatrix}(\boldsymbol{Y}^{(1)}\quad \boldsymbol{Y}^{(2)}\quad \cdots\quad \boldsymbol{Y}^{(n)})\\ &=\begin{pmatrix}\boldsymbol{Y}^{(1)\mathrm{T}}\boldsymbol{M}\boldsymbol{Y}^{(1)} & \boldsymbol{Y}^{(1)\mathrm{T}}\boldsymbol{M}\boldsymbol{Y}^{(2)} & \cdots & \boldsymbol{Y}^{(1)\mathrm{T}}\boldsymbol{M}\boldsymbol{Y}^{(n)}\\ \boldsymbol{Y}^{(2)\mathrm{T}}\boldsymbol{M}\boldsymbol{Y}^{(1)} & \boldsymbol{Y}^{(2)\mathrm{T}}\boldsymbol{M}\boldsymbol{Y}^{(2)} & \cdots & \boldsymbol{Y}^{(2)\mathrm{T}}\boldsymbol{M}\boldsymbol{Y}^{(n)}\\ & \cdots\cdots\cdots\cdots & & \\ \boldsymbol{Y}^{(n)\mathrm{T}}\boldsymbol{M}\boldsymbol{Y}^{(1)} & \boldsymbol{Y}^{(n)\mathrm{T}}\boldsymbol{M}\boldsymbol{Y}^{(2)} & \cdots & \boldsymbol{Y}^{(n)\mathrm{T}}\boldsymbol{M}\boldsymbol{Y}^{(n)}\end{pmatrix}\end{aligned}$$

由式(15-10a)可知,上式右边矩阵中的对角线元素就是广义质量 $M_1,M_2,\cdots,M_n$。又由正交关系式(15-8)可知,所有非对角线元素全都为零。因此,得知 $\boldsymbol{Y}^{\mathrm{T}}\boldsymbol{M}\boldsymbol{Y}$ 确是对角矩阵:

$$\boldsymbol{Y}^{\mathrm{T}}\boldsymbol{M}\boldsymbol{Y}=\begin{pmatrix} M_1 & 0 & \cdots & 0\\ 0 & M_2 & \cdots & 0\\ 0 & 0 & \cdots & M_n\end{pmatrix}=\boldsymbol{M}^{*} \tag{15-16}$$

对角矩阵 $\boldsymbol{M}^{*}$ 称为广义质量矩阵。

同样可得

$$\boldsymbol{Y}^{\mathrm{T}}\boldsymbol{K}\boldsymbol{Y}=\begin{pmatrix} K_1 & 0 & \cdots & 0\\ 0 & K_2 & \cdots & 0\\ \vdots & \vdots & & \vdots\\ 0 & 0 & \cdots & K_n\end{pmatrix}=\boldsymbol{K}^{*} \tag{15-17}$$

这里，K_i 是广义刚度，对角矩阵 $\boldsymbol{K}^*$ 称为广义刚度矩阵。

式(15-16)和式(15-17)表明，主振型矩阵 $\boldsymbol{Y}$ 具有如下性质：当 $\boldsymbol{M}$ 和 $\boldsymbol{K}$ 为非对角矩阵时，如果前乘以 $\boldsymbol{Y}^{\mathrm{T}}$，后乘以 $\boldsymbol{Y}$，则可使它们转变为对角矩阵 $\boldsymbol{M}^*$ 和 $\boldsymbol{K}^*$。在 §15-3 中，我们将利用主振型矩阵 $\boldsymbol{Y}$ 的这一性质，将多自由度体系的振动方程变为简单的形式。

§15-3　多自由度体系的强迫振动

本节讨论多自由度体系的强迫振动。先讨论简谐荷载，后讨论一般荷载。

1. n 个自由度体系在简谐荷载下的强迫振动

对于 n 个自由度的体系(图 15-6)，强迫振动方程为

$$\left.\begin{aligned} m_1\ddot{y}_1+k_{11}y_1+k_{12}y_2+\cdots+k_{1n}y_n=F_{\mathrm{P}1}(t)\\ m_2\ddot{y}_2+k_{21}y_1+k_{22}y_2+\cdots+k_{2n}y_n=F_{\mathrm{P}2}(t)\\ \cdots\cdots\cdots\cdots\\ m_n\ddot{y}_n+k_{n1}y_1+k_{n2}y_2+\cdots+k_{nn}y_n=F_{\mathrm{P}n}(t)\end{aligned}\right\}\qquad(15\text{-}18\mathrm{a})$$

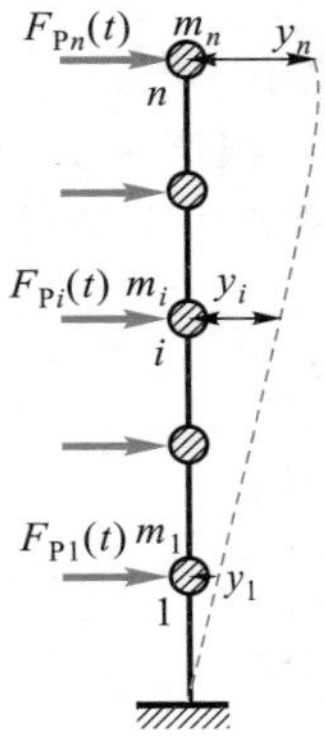

图　15-6

如写成矩阵形式，则为

$$\boldsymbol{M}\ddot{\boldsymbol{y}}+\boldsymbol{K}\boldsymbol{y}=\boldsymbol{F}_{\mathrm{P}}(t)\qquad(15\text{-}18\mathrm{b})$$

如果荷载是简谐荷载，即

$$\boldsymbol{F}_{\mathrm{P}}(t)=\begin{pmatrix}F_{\mathrm{P}1}\\F_{\mathrm{P}2}\\\vdots\\F_{\mathrm{P}n}\end{pmatrix}\sin\theta t=\boldsymbol{F}_{\mathrm{P}}\sin\theta t$$

则在平稳振动阶段，各质点也作简谐振动：

$$\boldsymbol{y}(t)=\begin{pmatrix}Y_1\\Y_2\\\vdots\\Y_n\end{pmatrix}\sin\theta t=\boldsymbol{Y}\sin\theta t$$

代入振动方程，消去公因子 $\sin\theta t$ 后，得

$$(\boldsymbol{K}-\theta^2\boldsymbol{M})\boldsymbol{Y}=\boldsymbol{F}_{\mathrm{P}}\qquad(15\text{-}19)$$

上式系数矩阵的行列式可用 D_0 表示，即

$$D_0=|\boldsymbol{K}-\theta^2\boldsymbol{M}|$$

如果 $D_0\neq0$，则由式(15-19)可解得振幅 $\boldsymbol{Y}$，即可求得任意时刻 t 各质点的位移。

下面讨论 $D_0=0$ 的情形。由自由振动的频率方程式(15-3)得知，如 $\theta=\omega$，则 $D_0=0$，这时式(15-19)的解 $\boldsymbol{Y}$ 趋于无穷大。由此看出，当荷载频率 θ 与体系的自振频率中的任一个 ω_i 相等时，就可能出现共振现象。对于具有 n 个自由度的体系来说，在 n 种情况下($\theta=\omega_i$，$i=1,2,\cdots,n$)都可能出现共振现象。

2. 多自由度体系在一般动荷载下的强迫振动

本段用主振型叠加法讨论多自由度体系在一般动荷载下的振动问题。

在一般动荷载作用下,n 个自由度体系的振动方程由式(15-18)给出,即

$$\boldsymbol{M}\ddot{\boldsymbol{y}}+\boldsymbol{K}\boldsymbol{y}=\boldsymbol{F}_{\mathrm{P}}(t) \tag{a}$$

在通常情况下,$\boldsymbol{M}$ 和 $\boldsymbol{K}$ 并不都是对角矩阵,因此,方程组是耦合的。当 n 较大时,求解联立方程的工作非常繁重。为了使计算得到简化,可以采用坐标变换的手段,使方程组由耦合变为不耦合。也就是说,我们设法使方程(a)解耦,以达到简化的目的。解耦的具体作法如下:

首先,进行正则坐标变换:

$$\boldsymbol{y}=\boldsymbol{Y}\boldsymbol{\eta} \tag{b}$$

这里,旧坐标 $y_1,y_2,\cdots,y_n$ 代表质点位移,称为几何坐标。新坐标 $\eta_1,\eta_2,\cdots,\eta_n$ 称为正则坐标。两种坐标之间的转换矩阵就是主振型矩阵 $\boldsymbol{Y}$。式(b)也可写成

$$\boldsymbol{y}=\boldsymbol{Y}^{(1)}\eta_1+\boldsymbol{Y}^{(2)}\eta_2+\cdots+\boldsymbol{Y}^{(n)}\eta_n \tag{c}$$

式(c)就是按主振型分解的展开公式(15-12)。因此正则坐标 η_i 就是把实际位移 $\boldsymbol{y}$ 按主振型分解时的系数。

其次,将式(b)代入式(a),再前乘以 $\boldsymbol{Y}^{\mathrm{T}}$,即得

$$\boldsymbol{Y}^{\mathrm{T}}\boldsymbol{M}\boldsymbol{Y}\ddot{\boldsymbol{\eta}}+\boldsymbol{Y}^{\mathrm{T}}\boldsymbol{K}\boldsymbol{Y}\boldsymbol{\eta}=\boldsymbol{Y}^{\mathrm{T}}\boldsymbol{F}_{\mathrm{P}}(t) \tag{d}$$

利用式(15-16)和(15-17)定义的广义质量矩阵 $\boldsymbol{M}^*$ 和广义刚度矩阵 $\boldsymbol{K}^*$,再把 $\boldsymbol{Y}^{\mathrm{T}}\boldsymbol{F}_{\mathrm{P}}(t)$ 看作广义荷载向量,记为

$$\boldsymbol{F}(t)=\boldsymbol{Y}^{\mathrm{T}}\boldsymbol{F}_{\mathrm{P}}(t) \tag{15-20a}$$

其中元素

$$F_i(t)=Y^{(i)\mathrm{T}}\boldsymbol{F}_{\mathrm{P}}(t) \tag{15-20b}$$

称为第 i 个主振型相应的广义荷载。于是,式(d)可写成

$$\boldsymbol{M}^*\ddot{\boldsymbol{\eta}}+\boldsymbol{K}^*\boldsymbol{\eta}=\boldsymbol{F}(t) \tag{e}$$

由于 $\boldsymbol{M}^*$ 和 $\boldsymbol{K}^*$ 都是对角矩阵,故方程组(e)已经成为解耦形式,即其中包含 n 个独立方程:

$$M_i\ddot{\eta}_i(t)+K_i\eta_i(t)=F_i(t)\qquad(i=1,2,\cdots,n) \tag{f}$$

上式两边除以 M_i,再考虑到 $\omega_i^2=\dfrac{K_i}{M_i}$,故得

$$\ddot{\eta}_i(t)+\omega_i^2\eta_i(t)=\frac{1}{M_i}F_i(t)\qquad(i=1,2,\cdots,n) \tag{15-21}$$

这就是关于正则坐标 $\eta_i(t)$ 的运动方程,与单自由度体系的振动方程(12-11)完全相似。原来的运动方程组(a)是彼此耦合的 n 个联立方程,现在的运动方程(15-21)是彼此独立的 n 个一元方程。由耦合变为不耦合,这就是上述解法的主要优点。这个解法的核心步骤是采用了正则坐标变换[式(b)],或者说,把位移 $\boldsymbol{y}$ 按主振型进行了分解[式(c)],因此这个方法称为正则坐标分析法,或者主振型分解法,或者主振型叠加法。

方程(15-21)的解答可参照式(12-15)的杜哈梅积分写出。在初位移和初速度为零的条件下,其解为

$$\eta_i(t)=\frac{1}{M_i\omega_i}\int_0^t F_i(\tau)\sin\omega_i(t-\tau)\,\mathrm{d}\tau \tag{15-22a}$$

如果初始位移和初始速度给定为

$$\boldsymbol{y}(t=0)=\boldsymbol{y}^0$$

$$\dot{\boldsymbol{y}}(t=0)=\boldsymbol{v}^0$$

则在正则坐标中对应的初始值 $\eta_i(0)$ 和 $\dot{\eta}_i(0)$ 可根据式(15-13)求解。事实上,由式(15-13),有

$$\eta_i(t)=\frac{\boldsymbol{Y}^{(i)\mathrm{T}}\boldsymbol{M}\boldsymbol{y}(t)}{M_i}$$

和

$$\dot{\eta}_i(t)=\frac{\boldsymbol{Y}^{(i)\mathrm{T}}\boldsymbol{M}\dot{\boldsymbol{y}}(t)}{M_i}$$

因此,得

$$\eta_i(0)=\frac{\boldsymbol{Y}^{(i)\mathrm{T}}\boldsymbol{M}\boldsymbol{y}^0}{M_i} \tag{15-23a}$$

$$\dot{\eta}_i(0)=\frac{\boldsymbol{Y}^{(i)\mathrm{T}}\boldsymbol{M}\boldsymbol{v}^0}{M_i} \tag{15-23b}$$

而式(15-21)的解为

$$\eta_i(t)=\eta_i(0)\cos\omega_i t+\frac{\dot{\eta}_i(0)}{\omega_i}\sin\omega_i t+\frac{1}{M_i\omega_i}\int_0^t F_i(\tau)\sin\omega_i(t-\tau)\,\mathrm{d}\tau \tag{15-22b}$$

正则坐标 $\eta_i(t)$ 求出后,再代回式(b)或(c),即得出几何坐标 $\boldsymbol{y}(t)$。从式(b)来看,这是进行坐标反变换。从式(c)来看,这是将各个主振型分量加以叠加,从而得出质点的总位移,所以本方法又称为主振型叠加法。

例 15-4　试求图 15-7a 所示结构在突加荷载 $F_{P1}(t)$ 作用下的位移和弯矩,这里,

$$F_{P1}(t)=\begin{cases}F_{P1}, & 当\ t>0\\ 0, & 当\ t<0\end{cases}$$

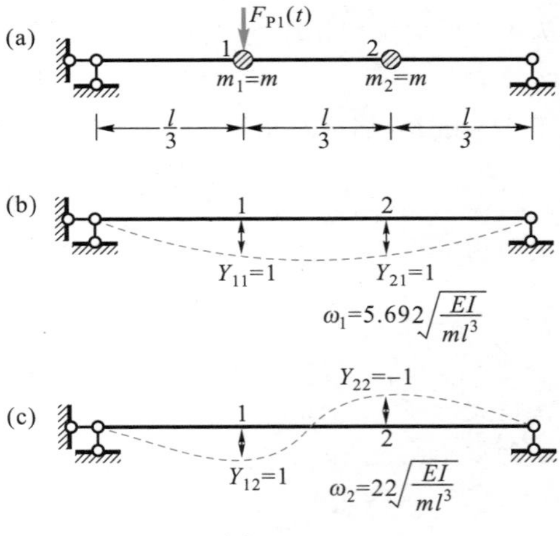

图　15-7

解　(1) 确定自振频率和主振型

由例 12-5 得知,结构的两个自振频率为

$$\omega_1=5.692\sqrt{\frac{EI}{ml^3}} \tag{a}$$

$$\omega_2=22\sqrt{\frac{EI}{ml^3}}$$

两个主振型如图 15-7b 和 c 所示。即

$$\boldsymbol{Y}^{(1)}=\begin{pmatrix}1\\1\end{pmatrix},\quad \boldsymbol{Y}^{(2)}=\begin{pmatrix}1\\-1\end{pmatrix}$$

(2) 建立坐标变换关系

主振型矩阵为

$$\boldsymbol{Y}=\begin{pmatrix}1 & 1\\1 & -1\end{pmatrix}$$

正则坐标变换式(b)为

$$\begin{pmatrix}y_1\\y_2\end{pmatrix}=\begin{pmatrix}1 & 1\\1 & -1\end{pmatrix}\begin{pmatrix}\eta_1\\\eta_2\end{pmatrix} \tag{b}$$

（3）求广义质量

由式（15-10a），得

$$M_1=\boldsymbol{Y}^{(1)\mathrm{T}}\boldsymbol{M}\boldsymbol{Y}^{(1)}=(1\quad 1)\begin{pmatrix}1&0\\0&1\end{pmatrix}\begin{pmatrix}1\\1\end{pmatrix}m=2m$$

$$M_2=\boldsymbol{Y}^{(2)\mathrm{T}}\boldsymbol{M}\boldsymbol{Y}^{(2)}=(1\quad -1)\begin{pmatrix}1&0\\0&1\end{pmatrix}\begin{pmatrix}1\\-1\end{pmatrix}m=2m$$

（4）求广义荷载

由式（15-20b），得

$$F_1(t)=\boldsymbol{Y}^{(1)\mathrm{T}}\boldsymbol{F}_{\mathrm{P}}(t)=(1\quad 1)\begin{pmatrix}F_{\mathrm{P1}}(t)\\0\end{pmatrix}=F_{\mathrm{P1}}(t)$$

$$F_2(t)=\boldsymbol{Y}^{(2)\mathrm{T}}\boldsymbol{F}_{\mathrm{P}}(t)=(1\ -1)\begin{pmatrix}F_{\mathrm{P1}}(t)\\0\end{pmatrix}=F_{\mathrm{P1}}(t)$$

（5）求正则坐标

由式（15-22a），得

$$\begin{aligned}\eta_1(t)&=\frac{1}{M_1\omega_1}\int_0^t F_{\mathrm{P1}}(\tau)\sin\omega_1(t-\tau)\,\mathrm{d}\tau=\frac{1}{2m\omega_1}\int_0^t F_{\mathrm{P1}}\sin\omega_1(t-\tau)\,\mathrm{d}\tau\\&=\frac{F_{\mathrm{P1}}}{2m\omega_1^2}(1-\cos\omega_1 t)\end{aligned}$$

$$\eta_2(t)=\frac{1}{M_2\omega_2}\int_0^t F_{\mathrm{P1}}(\tau)\sin\omega_2(t-\tau)\,\mathrm{d}\tau=\frac{F_{\mathrm{P1}}}{2m\omega_2^2}(1-\cos\omega_2 t)$$

（6）求质点位移

根据坐标变换式（b），得

$$\begin{aligned}y_1(t)&=\eta_1(t)+\eta_2(t)=\frac{F_{\mathrm{P1}}}{2m\omega_1^2}\left[(1-\cos\omega_1 t)+\left(\frac{\omega_1}{\omega_2}\right)^2(1-\cos\omega_2 t)\right]\\&=\frac{F_{\mathrm{P1}}}{2m\omega_1^2}[(1-\cos\omega_1 t)+0.067(1-\cos\omega_2 t)]\end{aligned}$$

$$y_2(t)=\eta_1(t)-\eta_2(t)=\frac{F_{\mathrm{P1}}}{2m\omega_1^2}[(1-\cos\omega_1 t)-0.067(1-\cos\omega_2 t)]$$

（7）求弯矩

用 $F_i(t)$ 表示质点 i 在任意时刻 t 所受的荷载和惯性力的和，则

$$\begin{aligned}F_1(t)&=F_{\mathrm{P1}}(t)-m\ddot{y}_1(t)\\&=F_{\mathrm{P1}}-\frac{F_{\mathrm{P1}}}{2}(\cos\omega_1 t+\cos\omega_2 t)\end{aligned}$$

$$\begin{aligned}F_2(t)&=F_{\mathrm{P2}}(t)-m\ddot{y}_2(t)\\&=0-\frac{F_{\mathrm{P1}}}{2}(\cos\omega_1 t-\cos\omega_2 t)\end{aligned}$$

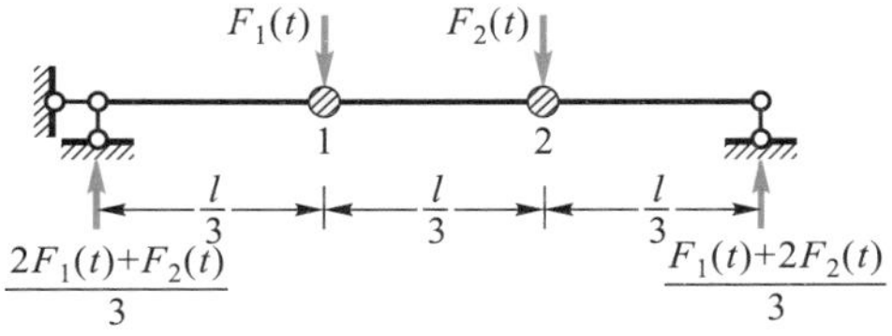

图　15-8

由图 15-8 可求得截面 1 和 2 的弯矩如下：

$$M_1(t)=\frac{2F_1(t)+F_2(t)}{3}\ \frac{l}{3}$$

$$=\frac{F_{\mathrm{P1}}l}{6}\left[(1-\cos\ \omega_1 t)+\frac{1}{3}(1-\cos\ \omega_2 t)\right]$$

$$M_2(t)=\frac{F_1(t)+2F_2(t)}{3}\ \frac{l}{3}=\frac{F_{\mathrm{P1}}l}{6}\left[(1-\cos\ \omega_1 t)-\frac{1}{3}(1-\cos\ \omega_2 t)\right]$$

截面 1 的位移 $y_1(t)$ 和弯矩 $M_1(t)$ 随时间的变化曲线如图 15-9 所示。其中虚线表示第一振型分量，实线表示总结果。

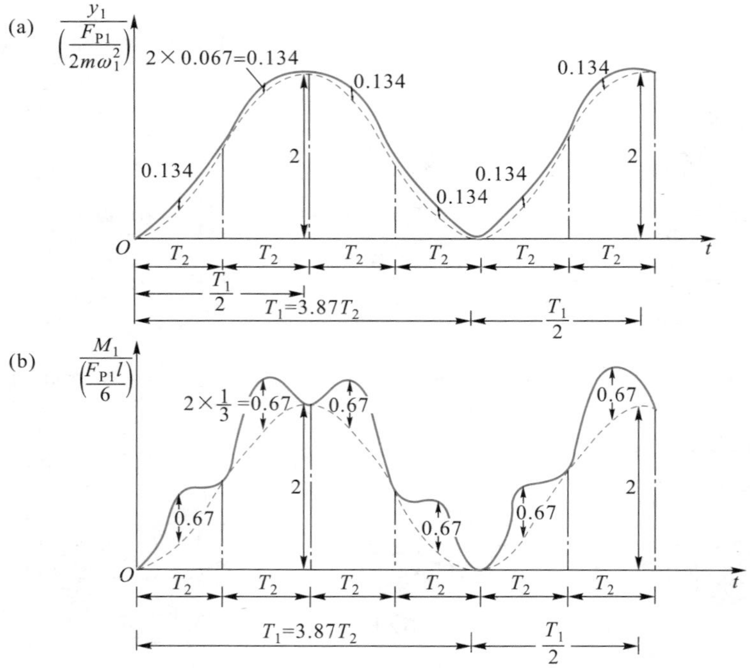

图　15-9

（8）讨论

从图 15-9 可以看出，第二主振型分量的影响比第一主振型分量的影响要小得多。对位移来说，第一和第二主振型分量的最大值分别为 2 和0.134；对弯矩来说，分别为 2 和 0.67。

由于第一和第二主振型分量并不是同时达到最大值，因此求位移或弯矩的最大值时，不能简单地把两分量的最大值相加。

主振型叠加法可以将多自由度体系的动力反应问题变为一系列按主振型分量振动的单自由度体系的动力反应问题；当 n 很大时，阶次愈高的振型分量的影响愈小，通常可只计算前 2~3 个低阶振型的影响，即可得到满意的结果。

§ 15-4 无限自由度体系的自由振动

严格说来,任何弹性体系都属于无限自由度体系。为了解决实际问题,可通过各种途径将其简化为单自由度或有限自由度体系进行计算,以得出近似结果。但是,这种计算对弹性体系在动力荷载作用下的描述是不完整的。较精确的计算是按无限自由度体系进行分析,并由此可以了解近似算法的应用范围和精确程度。此外,对某种类型的结构(例如等截面直杆)来说,直接按无限自由度体系计算也有其方便之处。

在无限自由度体系的动力计算中,除取时间作独立变量外,还需要取位置坐标作独立变量。因此,体系的运动方程是偏微分方程。

本节结合等截面梁的弯曲问题,讨论无限自由度体系的动力方程及其自由振动的计算方法。

等截面梁弯曲振动时的动力平衡方程可以借助梁的静力平衡方程

$$EI\frac{\mathrm{d}^4 y}{\mathrm{d}x^4}=q$$

来导出。在自由振动的情况下,唯一的荷载就是惯性力,即

$$q=-\overline{m}\frac{\partial^2 y}{\partial t^2}$$

这里,$\overline{m}$ 是单位长度的质量。因此,等截面梁弯曲时的自由振动微分方程即为

$$EI\frac{\partial^4 y}{\partial x^4}+\overline{m}\frac{\partial^2 y}{\partial t^2}=0 \tag{15-24}$$

这里,挠度 $y(x,t)$ 是沿梁轴线的坐标 x 和时间 t 的函数,故上式是一个偏微分方程。

偏微分方程(15-24)可用分离变量法来求解。为此,设挠度 $y(x,t)$ 的解是两个函数的乘积,其中一个只与变量 x 有关,另一个只与 t 有关,即设

$$y(x,t)=Y(x)\cdot T(t) \tag{a}$$

也就是说,这里所设的振动是一种单自由度的振动,在不同时刻 t,弹性曲线的形状不变,只是幅度在变。这里 $Y(x)$ 表示曲线形状,$T(t)$ 表示位移幅度随时间变化的规律。将式(a)代入式(15-24),即得

$$EIY^{\mathrm{IV}}(x)T(t)+\overline{m}Y(x)\ddot{T}(t)=0$$

或

$$\frac{EI}{\overline{m}}\frac{Y^{\mathrm{IV}}(x)}{Y(x)}=-\frac{\ddot{T}(t)}{T(t)}=\omega^2$$

上式左边与 t 无关,右边与 x 无关。因此,它们应与 x 和 t 都无关,而 ω^2 应为常数,偏微分方程(15-24)即分解为两个常微分方程:

$$\ddot{T}(t)+\omega^2 T(t)=0 \tag{b}$$

$$Y^{\mathrm{IV}}(x)-\lambda^4 Y(x)=0 \tag{c}$$

其中

$$\lambda=\sqrt[4]{\frac{\omega^2\overline{m}}{EI}} \quad 或 \quad \omega=\lambda^2\sqrt{\frac{EI}{\overline{m}}} \tag{d}$$

式(b)的通解为

$$T(t)=C_1\sin\omega t+C_2\cos\omega t$$

或

$$T(t)=a\sin(\omega t+\alpha)$$

于是方程(15-24)的解可表示为

$$y(x,t)=Y(x)\sin(\omega t+\alpha) \tag{e}$$

这里,常数 a 已吸收到待定函数 $Y(x)$ 中。由式(e)可看出,自由振动为以 ω 为频率的简谐运动,$Y(x)$ 是其振幅曲线。

式(c)的解为

$$Y(x)=C_1\cosh\lambda x+C_2\sinh\lambda x+C_3\cos\lambda x+C_4\sin\lambda x \tag{15-25}$$

根据边界条件,可以写出包含待定常数 $C_1\sim C_4$ 的四个齐次方程。为了求得非零解,要求方程的系数行列式为零,这就得到用以确定 λ 的特征方程。λ 确定后,由式(d)可求得自振频率 ω。对于无限自由度体系,特征方程有无限多个根,因而有无限多个频率 $\omega_n(n=1,2,\cdots)$。对于每一个频率,可求出 C_1、C_2、C_3、C_4 的一组比值,于是由式(15-25)便得到相应的主振型 $Y_n(x)$。

方程(15-24)的全解为各特解的线性组合,可表示为

$$y(x,t)=\sum_{n=1}^{\infty}a_nY_n(x)\sin(\omega_nt+\alpha_n) \tag{15-26}$$

其中的待定常数 a_n 和 α_n 应由初始条件确定。

例 15-5 试求等截面简支梁的自振频率和主振型(图 15-10a)。

解 由左端的边界条件及式(15-25),有

$$\begin{cases}Y(0)=0, & C_1+C_3=0\\ Y''(0)=0, & C_1-C_3=0\end{cases}$$

可解得 $C_1=C_3=0$。振幅曲线简化为

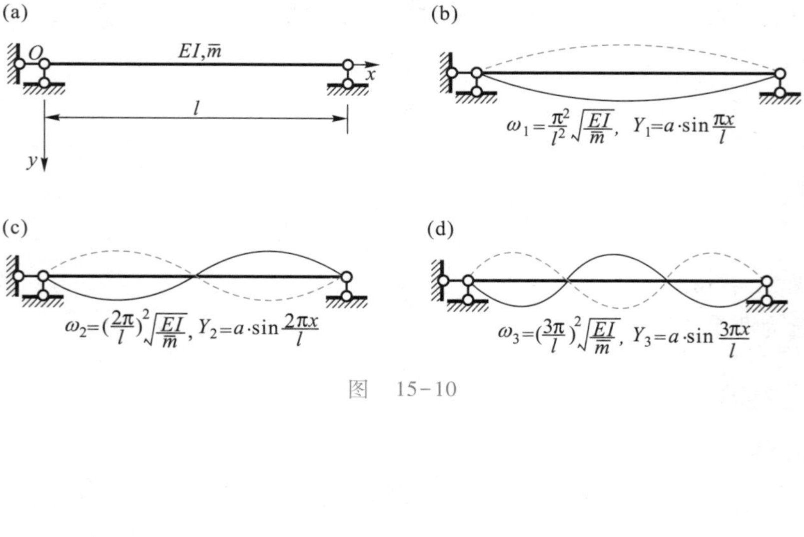

图 15-10

$$Y(x)=C_2\sinh\lambda x+C_4\sin\lambda x \tag{a}$$

右端的边界条件为

$$\begin{cases} Y(l)=0, & C_2\sinh\lambda l+C_4\sin\lambda l=0 \\ Y''(l)=0, & C_2\sinh\lambda l-C_4\sin\lambda l=0 \end{cases} \tag{b}$$

令此齐次方程组的系数行列式为零，得

$$\begin{vmatrix} \sinh\lambda l & \sin\lambda l \\ \sinh\lambda l & -\sin\lambda l \end{vmatrix}=0$$

即

$$\sinh\lambda l\cdot\sin\lambda l=0$$

其中 $\sinh\lambda l=0$ 的解仍是零解，因为由此将导致 $\lambda=0$ 和 $Y(x)=0$ 的结果，故只需考虑 $\sinh\lambda l\neq0$ 的情况。于是特征方程为

$$\sin\lambda l=0 \tag{c}$$

它有无限多个根：

$$\lambda_n=\frac{n\pi}{l}\qquad(n=1,2,\cdots)$$

因而有无限多个自振频率：

$$\omega_n=\frac{n^2\pi^2}{l^2}\sqrt{\frac{EI}{\overline{m}}}\qquad(n=1,2,\cdots)$$

每一个自振频率 ω_n 有其相应的主振型 $Y_n(x)$。将式(c)代入式(b)的任一式，得 $C_2=0$。代回式(a)，得

$$Y_n(x)=C_4\sin\frac{n\pi x}{l}\qquad(n=1,2,\cdots)$$

前三个主振型如图 15-10b、c、d 所示。

* § 15-5 无限自由度体系自由振动的常微分方程求解器解法

对大型结构的分析现在通行的是离散化的数值解法。我们认为，结构分析除了发展离散化的方法之外，也应发展解析或半解析方法。这不仅因为前者计算量大、需要大型计算机、花费巨大；而且因为人们对结构分析的解析解方法曾经作过相当多的工作，有很好的基础。后来之所以没有发展下去，一是因为解微分方程的困难；二是因为结构体系日益复杂，要求计算模型也复杂。现在国内外的研究者们已经研制了相当有效的常微分方程求解器(Ordinary Differential Equation Solver，简称 ODE 求解器)①，其功能很强，尤其自适应求解，可以满足用户预先对解答精度所指定的误差限，即能给出数值解析解的精度，为发展解析或半解析解提供了强有力的计算工具。在 ODE 求解器的支撑下，我们提出了建筑结构常微分方程求解器解法，解决了建筑结构的静力、动

① 这里，常微分方程求解器不是本书二维码中所附的《结构力学求解器》。

力、稳定和二阶分析的多种问题，有些还是相当复杂的问题[①~⑤]。本节内容请扫二维码阅读。

§15-6　近似法求自振频率

本节讨论结构自振频率的近似算法。首先介绍能量法，然后简单介绍集中质量法。

1. 能量法求第一频率——瑞利法

瑞利(Rayleigh)法的出发点是能量守恒原理：一个无阻尼的弹性体系自由振动时，它在任一时刻的总能量(应变能与动能之和)应当保持不变。

以分布质量的等截面梁的自由振动为例，其位移可表示为

$$y(x,t)=Y(x)\sin(\omega t+\alpha)$$

式中 $Y(x)$ 是位移幅度，ω 是自振频率。对 t 微分，可得出速度表示式如下：

$$\dot{y}(x,t)=\omega Y(x)\cos(\omega t+\alpha)$$

梁的弯曲应变能为

$$V_{\varepsilon}=\frac{1}{2}\int_{0}^{l}EI\left(\frac{\partial^{2}y}{\partial x^{2}}\right)^{2}\mathrm{d}x=\frac{1}{2}\sin^{2}(\omega t+\alpha)\int_{0}^{l}EI[Y''(x)]^{2}\mathrm{d}x \tag{a}$$

其最大值为

$$V_{\varepsilon\max}=\frac{1}{2}\int_{0}^{l}EI[Y''(x)]^{2}\mathrm{d}x \tag{b}$$

梁的动能为

$$T=\frac{1}{2}\int_{0}^{l}\overline{m}\left(\frac{\partial y}{\partial t}\right)^{2}\mathrm{d}x=\frac{1}{2}\omega^{2}\cos^{2}(\omega t+\alpha)\int_{0}^{l}\overline{m}[Y(x)]^{2}\mathrm{d}x \tag{c}$$

其最大值为

$$T_{\max}=\frac{1}{2}\omega^{2}\int_{0}^{l}\overline{m}[Y(x)]^{2}\mathrm{d}x \tag{d}$$

当 $\sin(\omega t+\alpha)=0$ 时，位移和应变能为零，速度和动能为最大值，而体系的总能量即为 $T_{\max}$。

当 $\cos(\omega t+\alpha)=0$ 时，速度和动能为零，位移和应变能为最大值，而体系的总能量即为 $V_{\varepsilon\max}$。

根据能量守恒原理，可知

$$T_{\max}=V_{\varepsilon\max} \tag{e}$$

由此求得计算频率的公式如下：

---

① 包世华，我国高层建筑结构分析的现状和解析、半解析微分方程求解器方法，首届结构工程学术会议论文集，结构工程学报专刊，1991 年。

② 包世华，高层建筑结构分析的半解析微分方程求解器方法，第二届结构工程学术会议论文集，工程力学增刊，1993 年。

③ 包世华，高层建筑结构解析、半解析常微分方程求解器方法系列，现代土木工程的新发展，东南大学出版社，1998 年。

④ 包世华，新编高层建筑结构，中国水利水电出版社，2001 年。

⑤ 包世华，张铜生，高层建筑结构设计和计算(下册)，清华大学出版社，2007 年。

$$\omega^2=\frac{V_{\varepsilon\max}}{\frac{1}{2}\int_0^l \overline{m}[Y(x)]^2\mathrm{d}x}=\frac{\int_0^l EI[Y''(x)]^2\mathrm{d}x}{\int_0^l \overline{m}[Y(x)]^2\mathrm{d}x}\tag{15-33a}$$

如果梁上还有集中质量 $m_i(i=1,2,\cdots)$，则上式应改为

$$\omega^2=\frac{\int_0^l EI[Y''(x)]^2\mathrm{d}x}{\int_0^l \overline{m}[Y(x)]^2\mathrm{d}x+\sum_i m_iY_i^2}\tag{15-33b}$$

式中 Y_i 是集中质量 m_i 处的位移幅度。

上式就是瑞利法求自振频率的公式。由于振型函数 $Y(x)$ 还是未知的，因此先要假设 $Y(x)$。如果其中所设的位移形状函数 $Y(x)$ 正好与第一主振型相似，则可求得第一频率的精确值。如果正好与第二主振型相似，则可求得第二频率的精确值。但是瑞利法主要是用于求第一频率的近似值。通常可取结构在某个静荷载 $q(x)$（例如结构自重）作用下的弹性曲线作为 $Y(x)$ 的近似表示式，然后由上式即可求得第一频率的近似值。此时，应变能可用相应荷载 $q(x)$ 所作的功来代替，即

$$V_{\varepsilon}=\frac{1}{2}\int_0^l q(x)Y(x)\mathrm{d}x$$

而式(15-33b)可改写为

$$\omega^2=\frac{\int_0^l q(x)Y(x)\mathrm{d}x}{\int_0^l \overline{m}[Y(x)]^2\mathrm{d}x+\sum_i m_iY_i^2}\tag{15-34}$$

如果取结构自重作用下的变形曲线作为 $Y(x)$ 的近似表示式（注意，如果考虑水平振动，则重力应沿水平方向作用），则式(15-33b)可改写为

$$\omega^2=\frac{\int_0^l \overline{m}gY(x)\mathrm{d}x+\sum_i m_igY_i}{\int_0^l \overline{m}Y^2(x)\mathrm{d}x+\sum m_iY_i^2}\tag{15-35}$$

例 15-7 试求等截面简支梁的第一频率。

解 (1) 假设位移形状函数 $Y(x)$ 为抛物线：

$$Y(x)=\frac{4a}{l^2}x(l-x)$$

$$Y''(x)=-\frac{8a}{l^2}$$

$$V_{\varepsilon\max}=\frac{EI}{2}\int_0^l\frac{64a^2}{l^4}\mathrm{d}x=\frac{32EIa^2}{l^3}$$

$$T_{\max}=\frac{\overline{m}\omega^2}{2}\int_0^l\frac{16a^2}{l^4}x^2(l-x)^2\mathrm{d}x=\frac{4}{15}\overline{m}\omega^2a^2l$$

因此

$$\omega^2=\frac{120EI}{\overline{m}l^4},\quad \omega=\frac{10.95}{l^2}\sqrt{\frac{EI}{\overline{m}}}$$

（2）取均布荷载 q 作用下的挠度曲线作为 $Y(x)$，则

$$Y(x)=\frac{q}{24EI}(l^3x-2lx^3+x^4)$$

代入式(15-34)，得

$$\omega^2=\frac{\int_0^l qY(x)\,\mathrm{d}x}{\int_0^l \overline{m}Y^2(x)\,\mathrm{d}x}=\frac{\dfrac{q^2l^5}{120EI}}{\overline{m}\left(\dfrac{q}{24EI}\right)^2\dfrac{31}{630}l^9}$$

$$\omega=\frac{9.87}{l^2}\sqrt{\frac{EI}{\overline{m}}}$$

（3）设形状函数为正弦曲线

$$Y(x)=a\sin\frac{\pi x}{l}$$

代入式(15-33a)，得

$$\omega^2=\frac{EIa^2\dfrac{\pi^4}{l^4}\int_0^l\left(\sin\dfrac{\pi x}{l}\right)^2\mathrm{d}x}{\overline{m}a^2\int_0^l\left(\sin\dfrac{\pi x}{l}\right)^2\mathrm{d}x}=\frac{\dfrac{\pi^4EIa^2}{2l^3}}{\dfrac{\overline{m}a^2l}{2}}=\frac{\pi^4EI}{\overline{m}l^4}$$

$$\omega=\frac{\pi^2}{l^2}\sqrt{\frac{EI}{\overline{m}}}=\frac{9.869\ 6}{l^2}\sqrt{\frac{EI}{\overline{m}}}$$

（4）讨论

正弦曲线是第一主振型的精确解，因此由它求得的 ω 是第一频率的精确解。根据均布荷载作用下的挠度曲线求得的 ω 具有很高的精度。

例 15-8　试求图 15-15 所示楔形悬臂梁的自振频率。设梁的截面宽度 $b=1$，截面高度为直线变化：

$$h(x)=\frac{h_0x}{l}$$

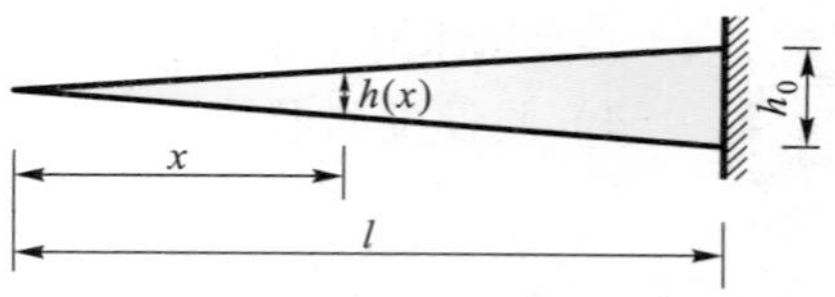

图　15-15

解　截面惯性矩 $I=\dfrac{1}{12}\left(\dfrac{h_0x}{l}\right)^3$，单位长度的质量 $\overline{m}=\rho\dfrac{h_0x}{l}$，$\rho$ 是梁材料的密度。

设位移形状函数为

$$Y(x)=a\left(1-\frac{x}{l}\right)^2$$

上式满足右端的位移边界条件，即当 $x=l$ 时，

$$Y(l)=0,\quad Y'(l)=0$$

将所设 $Y(x)$ 代入式(15-33a)，得

$$\omega^2=\frac{\dfrac{Eh_0^3a^2}{12l^3}}{\dfrac{\rho h_0 l a^2}{30}}=\frac{5Eh_0^2}{2\rho l^4}$$

由此求得第一频率的近似解如下：

$$\omega=\frac{h_0}{l^2}\sqrt{\frac{5E}{2\rho}}=\frac{1.581h_0}{l^2}\sqrt{\frac{E}{\rho}}$$

与精确解 $\omega=\dfrac{1.534h_0}{l^2}\sqrt{\dfrac{E}{\rho}}$ 相比，误差为 3%。

2. 能量法求最初几个频率——瑞利-里茨法

上面介绍的瑞利法可用于求第一频率的近似解。如果希望得出最初几个频率的近似解，则可采用瑞利-里茨(**Rayleigh-Ritz**)法。

瑞利-里茨法可在哈密顿(W.R.Hamilton)原理的基础上导出。

对于结构自由振动问题，哈密顿原理可表述为：在所有的可能运动状态中，精确解使

$$\int_0^{\frac{2\pi}{\omega}}(V_\varepsilon - T)\,\mathrm{d}t = \text{驻值} \tag{15-36}$$

上式对时间 t 的积分范围取为一个周期。将式(a)、(c)代入上式，约去公因子后，得哈密顿泛函

$$E_{\mathrm{P}}=\frac{1}{2}\int EIY''^2(x)\,\mathrm{d}x-\frac{\omega^2}{2}\int \overline{m}Y^2(x)\,\mathrm{d}x=\text{驻值} \tag{15-37}$$

这里，$Y(x)$ 是满足位移边界条件的任意可能位移函数。

下面根据驻值条件(15-37)说明瑞利-里茨法求频率近似值的具体作法。

首先，把体系的自由度折减为 n 个自由度，把位移函数表示为

$$Y(x)=\sum_{i=1}^{n}a_i\varphi_i(x) \tag{15-38}$$

这里，$\varphi_i(x)$ 是 n 个独立的可能位移函数，它们都满足体系的位移边界条件，a_i 是待定参数。

其次，将式(15-38)代入式(15-37)，得

$$E_{\mathrm{P}}=\frac{1}{2}\int EI\Big[\sum_{i=1}^{n}a_i\varphi''_i\Big]^2\mathrm{d}x-\frac{\omega^2}{2}\int\overline{m}\Big[\sum_{i=1}^{n}a_i\varphi_i\Big]^2\mathrm{d}x \tag{15-39}$$

令

$$k_{ij}=\int EI\varphi''_i\varphi''_j\,\mathrm{d}x \tag{15-40}$$

$$m_{ij}=\int\overline{m}\varphi_i\varphi_j\,\mathrm{d}x \tag{15-41}$$

得

$$E_{\mathrm{P}}=\frac{1}{2}\sum_{i=1}^{n}\sum_{j=1}^{n}(k_{ij}-\omega^2 m_{ij})a_ia_j \tag{15-42}$$

应用驻值条件

$$\frac{\partial E_{\mathrm{P}}}{\partial a_i}=0 \qquad (i=1,2,\cdots,n)$$

得

$$\sum_{j=1}^{n}(k_{ij}-\omega^2 m_{ij})a_j=0 \qquad (i=1,2,\cdots,n) \tag{15-43}$$

上式可写成矩阵形式：

$$(\boldsymbol{k}-\omega^2\boldsymbol{m})\boldsymbol{a}=\boldsymbol{0} \tag{15-44}$$

由于参数 a_i 不全为零，因此齐次方程（15-44）的系数行列式应为零，即

$$|\boldsymbol{k}-\omega^2\boldsymbol{m}|=0 \tag{15-45}$$

其展开式是关于 ω^2 的 n 次代数方程，可求出 n 个根：$\omega_1^2,\omega_2^2,\cdots,\omega_n^2$。由此求得体系最初 n 个自振频率的近似值：$\omega_1,\omega_2,\cdots,\omega_n$。

例 15-9　试用瑞利-里茨法求等截面悬臂梁的最初几个频率（图15-16）。

解　悬臂梁的位移边界条件为

$$Y=0,\quad Y'=0（在\ x=0\ 处）$$

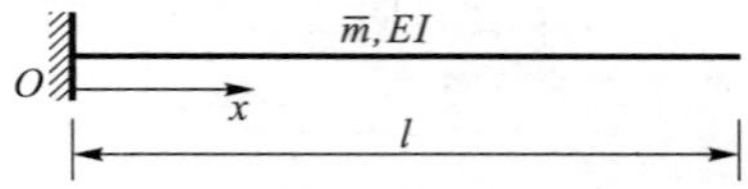

图　15-16

几何可能位移可设为

$$Y=a_1\xi^2+a_2\xi^3+\cdots=\sum_{k=1}^{\infty}a_k\xi^{k+1} \tag{a}$$

这里，$\xi=\dfrac{x}{l}$是量纲一的量。

（1）第一次近似解

在式（a）中只取第一项：

$$Y=a_1\xi^2=a_1\varphi_1,\quad \varphi_1=\xi^2 \tag{b}$$

这里将梁简化为单自由度体系。由式（15-40）和式（15-41），得

$$k_{11}=\frac{4EI}{l^3},\quad m_{11}=\frac{\overline{m}l}{5}$$

驻值条件为

$$\left(\frac{4EI}{l^3}-\omega^2\frac{\overline{m}l}{5}\right)a_1=0$$

令上式的系数为零，求得第一频率 ω_1 的近似值如下：

$$\omega_1^2=20\frac{EI}{\overline{m}l^4},\quad \omega_1=4.472\frac{1}{l^2}\sqrt{\frac{EI}{\overline{m}}} \tag{c}$$

与精确解相比，误差为 27%。

（2）第二次近似解

在式（a）中保留前两项：

$$\left.\begin{aligned}&Y=a_1\varphi_1+a_2\varphi_2\\&\varphi_1=\xi^2,\quad \varphi_2=\xi^3\end{aligned}\right\} \tag{d}$$

由此得

$$\boldsymbol{k}=\frac{EI}{l^3}\begin{pmatrix}4 & 6\\ 6 & 12\end{pmatrix},\quad \boldsymbol{m}=\overline{m}l\begin{pmatrix}\frac{1}{5} & \frac{1}{6}\\ \frac{1}{6} & \frac{1}{7}\end{pmatrix}$$

代入式(15-45),得

$$\begin{vmatrix}\frac{\omega^2}{5}\frac{\overline{m}l^4}{EI}-4 & \frac{\omega^2}{6}\frac{\overline{m}l^4}{EI}-6\\ \frac{\omega^2}{6}\frac{\overline{m}l^4}{EI}-6 & \frac{\omega^2}{7}\frac{\overline{m}l^4}{EI}-12\end{vmatrix}=0$$

由此求得最初两个频率的近似值如下:

$$\left.\begin{aligned}&\omega_1^2=12.48\frac{EI}{\overline{m}l^4},\quad \omega_1=3.533\frac{1}{l^2}\sqrt{\frac{EI}{\overline{m}}}(\text{误差为 }0.48\%)\\ &\omega_2^2=1\ 211.5\frac{EI}{\overline{m}l^4},\quad \omega_2=34.81\frac{1}{l^2}\sqrt{\frac{EI}{\overline{m}}}(\text{误差为 }58\%)\end{aligned}\right\}\tag{e}$$

这里第一频率 ω_1 的精度已大为提高。

3. 集中质量法

本书§12-1讨论动力计算简图时实际上已提到此方法。

把体系中的分布质量换成集中质量,则体系即由无限自由度换成单自由度或多自由度,从而使自振频率的计算得到简化。关于质量的集中方法有很多种,最简单的是根据静力等效原则,使集中后的重力与原来的重力互为静力等效(它们的合力彼此相同)。例如,每段分布质量可按杠杆原理换成位于两端的集中质量。这种方法的优点是简便灵活,可用于求梁、拱、刚架、桁架等各类结构,可用于求最低频率或较高次频率,也可用于确定主振型。

例 15-10　试用集中质量法求等截面简支梁的自振频率。

解　在图 15-17a、b、c 中,分别将梁分为二等段、三等段、四等段,每段质量集中于该段的两端,这时体系分别简化为具有一、二、三个自由度的体系。根据这三个计算简图,可分别求出第一频率、前两个频率、前三个频率如下(与精确解相比,各近似解的误差为括号内的数字所示):

图 15-17a:　$\omega_1=\frac{9.80}{l^2}\sqrt{\frac{EI}{\overline{m}}}(-0.7\%)$

图 15-17b:　$\omega_1=\frac{9.86}{l^2}\sqrt{\frac{EI}{\overline{m}}}(-0.1\%)$,

$\omega_2=\frac{38.2}{l^2}\sqrt{\frac{EI}{\overline{m}}}(-3.2\%)$

图 15-17c:　$\omega_1=\frac{9.865}{l^2}\sqrt{\frac{EI}{\overline{m}}}(-0.05\%)$,

$\omega_2=\frac{39.2}{l^2}\sqrt{\frac{EI}{\overline{m}}}(-0.7\%)$,

$\omega_3=\frac{84.6}{l^2}\sqrt{\frac{EI}{\overline{m}}}(-4.8\%)$

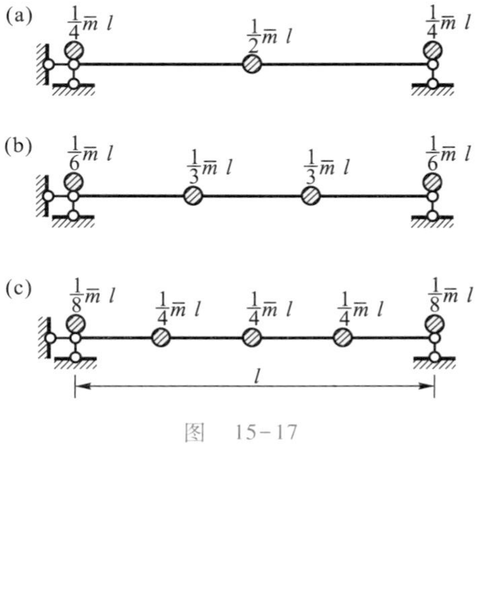

图　15-17

精确解：$\omega_1=\dfrac{9.87}{l^2}\sqrt{\dfrac{EI}{\overline{m}}}$，　$\omega_2=\dfrac{39.48}{l^2}\sqrt{\dfrac{EI}{\overline{m}}}$，　$\omega_3=\dfrac{88.83}{l^2}\sqrt{\dfrac{EI}{\overline{m}}}$。

例 15-11　试用集中质量法求图 15-18a 所示对称刚架的最低频率。

解　对称刚架的主振型有对称和反对称两种形式。通常对称刚架最低频率对应的振型是反对称的。

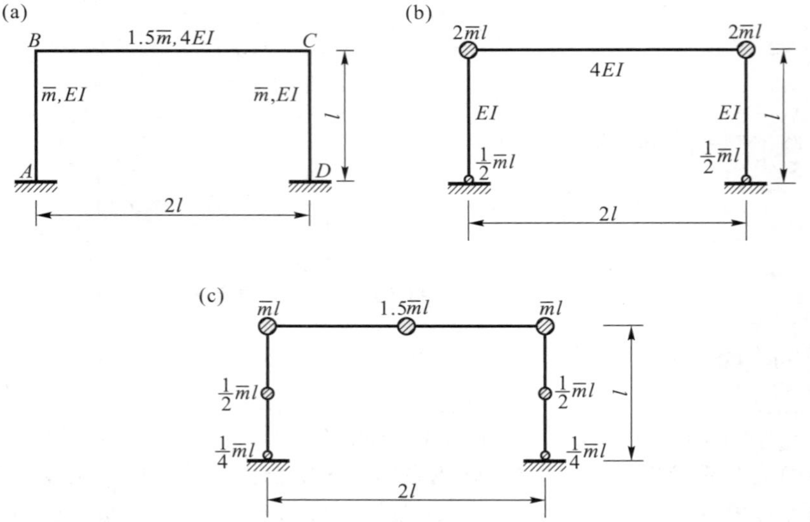

图　15-18

考虑反对称振型时，可将各杆质量的一半分别集中于杆的两端，如图15-18b所示。不计杆的轴向变形，此时体系具有一个自由度。

当刚架顶部作用水平力 F 时，顶部水平位移为

$$\Delta=\frac{2Fl^3}{39EI}$$

因此，刚度系数为

$$k=\frac{39EI}{2l^3}$$

刚架水平振动的最低频率为

$$\omega=\sqrt{\frac{k}{m}}=\sqrt{\frac{39EI}{2l^3}\,\frac{1}{4\overline{m}l}}=\frac{2.21}{l^2}\sqrt{\frac{EI}{\overline{m}}}$$

讨论：如要计算对称振型的频率，应按图 15-18c 的方式集中质量。此时体系为双自由度。读者可自行验证，对称振型的频率将大于前面的最低频率。

* §15-7　有限元法求刚架的自振频率

本节内容请扫二维码阅读。

* § 15-8 用求解器求解自振频率与振型

对于一般的平面结构,结构力学求解器可以给出从 n_0 阶一直到 n 阶($n>n_0$)的频率和振型。求解器按照无限自由度体系计算,全部给出精确解(满足用户事先指定的误差限)。解出的振型,既可以静态图形显示,也可以动画显示。

本书具体介绍了求解器的这些功能,详细内容可扫二维码阅读。

§ 15-9 小 结

本章是本书第 12 章的继续,是提高和选学的内容。

先讨论多(n 个)自由度体系的振动问题。在自由振动中,深化了多自由度体系主振型、主振型的正交性和主振型矩阵的概念。

在强迫振动中,除了简谐荷载外,对一般的动荷载,介绍了主振型叠加法。主振型叠加法将多自由度体系的振动问题转化为单自由度体系的计算问题。这个转化是这一方法的核心。从处理方法上看,它使复杂的问题分解为简单的问题。从力学现象上看,它使我们从复杂运动中找出其主要规律。

无限自由度体系、常微分方程求解器解法和有限元法求解刚架的自由振动是更高一个层次的选学内容。

此外,还简略地讨论了近似计算方法,其中能量法是计算自振频率的一种有效的近似方法。

§ 15-10 思考与讨论

§ 15-1 思考题

15-1 柔度法和刚度法所建立的自由振动微分方程是相通的吗?

讨论:在线性变形体系中二者是相通的,即可由柔度法的自由振动微分方程推导出刚度法的微分方程;反之亦然。

用双自由度体系的情形进行说明。

用柔度法建立的自由振动微分方程为

$$\left.\begin{aligned} y_1 &= -m_1 \ddot{y}_1 \delta_{11} - m_2 \ddot{y}_2 \delta_{12} \\ y_2 &= -m_1 \ddot{y}_1 \delta_{21} - m_2 \ddot{y}_2 \delta_{22} \end{aligned}\right\} \tag{a}$$

用刚度法建立的方程为

$$\left.\begin{aligned} m_1 \ddot{y}_1 + k_{11} y_1 + k_{12} y_2 = 0 \\ m_2 \ddot{y}_2 + k_{21} y_1 + k_{22} y_2 = 0 \end{aligned}\right\} \tag{b}$$

现由式(b)推求式(a)。由式(b)联立可解得

$$\left.\begin{aligned} y_1 &= \frac{-k_{22}}{k_{11}k_{22}-k_{12}^2}m_1\ddot{y}_1+\frac{k_{12}}{k_{11}k_{22}-k_{12}^2}m_2\ddot{y}_2 \\ y_2 &= \frac{k_{21}}{k_{11}k_{22}-k_{12}^2}m_1\ddot{y}_1+\frac{-k_{11}}{k_{11}k_{22}-k_{12}^2}m_2\ddot{y}_2 \end{aligned}\right\} \tag{c}$$

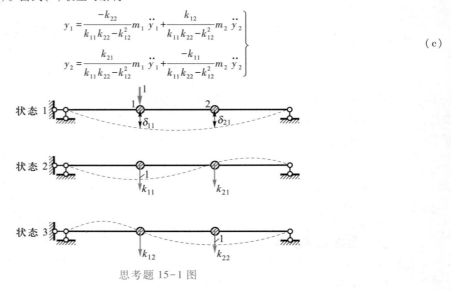

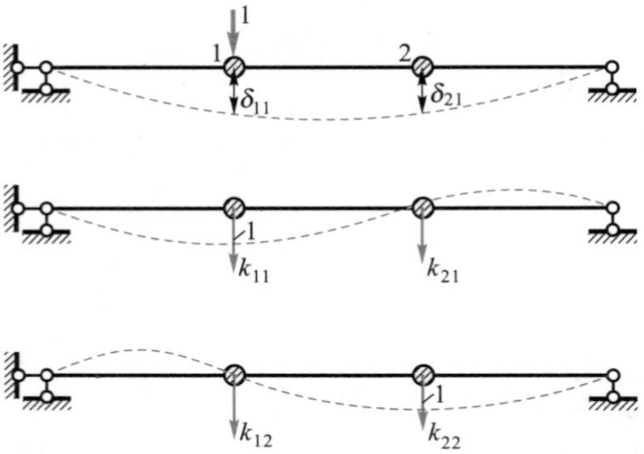

思考题 15-1 图

考察思考题 15-1 图所示的三种状态。根据功的互等定理,状态 2 的外力在状态 1 的位移上所作的虚功 W_{12},等于状态 1 的外力在状态 2 的位移上所作的虚功 W_{21},即

$$W_{12}=1\times1=k_{11}\delta_{11}+k_{21}\delta_{21}=W_{21}$$

由此有

$$k_{11}=\frac{1}{\delta_{11}}(1-k_{21}\delta_{21}) \tag{d}$$

同理,由状态 1 和状态 3,根据功的互等定理,有

$$W_{13}=0=k_{12}\delta_{11}+k_{22}\delta_{21}=W_{31}$$

由此求得

$$k_{22}=-\frac{\delta_{11}}{\delta_{21}}k_{12} \tag{e}$$

将式(d)和(e)相乘,有

$$k_{11}k_{22}=-\frac{k_{12}}{\delta_{21}}+k_{12}^2$$

即

$$k_{11}k_{22}-k_{12}^2=-\frac{k_{21}}{\delta_{21}} \tag{f}$$

将式(e)和(f)代入式(c)的第一式,有

$$y_1=-m_1\ddot{y}_1\delta_{11}-m_2\ddot{y}_2\delta_{12}$$

将状态 1 改为点 2 受单位力,根据同样的推导,式(c)的第二式可表为

$$y_2=-m_1\ddot{y}_1\delta_{21}-m_2\ddot{y}_2\delta_{22}$$

上面从双自由体系论证了两种方法所建立的自由振动方程是相通的。

用矩阵方法表示式(a)和(b)

$$\begin{pmatrix} y_1 \\ y_2 \end{pmatrix} = \begin{pmatrix} \delta_{11} & \delta_{12} \\ \delta_{21} & \delta_{22} \end{pmatrix} \begin{pmatrix} -m_1 \ddot{y}_1 \\ -m_2 \ddot{y}_2 \end{pmatrix}$$

$$\begin{pmatrix} -m_1 \ddot{y}_1 \\ -m_2 \ddot{y}_2 \end{pmatrix} = \begin{pmatrix} k_{11} & k_{12} \\ k_{21} & k_{22} \end{pmatrix} \begin{pmatrix} y_1 \\ y_2 \end{pmatrix}$$

则上述推导过程论证了同一体系的柔度矩阵和刚度矩阵互为逆矩阵。

在 n 个自由度体系的一般情形,用柔度法建立的自由振动微分方程为

$$\boldsymbol{y} = -\boldsymbol{\delta M} \ddot{\boldsymbol{y}} \tag{g}$$

用刚度法建立的方程为

$$\boldsymbol{K y} = -\boldsymbol{M} \ddot{\boldsymbol{y}} \tag{h}$$

因为

$$\boldsymbol{\delta} = \boldsymbol{K}^{-1}, \quad \boldsymbol{K} = \boldsymbol{\delta}^{-1} \tag{i}$$

则式(g)和(h)相通。

最后指出,在式(i)中 $\boldsymbol{\delta}$ 和 $\boldsymbol{K}$ 互为逆矩阵;注意

$$\delta_{ij} \neq \frac{1}{k_{ij}}$$

只有单自由度体系或振动方程互不耦合的多自由度体系,才存在下面的关系

$$\delta_{ii} = \frac{1}{k_{ii}}$$

15-2 在什么情况下多自由度体系只按某个特定的主振型振动?

15-3 求自振频率和主振型能否利用结构的对称性?怎么利用对称性来简化计算?

讨论:(a) 结构对称、质量分布也对称,不仅可以利用对称性求自振频率和主振型;而且应该充分的利用对称性以简化计算。

图 a 为一对称结构,质量分布也对称,其自由振动微分方程为

$$y_i = -\sum_{j=1}^{4} m_j \ddot{y}_j \delta_{ij} \qquad (i = 1,2,3,4) \tag{a}$$

由于对称性,有 $\delta_{11}=\delta_{44}$,$\delta_{22}=\delta_{33}$,$\delta_{13}=\delta_{42}$,$\delta_{21}=\delta_{34}$。

根据位移互等定理,有 $\delta_{ij}=\delta_{ji}(i\neq j)$。将式(a)的第一式和第四式相加,第二式和第三式相加,分别得

$$\left.\begin{aligned} y'_1 &= -m_1 \ddot{y}'_1 \delta'_{11} - m_2 \ddot{y}'_2 \delta'_{12} \\ y'_2 &= -m_1 \ddot{y}'_1 \delta'_{21} - m_2 \ddot{y}'_2 \delta'_{22} \end{aligned}\right\} \tag{b}$$

式中

$$y'_1 = y_1 + y_4, \quad y'_2 = y_2 + y_3$$
$$\delta'_{11} = \delta_{11} + \delta_{14}, \quad \delta'_{22} = \delta_{22} + \delta_{23}$$
$$\delta'_{12} = \delta'_{21} = \delta_{12} + \delta_{13} = \delta_{21} + \delta_{24}$$

将式(a)的第一式减去第四式,第二式减去第三式,分别可得

$$\left.\begin{aligned} y''_1 &= -m_1 \ddot{y}''_1 \delta''_{11} - m_2 \ddot{y}''_2 \delta''_{12} \\ y''_2 &= -m_1 \ddot{y}''_1 \delta''_{21} - m_2 \ddot{y}''_2 \delta''_{22} \end{aligned}\right\} \tag{c}$$

式中

$$y''_1 = y_1 - y_4, \quad y''_2 = y_2 - y_3$$

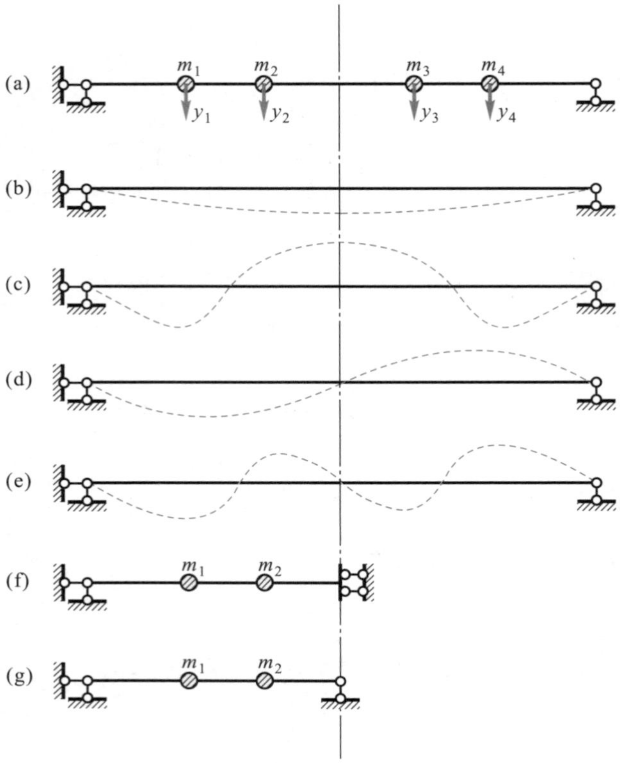

思考题 15-3 图

$$\delta''_{11}=\delta_{11}-\delta_{14}, \quad \delta''_{22}=\delta_{22}-\delta_{23}, \quad \delta''_{12}=\delta''_{21}=\delta_{12}-\delta_{13}=\delta_{21}-\delta_{24}$$

至此，把一组四元二阶微分方程式(a)简化成两组二元二阶微分方程式(b)和(c)，也就是说，求四个自由度体系的频率和主振型简化成求两组双自由度体系的频率和主振型。

试从物理意义上说明式(a)方程和式(b)、(c)方程的差别及上述推导过程表明的物理意义。

(b) 利用对称性计算频率和主振型时，通常可取半边结构计算。

图 a 所示体系，其主振型不外乎图 b、c 和 d、e 所示四种形式。图 b、c 为对称振型，图 d、e 为反对称振型。它们分别可取图 f 和 g 所示的半边结构进行计算。

在结构动力计算中，低频振型对动力反应的影响要比高频振型的影响大得多。因此，有时对多自由度体系往往只需求第一频率和第一主振型。

怎么判断振型的高低呢？低频振型是结构位移形状容易实现的振型。就图 a 的体系来说，图 b 是第一主振型，其位移曲线无拐点；图 d 是第二主振型，其位移曲线有一个拐点，图 c 为第三主振型，其位移曲线有两个拐点；图 e 有三个拐点，是第四主振型。

§ 15-2 思考题

15-4 多自由度体系动荷载作用点不在体系的集中质量上时,动力计算如何进行?

讨论:以双自由度体系,受任意分布的简谐荷载为例,进行讨论。

(a) 刚度法

图 a 所示体系,按刚度法计算时,取图 b 质量为研究对象,按其受力图写平衡方程,有

$$\left.\begin{aligned}m_1\ddot{y}_1+k_{11}y_1+k_{12}y_2=R_{1P}\sin\theta t\\m_2\ddot{y}_2+k_{21}y_1+k_{22}y_2=R_{2P}\sin\theta t\end{aligned}\right\}\tag{a}$$

式中 R_{iP} 是结点(质量)位移为零时,动荷载幅值作用给质点 i 的力(也可以是广义力)。换句话说,R_{iP} 是在动荷载幅值作用下,约束质点位移,质点约束反力的反向作用力。

(a)

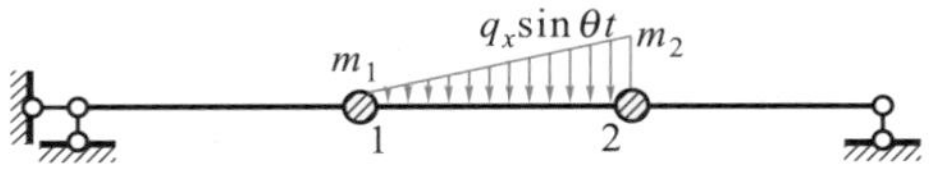

(b)

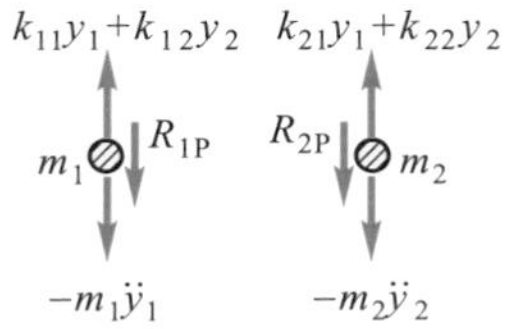

思考题 15-4 图

在平稳振动阶段,式(a)的特解为

$$\left.\begin{aligned}y_1(t)=Y_1\sin\theta t\\y_2(t)=Y_2\sin\theta t\end{aligned}\right\}\tag{b}$$

惯性力为

$$\left.\begin{aligned}I_1(t)=-m_1\ddot{y}_1=m_1\theta^2Y_1\sin\theta t=I_1\sin\theta t\\I_2(t)=-m_2\ddot{y}_2=m_2\theta^2Y_2\sin\theta t=I_2\sin\theta t\end{aligned}\right\}\tag{c}$$

其中惯性力幅值为

$$\left.\begin{aligned}I_1=m_1\theta^2Y_1\\I_2=m_2\theta^2Y_2\end{aligned}\right\}\tag{d}$$

由上式可知 Y_i 和 I_i 存在简单关系,先求出它们之间任一个都可以。为了求 I_i,将式(b)、(c)、(d)代入式(a),消去公因子 $\sin\theta t$,得

$$\left.\begin{aligned}\left(\frac{k_{11}}{m_1\theta^2}-1\right)I_1+\frac{k_{12}}{m_2\theta^2}I_2=R_{1P}\\\frac{k_{21}}{m_1\theta^2}I_1+\left(\frac{k_{22}}{m_2\theta^2}-1\right)I_2=R_{2P}\end{aligned}\right\}$$

上式就是刚度法求惯性力幅值的公式。

(b) 柔度法

用柔度系数表示的求惯性力幅值 I_i 的公式为

$$\left.\begin{aligned}\left(\delta_{11}-\frac{1}{m_1\theta^2}\right)I_1+\delta_{12}I_2+\Delta_{1P}=0\\\delta_{21}I_1+\left(\delta_{22}-\frac{1}{m_2\theta^2}\right)I_2+\Delta_{2P}=0\end{aligned}\right\}$$

建议读者自行推导一下。

§ 15-3 思考题

15-5　主振型叠加法用到了叠加原理，在结构动力计算中，什么情况下能用这个方法？什么情况下不能应用？

15-6　试用主振型叠加法解简谐荷载作用下多自由度体系的振动问题。

15-7　试用主振型叠加法进行多自由度体系的自由振动分析，设初始位移 $\boldsymbol{y}(t=0)$ 和初始速度 $\dot{\boldsymbol{y}}(t=0)$ 为已知。

15-8　在何种特定荷载作用下，多自由度体系只按某个主振型作单一振动？

§ 15-6 思考题

15-9　应用能量法求频率时，所设的位移函数应满足什么条件？

15-10　由能量法求得的频率近似值是否总是真实频率的一个上限？

15-11　在例 15-11 中，求对称和反对称振型的频率时为什么按照不同的方式来集中质量？

习　　题

15-1　试求图示体系的第一频率和第一主振型。各杆 EI 相同。

15-2　试求图示三层刚架的自振频率和主振型，设楼面质量分别为 $m_1=270$ t，$m_2=270$ t，$m_3=180$ t；各层的侧移刚度分别为 $k_1=245$ MN/m，$k_2=196$ MN/m，$k_3=98$ MN/m；横梁刚度为无限大。

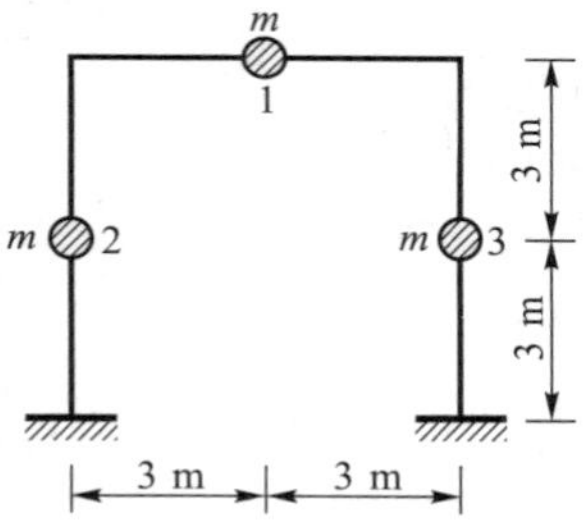

题 15-1 图

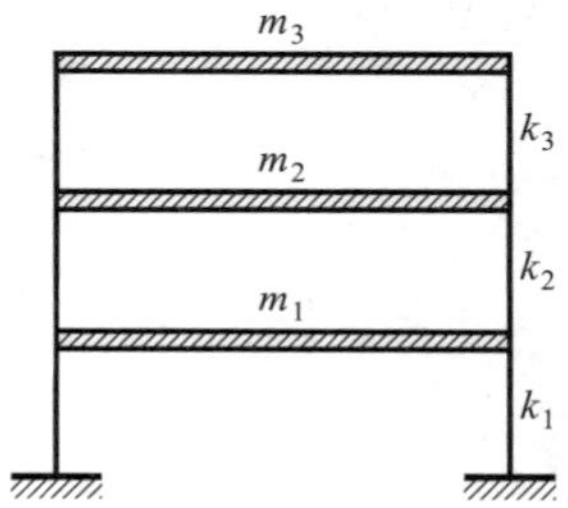

题 15-2 图

15-3　设在题 15-2 的三层刚架的第二层作用一水平干扰力 $F_P(t)=20$ kN · sin θt，每分钟振动 200 次。试求图示各楼层的振幅值。

15-4　试用振型叠加法重做题 12-23。

15-5　设在题 12-22 的两层刚架二层楼面处沿水平方向作用一突加荷载 F_P，试用振型叠加法求第一、二层楼面处的振幅值和柱端弯矩的幅值。

15-6　设题 12-22 的两层刚架顶端在振动开始时的初位移为 0.1 cm，试用振型叠加法求第一、二层楼面处的振幅值和柱端弯矩的幅值。

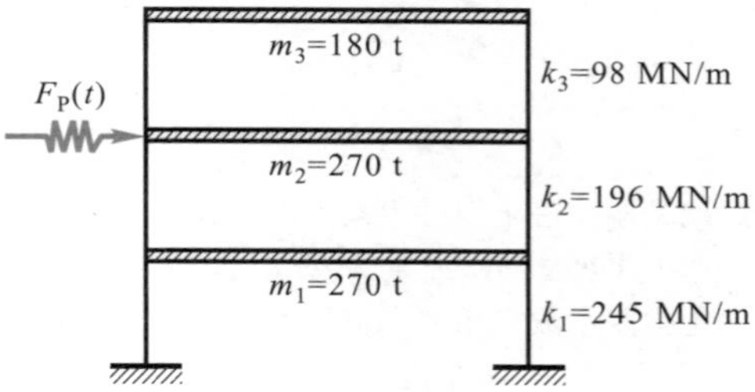

题 15-3 图

15-7　试求图示刚架的最大动弯矩图。设 $\theta^2=\dfrac{12EI}{ml^3}$，各杆 EI 相同，杆分布质量不计。

15-8 图示刚架分布质量不计，简谐荷载频率 $\theta=\sqrt{\dfrac{16EI}{ml^3}}$。试求质点的振幅及动弯矩图。各杆 EI = 常数。

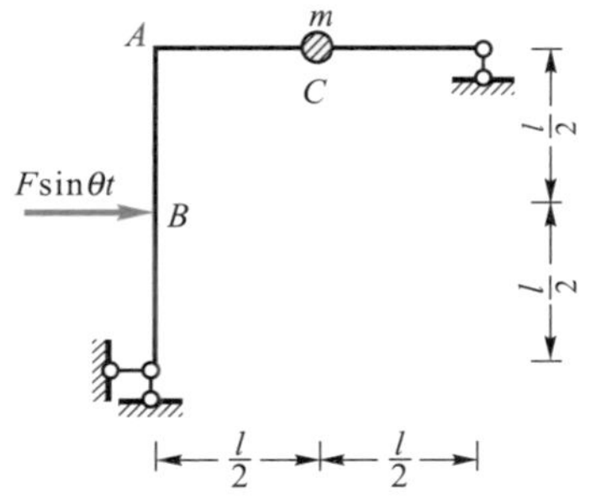

题 15-7 图

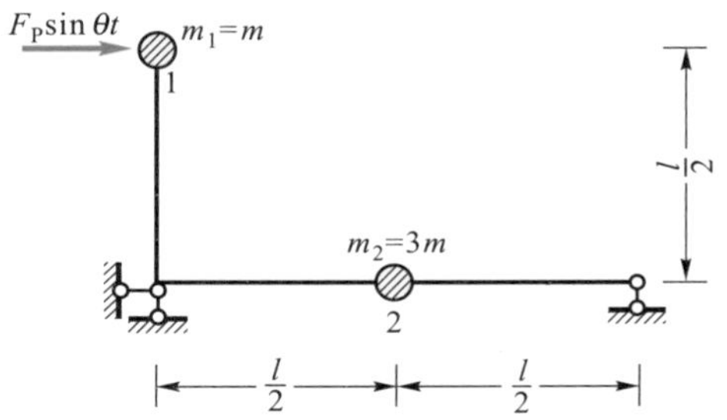

题 15-8 图

15-9 图示桁架，杆分布质量不计，各杆 EA 为常数，质量上作用竖向简谐荷载 $F_P\sin\theta t$，$\theta=\sqrt{\dfrac{EA}{ma}}$。试求质点的最大竖向动位移和最大水平动位移。

15-10 试用能量法求图示两端固定梁的第一频率。

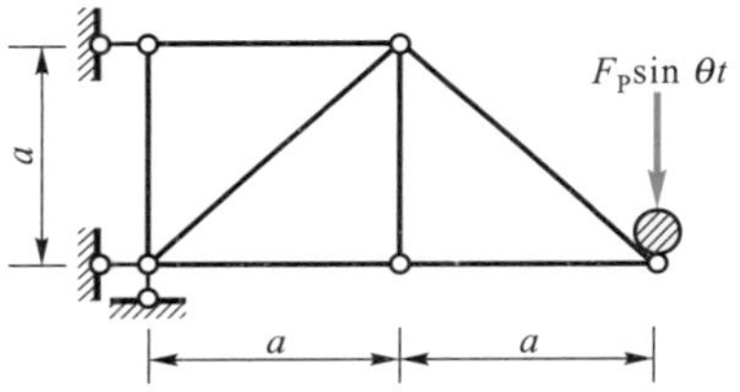

题 15-9 图

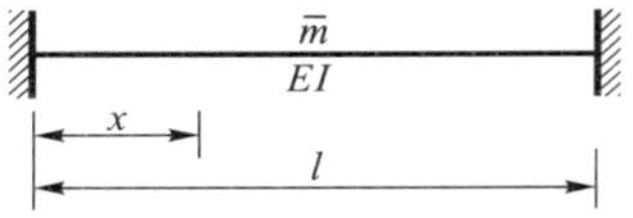

题 15-10 图

15-11 试用能量法求图示梁的第一频率。

15-12 设刚架的几何尺寸和重量如图所示，重量都集中在楼层处。横梁刚度无限大，柱的 $\dfrac{I}{l}$ 的单位为 $10^{-3}\ \mathrm{m}^3$，$E=2.9\times10^3$ MPa。试用能量法求基本周期。

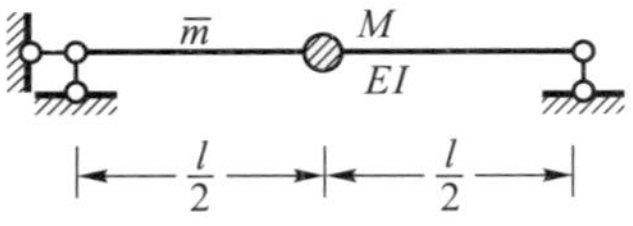

题 15-11 图

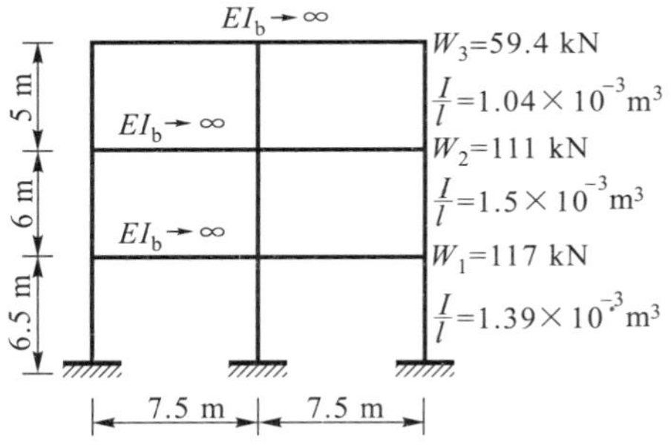

题 15-12 图

15-13 试用集中质量法求图示三铰刚架的第一频率。各杆的 EI、$\overline{m}$ 相同。

提示：第一频率对应于反对称振动形式。

15-14 试用集中质量法求图示刚架的最低频率。

提示：同上题。

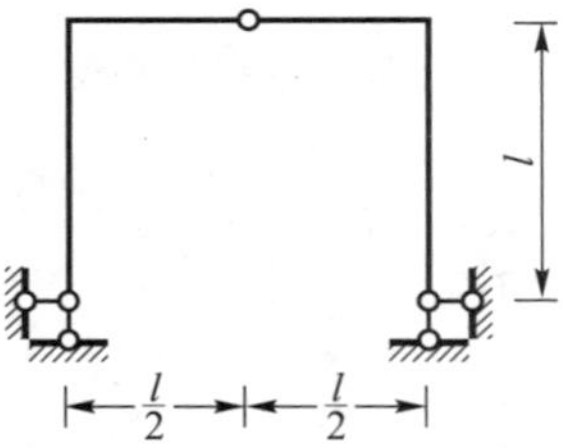

题 15-13 图

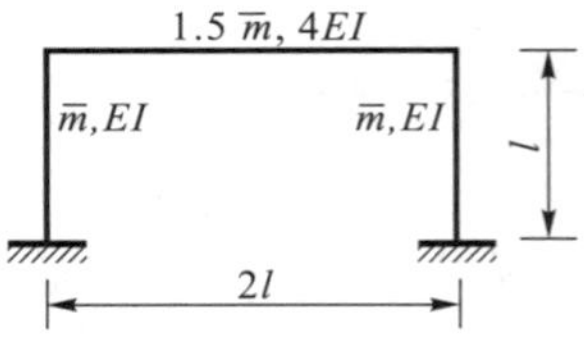

题 15-14 图

15-15　试求图示两端固定梁的前三个自振频率和主振型。

15-16　试求图示梁的前两个自振频率和主振型。

15-17　设图示刚架各杆的 $\overline{m}$、EI、l 均相同,试求:

(a) 对称振动时的自振频率。

(b) 反对称振动时的自振频率。

* **15-18**　试用有限元法重做题 15-17。

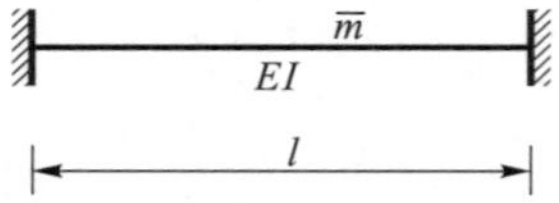

题 15-15 图

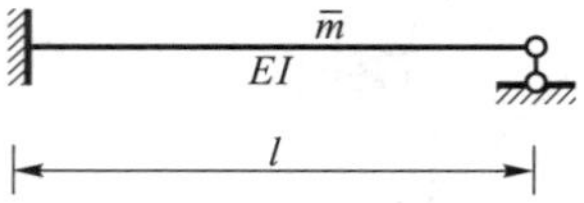

题 15-16 图

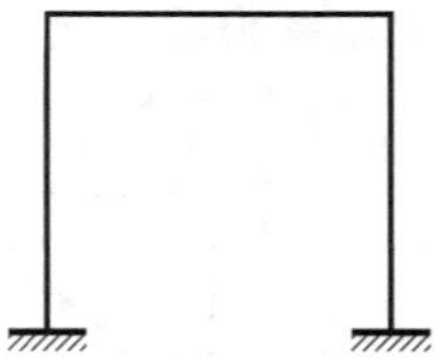

题 15-17 图

* **15-19**　试用求解器求解两端固定梁的前 6 阶频率和振型。考虑纯数值解,$l=\overline{m}=EI=1$,误差限取为 0.000 000 5。

* **15-20**　试用求解器求解图示三层刚架的前 5 阶频率与振型,各杆 $EA=5\times10^{6}$ kN,$EI=2\times10^{4}$ kN · m^{2},均布质量为 $\overline{m}=5$ kg/m,误差限取为 0.000 5。

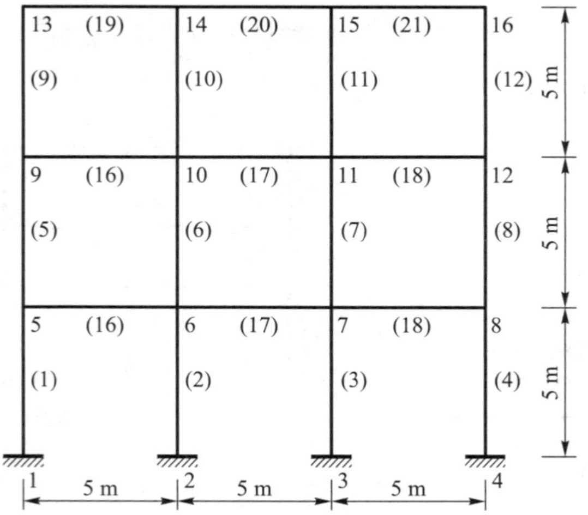

题 15-20 图

第16章 结构的稳定计算

在材料力学中已经对压杆的稳定问题作过初步讨论，本章对杆件结构的各种稳定问题作进一步的讨论。

在结构设计中，应当对结构进行强度验算和稳定验算。其中强度验算是最基本的和必不可少的，而稳定验算则在某些情况下显得重要。例如，薄壁结构与厚壁结构相比，高强度材料的结构（如钢结构）与低强度材料的结构（如砖石结构、混凝土结构）相比，主要受压的结构与主要受拉的结构相比，前者比较容易丧失稳定，因而稳定验算显得更为重要。

结构稳定计算与强度计算的最大不同是计算要在结构变形后的几何形状和位置上进行，其方法已属于几何非线性范畴，叠加原理已不再适用。因此，本章的讨论首先从变形状态开始。计算方法包括静力法和能量法。两种方法各有所长，相互补充。

本章内容可分为两部分：前5节偏于基础，第6节以后偏于提高。

§16-1 两类稳定问题概述

在结构稳定计算中，需要对结构的平衡状态作更深层次的考察。从稳定性角度来考察，平衡状态实际上有三种不同的情况：稳定平衡状态、不稳定平衡状态和中性平衡状态。设结构原来处于某个平衡状态，后来由于受到轻微干扰而稍微偏离其原来位置。当干扰消失后，如果结构能够回到原来的平衡位置，则原来的平衡状态称为稳定平衡状态；如果结构继续偏离，不能回到原来的位置，则原来的平衡状态称为不稳定平衡状态。结构由稳定平衡到不稳定平衡过渡的中间状态称为中性平衡状态。

在结构稳定计算中，通常仍采用小挠度理论，其优点是可以用比较简单的方法得到基本正确的结论。如果希望得到更精确的结论，则需采用较为复杂的大挠度理论。

随着荷载的逐渐增大，结构的原始平衡状态可能由稳定平衡状态转变为不稳定平衡状态。这时原始平衡状态丧失其稳定性，简称为失稳。结构的失稳有两种基本形式：分支点失稳和极值点失稳。现以压杆为例加以说明。

1. 分支点失稳

图16-1a所示为简支压杆的完善体系或理想体系：杆件轴线是理想的直线（没有初曲率），荷载F_P是理想的中心受压荷载（没有偏心）。

随着压力F_P逐渐增大的过程，考察压力F_P与中点挠度Δ之间的关系曲线——称为F_P-Δ曲线或平衡路径（图16-1b）。

当荷载值F_{P1}小于欧拉临界值$F_{Pcr}=\dfrac{\pi^2EI}{l^2}$时，压杆只是单纯受压，不发生弯曲变形（挠度$\Delta=$

0)，压杆处于直线形式的平衡状态（称为原始平衡状态）。在图16-1b中，其 F_P-Δ 曲线由直线 OAB 表示，称为原始平衡路径（路径Ⅰ）。如果压杆受到轻微干扰而发生弯曲，偏离原始平衡状态，则当干扰消失后，压杆仍又回到原始平衡状态。因此，当 $F_{P1}<F_{Pcr}$ 时，原始平衡状态是稳定的。也就是说，在原始平衡路径Ⅰ上，A 点所对应的平衡状态是稳定的。这时原始平衡形式是唯一的平衡形式。

当荷载值 F_{P2} 大于 F_{Pcr} 时，原始平衡形式不再是唯一的平衡形式，压杆既可处于直线形式的平衡状态，还可处于弯曲形式的平衡状态。也就是说，这时存在两种不同形式的平衡状态。与此相应，在图16-1b中也有两条不同的 F_P-Δ 曲线：原始平衡路径Ⅰ（由直线 BC 表示）和第二平衡路径Ⅱ（根据大挠度理论，由曲线 BD 表示。如果采用小挠度理论进行近似计算，则曲线 BD 退化为水平直线 BD'）。进一步还可看出，这时原始平衡状态（C 点）是不稳定的。如果压杆受到干扰而弯曲，则当干扰消失后，压杆并不能回到 C 点对应的原始平衡状态，而是继续弯曲，直到图中 D 点对应的弯曲形式的平衡状态为止。因此，当 $F_{P2}>F_{Pcr}$ 时，在原始平衡路径Ⅰ上，点 C 所对应的平衡状态是不稳定的。

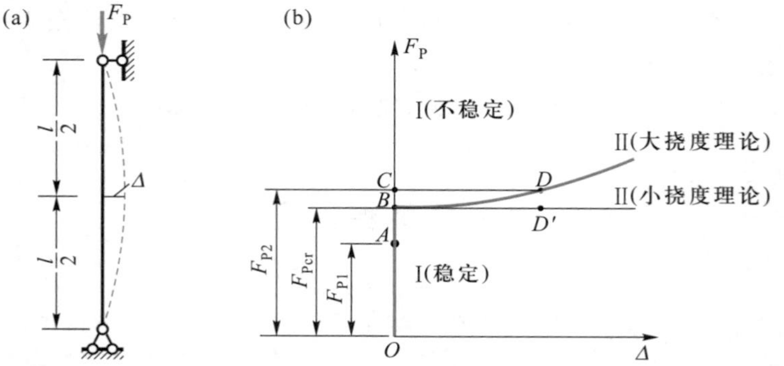

图 16-1

两条平衡路径Ⅰ和Ⅱ的交点 B 称为分支点。分支点 B 将原始平衡路径Ⅰ分为两段：前段 OB 上的点属于稳定平衡，后段 BC 上的点属于不稳定平衡。也就是说，在分支点 B 处，原始平衡路径Ⅰ与新平衡路径Ⅱ同时并存，出现平衡形式的二重性，原始平衡路径Ⅰ由稳定平衡转变为不稳定平衡，出现稳定性的转变。具有这种特征的失稳形式称为分支点失稳形式。分支点对应的荷载称为临界荷载，对应的平衡状态称为临界状态。

其他结构也可能出现分支点失稳现象，其特征仍然是在分支点 $F_P=F_{Pcr}$ 处，原始平衡形式由稳定转为不稳定，并出现新的平衡形式。例如，图16-2a所示承受结点荷载、其中各柱处于受压状态的刚架，在原始平衡形式中，各柱单纯受压，刚架无弯曲变形；在新的平衡形式中，刚架产生侧移，出现弯曲变形。又如图16-2b所示承受静水压力的圆拱，在原始平衡形式中，拱单纯受压，拱轴保持为圆形；在新的平衡形式中，拱轴不再保持为圆形，出现压弯组合变形。再如图16-2c所示悬臂窄条梁，在原始平衡形式中，梁处于平面弯曲状态；在新的平衡形式中，梁处于斜弯曲和扭转状态。

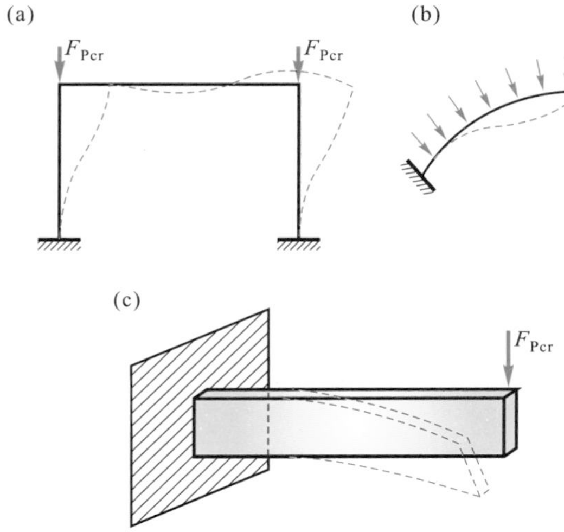

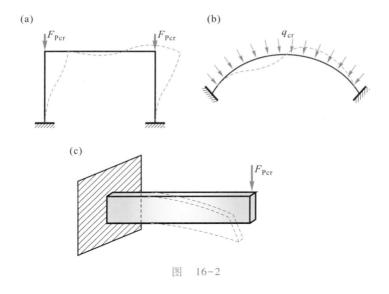

图　16-2

2. 极值点失稳

图 16-3a、b 分别为具有初曲率的压杆和承受偏心荷载的压杆，它们称为压杆的非完善体系。

图 16-3a、b 中的非完善压杆从一开始加载就处于弯曲平衡状态。按照小挠度理论，其 F_P-Δ 曲线如图 16-3c 中的曲线 OA 所示。在初始阶段挠度增加较慢，以后逐渐变快，当 F_P 接近中心压杆的欧拉临界值 F_{Pe} 时，挠度趋于无限大。如果按照大挠度理论，其 F_P-Δ 曲线由曲线 OBC 表示。B 点为极值点，荷载达到极大值。在极值点以前的曲线段 OB，其平衡状态是稳定的；在极值点以后的曲线段 BC，当挠度 Δ 增大时，其相应的荷载值反而下降，平衡状态是不稳定的。在极值点处，平衡路径由稳定平衡转变为不稳定平衡。这种失稳形式称为极值点失稳。极值点相应的荷载极大值称为临界荷载。

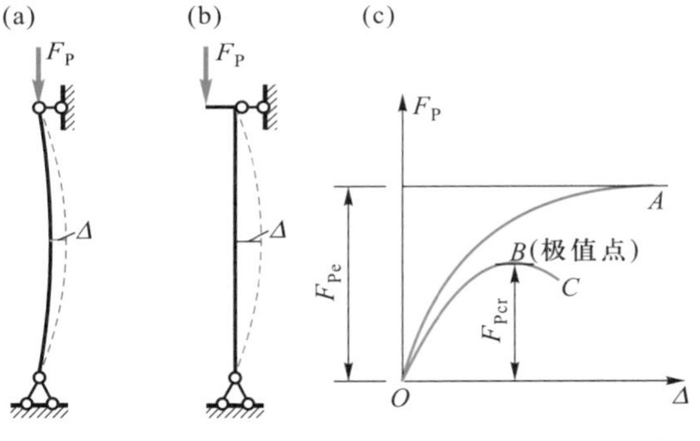

图　16-3

一般说来，非完善体系的失稳形式是极值点失稳。其特征是平衡形式不出现分支现象，而 F_P-Δ 曲线具有极值点。

扁拱式结构失稳时可能伴随有“跳跃”现象。

图 16-4a 所示为一扁桁架，矢高为 f，高跨比 $\frac{f}{l}<<1$。在跨度中点作用竖向荷载 F_P，产生竖向位移 Δ。其 F_P-Δ 曲线如图 16-4b 所示。这里我们设想通过一个控制机构进行加载，F_P 值可为正值或负值（图 16-4c）。在初始加载阶段，平衡路径由图 16-4b 中的实线 AB 表示，平衡状态是稳定的，在 A 点 $F_{PA}=0$，在 B 点出现极值点，相应的荷载极值为 $F_{PB}=F_{Pcr}$。极值点 B 以后，平

衡路径由虚线 BCD 表示，荷载的代数值减少，C 点的 $F_{PC}=0$，在 D 点出现下极限点，$F_{PD}=-F_{Pcr}$。BCD 线上的点对应于不稳定平衡。下极限点 D 以后，荷载的代数值又上升，E 点的 $F_{PE}=0$，F 点的 $F_{PF}=F_{Pcr}$。如果不存在控制机构，则实际的 $F_P-\Delta$ 曲线应为 $ABFG$，在极值点 B 以后有一段水平线 BF，此时结构发生跳跃后，达到 F 点对应的新平衡位置。F 点以后的平衡路径 FG 又属于稳定平衡。实际工程结构一般不允许发生跳跃（仪表零件除外），故取极值点 B 相应的荷载作为临界荷载。

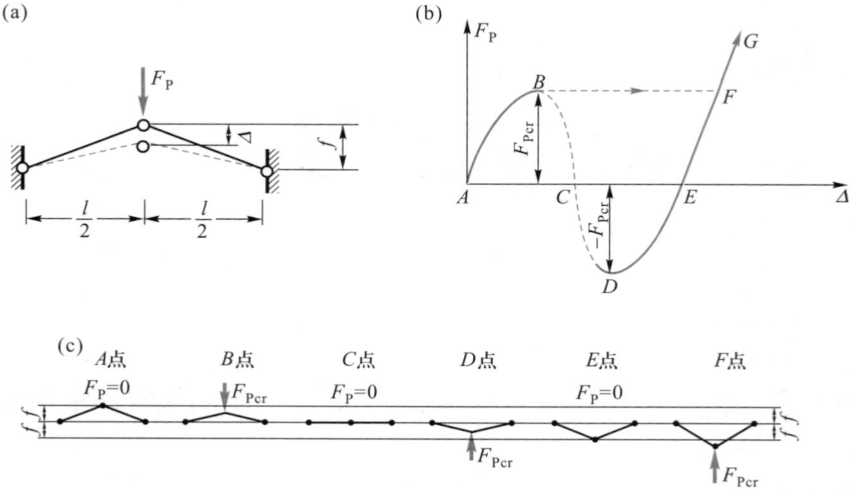

图　16-4

§16-2　两类稳定问题计算简例

在稳定计算中，要考虑材料变形时体系各种平衡形式的稳定性，因此，稳定自由度指的是变形自由度。详细地说，一个体系产生弹性变形时，确定其变形状态所需的独立几何参数的数目，称为稳定自由度。

现以单自由度体系为例说明两类失稳问题的具体分析方法。先分析完善体系的分支点失稳问题，然后分析非完善体系的极值点失稳问题。先按大挠度理论得出精确结果，然后用小挠度理论得出近似结果。

1. 单自由度完善体系的分支点失稳

图 16-5a 所示为一刚性压杆，承受中心压力 F_P，底端 A 为铰支座，顶端 B 有水平弹簧支承，其刚度系数为 k。这是一个单自由度完善体系。

（1）按大挠度理论分析

当杆 AB 处于竖直位置时（图 16-5a），显然体系能够维持平衡，这种平衡形式就是原始平衡形式。

现在考虑在图 16-5b 所示的倾斜位置是否还存在新的平衡形式。为此，写出绕 A 点的力矩平衡条件如下：

$$F_P(l\sin\theta)-F_R(l\cos\theta)=0 \tag{a}$$

再考虑到弹簧反力 $F_R=kl\sin\theta$，即得

$$(F_P-kl\cos\theta)l\sin\theta=0 \tag{b}$$

平衡方程(b)有两个解。第一个解为

$$\theta=0 \tag{c}$$

这就是上面提到的原始平衡形式。在图 16-6 中，其 $F_P-\theta$ 曲线由直线 OAB 表示，称为原始平衡路径Ⅰ。

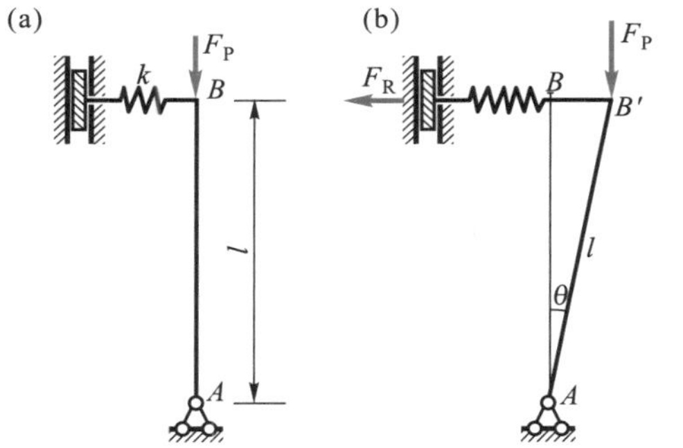

图 16-5

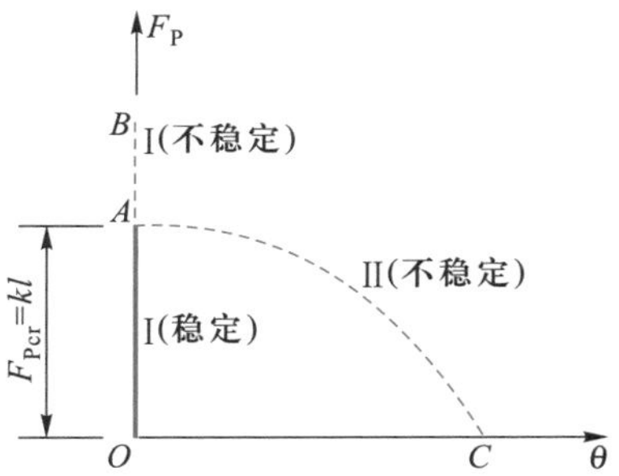

图 16-6

第二个解为

$$F_P=kl\cos\theta \tag{d}$$

这是新的平衡形式。其 $F_P-\theta$ 曲线由图 16-6 中的曲线 AC 表示，此即第二平衡路径Ⅱ。

两条平衡路径的交点 A 为分支点。分支点对应的临界荷载为

$$F_{Pcr}=kl \tag{e}$$

分支点 A 将原始平衡路径Ⅰ分为两段：前段 OA 上的点属于稳定平衡，后段 AB 上的点属于不稳定平衡。再看第二平衡路径Ⅱ，当倾斜角 θ 增大时，荷载反而减小。路径Ⅱ上的点属于不稳定平衡。分支点 A 处的临界平衡状态也是不稳定的。对于这类具有不稳定分支点的完善体系，在进行稳定验算时要特别小心，一般应当考虑初始缺陷（初曲率、偏心）的影响，按非完善体系进行验算。

（2）按小挠度理论分析

设 $\theta<<1$，则式(a)、(b)简化为

$$F_Pl\theta-F_Rl=0 \tag{f}$$

$$(F_P-kl)l\theta=0 \tag{g}$$

其第一个解仍为式(c)，第二个解为

$$F_P=kl \tag{h}$$

两条平衡路径Ⅰ和Ⅱ如图 16-7 所示，其中路径Ⅱ简化为水平直线，因而路径Ⅱ上的点对应于随遇平衡状态。

与大挠度理论的结果相比可以看出，小挠度理论能够得出关于临界荷载的正确结果[由式(h)可得到式(e)]，但未能反映当 θ 较大时平衡路径Ⅱ的下降趋势；从而把平衡路径Ⅱ归结为随遇平衡状态的简单化结论，这是由于采用简化假定而带来的一种假象。

2. 单自由度非完善体系的极值点失稳

现考虑图 16-8a 所示单自由度非完善体系，杆 AB 有初倾角 ε，其余情况与图 16-5a 相同。

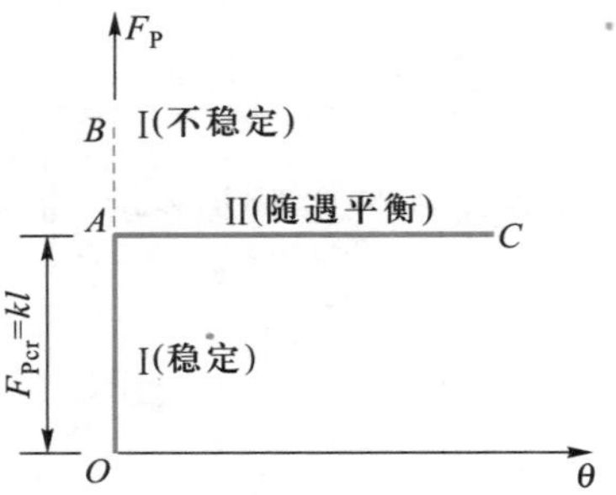

图　16-7

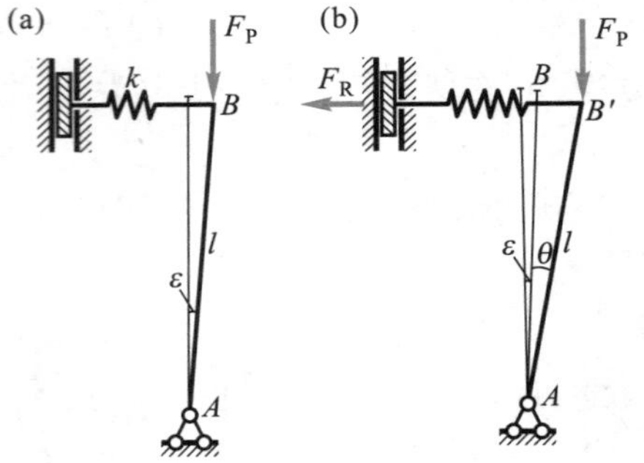

图　16-8

（1）按大挠度理论分析

加载一开始，杆件就进一步倾斜。在图 16-8b 中，弹簧反力 $F_R=kl[\sin(\theta+\varepsilon)-\sin\varepsilon]$，平衡条件为

$$F_P l\sin(\theta+\varepsilon)-F_R l\cos(\theta+\varepsilon)=0$$

由此得

$$F_P=kl\cos(\theta+\varepsilon)\left[1-\frac{\sin\varepsilon}{\sin(\theta+\varepsilon)}\right] \tag{i}$$

对于不同的初倾角 $\varepsilon=0.1$ 和 $\varepsilon=0.2$，其 $F_P-\theta$ 曲线在图 16-9a 中给出。为了比较，还给出了 $\varepsilon=0$ 时完善体系的 $F_P-\theta$ 曲线。

$F_P-\theta$ 曲线具有极值点。令 $\dfrac{dF_P}{d\theta}=0$，得

$$\sin(\theta+\varepsilon)=\sin^{\frac{1}{3}}\varepsilon$$

相应的极值荷载为

$$F_{Pcr}=kl(1-\sin^{\frac{2}{3}}\varepsilon)^{\frac{3}{2}} \tag{j}$$

$F_{Pcr}-\varepsilon$ 曲线在图 16-9b 中给出。

由图 16-9a、b 看出，这个非完善体系的失稳形式是极值点失稳。临界荷载值 F_{Pcr} 随初倾角 ε 而变，ε 愈大，则 F_{Pcr} 愈小。

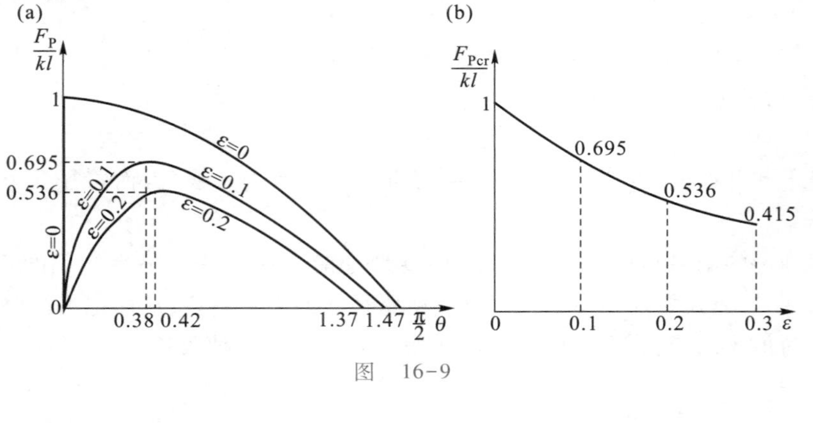

图　16-9

（2）按小挠度理论分析

设 $\varepsilon<<1,\theta<<1$，则式（i）和（j）简化为

$$F_{\mathrm{P}}=kl\frac{\theta}{\theta+\varepsilon} \tag{k}$$

$$F_{\mathrm{Pcr}}=kl \tag{l}$$

当 $\varepsilon=0.1$ 和 $\varepsilon=0.2$ 时，其 $F_{\mathrm{P}}-\theta$ 曲线在图 16-10 中给出。各条曲线都以水平直线 $\frac{F_{\mathrm{P}}}{kl}=1$ 为渐近线，并得出相同的临界荷载值 $F_{\mathrm{Pcr}}=kl$。

由大挠度理论简化为小挠度理论时，$F_{\mathrm{P}}-\theta$ 曲线由图 16-9a 简化为图 16-10，$F_{\mathrm{Pcr}}-\varepsilon$ 曲线由图 16-9b 简化为水平线（$F_{\mathrm{Pcr}}=kl$），小挠度理论未能得出随着 ε 的增大 F_{Pcr} 会逐渐减小的结论。

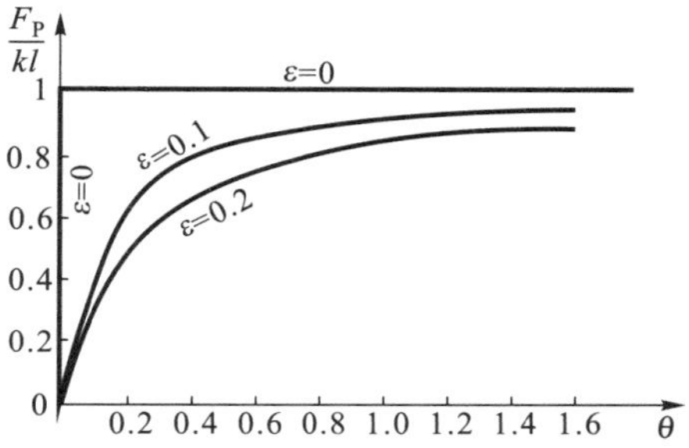

图　16-10

3. 几点认识

通过以上简例的分析，我们更具体地认识到几点：

结构的失稳存在两种基本形式，一般来说，完善体系是分支点失稳，非完善体系是极值点失稳。

分支点失稳形式的特征是存在不同平衡路径的交叉，在交叉点处出现平衡形式的二重性。极值点失稳形式的特征是虽然只存在一个平衡路径，但平衡路径上出现极值点。

结构稳定问题只有根据大挠度理论才能得出精确的结论，但从实用的观点看，小挠度理论也有其优点，特别是在分支点失稳问题中通常也能得出临界荷载的正确值，但也应注意它的某些结论的局限性。

以后各节将只讨论完善体系分支点失稳问题，并根据小挠度理论求临界荷载。

§ 16-3　有限自由度体系的稳定——静力法和能量法

本节讨论有限自由度体系分支点失稳问题，按小挠度理论求其临界荷载。

确定临界荷载的基本方法有两类：一类是根据临界状态的静力特征而提出的方法，称为静力法；另一类是根据临界状态的能量特征而提出的方法，称为能量法。

下面结合图 16-11a 所示的单自由度体系，说明上述两类解法。在图16-11a中，AB 为刚性压杆，底端 A 为弹性支承，其转动刚度系数为 k。现用两种方法求其临界荷载 F_{Pcr}。

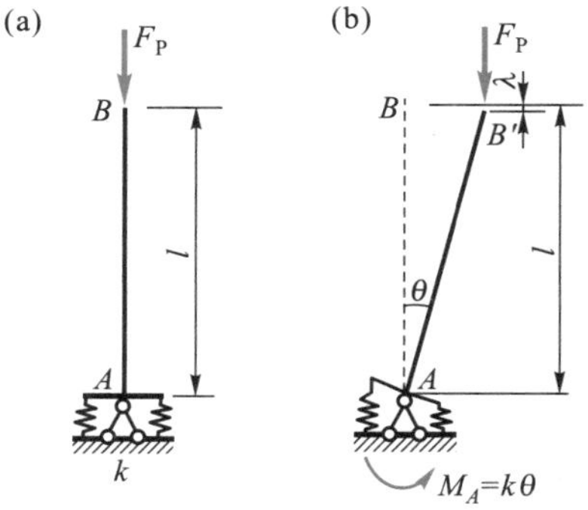

图　16-11

1. 静力法

在分支点失稳问题中，临界状态的静力特征是平衡形式的二重性。静力法的要点是在原始平衡路径 Ⅰ 之外寻找

新的平衡路径Ⅱ，确定二者交叉的分支点，由此求出临界荷载。

显然，杆 AB 处于竖直位置时的平衡形式（图 16-11a）是其原始平衡形式。现在寻找杆件处于倾斜位置时新的平衡形式（图 16-11b）。根据小挠度理论，绕 A 点的力矩平衡方程为

$$F_P l\theta - M_A = 0 \tag{a}$$

由于弹性支座的反力矩 $M_A = k\theta$，即得

$$(F_P l - k)\theta = 0 \tag{b}$$

应当指出，在稳定分析中，平衡方程是针对变形后的结构新位置写出的（不是针对变形前的原始位置），也就是说，要考虑结构变形对几何尺寸的影响。在应用小挠度理论时，由于假设位移是微量，因而对结构中的各个力要区分为主要力和次要力两类。例如，在图 16-11b 中，纵向力 F_P 是主要力（有限量），而弹性支座反力矩 $M_A = k\theta$ 是次要力（微量）。建立平衡方程时，方程中各项应是同级微量。因此，对主要力的项要考虑结构变形对几何尺寸的微量变化（例如本节式(a)和§16-2 式(f)中的第一项为主要力 F_P 乘以微量位移 $l\theta$），而对次要力的项，则不考虑几何尺寸的微量变化（例如§16-2 式(f)的第二项为次要力 F_R，故只乘以原始尺寸 l，而忽略力臂尺寸的微量变化）。

式(b)是以位移 θ 为未知量的齐次方程。齐次方程有两类解：即零解和非零解。零解（$\theta = 0$）对应于原始平衡路径Ⅰ。非零解（$\theta \neq 0$）是新的平衡形式。为了得到非零解，齐次方程(b)的系数应为零，即

$$F_P l - k = 0 \quad 或 \quad F_P = \frac{k}{l} \tag{c}$$

式(c)称为特征方程，或者稳定方程。由特征方程得知，第二平衡路径Ⅱ为水平直线。由两条路径的交点得到分支点，分支点相应的荷载即为临界荷载，因此

$$F_{Pcr} = \frac{k}{l} \tag{d}$$

2. 能量法

仍以图 16-11 所示体系为例。把荷载 F_P 看作重量，体系的势能 E_P 为弹簧应变能 V_ε 与荷载势能 V_P 之和。弹簧应变能为

$$V_\varepsilon = \frac{1}{2}k\theta^2$$

荷载势能为

$$V_P = -F_P\lambda$$

这里 λ 为 B 点的竖向位移：

$$\lambda = l(1-\cos\theta) = l\,\frac{\theta^2}{2}$$

因此

$$V_P = -\frac{F_P l}{2}\theta^2$$

体系的势能为

$$E_P = V_\varepsilon + V_P = \frac{1}{2}(k - F_P l)\theta^2 \tag{e}$$

应用势能驻值条件$\frac{dE_P}{d\theta}=0$,得

$$(k-F_P l)\theta=0 \tag{f}$$

式(f)就是前面导出的式(b)。由此可见,能量法与静力法都导出同样的方程。换句话说,势能驻值条件等价于用位移表示的平衡方程。

能量法余下的计算步骤即与静力法完全相同,即根据位移θ有非零解的条件导出特征方程(c),从而求出临界荷载。

归结起来,在分支点失稳问题中,临界状态的能量特征是:势能为驻值,且位移有非零解。能量法是根据上述能量特征来求临界荷载。

下面对势能E_P作进一步的讨论。由式(e)看出,势能E_P是位移θ的二次式,其关系曲线是抛物线。

如果$F_P<\frac{k}{l}$,则关系曲线如图16-12a所示。当位移θ为任意非零值时,势能E_P恒为正值,即势能是正定的。当体系处于原始平衡状态($\theta=0$)时,势能E_P为极小,因而原始平衡状态是稳定平衡状态。

如果$F_P>\frac{k}{l}$,则关系曲线如图16-12c所示。当位移θ为任意非零值时,势能E_P恒为负值,即势能是负定的。当体系处于原始平衡状态时,势能E_P为极大,因而原始平衡状态是不稳定平衡状态。

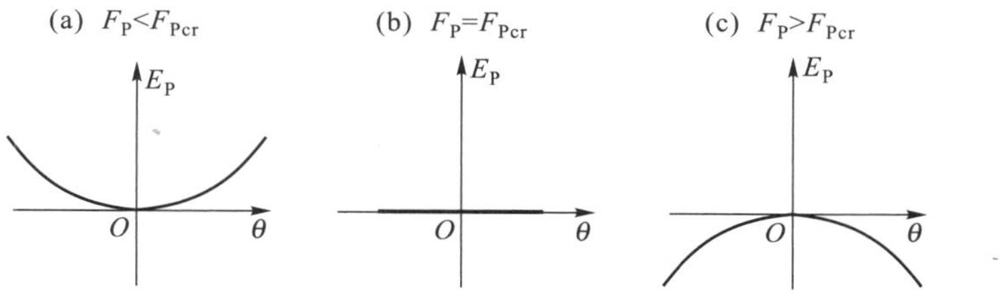

图 16-12

如果$F_P=\frac{k}{l}$,则关系曲线如图16-12b所示。当位移θ为任意值时,势能恒为零,体系处于中性平衡状态,即临界状态,这时的荷载称为临界荷载,即$F_{Pcr}=\frac{k}{l}$。这个结果与静力法所得的相同。因此,临界状态的能量特征还可表述为:在荷载达到临界值的前后,势能E_P由正定过渡到非正定。对于单自由度体系,则由正定过渡到负定。

例16-1 图16-13a所示是一个具有两个变形自由度的体系,其中AB、BC、CD各杆为刚性杆,在铰结点B和C处为弹性支承,其刚度系数都为k。体系在D端有压力F_P作用。试用两种方法求其临界荷载F_{Pcr}。

解 (1) 静力法

设体系由原始平衡状态(水平位置)转到任意变形状态(图16-13b),设B点和C点的竖向

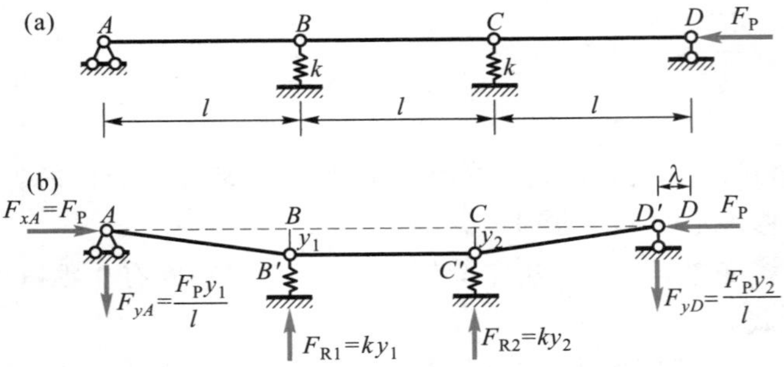

图　16-13

位移分别为 y_1 和 y_2，相应的支座反力分别为

$$F_{R1}=ky_1,\quad F_{R2}=ky_2$$

同时，A 点和 D 点的支座反力为

$$F_{xA}=F_P(\rightarrow),\quad F_{yA}=\frac{F_Py_1}{l}(\downarrow),\quad F_{yD}=\frac{F_Py_2}{l}(\downarrow)$$

变形状态的平衡条件为

$$\begin{cases}\sum M_{C'}=0,\quad ky_1l-\left(\frac{F_Py_1}{l}\right)2l+F_Py_2=0\\(C'\text{左})\\\sum M_{B'}=0,\quad ky_2l-\left(\frac{F_Py_2}{l}\right)2l+F_Py_1=0\\(B'\text{右})\end{cases}$$

即

$$\left.\begin{aligned}(kl-2F_P)y_1+F_Py_2=0\\F_Py_1+(kl-2F_P)y_2=0\end{aligned}\right\}\tag{a}$$

这是关于 y_1 和 y_2 的齐次方程。

如果系数行列式不等于零，即

$$\begin{vmatrix}kl-2F_P & F_P\\F_P & kl-2F_P\end{vmatrix}\neq 0$$

则零解（即 y_1 和 y_2 全为零）是齐次方程（a）的唯一解。也就是说，原始平衡形式是体系唯一的平衡形式。

如果系数行列式等于零，即

$$\begin{vmatrix}kl-2F_P & F_P\\F_P & kl-2F_P\end{vmatrix}=0\tag{b}$$

则除零解外，齐次方程（a）还有非零解。也就是说，除原始平衡形式外，体系还有新的平衡形式。这样，平衡形式即具有二重性，这就是体系处于临界状态的静力特征。方程（b）就是稳定问题的特征方程，或稳定方程。展开式（b），得

$$(kl-2F_P)^2-F_P^2=0$$

由此解得两个特征值：

$$F_{P1}=\frac{kl}{3}$$

$$F_{P2}=kl$$

其中最小的特征值为临界荷载，即

$$F_{Pcr}=F_{P1}=\frac{kl}{3}$$

将特征值代回式(a)，可求得 y_1 和 y_2 的比值。这时位移 y_1、y_2 组成的向量称为特征向量。如将 $F_P=F_{P1}=kl/3$ 代回，则得 $y_1=-y_2$，相应的变形曲线如图 16-14a 所示。如将 $F_P=F_{P2}=kl$ 代回，则得 $y_1=y_2$，相应的变形曲线如图 16-14b 所示。图 16-14a 为与临界荷载相应的失稳变形形式。

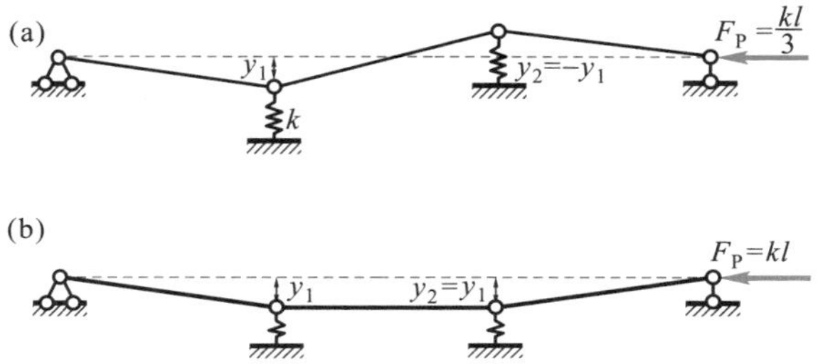

图　16-14

(2) 能量法

现在讨论临界荷载的能量特征。

在图 16-13b 中，D 点的水平位移为

$$\lambda=\frac{1}{2l}[y_1^2+(y_2-y_1)^2+y_2^2]=\frac{1}{l}(y_1^2-y_1y_2+y_2^2)\tag{c}$$

弹性支座的应变能为

$$V_\varepsilon=\frac{k}{2}(y_1^2+y_2^2)\tag{d}$$

荷载势能为

$$V_P=-F_P\lambda=-\frac{F_P}{l}(y_1^2-y_1y_2+y_2^2)\tag{e}$$

体系的势能为

$$\begin{aligned}E_P&=V_\varepsilon+V_P=\frac{k}{2}(y_1^2+y_2^2)-\frac{F_P}{l}(y_1^2-y_1y_2+y_2^2)\\&=\frac{1}{2l}[(kl-2F_P)y_1^2+2F_Py_1y_2+(kl-2F_P)y_2^2]\end{aligned}\tag{f}$$

应用势能驻值条件：

$$\frac{\partial E_P}{\partial y_1}=0,\quad \frac{\partial E_P}{\partial y_2}=0$$

得

$$\left.\begin{aligned}(kl-2F_{\mathrm{P}})y_1+F_{\mathrm{P}}y_2=0\\F_{\mathrm{P}}y_1+(kl-2F_{\mathrm{P}})y_2=0\end{aligned}\right\}\tag{g}$$

式(g)就是前面导出的式(a)。也就是说,势能驻值条件等价于用位移表示的平衡方程。

能量法以后的计算步骤与静力法完全相同。势能驻值条件(g)的解包括全零解和非零解。求非零解时,先建立特征方程(b),然后求解,得出两个特征荷载值 F_{P1} 和 F_{P2},其中最小的特征值即为临界荷载 F_{Pcr}。

归结起来,能量法求多自由度体系临界荷载 F_{Pcr} 的步骤如下:先写出势能表达式,建立势能驻值条件,然后应用位移有非零解的条件,得出特征方程,求出荷载的特征值 $F_{\mathrm{P}i}(i=1,2,\cdots,n)$。最后在 $F_{\mathrm{P}i}$ 中选取最小值,即得到临界荷载 F_{Pcr}。

下面对势能 E_{P} 的正定性进行讨论。式(f)可改写为

$$E_{\mathrm{P}}=\frac{kl-2F_{\mathrm{P}}}{2l}\left[\left(y_1+\frac{F_{\mathrm{P}}}{kl-2F_{\mathrm{P}}}y_2\right)^2+\frac{y_2^2(kl-F_{\mathrm{P}})(kl-3F_{\mathrm{P}})}{(kl-2F_{\mathrm{P}})^2}\right]$$

由此看出,势能 E_{P} 是位移 y_1 和 y_2 的二次式。下面针对不同的 F_{P} 值,分别说明势能 E_{P} 的特性。

如果 $F_{\mathrm{P}}<\dfrac{kl}{3}$,则势能 E_{P} 是正定的①。

如果 $F_{\mathrm{P}}=\dfrac{kl}{3}=F_{\mathrm{Pcr}}$,则 E_{P} 是半正定的(当 $y_1=-y_2$ 时,$E_{\mathrm{P}}=0$)。

如果 $\dfrac{kl}{3}<F_{\mathrm{P}}<kl$,则 E_{P} 是不定的。

如果 $F_{\mathrm{P}}=kl$,则 E_{P} 是半负定的(当 $y_1=y_2$ 时,$E_{\mathrm{P}}=0$)。

如果 $F_{\mathrm{P}}>kl$,则 E_{P} 是负定的。

由此看出,在具有两个自由度的体系中,势能 E_{P} 随荷载 F_{P} 而变化的情况比单自由度体系要复杂一些。但临界状态的能量特征仍然是:在荷载达到临界值的前后,势能 E_{P} 由正定过渡到非正定。

---

① 设 E_{P} 是一个对称的实数二次型:

$$\begin{aligned}E_{\mathrm{P}}&=f(y_1,y_2,\cdots,y_n)=\sum_{i=1}^{n}\sum_{j=1}^{n}a_{ij}y_iy_j\\&=a_{11}y_1y_1+a_{12}y_1y_2+\cdots+a_{1n}y_1y_n+\\&\quad a_{21}y_2y_1+a_{22}y_2y_2+\cdots+a_{2n}y_2y_n+\\&\quad\cdots\cdots\cdots\cdots+\\&\quad a_{n1}y_ny_1+a_{n2}y_ny_2+\cdots+a_{nn}y_ny_n\end{aligned}$$

其中 $a_{ij}=a_{ji}$。对于任意一组不全为零的实数 $c_1,c_2,\cdots,c_n$:

如果都有 $f(c_1,c_2,\cdots,c_n)>0$,则 E_{P} 称为正定的;

如果都有 $f(c_1,c_2,\cdots,c_n)\geqslant 0$,则 E_{P} 称为半正定的;

如果都有 $f(c_1,c_2,\cdots,c_n)<0$,则 E_{P} 称为负定的;

如果都有 $f(c_1,c_2,\cdots,c_n)\leqslant 0$,则 E_{P} 称为半负定的;

如果不具有上述性质,则称为不定的。

对上述五种情况中的后四种,E_{P} 统称为非正定的。

§16-4 无限自由度体系的稳定——静力法

前面讨论了有限自由度体系的稳定问题，现在讨论无限自由度体系的稳定问题，压杆稳定为其典型代表。

静力法的解题思路仍旧是：先对变形状态建立平衡方程，然后根据平衡形式的二重性建立特征方程，最后，由特征方程求出临界荷载。

在无限自由度体系中，平衡方程是微分方程而不是代数方程，这是与有限自由度体系不同的。

图 16-15 所示为一等截面压杆，下端固定，上端有水平支杆，现采用静力法求其临界荷载。

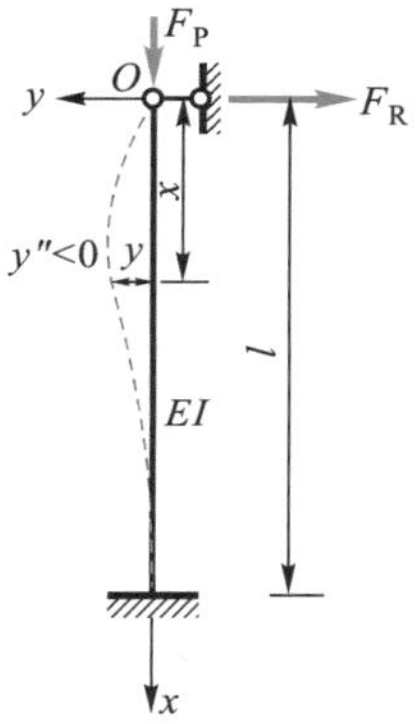

图 16-15

在临界状态下，体系出现新的平衡形式，即出现位移 $y(x)$ 不恒为零的平衡形式，如图中虚线所示。柱顶有未知水平反力 F_R，弹性曲线的微分方程为

$$EI\frac{d^2y}{dx^2}=-M=-(F_Py+F_Rx)$$

或改写为

$$y''+\alpha^2y=-\frac{F_R}{EI}x$$

其中

$$\alpha^2=\frac{F_P}{EI}$$

上式的解为

$$y=A\cos\alpha x+B\sin\alpha x-\frac{F_R}{F_P}x$$

常数 A、B 和未知力 F_R 可由边界条件确定。下面求 $y(x)$ 不恒为零的解。

当 $x=0$ 时，$y=0$，由此求得 $A=0$。

当 $x=l$ 时，$y=0$ 和 $y'=0$，由此得

$$\left.\begin{aligned}B\sin\alpha l-\frac{F_R}{F_P}l=0\\B\alpha\cos\alpha l-\frac{F_R}{F_P}=0\end{aligned}\right\}\tag{a}$$

因为 $y(x)$ 不恒等于零，所以 A、B 和 F_R 不全为零。由此可知，式(a)中系数行列式应等于零，即

$$D=\begin{vmatrix}\sin\alpha l & -l\\ \alpha\cos\alpha l & -1\end{vmatrix}=0$$

上式即为特征方程。将上式展开，得到如下的超越方程式：

$$\tan\alpha l=\alpha l$$

上式可用试算法或图解法求解。试算法解超越方程的作法见例 16-2。采用图解法时，作 $y=\alpha l$ 和 $y=\tan\alpha l$ 两组线，其交点即为方程的解答(图 16-16)，结果得到无穷多个解。因为弹性杆有无限个自由度，因而有无穷多个特征荷载值，其中最小的一个是临界荷载 F_{Pcr}。由于 $(\alpha l)_{min}=4.493$，故得

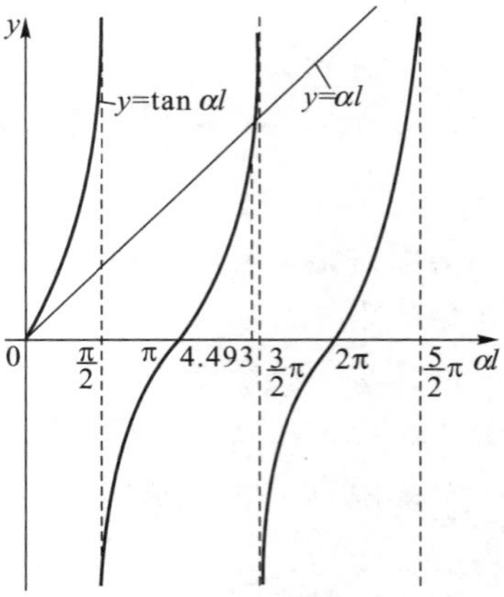

图　16-16

$$F_{Pcr}=(4.493)^2\frac{EI}{l^2}=20.19\frac{EI}{l^2}$$

例 16-2　试求图 16-17a 所示排架的临界荷载和柱 AB 的计算长度。

解　图 16-17b 所示为此排架的计算简图。这里，柱 AB 在 B 点具有弹性支座，它反映弹性柱 CD 对柱 AB 所起的支承作用，弹性支座的刚度系数 $k=\dfrac{3EI_2}{l^3}$。

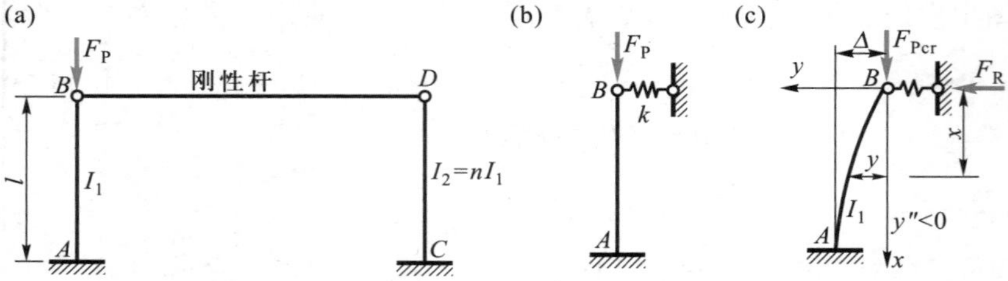

图　16-17

在临界状态下，杆 AB 出现新的平衡形式，如图 16-17c 所示，这时在柱顶处有未知的水平力 F_R，弹性曲线的微分方程为

$$EI_1\frac{d^2y}{dx^2}=-(F_Py-F_Rx)$$

并可改写为

$$y''+\alpha^2y=\frac{F_R}{EI_1}x$$

其中

$$\alpha^2=\frac{F_P}{EI_1}$$

上式的解为

$$y=A\cos\alpha x+B\sin\alpha x+\frac{F_R}{F_P}x$$

常数 A、B 和未知力 F_R 由边界条件确定。下面求 $y(x)$ 的非零解。

当 $x=0$ 时，$y=0$，由此求得 $A=0$。

当 $x=l$ 时，$y=\Delta$ 和 $y'=0$，由此有

$$B\sin\alpha l+\frac{F_R}{F_P}l=\Delta$$

$$B\alpha\cos\alpha l+\frac{F_R}{F_P}=0$$

由于 $F_R=k\Delta$，所以上式变为

$$B\sin\alpha l+\frac{F_R}{F_P}l-\frac{F_R}{k}=0$$

$$B\alpha\cos\alpha l+\frac{F_R}{F_P}=0$$

因为 $y(x)$ 不恒等于零，故 B、F_R 不全为零。由此可知上式的系数行列式应为零，即

$$\begin{vmatrix} \sin\alpha l & \dfrac{l}{F_P}-\dfrac{1}{k} \\ \alpha\cos\alpha l & \dfrac{1}{F_P} \end{vmatrix}=0$$

展开上式，并利用 $F_P=\alpha^2EI_1$ 化简后，得到如下的超越方程：

$$\tan\alpha l=\alpha l-\frac{(\alpha l)^3EI_1}{kl^3} \tag{a}$$

为了求解这个超越方程，需要事先给定 k 值（即给出 I_1/I_2 的比值）。下面讨论三种情形的解：

（1）$I_2=0$，则 $k=0$，这时方程（a）变为

$$\alpha l-\tan\alpha l=\infty$$

当 EI_1 为有限值时，$\alpha l\neq\infty$，所以

$$\tan\alpha l=-\infty$$

这个方程的最小根为

$$\alpha l=\frac{\pi}{2}$$

因此

$$F_{Pcr}=\frac{\pi^2EI_1}{(2l)^2}$$

这正是悬臂柱的情况，计算长度为 $l_0=2l$。

（2）$I_2=\infty$，则 $k=\infty$。这时方程（a）变为

$$\tan\alpha l=\alpha l$$

这个方程的最小根为

$$\alpha l=4.493$$

因此

$$F_{Pcr}=\frac{20.19\ EI_1}{l^2}=\frac{\pi^2EI_1}{(0.7l)^2}$$

这相当于上端铰支、下端固定的情况，计算长度为 $l_0=0.7l$。

(3) 一般情况是 k 在 $0\sim\infty$ 的范围内，αl 在 $\frac{\pi}{2}\sim4.493$ 范围内变化。当 $I_2=I_1$ 时，则 $k=\frac{3EI_1}{l^3}$。这时方程(a)变为

$$\tan\alpha l=\alpha l-\frac{(\alpha l)^3}{3}$$

下面用试算法求解。先将上式表为如下形式：

$$D=\frac{(\alpha l)^3}{3}+\tan\alpha l-\alpha l=0$$

当 $\alpha l=2.4$ 时，$\tan\alpha l=-0.916$，　$D=1.192$

当 $\alpha l=2.0$ 时，$\tan\alpha l=-2.185$，　$D=-1.518$

当 $\alpha l=2.2$ 时，$\tan\alpha l=-1.374$，　$D=-0.025$

当 $\alpha l=2.21$ 时，$\tan\alpha l=-1.345$，　$D\approx0$

由此求得 $\alpha l=2.21$，因此

$$F_{\mathrm{Pcr}}=2.21^2\frac{EI_1}{l^2}=\frac{4.88EI_1}{l^2}=\frac{\pi^2EI_1}{(1.42l)^2}$$

所以，当 $I_2=I_1$ 时，计算长度为 $l_0=1.42l$。

例 16-3　试求图 16-18 所示阶形柱的稳定特征方程和临界荷载 F_{Pcr}

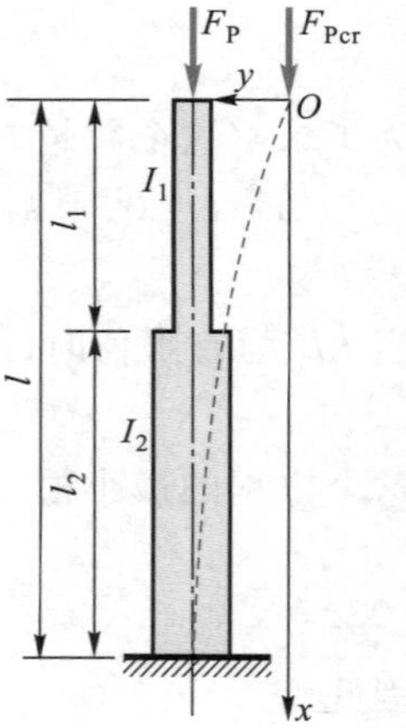

图　16-18

解　弹性曲线微分方程为

$$\begin{cases}EI_1\dfrac{\mathrm{d}^2y_1}{\mathrm{d}x^2}+F_{\mathrm{P}}y_1=0, & \text{当 } 0\leqslant x\leqslant l_1\\ EI_2\dfrac{\mathrm{d}^2y_2}{\mathrm{d}x^2}+F_{\mathrm{P}}y_2=0, & \text{当 } l_1\leqslant x\leqslant l\end{cases}$$

上式可改写为

$$\left.\begin{array}{ll}y''_1+\alpha_1^2y_1=0, & 0\leqslant x\leqslant l_1\\ y''_2+\alpha_2^2y_2=0, & l_1\leqslant x\leqslant l\end{array}\right\}\qquad(\mathrm{a})$$

式中

$$\alpha_1^2=\frac{F_{\mathrm{P}}}{EI_1},\quad\alpha_2^2=\frac{F_{\mathrm{P}}}{EI_2}$$

式(a)的解为

$$y_1=A_1\sin\alpha_1x+B_1\cos\alpha_1x$$

$$y_2=A_2\sin\alpha_2x+B_2\cos\alpha_2x$$

积分常数 A_1、B_1 和 A_2、B_2 由上下端的边界条件和 $x=l_1$ 处的变形连续条件确定。

当 $x=0$ 时，$y_1=0$，由此得

$$B_1=0$$

当 $x=l$ 时，$\frac{\mathrm{d}y_2}{\mathrm{d}x}=0$，由此得

$$A_2-B_2\tan\alpha_2l=0$$

当 $x=l_1$ 时，$y_1=y_2$ 和$\frac{dy_1}{dx}=\frac{dy_2}{dx}$，由此得

$$A_1\sin\alpha_1 l_1-B_2(\tan\alpha_2 l\sin\alpha_2 l_1+\cos\alpha_2 l_1)=0$$

$$A_1\alpha_1\cos\alpha_1 l_1-B_2\alpha_2(\tan\alpha_2 l\cos\alpha_2 l_1-\sin\alpha_2 l_1)=0$$

由系数行列式等于零，可求得特征方程为

$$\tan\alpha_1 l_1\cdot\tan\alpha_2 l_2=\frac{\alpha_1}{\alpha_2}$$

这个方程只有当给定$\frac{I_1}{I_2}$和$\frac{l_1}{l_2}$的比值时才能求解。

当 $EI_2=10EI_1$，$l_2=l_1=0.5l$ 时；$\alpha_1=\sqrt{\frac{F_P}{EI_1}}$，$\alpha_2=\sqrt{\frac{F_P}{10EI_1}}=0.316\ 23\alpha_1$。此时特征方程变为

$$\tan\alpha_1 l_1\cdot\tan(0.316\ 23\alpha_1 l_1)=3.162\ 3$$

由此解得最小根 $\alpha_1 l_1=1.419\ 6$，从而可得

$$F_{Pcr}=\frac{1.419\ 6^2 EI_1}{l_1^2}=0.817\ \frac{\pi^2 EI_1}{4l^2}$$

§16-5 无限自由度体系的稳定——能量法

无限自由度体系的临界荷载 F_{Pcr} 仍可根据下列能量特征来求：对于满足位移边界条件的任一可能位移状态，求出势能 E_P；由势能的驻值条件 $\delta E_P=0$，可得包含待定参数的齐次方程组；为了求非零解，齐次方程的系数行列式应为零，由此求出特征荷载值；临界荷载 F_{Pcr} 是所有特征值中的最小值。

下面以图 16-19a 所示压杆为例，说明具体算法。

设压杆有任意可能位移，变形曲线为

$$y=\sum_{i=1}^{n}a_i\varphi_i(x) \tag{16-1}$$

其中 $\varphi_i(x)$ 是满足位移边界条件的已知函数，a_i 是任意参数，共 n 个。这样，原体系被近似地看作具有 n 个自由度的体系。

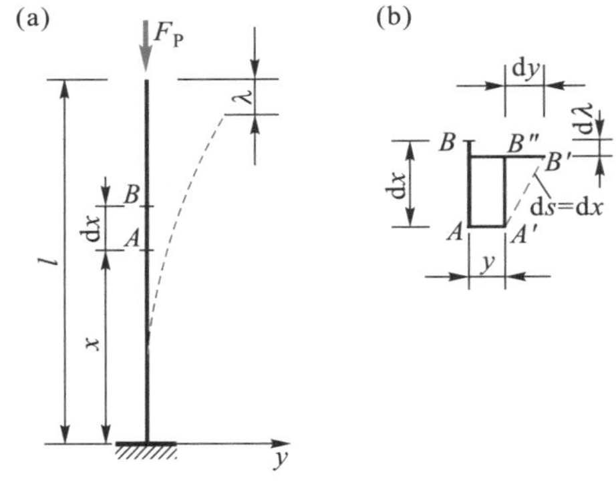

图 16-19

先求弯曲应变能 V_ε，得

$$V_\varepsilon=\int_0^l\frac{1}{2}EI(y'')^2dx=\frac{1}{2}\int_0^l EI\left[\sum_{i=1}^{n}a_i\varphi_i''(x)\right]^2dx \tag{16-2}$$

再求与 F_P 相应的位移 λ（压杆顶点的竖向位移）。为此，先取微段 AB 进行分析（图16-19b）。弯曲前，微段 AB 的原长为 dx。弯曲后，弧线 $A'B'$ 的长度不变，即 $ds=dx$。由图可知，微段两端点竖向位移的差值 $d\lambda$ 为

$$d\lambda = AB-A'B''=dx-\sqrt{ds^2-dy^2}$$
$$=dx-dx\sqrt{1-y'^2}\approx\frac{1}{2}(y')^2dx \tag{16-3}$$

因此

$$\lambda=\int_0^l d\lambda=\frac{1}{2}\int_0^l (y')^2dx \tag{16-4}$$

荷载势能 V_P 为

$$V_P=-F_P\lambda=-F_P\frac{1}{2}\int_0^l\left[\sum_{i=1}^n a_i\varphi_i'(x)\right]^2dx \tag{16-5}$$

体系的势能为

$$E_P=V_\varepsilon+V_P=\frac{1}{2}\int_0^l EI\left[\sum_{i=1}^n a_i\varphi_i''(x)\right]^2dx-$$
$$F_P\frac{1}{2}\int_0^l\left[\sum_{i=1}^n a_i\varphi_i'(x)\right]^2dx \tag{16-6}$$

由势能的驻值条件 $\delta E_P=0$,即

$$\frac{\partial E_P}{\partial a_i}=0\qquad(i=1,2,\cdots,n) \tag{16-7}$$

得

$$\sum_{j=1}^n a_j\int(EI\varphi_i''\varphi_j''-F_P\varphi_i'\varphi_j')dx=0\qquad(i=1,2,\cdots,n) \tag{16-8}$$

令

$$K_{ij}=\int EI\varphi_i''\varphi_j''dx \tag{16-9a}$$

$$S_{ij}=F_P\int\varphi_i'\varphi_j'dx \tag{16-9b}$$

则式(16-8)为

$$\sum_{j=1}^n(k_{ij}-s_{ij})a_j=0\qquad(i=1,2,\cdots,n) \tag{16-10}$$

其矩阵形式为

$$\left(\begin{pmatrix}K_{11}&K_{12}&\cdots&K_{1n}\\K_{21}&K_{22}&\cdots&K_{2n}\\\vdots&\vdots&&\vdots\\K_{n1}&K_{n2}&\cdots&K_{nn}\end{pmatrix}-\begin{pmatrix}S_{11}&S_{12}&\cdots&S_{1n}\\S_{21}&S_{22}&\cdots&S_{2n}\\\vdots&\vdots&&\vdots\\S_{n1}&S_{n2}&\cdots&S_{nn}\end{pmatrix}\right)\begin{pmatrix}a_1\\a_2\\\vdots\\a_n\end{pmatrix}=\begin{pmatrix}0\\0\\\vdots\\0\end{pmatrix} \tag{16-11a}$$

可简写为

$$(\boldsymbol{K}-\boldsymbol{S})\boldsymbol{a}=\boldsymbol{0} \tag{16-11b}$$

式(16-11)是对于 n 个未知参数 $a_1,a_2,\cdots,a_n$ 的 n 个线性齐次方程。

根据特征荷载和特征向量的性质,参数 $a_1,a_2,\cdots,a_n$ 不能全为零。因此,系数行列式应为零,即

$$|\boldsymbol{K}-\boldsymbol{S}|=0 \tag{16-12}$$

其展开式是关于 F_P 的 n 次代数方程，可求出 n 个根，由其中的最小根可确定临界荷载。

上面介绍的解法有时称为里茨法。这里将原来的无限自由度体系近似地化为 n 次自由度体系，所得的临界荷载近似解是精确解的一个上限。对此现象可作如下解释：求近似解时，我们从全部的可能位移状态中只考虑其中的一部分；这就是说，我们使体系的自由度有所减少（例如将无限自由度变为有限自由度）。这种将自由度减少的作法，相当于对体系施加以某种约束。这样，体系抵抗失稳的能力通常就会得到提高，因而这样求得的临界荷载就是实际临界荷载的一个上限。

例 16-4　图 16-20a 所示两端简支的中心受压柱，试用能量法求其临界荷载。

解　简支压杆的位移边界条件为

当 $x=0$ 和 $x=l$ 时，　$y=0$

在满足上述边界条件的情况下，我们选取三种不同的变形形式进行计算。

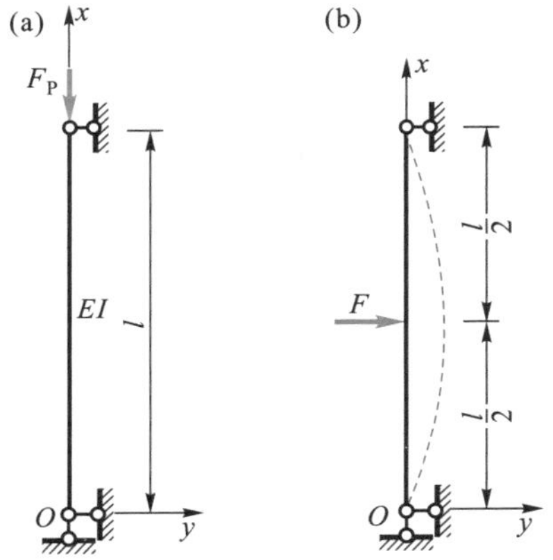

图　16-20

（1）假设挠曲线为抛物线

$$y=a_1\frac{4x(l-x)}{l^2}$$

这相当于在式（16-1）中只取一项，则

$$y'=\frac{4a_1}{l^2}(l-2x)$$

$$y''=-\frac{8a_1}{l^2}$$

求得

$$V_\varepsilon=\frac{1}{2}\int_0^l EI(y'')^2\mathrm{d}x=32EIa_1^2/l^3$$

$$V_P=-F_P\frac{1}{2}\int_0^l(y')^2\mathrm{d}x=-\frac{8F_P}{3}\frac{a_1^2}{l}$$

$$E_P=\frac{32EIa_1^2}{l^3}-\frac{8F_P}{3}\frac{a_1^2}{l}$$

由势能驻值条件 $\frac{\mathrm{d}E_P}{\mathrm{d}a_1}=0$，得

$$\left(\frac{64EI}{l^3}-\frac{16F_P}{3l}\right)a_1=0$$

为了求非零解，要求 a_1 的系数为零，得

$$F_{Pcr}=\frac{64EI}{l^3}\Big/\frac{16}{3l}=\frac{12EI}{l^2}$$

（2）取跨中横向集中力 F 作用下的挠曲线作为变形形式（图 16-20b），则当 $x\leqslant l/2$ 时：

$$y''=-\frac{M}{EI}=-\frac{1}{EI}\frac{F}{2}x$$

$$y'=-\frac{F}{EI}\left(\frac{x^2}{4}-\frac{l^2}{16}\right)$$

求得

$$V_\varepsilon=\frac{1}{2}\int_0^l EI(y'')^2\mathrm{d}x=\int_0^{l/2}EI(y'')^2\mathrm{d}x=\frac{F^2l^3}{96EI}$$

$$V_{\mathrm{P}}=-F_{\mathrm{P}}\frac{1}{2}\int_0^l(y')^2\mathrm{d}x=-F_{\mathrm{P}}\int_0^{l/2}(y')^2\mathrm{d}x=-\frac{F_{\mathrm{P}}F^2l^5}{960E^2I^2}$$

由此,可求得

$$F_{\mathrm{Pcr}}=\frac{10EI}{l^2}$$

(3)假设挠曲线为正弦曲线

$$y=a\sin\frac{\pi x}{l}$$

则

$$y'=a\frac{\pi}{l}\cos\frac{\pi x}{l}$$

$$y''=-a\frac{\pi^2}{l^2}\sin\frac{\pi x}{l}$$

求得

$$V_\varepsilon=\frac{1}{2}\int_0^l EI(y'')^2\mathrm{d}x=\frac{EIa^2}{2}\left(\frac{\pi}{l}\right)^4\int_0^l\sin^2\frac{\pi x}{l}\mathrm{d}x=EIa^2\left(\frac{\pi}{l}\right)^4\frac{l}{4}$$

$$V_{\mathrm{P}}=-\frac{F_{\mathrm{P}}}{2}\int_0^l(y')^2\mathrm{d}x=-\frac{F_{\mathrm{P}}}{2}a^2\left(\frac{\pi}{l}\right)^2\int_0^l\cos^2\frac{\pi x}{l}\mathrm{d}x=-F_{\mathrm{P}}a^2\left(\frac{\pi}{l}\right)^2\frac{l}{4}$$

由此,可求得

$$F_{\mathrm{Pcr}}=\frac{\pi^2EI}{l^2}$$

(4)讨论

正弦曲线是失稳时的真实变形曲线,所以由它求得的临界荷载是精确解。

假设挠曲线为抛物线时求得的临界荷载值与精确值相比误差为22%,这是因为所设的抛物线与实际的挠曲线差别太大的缘故。

根据跨中横向集中力作用下的挠曲线而求得的临界荷载值与精确值相比误差为1.3%,精度比前者大为提高。如果采用均布荷载作用下的挠曲线进行计算,则精度还可以提高。

例16-5　图16-21所示为一等截面柱,下端固定、上端自由。试求在均匀竖向荷载作用下的临界荷载值 q_{cr}。

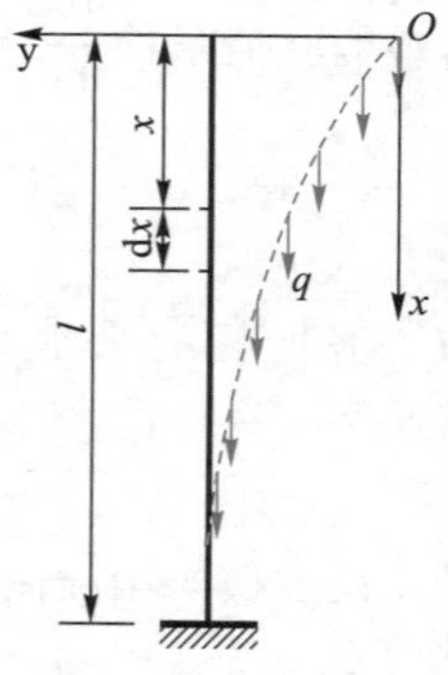

图　16-21

解　选取坐标系如图所示。两端位移边界条件为

当 $x=0$ 时,　　$y=0$

当 $x=l$ 时,　　$y'=0$

根据上述位移边界条件，假设变形曲线为

$$y=a\sin\frac{\pi x}{2l}$$

先求应变能

$$V_\varepsilon=\frac{EI}{2}\int_0^l(y'')^2\mathrm{d}x=\frac{EIa^2\pi^4}{32l^4}\int_0^l\sin^2\frac{\pi x}{2l}\mathrm{d}x$$
$$=\frac{EI\pi^4a^2}{64l^3}$$

再求外力作的功。由于微段 dx 倾斜而使微段以上部分的荷载向下移动，下降距离 dλ 可由式(16-3)算出。这部分荷载所作的功为

$$qx\cdot\mathrm{d}\lambda=qx\frac{1}{2}(y')^2\mathrm{d}x$$

因此所有外力作的功为

$$W=\frac{1}{2}\int_0^l qx(y')^2\mathrm{d}x=\frac{q\pi^2a^2}{8l^2}\int_0^l x\cos^2\frac{\pi x}{2l}\mathrm{d}x$$
$$=\frac{0.149}{8}q\pi^2a^2$$

体系的总势能为

$$E_\mathrm{P}=V_\varepsilon+V_\mathrm{P}=V_\varepsilon-W=\frac{EI\pi^4a^2}{64l^3}-\frac{0.149}{8}q\pi^2a^2$$

由 $\delta E_\mathrm{P}=0$，并求非零解，可求得临界荷载 q_cr的近似解

$$q_\mathrm{cr}=\frac{\pi^2EI}{8\times0.149l^3}=8.27\frac{EI}{l^3}$$

与精确解 $7.837\dfrac{EI}{l^3}$相比，误差为 5.5%。

例 16-6　图 16-22 所示为两端简支的变截面压杆，任一截面 x 处的惯性矩为 $I(x)=I_0\left[1+4\left(\dfrac{x}{l}\right)-4\left(\dfrac{x}{l}\right)^2\right]$，对于中间截面来说，$I$ 为对称分布。试求临界荷载 F_Pcr。

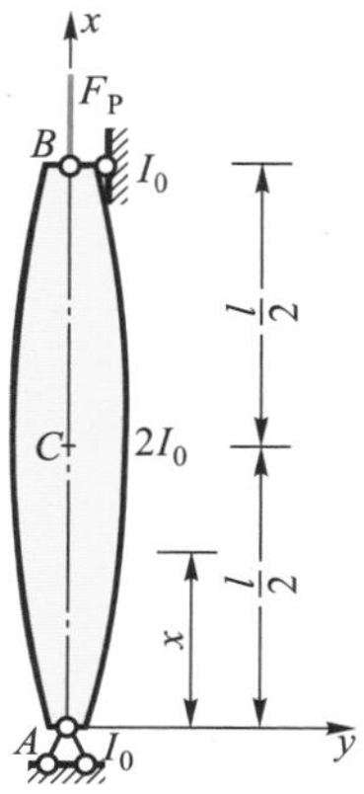

图　16-22

解　简支杆的位移边界条件为

当 $x=0$ 时，　　　$y=0$

当 $x=l$ 时，　　　$y=0$

根据上述边界条件，变形曲线可设为三角级数如下：

$$y=a_1\sin\frac{\pi x}{l}+a_3\sin\frac{3\pi x}{l}+a_5\sin\frac{5\pi x}{l}+\cdots \tag{a}$$

可以看出级数中的每一项都是满足位移边界条件和对称条件的。

(1) 取级数(a)的第一项作为近似的变形曲线，即设

$$y=a_1\sin\frac{\pi x}{l} \tag{b}$$

在位移表示式(b)中只含有一个任意参数 a_1。这就是说,我们把原来的无限自由度体系近似地作为单自由度体系来看待。

$$V_\varepsilon=\frac{1}{2}\int_0^l EI(x)y''^2\mathrm{d}x=\frac{EI_0}{2}\int_0^l\left[1+4\left(\frac{x}{l}\right)-4\left(\frac{x}{l}\right)^2\right]\cdot$$

$$a_1^2\left(\frac{\pi}{l}\right)^4\sin^2\frac{\pi x}{l}\mathrm{d}x=\frac{EI_0}{2}\frac{\pi^4}{l^3}0.934a_1^2$$

$$V_\mathrm{P}=-F_\mathrm{P}\lambda=-F_\mathrm{P}\frac{1}{2}\int_0^l(y')^2\mathrm{d}x$$

$$=-\frac{F_\mathrm{P}}{2}\int_0^l a_1^2\left(\frac{\pi}{l}\right)^2\cos^2\frac{\pi x}{l}\mathrm{d}x=-F_\mathrm{P}\frac{\pi^2}{4l}a_1^2$$

由此可求得

$$F_\mathrm{Pcr}=1.868\frac{\pi^2 EI_0}{l^2}\tag{c}$$

这是按单自由度体系求得的结果。

(2) 取级数(a)的前两项作为近似的变形曲线,即设

$$y=a_1\sin\frac{\pi x}{l}+a_3\sin\frac{3\pi x}{l}\tag{d}$$

这里含有两个任意参数 a_1 和 a_3,相当于把原体系近似地按两个自由度体系看待。

根据式(d),求得 V_ε 和 V_P 如下:

$$V_\varepsilon=\frac{1}{2}\int_0^l EI(x)y''^2\mathrm{d}x=\frac{EI_0}{2}\int_0^l\left[1+4\left(\frac{x}{l}\right)-4\left(\frac{x}{l}\right)^2\right]\cdot$$

$$\frac{\pi^4}{l^4}\left(a_1\sin\frac{\pi x}{l}+9a_3\sin\frac{3\pi x}{l}\right)^2\mathrm{d}x$$

$$=\frac{EI_0}{2}\left(\frac{\pi}{l}\right)^4 l(0.934a_1^2+1.37a_1a_3+68.4a_3^2)$$

$$V_\mathrm{P}=-F_\mathrm{P}\lambda=-\frac{F_\mathrm{P}}{2}\int_0^l(y')^2\mathrm{d}x$$

$$=-\frac{F_\mathrm{P}}{2}\int_0^l\left(\frac{\pi}{l}\right)^2\left(a_1\cos\frac{\pi x}{l}+3a_3\cos\frac{3\pi x}{l}\right)^2\mathrm{d}x$$

$$=-F_\mathrm{P}\frac{\pi^2}{4l}(a_1^2+9a_3^2)$$

由驻值条件

$$\frac{\partial E_\mathrm{P}}{\partial a_1}=0,\quad\frac{\partial E_\mathrm{P}}{\partial a_3}=0$$

可得

$$\left.\begin{aligned}\left(1.868-\frac{F_{P}l^{2}}{\pi^{2}EI_{0}}\right)a_{1}+1.37a_{3}=0\\1.37a_{1}+\left(136.8-9\frac{F_{P}l^{2}}{\pi^{2}EI_{0}}\right)a_{3}=0\end{aligned}\right\}\tag{e}$$

为了得到 a_1 和 a_3 的非零解，令方程组(e)的系数行列式为零：

$$\begin{vmatrix}1.868-\dfrac{F_{P}l^{2}}{\pi^{2}EI_{0}} & 1.37\\1.37 & 136.8-9\dfrac{F_{P}l^{2}}{\pi^{2}EI_{0}}\end{vmatrix}=0$$

其展开式为

$$\left(\frac{F_{P}l^{2}}{\pi^{2}EI_{0}}\right)^{2}-17.05\left(\frac{F_{P}l^{2}}{\pi^{2}EI_{0}}\right)+28.2=0$$

由此求出最小根，即得出临界荷载如下：

$$F_{Pcr}=1.85\frac{\pi^{2}EI_{0}}{l^{2}}\tag{f}$$

由式(c)和(f)看出，两次计算结果已很接近，相对差值不到1%，由此可以了解所得近似结果的精确程度。

* §16-6 无限自由度体系稳定的常微分方程求解器法

§15-5曾以无限自由度体系的自由振动为例介绍了常微分方程求解器解法。本节再以无限自由度体系的稳定为例介绍常微分方程求解器法。本节内容请扫二维码阅读。

* §16-7 刚架的稳定——有限元法

本节内容请扫二维码阅读。

* §16-8 组合杆的稳定

大型结构中的压杆，如桥梁的上弦杆、厂房的双肢柱、起重机和无线电桅杆的塔身等，常采用组合杆的形式。组合杆根据构造形式可分成缀条式(图16-30)和缀板式(图16-32)两种。组合杆可以按精确法计算，也可以采用一些假设后按静力法进行近似计算。本节则按能量法进行近似计算。具体内容请扫二维码阅读。

* §16-9 拱的稳定

圆拱和圆环在均匀静水压力 q 作用下会出现稳定问题。当荷载较小时，如果忽略轴向变形的影响，则圆拱和圆环只产生轴向压力而没有弯矩和剪力，即处于初始的无弯矩状态。当荷载 q 达到某一临界值 q_{cr} 时，圆拱和圆环会突然发生屈曲，产生偏离原轴线形式的变形，从而丧失稳定

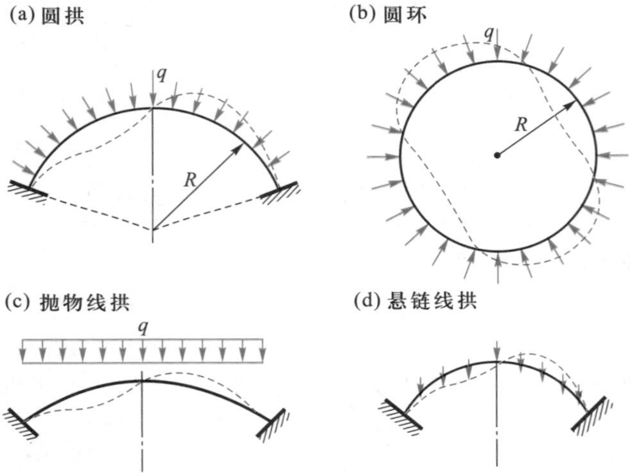

图 16-33

(图 16-33a、b)，属于分支点失稳问题。同样的情况也发生在沿水平线承受均布竖向荷载的抛物线拱以及沿拱弧线承受均布竖向荷载的悬链线拱(图 16-33c、d)。本节主要讨论受均匀静水压力的圆拱和圆环的稳定问题，并给出抛物线拱的一些计算结果。本节内容请扫二维码阅读。

* §16-10 考虑纵向力对横向荷载影响的二阶分析

本章以前讨论的是线性变形体系的计算，即认为荷载与变形之间为线性关系，并按结构未变形前的几何形状和位置来进行计算，叠加原理适用，通常称此种计算为线性分析或一阶分析(图 16-40a)。

对于应力虽处于弹性范围但变形较大的结构(如悬索)，因变形对计算的影响不能忽略，应按结构变形后的几何形状和位置来进行计算，此时，荷载与变形之间已非线性关系，叠加原理不再适用，这种计算称为几何非线性分析或二阶分析。

结构稳定计算(图 16-40b)要在结构变形后的几何形状和位置上进行，其方法也属于几何非线性范畴，叠加原理不再适用，故其计算也属二阶分析。

本节讨论纵向力与横向荷载共同作用于结构时，纵向力对横向荷载影响的问题(图 16-40c)。此时，变形对计算的影响不能忽略，应按结构变形后的几何形状和位置来进行计算，

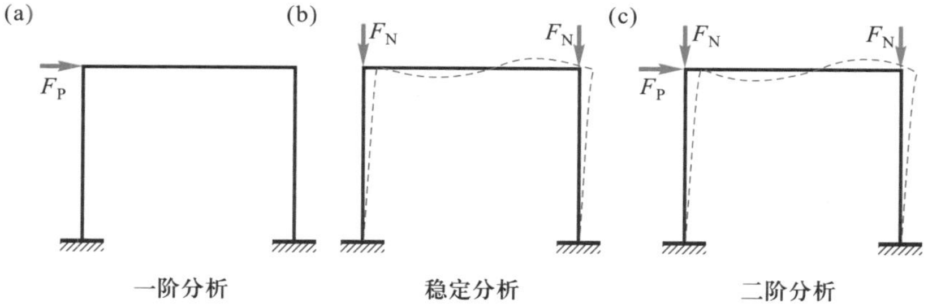

图 16-40

荷载与变形之间已非线性关系,叠加原理不再适用,为二阶分析问题。

高层建筑结构(特别在高宽比很大时),以横向水平荷载为设计的控制荷载,又有巨大的竖向荷载;竖向荷载对横向水平荷载影响的二阶分析问题,是工程设计中应给予重视的问题,故本节对此问题予以介绍。本节内容请扫二维码阅读。

*§16-11 用求解器求临界荷载和失稳形态

与频率和振型计算类似,对于一般的平面结构,求解器可以给出精确的临界荷载和相应的失稳变形形态,而且还可以给出高阶失稳荷载和形态。对于解出的失稳形态,可以静态图形显示。

本节具体介绍了求解器的这些功能,详细内容可扫二维码阅读。

§16-12 小 结

本章讨论弹性结构稳定问题的小位移理论。在静力法和能量法中,计算位移时均采用了微小位移的假定。在通常情况下,用小位移理论来确定分支点失稳问题的临界荷载值是比较满意的,但也应注意其局限性。

本章按照单自由度、多自由度、无限自由度体系(压杆)讨论了临界荷载的两种基本解法:静力法和能量法。而临界状态的静力特征和能量特征则是两种解法的基础。

临界状态的静力特征是平衡状态的二重性。静力法的基本方程都是关于位移的齐次方程:在有限自由度体系中为齐次代数方程;而在无限自由度体系中为齐次微分方程和齐次边界条件。根据齐次方程解答的二重性条件,可以得出特征方程,并用以解出特征荷载和临界荷载。

临界状态的能量特征是,当荷载为特征荷载时,势能为驻值,且位移有非零解。根据这个条件可以得出特征方程,并用以解出特征荷载,其中最小值即为临界荷载。

应该指出,临界状态的能量特征有多种表述方式,本章只介绍了一种。

能量法的一个主要用途是提供了复杂稳定问题的一个近似解法,而其结果总是偏高的。

以上为本章的主要内容。

§16-1 和 §16-2 讨论了两类稳定的概念,并通过简例说明了其计算方法的特点。这些讨论有助于了解作为本章主要内容的小挠度理论分支点稳定问题在整个稳定问题中所处的地位及其应用范围。

§16-7介绍了有限元法分析刚架的稳定,这是应用计算机分析复杂结构稳定的通用方法。§16-8用能量法讨论了组合杆的稳定问题,是钢结构中有用的内容。§16-9用静力法讨论了拱的稳定问题,可供水利和道桥专业作选学内容。

§16-10讨论了纵横荷载作用时的二阶分析,与稳定计算同属几何非线性问题,用位移法求解时,导出的基本方程是相通的。不同的是:二阶分析是非齐次方程的解;极值点的稳定分析是此非齐次方程的无限大解;分支点稳定分析是此方程的齐次方程的解。通过本节可以对一阶分析、两类稳定分析和二阶分析三者间的关系有一个更进一步的了解。§16-6介绍了常微分方程求解器方法。这两节均是供提高的选学内容。

§16-13 思考与讨论

§16-2思考题

16-1 对图16-11所示单自由度完善体系,试作出其 F_P-θ 曲线。

16-2 设杆 AB 有初倾角 ε(图16-11),试作出其 F_P-θ 曲线。

§16-3思考题

16-3 试比较用静力法和能量法分析稳定问题在计算原理和解题步骤上的异同点。

16-4 静力法中的平衡方程与能量法中的势能驻值条件有什么关系?

§16-4思考题

16-5 增加或减少杆端的约束刚度,对压杆的计算长度和临界荷载值有什么影响?

16-6 试比较用静力法计算无限自由度与多自由度体系稳定问题的异同点。

16-7 试求图示弹性压杆的稳定方程,k_1 为弹簧侧移刚度系数,k_θ 为弹簧的转动刚度系数。并讨论,下列情况下弹性压杆变成什么样的支承情况,稳定方程将变为什么形式:(1) $k_1=0$;(2) $k_1\to\infty$;(3) $k_\theta=0$;(4) $k_\theta\to\infty$;(5) $k_1=0,k_\theta\to\infty$;(6) $k_1\to\infty,k_\theta=0$;(7) $k_1\to\infty,k_\theta\to\infty$。

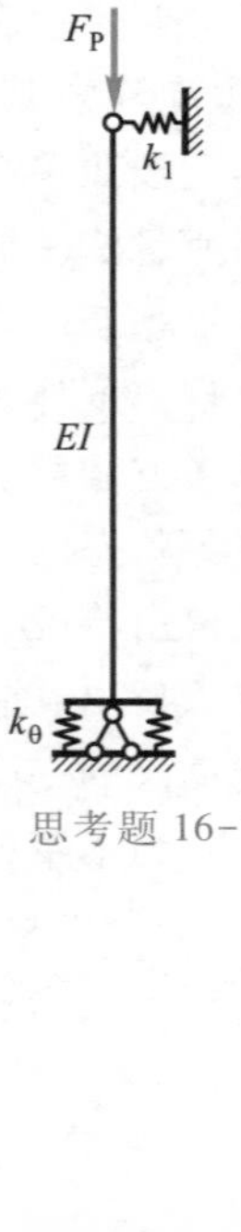

思考题16-7图

讨论:这是一道综合性的问题,由之可派生出各种不同支承的结果。读者可自行推导分析。下面给出问题的结果,供读者分析时参考。

稳定方程为

$$\tan\alpha l=\frac{\alpha k_\theta}{\dfrac{k_1k_\theta}{k_1l-\alpha^2EI}+\alpha^2EI},\quad \alpha=\sqrt{\frac{F_P}{EI}}$$

(1) 当 $k_1=0$ 时,$\alpha l\tan\alpha l=\dfrac{k_\theta l}{EI}$。

(2) 当 $k_1\to\infty$ 时,$\tan\alpha l=\dfrac{\alpha l}{1+(\alpha l)^2\dfrac{EI}{k_\theta l}}$。

(3) 当 $k_\theta=0$ 时,

$F_P\neq k_1l$ 时,$\tan\alpha l=0$;

$F_P=k_1 l$ 时，$\tan \alpha l=\frac{0}{0}$，$F_{Pcr}=k_1 l$。

（4）当 $k_\theta \to \infty$ 时，$\tan \alpha l=\alpha l-\frac{\alpha^3 EI}{k_1}$。

（5）当 $k_1=0, k_\theta \to \infty$ 时，$\tan \alpha l=\infty$ 。

（6）当 $k_1 \to \infty, k_\theta=0$ 时，$\tan \alpha l=0$。

（7）当 $k_1 \to \infty, k_\theta \to \infty$ 时，$\tan \alpha l=\alpha l$。

§ 16-5 思考题

16-8 试比较用能量法计算无限自由度与多自由度体系稳定的异同点。

16-9 用能量法求图示各中心压杆的临界荷载（设变形曲线均为正弦曲线）。并讨论：

（1）两图中临界荷载是否相同？为什么？

（2）若跨数为 n 跨，临界荷载是多大？为什么？

（3）以上临界荷载是否问题的精确解？

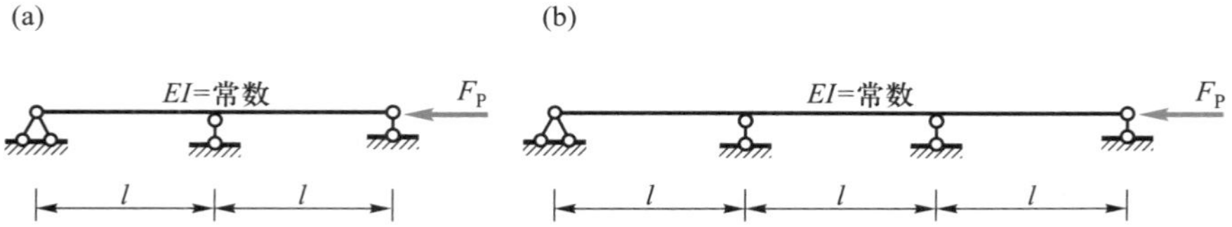

思考题 16-9 图

讨论：（1）因为变形曲线 $y=a\sin\frac{\pi x}{l}$，在 $x=0$、l、$2l$、$3l$ 处均满足 $y=0$ 和 $y''=0$ 的条件，即与单跨简支压杆的边界条件相同；所以图 a、图 b 的两跨梁和三跨梁的临界荷载与单跨梁的临界荷载相同，即 $F_{Pcr}=\frac{\pi^2 EI}{l^2}$。

（2）当跨数为 n 时，临界荷载仍为 $F_{Pcr}=\frac{\pi^2 EI}{l^2}$，理由同上。

（3）请读者自行说明，此解为问题的精确解。

* § 16-7 思考题

16-10 § 16-7 中取有限的广义位移参数来表述无限自由度体系的位移，这种作法与动力计算中的广义坐标法是否相同或相通？

16-11 用近似刚度方程（16-16）进行稳定分析时，在什么条件下误差较小？

16-12 用近似刚度方程（16-16）分析思考题 16-12 图中所示两个刚架，何者误差较小，何者误差较大？并分析其原因。设各杆 EI=常数。

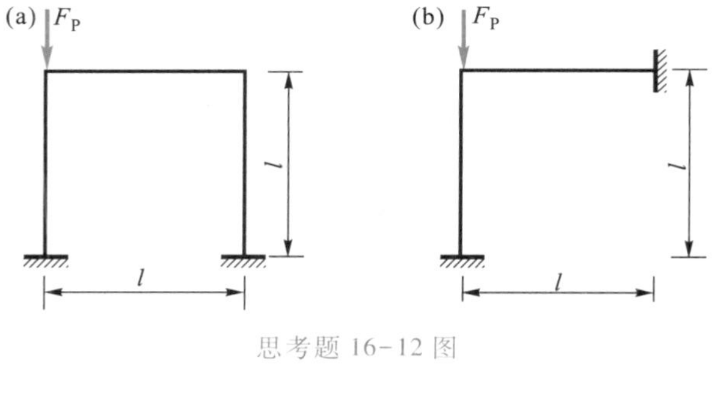

思考题 16-12 图

16-13　对上题图 b 所示刚架，如仍用近似刚度方程用位移法计算，应如何处理才能提高计算精度？

讨论：式(16-16)～(16-18)是用能量法求出的考虑纵向力影响时刚度方程的近似式。考虑纵向力影响时刚度方程的精确式，参见龙驭球、包世华主编，结构力学，下册，第二版，高等教育出版社。考虑纵向力影响后刚度方程的精确式是含 $\beta=l\sqrt{\frac{F_P}{EI}}$ 的函数，如将其展成 β^2 的幂级数，即展成 F_P 的幂级数，并只保留 F_P 的一项，则精确式的结果与近似式完全相同。一般说来，当 $\beta<3$ 时，近似式与精确式的差别不大。

$\beta<3$ 是个什么概念呢？$\beta^2=\frac{l^2F_P}{EI}<9$，从而有 $F_P<\frac{9EI}{l^2}\doteq\frac{\pi^2EI}{l^2}$。此式表明，压杆的计算长度应约等于或大于杆长。压杆的计算长度是由其两端的约束决定的。试看思考题 16-12 图 a 中的压杆，上下两端有相对侧移，其计算长度略大于 l；图 b 中的压杆，上下两端无相对侧移，其计算长度略大于(0.5l)。可见，图 a 满足用近似式计算的条件，图 b 则不满足。

你能从本讨论中得到些更一般的启示吗？

16-14　为什么对称刚架在反对称失稳时的临界荷载值比正对称失稳时的临界荷载值一般要小些？试用计算长度的概念加以说明。

16-15　图示各体系，哪些宜于简化为具有弹性支座的单个压杆进行稳定分析；哪些不宜于简化为具有弹性支座的单个压杆，而宜于按整体刚架进行稳定分析？

讨论：从理论上讲，任何刚架的稳定问题都可以简化为单根压杆的稳定问题，而把其余部分的作用化为某种弹性支承。问题在于这些弹性支承的弹簧刚度有时容易确定，因而宜于这样简化；有时则不容易确定(即需经过较复杂的再计算)，因而不宜于这样简化，反而按整体刚架计算更简单。

图 a 所示刚架，除压杆 AB 外，其余部分无压杆；B 端为刚结点且无线位移，故 AB 杆的 B 端相当于一个抗转弹簧，刚度为$\frac{4EI}{l}$。

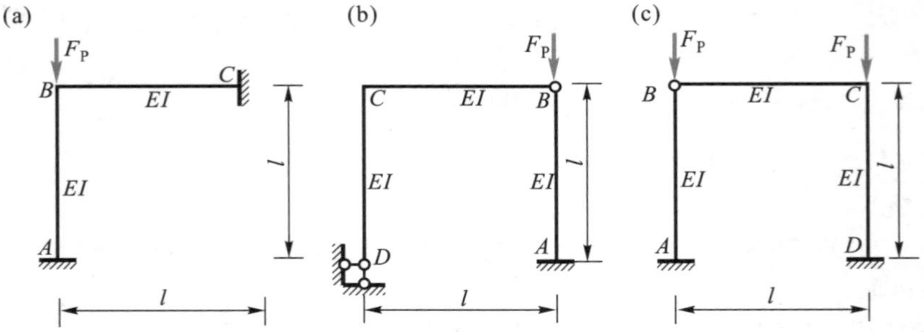

思考题 16-15 图

图 b 所示刚架，除压杆 AB 外，其余无压杆；B 端为铰，BCD 部分对 B 的作用相当于一个抗移动弹簧，读者很容易求得其刚度为$\frac{3EI}{2l^3}$。

图 c 所示刚架，无论选压杆 AB 或 CD，其余部分尚有压杆；若简化为弹性支承，则其刚度不再是已知常数，而与压杆上的纵向荷载 F_P 有关，是 F_P 的超越函数，计算较为复杂。故此时不宜简化为单根压杆，而宜按刚架整体计算稳定。

16-16　对超静定刚架在荷载作用下作静力分析时，各杆的 EI 可用相对值，而不影响结果的内力值。在稳定计算时，是否仍然可用各杆 EI 的相对值？会影响临界荷载的结果吗？为什么？

* §16-9 思考题

16-17　为什么两铰拱和无铰拱在反对称失稳时的临界荷载值比对称失稳时的要小？试用计算长度的概

念，简略地加以说明。

16-18 为什么两铰拱和三铰拱反对称失稳时临界荷载值（表 16-3）是一样的？

16-19 在两铰圆拱临界荷载公式（16-28）中，当 $\gamma=\frac{\pi}{2}$ 时，$q_{cr}=\frac{3EI}{R^3}$，所得结果与圆环临界荷载值相同；当 $\gamma=\pi$ 时，反而得到 $q_{cr}=0$。怎么解释上述两个结果？

* §16-10 思考题

16-20 什么叫纵横荷载相互影响的二阶分析？它与一阶分析和稳定分析有什么区别与关系？

16-21 影响二阶分析大小（与一阶分析相比）的主要因素是什么？

习　　题

16-1 图示刚性杆 ABC 在两端分别作用重力 F_{P1}、F_{P2}。设杆可绕 B 点在竖直面内自由转动，试用两种方法对下面三种情况讨论其平衡形式的稳定性：

（a）$F_{P1}<F_{P2}$。

（b）$F_{P1}>F_{P2}$。

（c）$F_{P1}=F_{P2}$。

16-2 试用两种方法求图示结构的临界荷载 q_{cr}。假定弹性支座的刚度系数为 k。

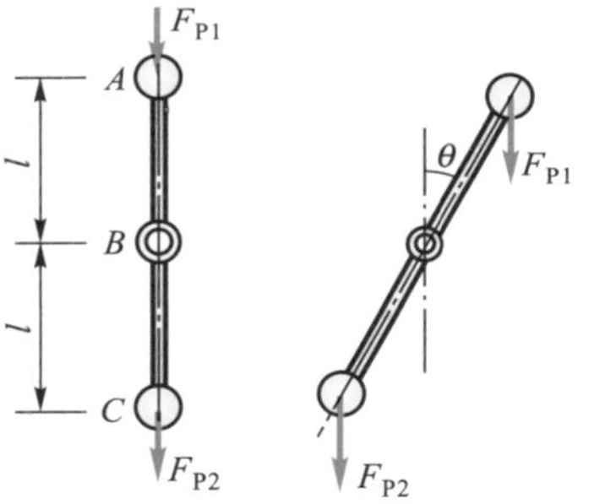

题 16-1 图

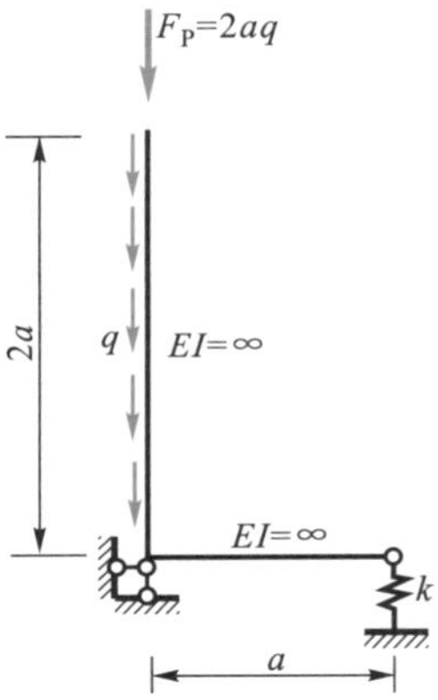

题 16-2 图

16-3 试用两种方法求图示结构的临界荷载 F_{Pcr}。设弹性支座的刚度系数为 k。

16-4 试用两种方法求图示结构的临界荷载 F_{Pcr}。

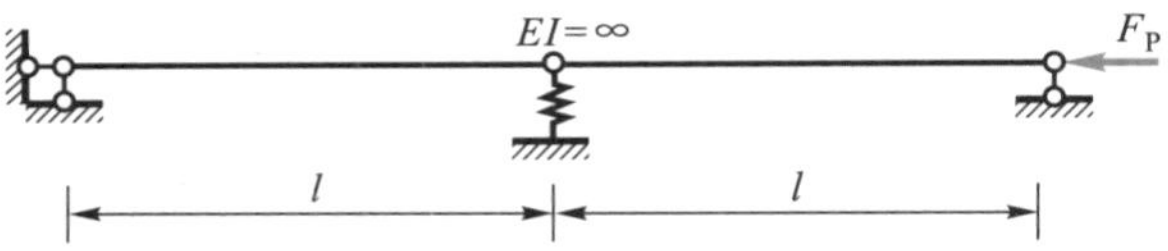

题 16-3 图

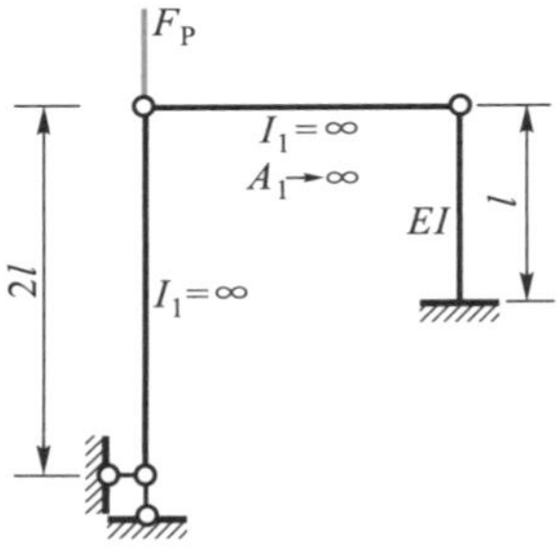

题 16-4 图

16-5　试用两种方法求图示结构的临界荷载 F_{Pcr}。设各杆 $I=\infty$，弹性铰相对转动的刚度系数为 k。

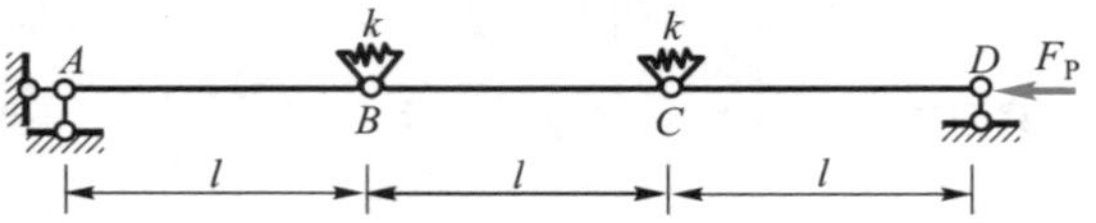

题 16-5 图

16-6　试用静力法求图示结构在下面三种情况下的临界荷载值和失稳形式：

(a) $EI_1=\infty$，$EI_2=$常数。

(b) $EI_2=\infty$，$EI_1=$常数。

(c) 在什么条件下，失稳形式既可能是(a)的形式，又可能是(b)的形式？

16-7　设图示体系按虚线所示变形状态丧失稳定，试写出临界状态的特征方程。

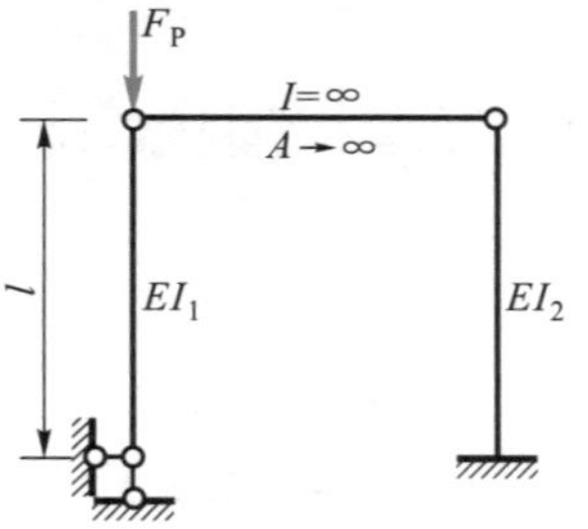

题 16-6 图

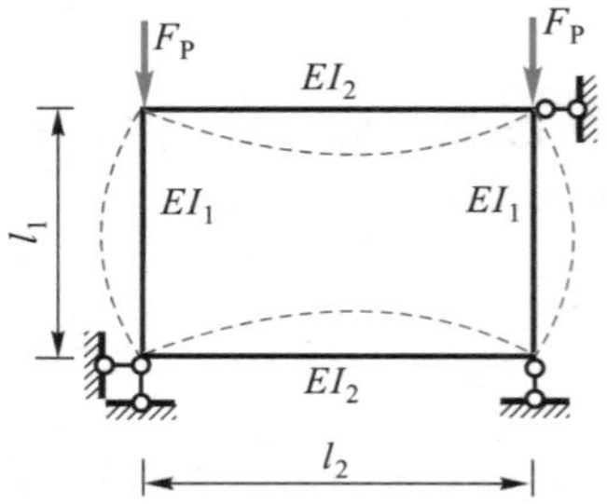

题 16-7 图

16-8　试写出图示体系丧失稳定时的特征方程。

16-9　试用静力法求图示压杆的临界荷载 F_{Pcr}。

16-10　试用能量法求临界荷载 F_{Pcr}，设变形曲线为

$$y=a\left(1-\cos\frac{\pi x}{2l}\right)$$

上半柱刚度为 EI_1，下半柱刚度为 $EI_2=2EI_1$。

16-11　试用能量法重做题 16-9。

16-12　试用能量法求图示变截面杆的临界荷载。

$$I=I_0\left(1+\sin\frac{\pi x}{l}\right)$$

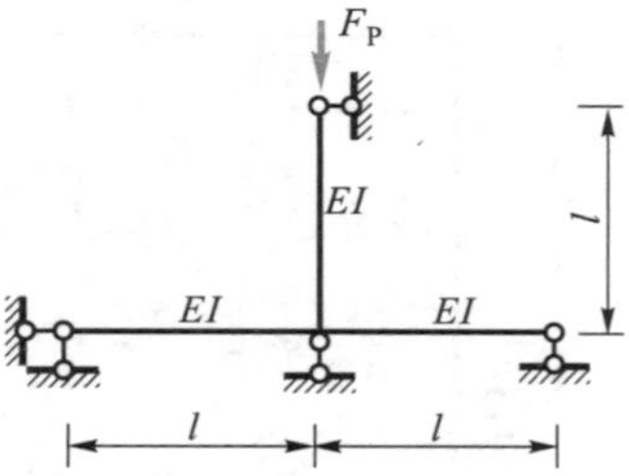

题 16-8 图

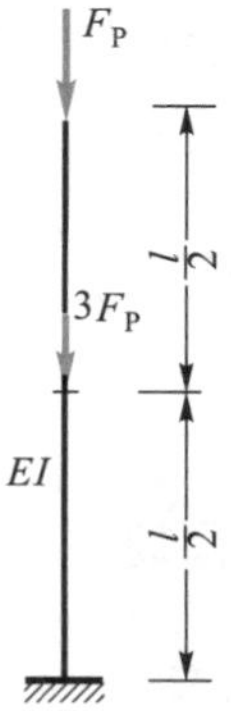

题 16-9 图

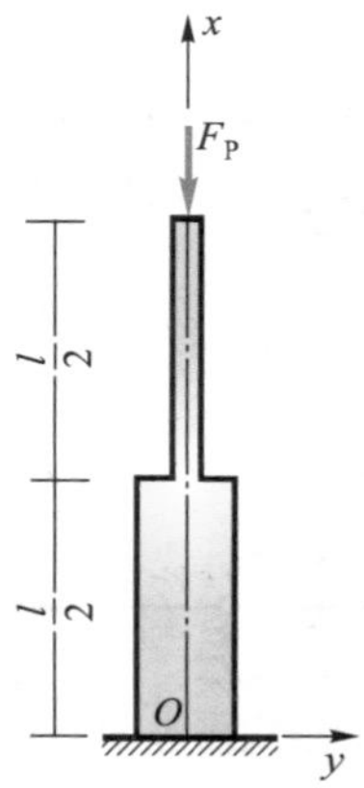

题 16-10 图

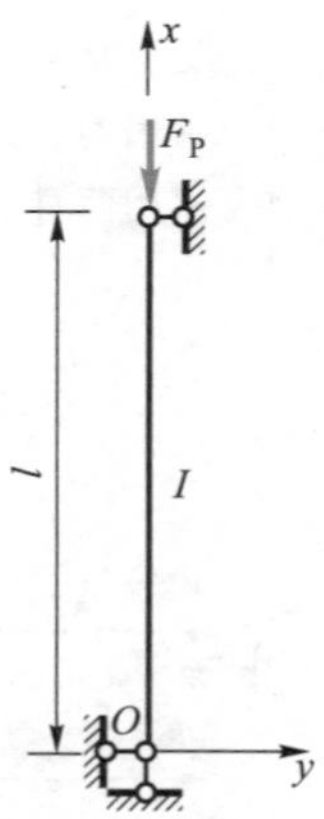

题 16-12 图

16-13　试用能量法求图示排架的临界荷载 F_{Pcr}。

提示：失稳时柱的变形曲线可设为 $y=a\left(1-\cos\dfrac{\pi x}{2H}\right)$

16-14　对于图示等截面压杆，试分别按图 a、b、c 划分的单元用有限元法计算临界荷载 F_{Pcr}，并分析其精确度。

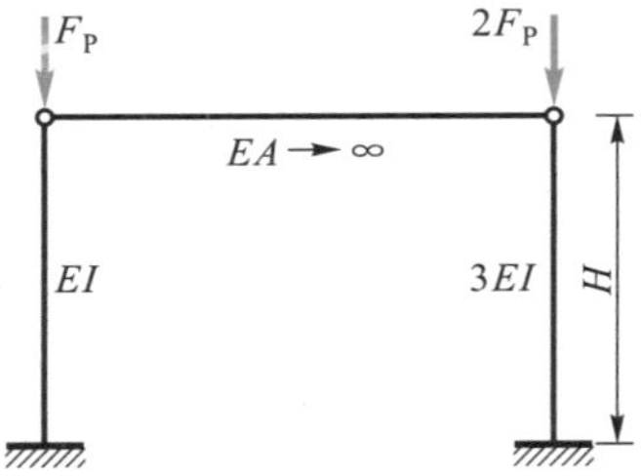

题 16-13 图

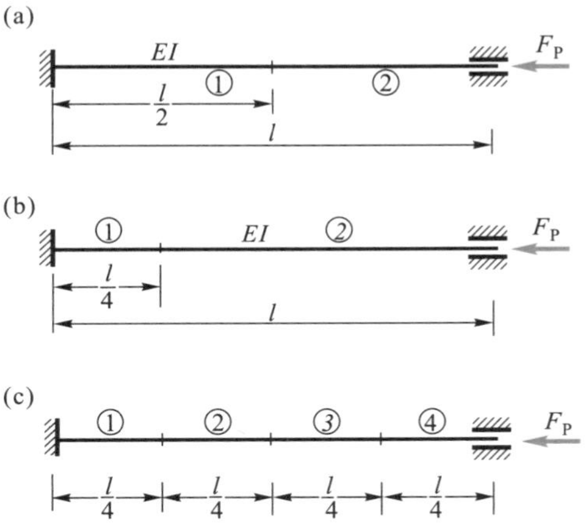

题 16-14 图

16-15　试用有限元法列出图示刚架的稳定方程。虚箭头及结点旁的数字为结点位移的编号。

16-16　试用有限元法列出图示刚架失稳时的稳定方程。虚箭头及结点旁的数字为结点位移的编号。

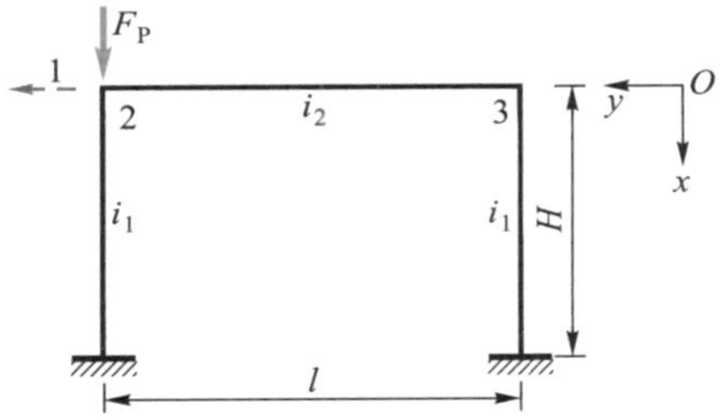

题 16-15 图

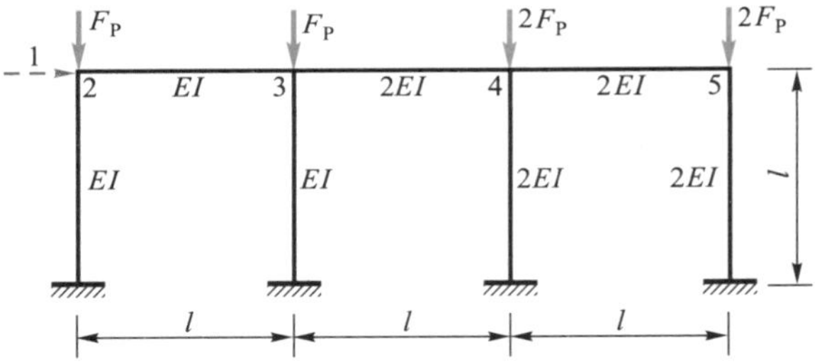

题 16-16 图

16-17　试写出在均匀静水压力作用下图示等截面无铰圆拱的特征方程。

16-18　试写出图示带横隔的圆环的特征方程，并求其临界荷载。

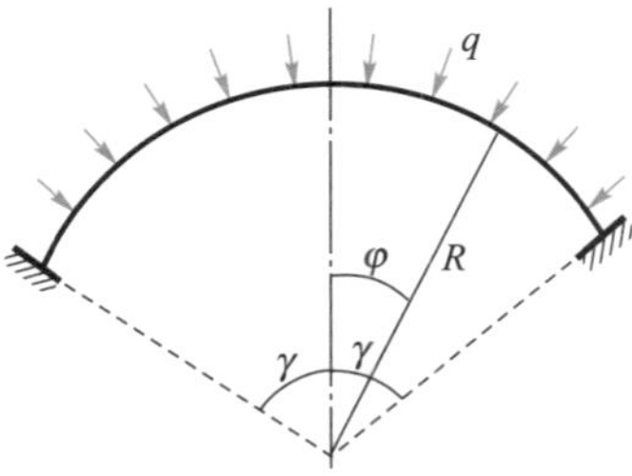

题 16-17 图

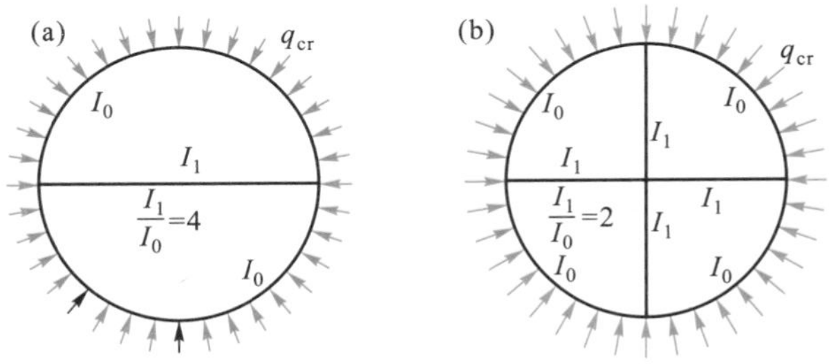

题 16-18 图

16-19　图示弹性支座等截面圆拱受静水压力作用，支座弹簧转动刚度为 k_θ。试求稳定方程。并讨论当 $k_\theta=0$ 及 $k_\theta\to\infty$ 时的情形。

16-20　试对图示受纵横荷载的压杆作二阶分析，并求与一阶分析（即 $F_N=0$ 时）结果相比时，最大侧移和最大弯矩的放大系数。

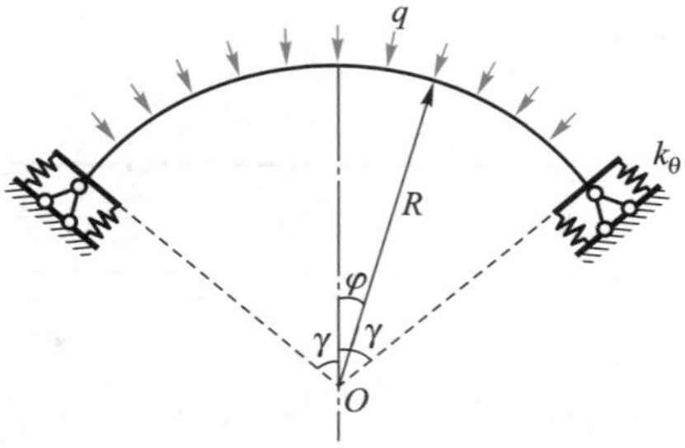

题 16-19 图

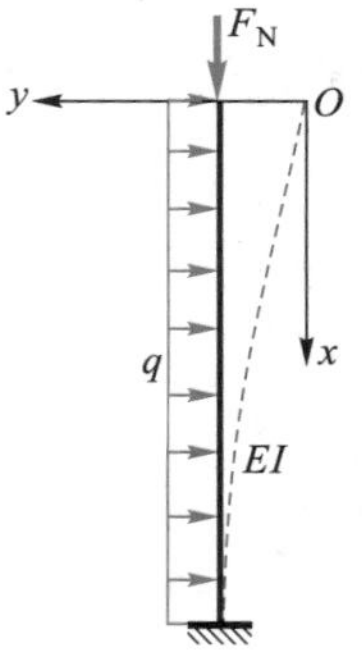

题 16-20 图

16-21　对例 16-12 的刚架，当荷载按下面取值时，对其作二阶分析，并将结果与一阶分析的结果作比较。

(a) $F_N=100$ kN，$F_P=10$ kN。

(b) $F_N=200$ kN，$F_P=10$ kN。

16-22　对例 16-12 的刚架，当 $F_P=10$ kN 时，求失稳时的临界荷载 F_{Ncr}。将计算过程和结果与例 16-8 的计算过程和结果相比较。从中可以得到什么启示？

16-23　试用求解器求解习题 16-8 的临界荷载和失稳模态。取 $l=1$ m，$EI=1$ kN · m²，$EA=10\ 000$ kN，误差限为 0.000 000 5。

16-24　试用求解器求解习题 16-16 的临界荷载和失稳模态。取 $l=1$ m，$EI=1$ kN · m²，$EA=10\ 000$ kN，误差限为 0.000 000 5。

第 17 章 结构的极限荷载

§17-1 概　　述

前面各章主要讨论结构的弹性计算。在计算中假设应力与应变间为线性关系，荷载全部卸除后结构没有残余变形。对于结构在正常使用条件下的应力和变形状态，弹性计算能够给出足够准确的结果。

利用弹性计算的结果，以许用应力为依据来确定截面的尺寸或进行强度验算，这就是弹性设计采用的作法。

弹性设计方法有一定的缺点。对于弹塑性材料的结构，特别是超静定结构，当最大应力到达屈服极限，甚至某一局部已进入塑性阶段时，结构并没有破坏，也就是说，并没有耗尽全部承载能力。弹性设计没有考虑材料超过屈服极限后结构的这一部分承载力，因而弹性设计是不够经济合理的。

塑性设计方法是为了消除弹性设计方法的缺点而发展起来的。在塑性设计中，首先要确定结构破坏时所能承担的荷载（即极限荷载），然后将极限荷载除以系数得出容许荷载，并以此为依据来进行设计。

为了确定结构的极限荷载，必须考虑材料的塑性变形，进行结构的塑性分析。

在结构塑性分析中，为了简化计算，通常假设材料为理想弹塑性材料，其应力-应变关系如图 17-1 所示。在应力 σ 到达屈服极限 σ_s 以前，应力-应变为线性关系，即 $\sigma=E\varepsilon$，如图中 OA 段所示。当应力到达屈服极限时，材料进入塑性流动状态，应力不再增加，而应变可继续增大，如图中 AB 段所示。如果塑性流动达到 C 点后发生卸载，则 ε 的减小值 $\Delta\varepsilon$ 与 σ 的减小值 $\Delta\sigma$ 成正比，其比值仍为 E，$\Delta\sigma=E\Delta\varepsilon$，如图中 CD 段所示，这里 $CD /\!/ OA$。由此看到，材料在加载与卸载时的情形不同：加载时是弹塑性的，卸载时是弹性的。还可看到，在经历塑性变形之后，应力与应变之间不再存在单值对应关系，同一个应力值可对应于不同的应变值，同一个应变值可对应于不同的应力值。要得到弹塑性问题的解，需要追踪全部受力变形过程。由于以上原因，结构的弹塑性计算比弹性计算要复杂一些。

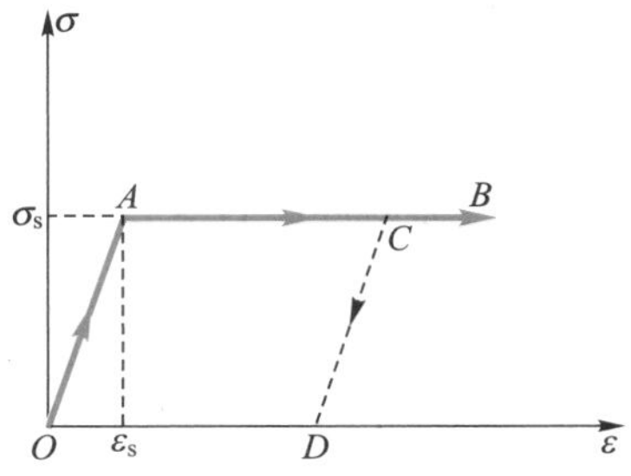

图　17-1

在本章中我们对结构弹塑性变形的发展过程不作全面的分析，而只是集中讨论梁和刚架的极限荷载，因而可用更简便的方法处理问题。

§ 17-2 极限弯矩、塑性铰和极限状态

我们以理想弹塑性材料的矩形截面梁(图 17-2)处于纯弯曲状态的情况为例,说明一些基本概念。

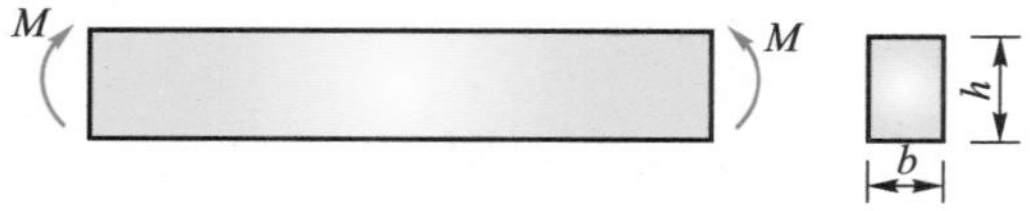

图 17-2

随着 M 的增大,梁会经历一个由弹性阶段到弹塑性阶段最后达到塑性阶段的过程。实验表明,无论在哪一个阶段,梁弯曲变形时的平面假定都是成立的。各阶段截面应力的变化过程如图 17-3 所示。图 17-3b 表示截面处于弹性阶段。这个阶段结束的标志是最外纤维处的应力到达屈服极限 σ_s,此时的弯矩

$$M_s = \frac{bh^2}{6}\sigma_s \tag{17-1}$$

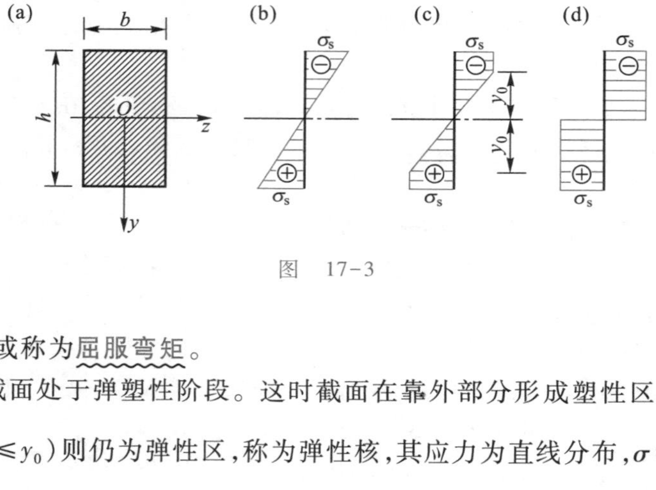

图 17-3

称为弹性极限弯矩,或称为屈服弯矩。

图 17-3c 表示截面处于弹塑性阶段。这时截面在靠外部分形成塑性区,其应力为常数,$\sigma = \sigma_s$;在截面内部($|y| \leqslant y_0$)则仍为弹性区,称为弹性核,其应力为直线分布,$\sigma = \sigma_s \dfrac{y}{y_0}$。

图 17-3d 表示截面达到塑性流动阶段。在弹塑性阶段中,随着 M 的增大,弹性核的高度逐渐减小,最后达到极限情形 $y_0 \to 0$。此时相应的弯矩为

$$M_u = \frac{bh^2}{4}\sigma_s \tag{17-2}$$

这个弯矩是该截面所能承受的最大弯矩,称为极限弯矩。

由式(17-1)和(17-2)看出,对于矩形截面,极限弯矩为弹性极限弯矩的 1.5 倍。

当截面达到塑性流动阶段时,在极限弯矩值保持不变的情况下,两个无限靠近的相邻截面可以产生有限的相对转角,这种情况与带铰的截面相似。因此,当截面弯矩达到极限弯矩时,这种截面可称为塑性铰。

如果加载至弹塑性阶段或塑性流动阶段后再行减载，由于减载时应力增量与应变增量仍保持直线关系，截面仍恢复其弹性性质。由此可得塑性铰的一个重要特性，塑性铰只能沿弯矩增大方向发生有限的相对转角；如果沿相反方向变形，则截面立即恢复其弹性刚度而不再具有铰的性质。因此，塑性铰是单向铰。

以上是就矩形截面进行讨论的。对于其他的截面形式，也可得出类似的结果。

图 17-4a 所示为只有一个对称轴的截面。下面指出要注意的一些问题。

在弹性阶段，应力为直线分布，中性轴通过截面的形心（图 17-4b）。

在弹塑性阶段，中性轴的位置将随弯矩的大小而变化（图 17-4c）。

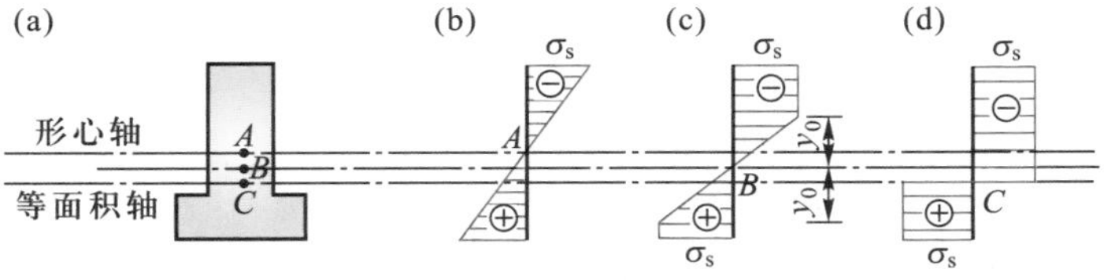

图 17-4

在塑性流动阶段（图 17-4d），受拉区和受压区的应力均为常量（σ_s 和 $-\sigma_s$）。根据平衡条件，截面法向应力之和应等于零，由此得

$$A_1 = A_2$$

这里，A_1 和 A_2 分别为受拉区和受压区的面积。由此可见，塑性流动阶段的中性轴应平分截面面积。此时可求得极限弯矩如下：

$$M_u = \sigma_s(S_1 + S_2) \tag{17-3}$$

这里，S_1 和 S_2 分别为面积 A_1 和 A_2 对等面积轴的静矩。

现在讨论梁在横向荷载下的弯曲问题，材料仍假设为理想弹塑性材料。通常，剪力对梁的承载能力的影响很小，可以忽略不计，因而前面在讨论纯弯曲时导出的关于截面的屈服弯矩 M_s 和极限弯矩 M_u 的结果在横向弯曲中仍可采用。

下面仍按照由弹性阶段到弹塑性阶段最后达到极限状态的过程进行讨论。

在加载初期，各个截面的弯矩均不超过弹性极限弯矩 M_s。再继续加载，直到某个截面的弯矩首先达到 M_s 时，弹性阶段便告终结。此时的荷载称为弹性极限荷载 F_{Ps}。

当荷载超过 F_{Ps}时，在梁中即形成塑性区。

随着荷载的增大，塑性区逐渐扩大。最后，在某截面处，弯矩首先达到极限值，形成塑性铰。对静定梁来说，此时结构已变为机构，挠度可以任意增大，承载力已无法再增加。这种状态称为极限状态，此时的荷载称为极限荷载，以 F_{Pu} 表示。梁的极限荷载可根据塑性铰截面的弯矩等于极限值的条件，利用平衡方程求出。

例 17-1 设有矩形截面简支梁在跨中承受集中荷载作用（图 17-5a），试求极限荷载 F_{Pu}。

解 由 M 图可知跨中截面的弯矩为最大，在荷载达到极限荷载时，塑性铰将在跨中截面形成，这里弯矩达到极限值 M_u（图 17-5b）。由静力条件，有

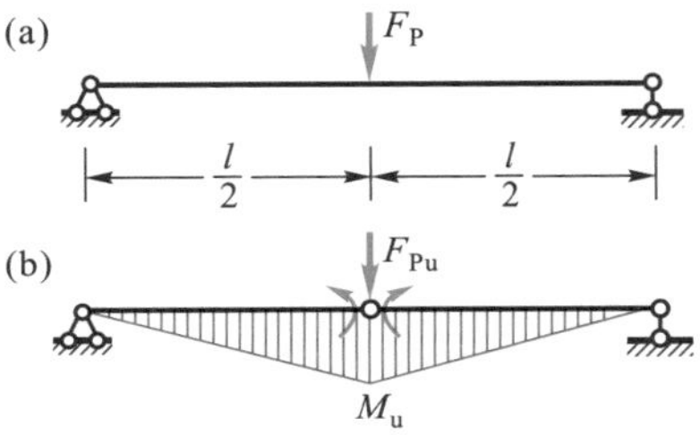

图 17-5

$$\frac{F_{Pu}l}{4}=M_u$$

由此得

$$F_{Pu}=\frac{4M_u}{l}$$

§17-3　超静定梁的极限荷载

1. 超静定梁的破坏过程和极限荷载的特点

从上节的讨论中得知，在静定梁中，只要有一个截面出现塑性铰，梁就成为机构，从而其承载能力达到极限值。

超静定梁由于具有多余约束，因此必须有足够多的塑性铰出现，才能使其变为机构，从而其承载能力达到极限值，这是与静定梁不同的。

下面用图 17-6a 所示等截面梁为例，说明超静定梁由弹性阶段到弹塑性阶段，直至极限状态的过程。

弹性阶段（$F_P \leqslant F_{Ps}$）的弯矩图如图 17-6b 所示，在固定端处弯矩最大。

当荷载超过 F_{Ps} 后，塑性区首先在固定端附近形成并扩大，然后在跨中截面也形成塑性区。此时随着荷载 F_P 的增加，弯矩图不断地变化，不再与弹性 M 图成比例。随着塑性区的扩大，在固定端截面形成第一个塑性铰，弯矩图如图 17-6c 所示。此时在加载条件下，梁已转化为静定梁，但承载能力尚未达到极限值。

当荷载再增加时，固定端的弯矩增量为零，荷载增量所引起的弯矩增量图相应于简支梁的弯矩图。当荷载增加到使跨中截面的弯矩达到 M_u 时，在该截面形成第二个塑性铰，于是梁即变为机构（具有一个自由度），而梁的承载力即达到极限值。此时的荷载称为极限荷载 F_{Pu}，相应的弯矩图如图 17-6d 所示。

极限荷载 F_{Pu} 可根据极限状态的弯矩图，由平衡条件推算出来。在图17-6d 中，连接 A_1B 线，三角形 A_1C_1B 应是简支梁在荷载 F_{Pu} 作用下的弯矩图，故跨中竖距 $C_2C_1=\frac{F_{Pu}l}{4}$；另一方面，$C_2C_1=CC_1+\frac{1}{2}AA_1=1.5M_u$，因此有

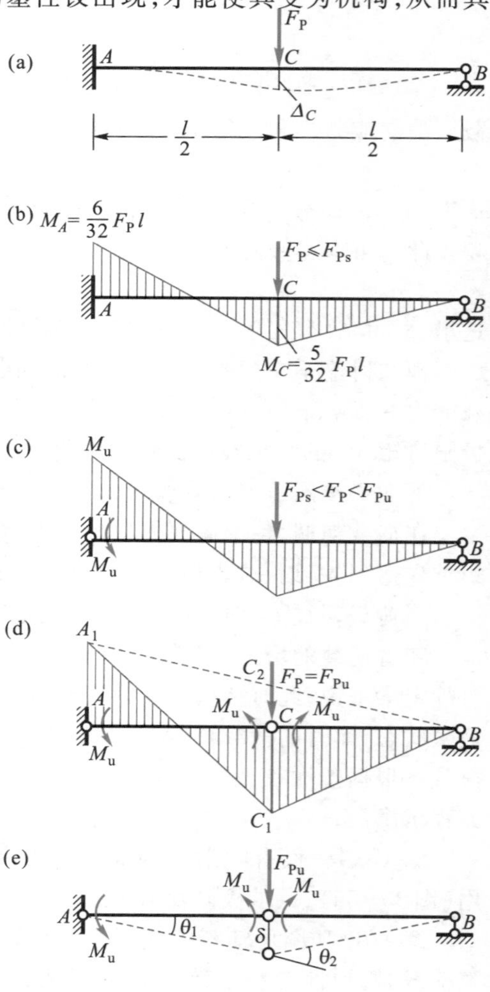

图　17-6

$$\frac{F_{\mathrm{Pu}}l}{4}=1.5M_{\mathrm{u}}$$

由此求得极限荷载

$$F_{\mathrm{Pu}}=\frac{6M_{\mathrm{u}}}{l} \tag{a}$$

另外,极限荷载 F_{Pu} 也可应用刚体体系虚功原理来求。图 17-6e 所示为破坏机构的一种可能位移,设跨中位移为 δ,则 $\theta_1=\frac{2\delta}{l}$,$\theta_2=\frac{4\delta}{l}$。此时,主动力除荷载 F_{Pu} 外,还包括塑性铰 A 和 C 处的杆端力矩 M_{u}。

由虚功方程

$$F_{\mathrm{Pu}}\delta-M_{\mathrm{u}}(\theta_1+\theta_2)=0$$

即得

$$F_{\mathrm{Pu}}=\frac{6M_{\mathrm{u}}}{l}$$

因此,同样得到式(a)中的结果。

由此看出,超静定梁的极限荷载只需根据最后的破坏机构应用平衡条件即可求出。这种求极限荷载的方法,称为极限平衡法。据此,可概括出超静定结构极限荷载计算的一些特点如下:

(1) 超静定结构极限荷载的计算无需考虑结构弹塑性变形的发展过程,只需考虑最后的破坏机构。

(2) 超静定结构极限荷载的计算,只需考虑静力平衡条件,而无需考虑变形协调条件,因而比弹性计算简单。

(3) 超静定结构的极限荷载,不受温度变化、支座移动等因素的影响。这些因素只影响结构变形的发展过程,而不影响极限荷载的数值。

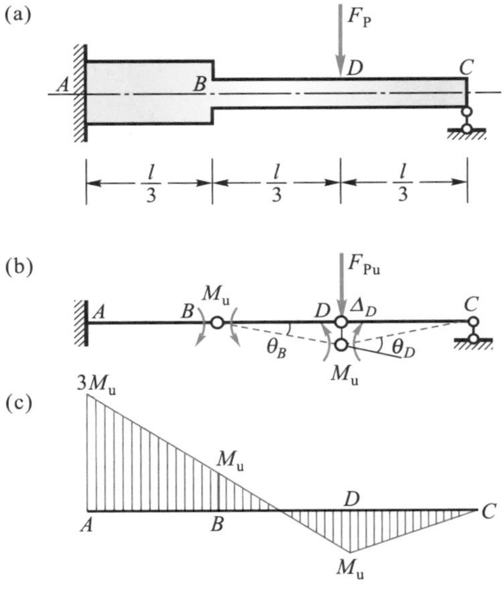

图 17-7

例 17-2 试求图 17-7a 所示变截面梁的极限荷载。

解 由于 AB 段和 BC 段的截面尺寸不同,因而极限弯矩也不同,设 AB 段为 M'_{u},BC 段为 M_{u}。此梁具有一个多余约束,其极限状态的破坏机构应出现两个塑性铰。对图 17-7a 所示的荷载,塑性铰可能出现的位置除了 A、D 截面外,也可能出现在截面突变处 B。也就是说,破坏机构的可能形式既与突变截面 B 的位置有关,也与极限弯矩的比值$\frac{M'_{\mathrm{u}}}{M_{\mathrm{u}}}$有关。

下面讨论不同破坏机构的实现条件及其相应的极限荷载。

(1) 当截面 D 和 B 出现塑性铰时的破坏机构

破坏机构如图 17-7b 所示,其中在截面 D 和 B 处,弯矩都达到极限值 M_{u},由此可画出 M 图如图 17-7c 所示，其中截面 A 的弯矩为 $3M_u$。如果这个弯矩值 $3M_u$ 已经超过截面 A 所能承受的极限弯矩 M'_u，则这个弯矩图不可能实现，因而这个破坏机构也不可能实现。由此得出这个破坏机构的实现条件是

$$M'_u \geqslant 3M_u$$

为了求此破坏机构相应的极限荷载，可对图 17-7b 所示的可能位移列出虚功方程

$$F_{Pu}\Delta_D = M_u\theta_B + M_u\theta_D$$

由于

$$\theta_B = \frac{3\Delta_D}{l}, \quad \theta_D = \frac{6\Delta_D}{l}$$

故求得极限荷载如下：

$$F_{Pu} = 9\frac{M_u}{l} \tag{b}$$

（2）当截面 D 和 A 出现塑性铰时的破坏机构

破坏机构如图 17-8a 所示，其中在截面 D 和 A 处弯矩分别达到各自的极限值 M_u 和 M'_u。由此可画出 M 图如图 17-8b 所示，其中截面 B 的弯矩为 $\frac{1}{2}(M'_u - M_u)$。如果这个弯矩值 $\frac{1}{2}(M'_u - M_u)$ 已经超过截面 B 所能承受的极限弯矩 M_u，即

$$\frac{1}{2}(M'_u - M_u) > M_u, \quad M'_u > 3M_u$$

则这个弯矩图不可能实现，因而这个破坏机构也不可能实现。由此得出这个破坏机构的实现条件是

$$M'_u \leqslant 3M_u$$

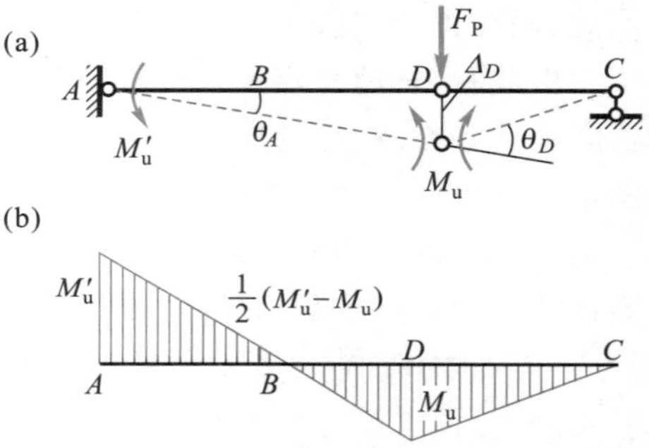

图 17-8

为了求此破坏机构相应的极限荷载，可对图 17-8a 所示的可能位移列出虚功方程

$$F_{Pu}\Delta_D = M'_u\theta_A + M_u\theta_D$$

由于

$$\theta_A = \frac{3\Delta_D}{2l}, \quad \theta_D = \frac{9\Delta_D}{2l}$$

故求得极限荷载如下：

$$F_{Pu} = \frac{3}{2l}(M'_u + 3M_u) \tag{c}$$

（3）讨论

如果 $M'_u = 3M_u$，则图 17-7b 和 17-8a 所示的破坏机构都能实现。这时 A、B、D 三个截面都出现塑性铰。这是处于上述两种情况的过渡状态，无论由式（b）或（c）都得到相同的结果：

$$F_{Pu} = 9\frac{M_u}{l}$$

2. 连续梁的极限荷载

现在讨论连续梁破坏机构的可能形式。设梁在每一跨度内为等截面，但各跨的截面可以彼此不同。又设荷载的作用方向彼此相同，并按比例增加。在上述情况下可以证明：连续梁只可能在各跨独立形成破坏机构（图 17-9a、b），而不可能由相邻几跨联合形成一个破坏机构（图 17-9c）。

事实上，如果荷载同为向下作用，则每跨内的最大负弯矩只可能在跨度两端出现。因此，对于等截面梁来说负塑性铰只可能在两端出现，故每跨内为等截面的连续梁，只可能在各跨内独立形成破坏机构。

根据这一特点，我们可先对每一个单跨破坏机构分别求出相应的破坏荷载，然后取其中的最小值，这样便得到连续梁的极限荷载。

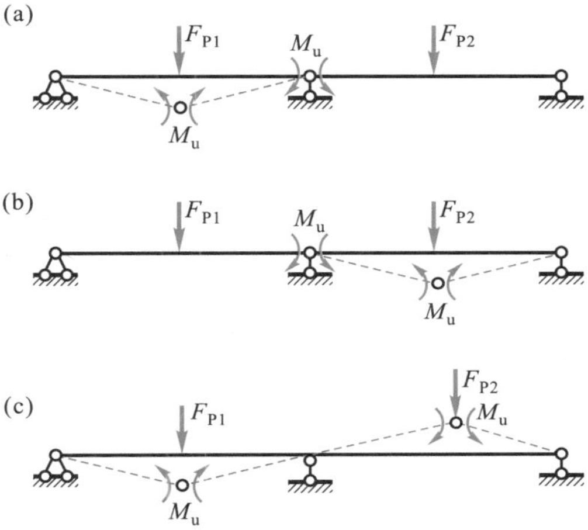

图　17-9

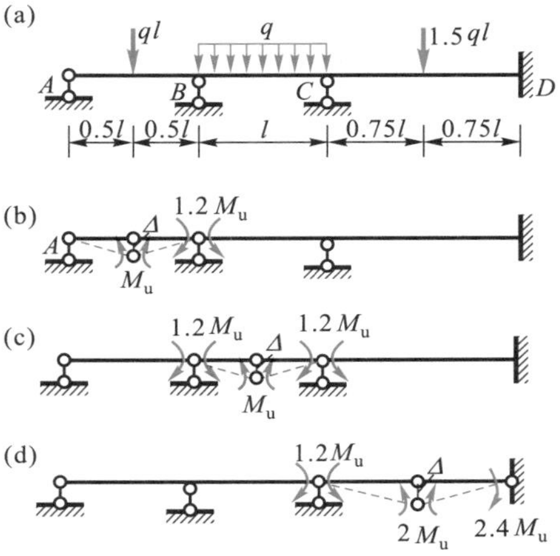

图　17-10

例 17-3　在图 17-10a 所示的连续梁中，每跨为等截面梁。设 AB 和 BC 跨的正极限弯矩为 M_u，CD 跨的正极限弯矩为 $M'_u=2M_u$；又各跨负极限弯矩为正极限弯矩的 1.2 倍。试求此连续梁的极限荷载 q_u。

解　先分别求出各跨独自破坏时的破坏荷载。

AB 跨破坏时（图 17-10b）：

$$ql\Delta=1.2M_u\theta_B+M_u(\theta_A+\theta_B)=1.2M_u\frac{\Delta}{0.5l}+M_u\left(\frac{\Delta}{0.5l}+\frac{\Delta}{0.5l}\right)$$

所以

$$q_{\mathrm{I}}=\frac{6.4}{l^2}M_u$$

BC 跨破坏时（图 17-10c）：

$$\frac{ql\Delta}{2}=1.2M_u\theta_B+1.2M_u\theta_C+M_u(\theta_B+\theta_C)=\frac{8.8}{l}\Delta M_u$$

所以

$$q_{\mathrm{II}}=\frac{17.6}{l^2}M_u$$

CD 跨破坏时(图 17-10d):

$$1.5ql\Delta=1.2M_u\theta_C+2.4M_u\theta_D+2M_u(\theta_C+\theta_D)=\frac{7.6}{0.75l}\Delta M_u$$

所以

$$q_{\mathrm{III}}=6.756\frac{M_u}{l^2}$$

比较以上结果,可知 *AB* 跨首先破坏,所以极限荷载为

$$q_u=6.4\frac{M_u}{l^2}$$

§ 17-4　比例加载时判定极限荷载的一般定理

现在讨论有关极限荷载的几个定理,并只讨论比例加载的情况。比例加载有两层意思:第一,所有荷载变化时都彼此保持固定的比例,整个荷载可用一个参数 F_P 来表示,即所有荷载组成一个广义力;第二,荷载参数 F_P 只是单调增大,不出现卸载现象。

我们结合梁和刚架这类主要抗弯的结构形式进行讨论,假设材料是理想弹塑性的,截面的正极限弯矩与负极限弯矩的绝对值相等,而且忽略轴力和剪力对极限弯矩的影响。

首先,我们指出结构的极限受力状态应当满足的一些条件:

(1) 平衡条件:在结构的极限受力状态中,结构的整体或任一局部都能维持平衡。

(2) 内力局限条件:在极限受力状态中,任一截面的弯矩绝对值都不超过其极限弯矩,即 $|M|\leqslant M_u$。

(3) 单向机构条件:在极限受力状态中,已有某些截面的弯矩达到极限弯矩,结构中已经出现足够数量的塑性铰,使结构成为机构,能够沿荷载方向(使荷载作正功的方向)作单向运动。

其次,我们引入两个定义:

(1) 对于任一单向破坏机构,用平衡条件求得的荷载值称为可破坏荷载,用 F_P^+ 表示。

(2) 如果在某个荷载值的情况下,能够找到某一内力状态与之平衡,且各截面的内力都不超过其极限值,则此荷载值称为可接受荷载,用 F_P^- 表示。

由上述定义可知,可破坏荷载 F_P^+ 只满足上述条件中的(1)和(3);可接受荷载 F_P^- 只满足上述条件中的(1)和(2)。而极限荷载则同时满足上述三个条件。由此可见,极限荷载既是可破坏荷载,又是可接受荷载。

下面给出四个定理及其证明。

(1) 基本定理:可破坏荷载 F_P^+ 恒不小于可接受荷载 F_P^-,即 $F_P^+\geqslant F_P^-$。

证明:取任一可破坏荷载 F_P^+,对于相应的单向机构位移列出虚功方程,得

$$F_P^+\Delta=\sum_{i=1}^{n}|M_{ui}|\cdot|\theta_i| \tag{a}$$

这里 n 是塑性铰的数目,M_{ui}和 θ_i 分别是第 i 个塑性铰处的极限弯矩和相对转角。根据单向机构条件,式(a)右边原应为 $M_{ui}\theta_i$,其值恒为正值,故可用其绝对值来表示。又 F_P^+ 和 Δ 均为

正值。

再取任一可接受荷载 F_P^-，相应的弯矩图称为 M^- 图。令此荷载及其内力状态经历上述机构位移，可列出虚功方程：

$$F_P^- \Delta = \sum_{i=1}^{n} M_i^- \theta_i \tag{b}$$

这里，M_i^- 是 M^- 图中对应于上述机构位移状态第 i 个塑性铰处的弯矩值。

根据内力局限条件

$$M_i^- \leqslant |M_{ui}|$$

可得

$$\sum_{i=1}^{n} M_i^- \theta_i \leqslant \sum_{i=1}^{n} |M_{ui}| \cdot |\theta_i|$$

将式(a)和(b)代入上式，由于 Δ 为正值，故得

$$F_P^+ \geqslant F_P^-$$

这就证明了基本定理。

由上述基本定理可导出下面三个定理。

(2) 唯一性定理：极限荷载值是唯一确定的。

证明：设存在两种极限内力状态，相应的极限荷载分别为 F_{Pu1} 和 F_{Pu2}。由于每个极限荷载既是可破坏荷载(F_P^+)，又是可接受荷载(F_P^-)，因此如果把 F_{Pu1} 看作 F_P^+，F_{Pu2} 看作 F_P^-，则有

$$F_{Pu1} \geqslant F_{Pu2}$$

反之，如果把 F_{Pu2} 看作 F_P^+，把 F_{Pu1} 看作 F_P^-，则有

$$F_{Pu2} \geqslant F_{Pu1}$$

由于以上两式要同时满足，因此有

$$F_{Pu1} = F_{Pu2}$$

这就证明了极限荷载值是唯一的。

应当指出，同一结构在同一广义力作用下，其极限内力状态可能不止一种，但每一种极限内力状态相应的极限荷载值则仍彼此相等。换句话说，极限荷载值是唯一的，而极限内力状态则不一定是唯一的。

(3) 上限定理（或称为极小定理）：可破坏荷载是极限荷载的上限；或者说，极限荷载是可破坏荷载中的极小者。

证明：因为极限荷载 F_{Pu} 是可接受荷载，故由基本定理即得

$$F_{Pu} \leqslant F_P^+$$

(4) 下限定理（或称为极大定理）：可接受荷载是极限荷载的下限；或者说，极限荷载是可接受荷载中的极大者。

证明：因为极限荷载 F_{Pu} 是可破坏荷载，故由基本定理即得

$$F_{Pu} \geqslant F_P^-$$

根据上限定理和下限定理，一方面可用来得出极限荷载的近似解，并给出精确解的上下限范围；另一方面也可用来寻求极限荷载的精确解。例如，如果我们可以完备地列出结构的各种可能的破坏机构，那么，从相应的各种可破坏荷载中取出其极小者便得到极限荷载的精确解。

唯一性定理可配合试算法来求极限荷载，我们每次选择一种破坏机构，并验算相应的可破坏荷载是否同时也是可接受荷载。经过几次试算后，如能找到一种情况，同时满足平衡条件、单向机构条件和内力局限条件，则根据唯一性定理，由此便得到极限荷载。

例 17-4　试求图 17-11a 所示梁在均布荷载作用下的极限荷载值 q_u。

解　当梁处于极限状态时，有一个塑性铰会在固定端 A 形成，另一个塑性铰 C 的位置则有待确定，可应用极小定理来求。

图 17-11b 所示为一破坏机构，其中塑性铰 C 的坐标为待定值 x。为了求出此破坏机构相应的可破坏荷载 q^+，可对图 17-11b所示的可能位移列出虚功方程：

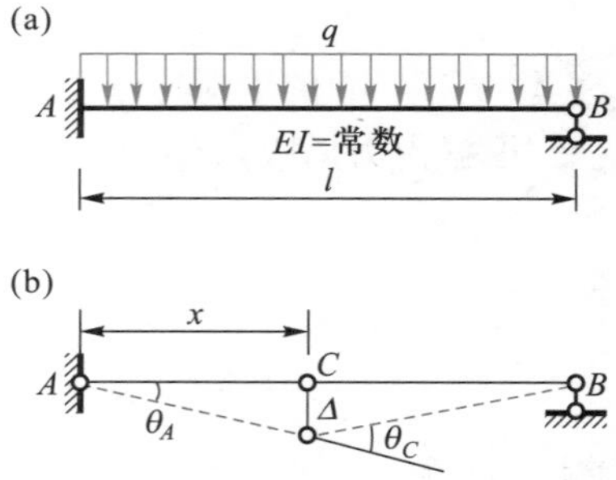

图　17-11

$$q^+\frac{l\Delta}{2}=M_u(\theta_A+\theta_C)$$

由于

$$\theta_A=\frac{\Delta}{x},\quad \theta_C=\frac{l\Delta}{x(l-x)}$$

故得

$$q^+=\frac{2l-x}{x(l-x)}\frac{2M_u}{l}$$

为了求 q^+的极小值，令$\frac{dq^+}{dx}=0$，得

$$x^2-4lx+2l^2=0$$

其两个根为

$$x_1=(2+\sqrt{2})l,\quad x_2=(2-\sqrt{2})l$$

弃去 x_1，由 x_2 求得极限荷载为

$$q_u=\frac{2\sqrt{2}}{3\sqrt{2}-4}\frac{M_u}{l^2}=11.7\frac{M_u}{l^2}$$

例 17-5　设有一 n 跨连续梁，每跨均为等截面梁，但各跨截面可不相同。试证明此连续梁的极限荷载就是每个单跨破坏机构相应的可破坏荷载中间的最小者。

证　分别考虑 n 个单跨破坏机构，求出相应的 n 个可破坏荷载 $q_1^+,q_2^+,\cdots,q_n^+$，设其中以 q_k^+ 为最小。

为了证明 q_k^+ 是极限荷载，我们应用唯一性定理。显然 q_k^+ 是一种可破坏荷载，因此还需证明 q_k^+ 同时又是可接受荷载，即需证明在 q_k^+ 作用下有可能存在一个可接受的 M 图，在任一截面上，M 的绝对值均不超过 M_u。事实上，这样的 M 图确实是存在的。例如，我们可设各支座弯矩等于 $-M_u$（如果相邻两跨的 M_u 值不相等，则取其中的较小值），然后根据平衡条件即可画出在 q_k^+ 作用下各跨的 M 图。由于 q_k^+ 是所有单跨破坏荷载中的最小者，因此在这样画出的各跨 M 图中，任一截面的 M 都不会超过$+M_u$ 值。这就是说，这个 M 图确是一个可接受的 M 图，因而 q_k^+ 确是一个可接受荷载。根据唯一性定理，q_k^+ 就是极限荷载。

*§ 17-5 刚架的极限荷载——增量变刚度法

刚架极限荷载的求法很多①,本节介绍一种适合于用计算机求解的,以矩阵位移法为基础的增量变刚度法,简称为增量法或变刚度法。本节内容请扫二维码阅读。

*§ 17-6 用求解器求极限荷载

求解器可以计算一般平面结构的极限荷载并能静态或动画显示破坏机构的单向运动模态。荷载可以是集中荷载或者均布荷载。由于极限荷载和各个杆件刚度无关,因此可以不输入杆件刚度(当然输入也无妨)。计算结果还给出了塑性铰的个数和精确位置。

本节具体介绍了求解器的这些功能,详细内容可扫二维码阅读。

§ 17-7 小　　结

本章讲解的极限荷载是设计工作中要用到的一个重要概念。首先介绍了截面的极限弯矩、塑性铰和极限状态,然后比较具体地分析了超静定梁和刚架结构的极限荷载的求法。

比例加载时判定极限荷载的一般定理是计算极限荷载的理论依据,一共有四个定理,要求了解它们的应用条件。

关于刚架极限荷载的计算方法,除可采用本章介绍的增量变刚度法之外,还可采用机构法、试算法、机构叠加法等方法。这些方法可在参考文献中查到。

§ 17-8 思考与讨论

§ 17-1、§ 17-2 思考题

17-1 说明求给定截面极限弯矩的步骤。

17-2 说明塑性铰与普通铰的区别。

17-3 试求图示等截面伸臂梁的极限荷载(截面极限弯矩为 M_u)。

§ 17-3 思考题

17-4 一个 n 次超静定梁必在出现 $n+1$ 个塑性铰后发生破坏,这一结论是否正确?为什么?

17-5 为什么说超静定结构的极限荷载值不受温度变化、支座移动等因素的影响?

17-6 连续梁只可能在各跨独立形成破坏机构,这一结论适用的条件是什么?

---

① 可参看龙驭球、包世华主编,结构力学,下册,第二版,高等教育出版社,1996 年。

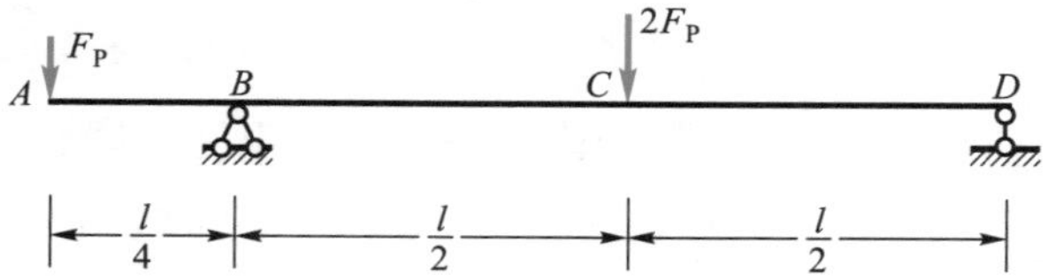

思考题 17-3 图

17-7 用虚功法求极限荷载时，虚功方程中为什么不计入弹性变形对应的虚功？

§ 17-4 思考题

17-8 什么叫可破坏荷载和可接受荷载？它们与极限荷载的关系如何？

* **§ 17-5 思考题**

17-9 本节使用的以矩阵位移法为基础的增量变刚度法求刚架的极限荷载与用矩阵位移法对刚架进行弹性计算有什么不同？

习 题

17-1 验证：(a) 工字形截面的极限弯矩为 $M_u=\sigma_s bh\delta_2\left(1+\frac{\delta_1 h}{4b\delta_2}\right)$。

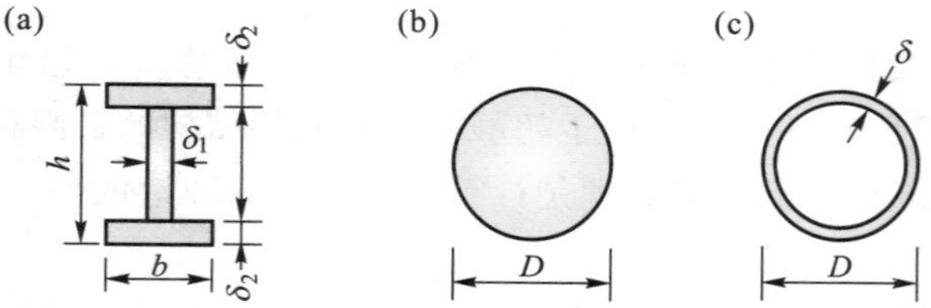

题 17-1 图

(b) 圆形截面的极限弯矩为 $M_u=\sigma_s\frac{D^3}{6}$。

(c) 环形截面的极限弯矩为 $M_u=\sigma_s\frac{D^3}{6}\left[1-\left(1-\frac{2\delta}{D}\right)^3\right]$。

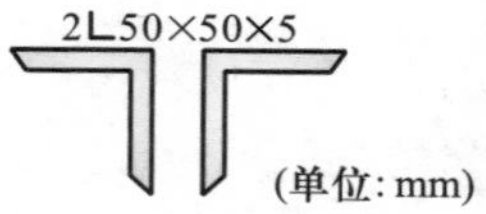

题 17-2 图[①]

17-2 试求图示两角钢截面的极限弯矩 M_u。设材料的屈服应力为 σ_s。

17-3~17-5 试求图示各梁的极限荷载。

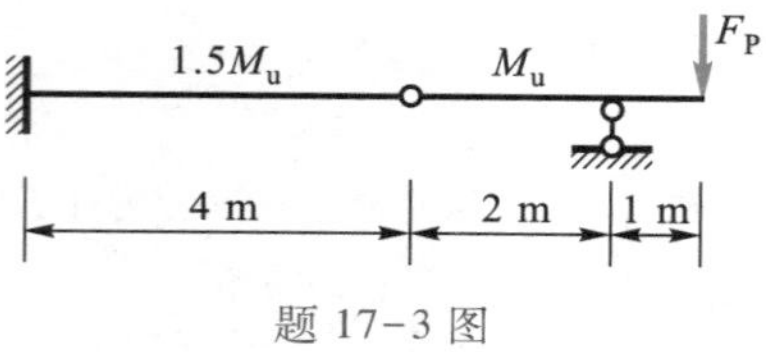

题 17-3 图

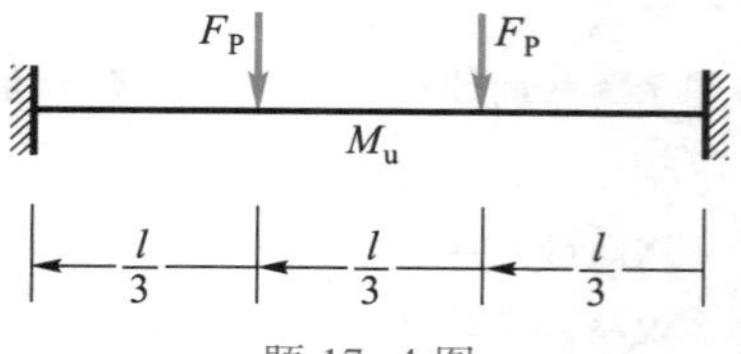

题 17-4 图

① 按有关制图标准规定，图中尺寸单位为 mm 者可以不标注。以下类同。

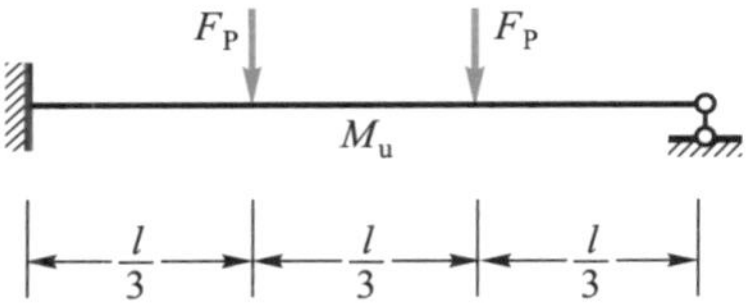

题 17-5 图

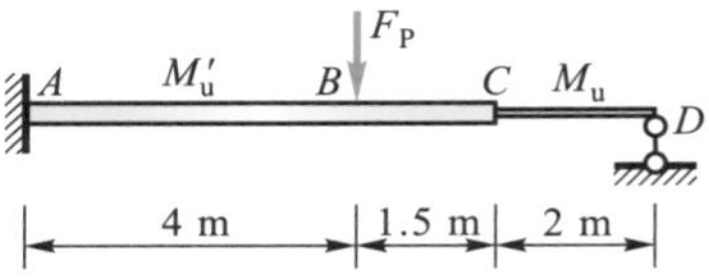

题 17-6 图

17-6 试求图示变截面梁的极限荷载及相应的破坏机构，设：

(a) $\frac{M'_u}{M_u}=2$；

(b) $\frac{M'_u}{M_u}=1.5$。

17-7～17-9 试求图示连续梁的极限荷载。

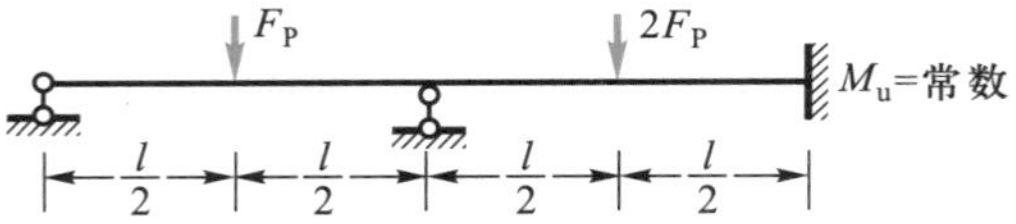

题 17-7 图

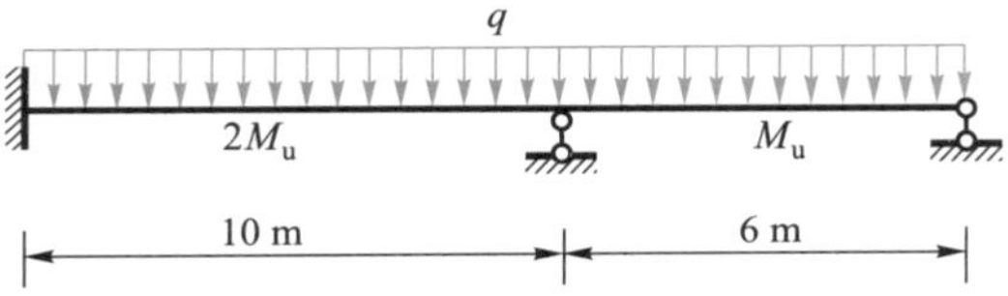

题 17-8 图

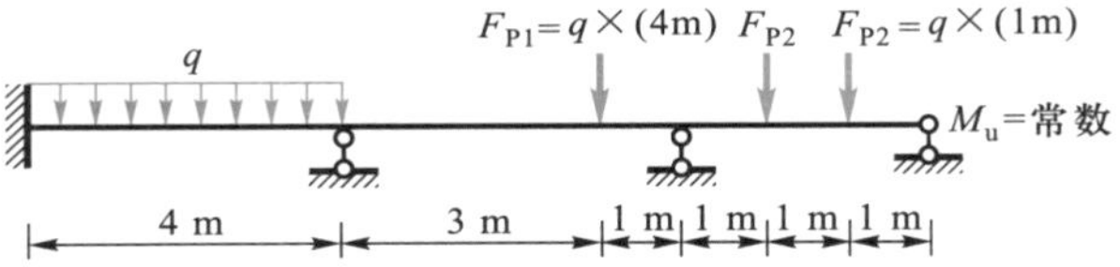

题 17-9 图

17-10～17-13 试求图示刚架的极限荷载。

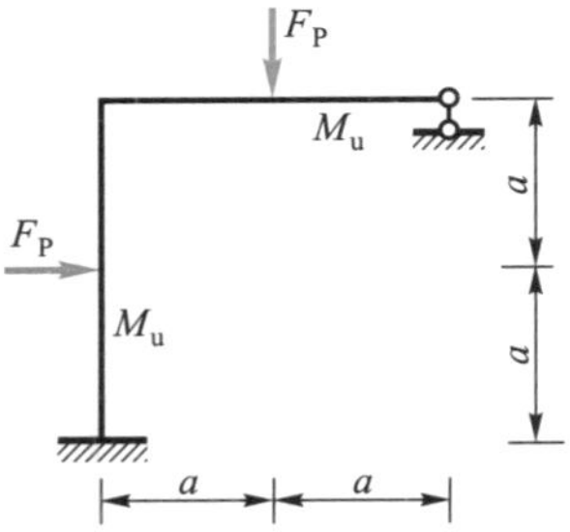

题 17-10 图

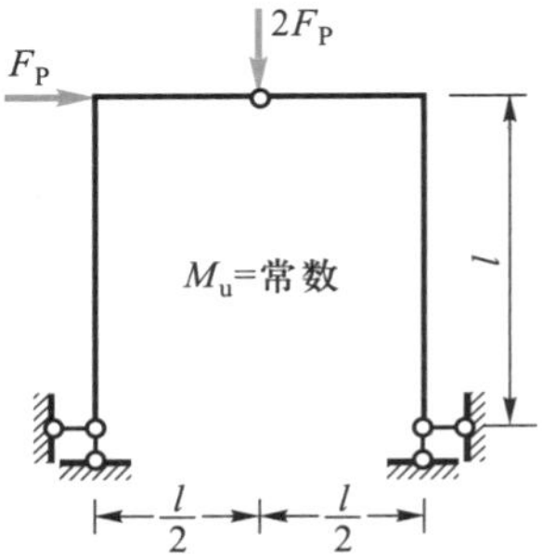

题 17-11 图

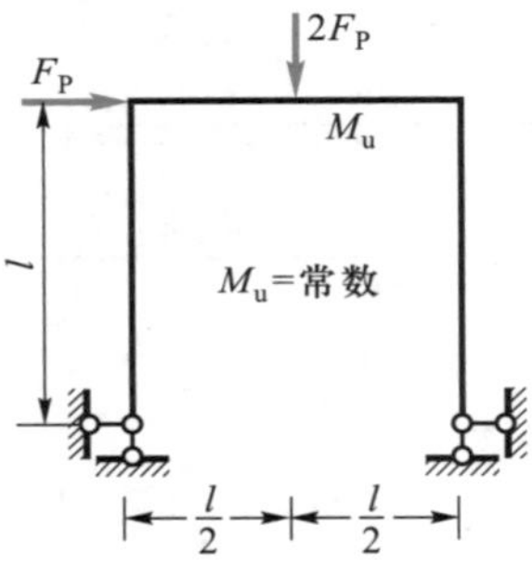

题 17-12 图

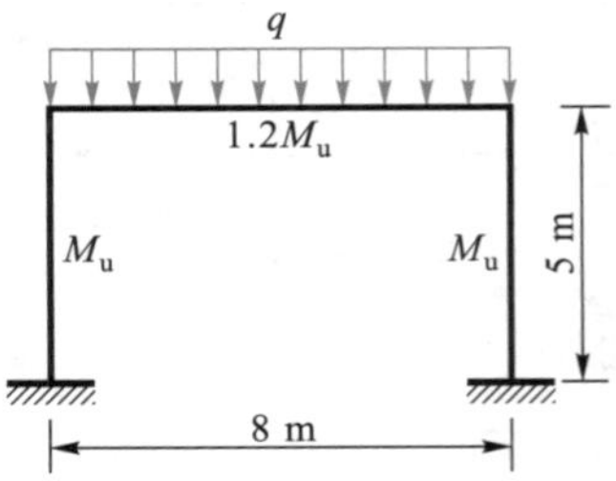

题 17-13 图

17-14　图示等截面梁极限弯矩为 M_u，在均布荷载 q 作用下欲使正负弯矩最大值均达到 M_u。试确定弯矩图零点 C 的位置及相应的极限荷载。

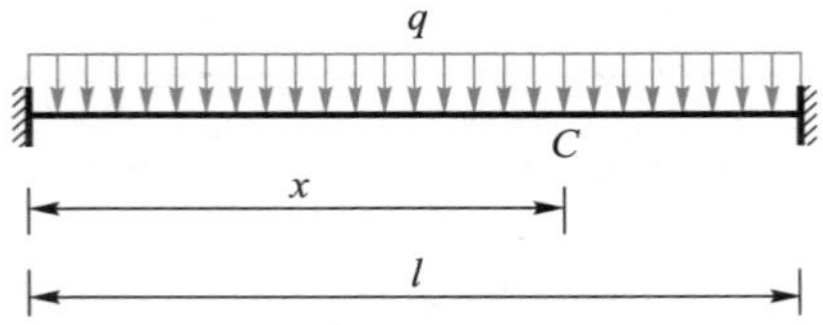

题 17-14 图

***17-15**　试用求解器求解习题 17-10～17-13 的极限荷载和破坏机构模态。

***17-16**　试用求解器求解图示刚架的极限荷载，各杆 $M_u = 1\ \text{kN} \cdot \text{m}$。

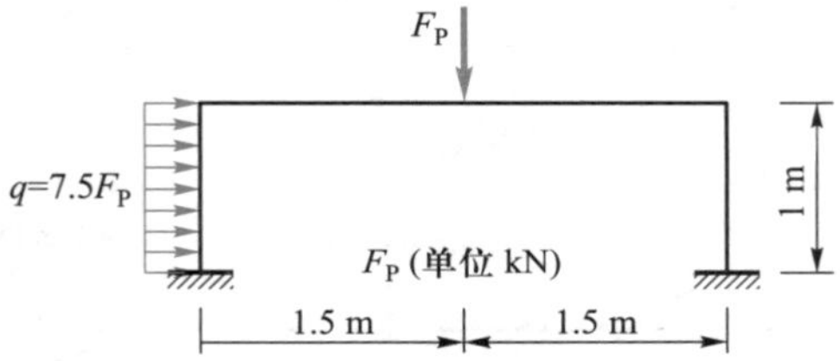

题 17-16 图

第 18 章 结构力学与方法论

本章把全书中富有启发性的力学算法技巧从方法论的高度加以阐释，力求把结构力学从“技”提高到“道”。希望对提高科学素质有所裨益。

本章分为两部分。前面两节是第一部分，结合静定结构和超静定结构算法中的典型实例，论述其中蕴含的方法论。后面五节是第二部分，比较详细地讨论结构力学方法论中的三类常用方法及其九种运用形式（三法九式），并将之统称为“结构力学之道”。

§18-1 静定结构算法中蕴含的方法论

本节从结构计算简图（建模法）及静定结构各种算法中挑出四个实例，把其中蕴含的方法论进行典型分析。

（1）实例 1 结构计算简图的选取方法——分清主次，分合法的范例。

（2）实例 2 隔离体方法——转化搭桥，过渡法的范例。

（3）实例 3 受力分析与构造分析之间的对偶关系——对偶呼应，对比法的范例。

（4）实例 4 内力影响线的机动作法——交叉比拟，对比法的另例。

1. 结构计算简图（建模法）——分清主次，分合法的范例

建模是指建立理想模型，如建立数学模型，建立物理模型，建立力学模型（质点、刚体、弹性固体等都是基本的力学模型），建立结构计算简图（理想支座、理想结点、理想轴线、理想桁架等）。

模型是原型的理想化。建模法的要点是：善于抓住原型中起主要作用的因素，摒弃或暂时摒弃一些次要因素。也就是要善于分析综合，分清主次（分析），剪枝留干（综合），达到简化和逼真的双重目的。

简化是化繁为简，化难为易。逼真是反映原型的本质特征。逼真有形似与神似之分。形似只停留在表面现象，神似才深入到核心和本质。

举例来说，钢桁架的结点构造实际上是焊接或铆接，形式上更似刚结点。而采用理想铰结桁架的计算简图却反映了桁架受力的本质特征。这就是不求形似而求神似的典型例子。

选取结构计算简图是进行结构力学计算的第一步，而且是影响全局的第一步。这是结构力学的一项基本功，在以后的课程学习和工程实践中还要继续学习和提高。

培养分析综合能力是方法论学习中的一个重要方面。在建模中要学会分清主次和剪枝留干的方法，这是分析综合方法的一种运用形式。在结构力学中还要学习化整为零和积零为整的方法，这是分析综合方法的另一种运用形式。

2. 隔离体方法——转化搭桥,过渡法的范例

求静定结构约束力(内力、支座反力)的基本方法是隔离体法,即人为地截断约束,取出隔离体,建立平衡方程,解出约束力的作法。

初学隔离体法时往往感到不习惯,好端端的一个结构干吗要人为地去截断、去隔离呢?后来虽然用惯了,也往往不从方法论角度去深入探究。实际上,这体现了认识论的一个基本观点:要用对比联系、过渡转化的观点来认识事物。如果孤立地、静止地去看,往往是看不清楚的。

静定结构中的约束力藏在约束里面。为了了解它,求解它,先要截断相应的约束,把约束力暴露出来,由隐藏的力变为可以主动变化的"变力"。隔离体是截断约束后从结构中隔离出来的自由刚体(或刚体体系),在"变力"作用下,隔离体的"表现"一般是处于不平衡状态,然后进行对比,认出由不平衡到平衡的转化条件,建立起平衡方程,最后求出约束力。因此,隔离体法是暴露、对比、过渡、转化的方法。或者说,是"欲擒故纵"法。要抓住约束力,先要故意放纵它,让它变,让它表现,然后从不平衡表现的对比中才能认出平衡条件,把它抓出来。

3. 受力分析与构造分析之间的对偶关系——对偶呼应,对比法的范例

静定结构的全部约束力(内力和支座反力)都可以由平衡方程组求出它们的解答。问题是可解的。

我们不仅关心平衡方程组的可解性,更关心求解工作的高效率。要解得快,尽量不解或少解联立方程。最理想的情况是:每建立一个新的平衡方程时,只出现一个新的未知力。这就需要对隔离体的选取方式和选取顺序进行优化。

参考书里有些隔离体选取得非常巧妙,受到读者的赞赏,甚至觉得这种奇思妙法很难学会,不免发出"可至而不可学"的感叹!我们不应当把隔离体的优选问题比喻为猜谜语的智力测验,而应当找出它的规律,成为有法可循和"可至而又可学"的学问。

这个规律其实很简单:根据结构的组成顺序来确定隔离体的截取顺序,截取隔离体和去约束的过程应当与几何组成和加约束的过程正好相反,两个过程互为逆过程。概括地说,就是"后搭的先拆"。

后搭的先拆。应用这个规律的典型例子可列举如下:

静定多跨梁　截取隔离体的顺序是:先附属部分,后基本部分。

简单桁架　取结点为隔离体,截取结点的顺序与桁架组成时添加结点的顺序相反。

联合桁架　如果联合桁架是用三根连接杆把两个简单桁架联合而成,则应先用截面法求出这三根连接杆的轴力,再按结点法分别求两个简单桁架的轴力。

复杂桁架　如果替换一根杆就可以把复杂桁架变成简单桁架,则应先用代替杆法求出该被替换杆的轴力,然后用结点法求其余杆的轴力。

上面把选取隔离体的作法上升为规律性的认识。这个认识来源于对静力分析和构造分析二者之间的融会贯通,来源于运用二者之间存在着的对偶关系。正是由于采用了对比联系的方法,才使我们对受力分析方法有了更深的理解和掌握,而不再停留在猜谜语的被动境地。

结构力学中有不少对偶关系。例如,虚位移方程与虚力方程之间,单位荷载法与单位位移法之间,力法与位移法之间都存在对偶关系。

4. 内力影响线的机动作法——交叉比拟,对比法的另例

作静定结构指定约束力(内力、支座反力)的影响线,这是一个纯粹的静力平衡问题。

求解静力问题最直接的方法当然是静力法。这是一种直来直去的方法。但是,直来直去的方法并不总是最简捷的方法,有时采用迂回侧击、交叉比拟的方法反而更有效。

内力影响线的机动法就是一种巧妙的交叉比拟法。本来是一个静力问题,这里却用比拟方法把它变成一个作位移图的几何问题(令指定约束发生单位位移或广义位移,然后作结构承载点的竖向位移图),从而开辟出一条用几何方法处理静力问题的新路子。这是一种"智取法"。这个"智"来源于内力影响线与位移图之间的比拟关系,静力法与几何法之间的交叉替代。其理论基础是虚功原理。

虚功是力和位移二者的乘积和综合量。虚功方程是静力方程和位移协调方程二者的综合形式。应用虚功方程可以用几何方法来解静力问题(如上所述),也可以用静力方法来解几何问题(如零载法进行构造分析,单位荷载法求位移)。正的,反的,两种交叉都有用。

交叉比拟是一种常用的方法,有特色,有灵气。

§ 18-2 超静定结构算法中蕴含的方法论

本节从超静定结构各种算法中挑出四个实例,把其中蕴含的方法论进行典型分析。

(1) 实例 5 力法的策略——转化搭桥,过渡法的范例。

(2) 实例 6 位移法的策略——拆了再搭,分合法的范例。

(3) 实例 7 力法、位移法与余能法、势能法之间纵横交错的四副对联——对偶呼应,对比法的范例。

(4) 实例 8 博采众长的混合法——杂交混合,分合法的另例。

1. 力法的策略——转化搭桥,过渡法的范例

力法中包含着不少策略思想。

最主要的策略是过渡策略。目标是解超静定问题,策略是由静定向超静定的过渡。这就是由此及彼、由故及新、由已知领域走向未知领域的策略。

从过渡策略这个视角,现对力法的三基环节(基本未知量、基本体系、基本方程)加以回顾:

力法基本未知量——从静定过渡到超静定时新出现的关键未知量。求解它的问题是过渡中新出现的关键问题。除此之外,其余的问题都是老问题,都是在静定结构已知领域里早已研究过的问题。这个新的关键问题一旦解决了,超静定结构问题就迎刃而解了。这里,采用的过渡,是从静定结构已有平台开始,向超静定结构新平台的过渡,而不是从零开始。这里只需解决两个平台之间的新问题,其余的老问题全都交给已有平台去处理,从而收到起点高、台阶小、目标集中的效果,起聚焦作用。

力法基本体系——从静定过渡到超静定的桥梁。桥梁的特点是一端连接已知领域,另一端连接新领域。力法基本体系中把多余未知力看作变力 $\boldsymbol{X}$。令变力 $\boldsymbol{X}$ 等于零时,它代表静定结构,这是一端(始端)。令变力 $\boldsymbol{X}$ 等于原超静定结构的真值 $\overline{\boldsymbol{X}}$ 时,它代表原超静定结构,这是另一端(终端)。静定问题与超静定问题之间本来存在一个"天堑",建立起力法基本体系之后,才变成了"通途"。要过渡,先要搭桥。

力法基本方程——由基本体系过渡到原超静定结构时的转化条件。当变力 $\boldsymbol{X}$ 变化时,力法基本体系的变形经历一个变化过程，一般处于变形不协调状态（在去掉多余约束处存在不协调的位移）。只有当达到过程的终端（$\boldsymbol{X}=\overline{\boldsymbol{X}}$），基本体系转化为原超静定结构时，变形才处于协调状态。因此，变形协调方程是基本体系转化为原超静定结构的转化条件，也就是经由“桥梁”抵达新平台的标志条件。这个条件只有原超静定结构才满足，而基本体系一般是不满足的，因此称为力法基本方程。正是根据基本方程才能求解基本未知量，才能求出原超静定结构多余约束力的值 $\overline{\boldsymbol{X}}$。归结起来，应用过渡法建立基本方程的要点如下：

把不变量化为变量，把状态化为过程。

由过程抓转化条件，建立起基本方程。

这正是建立力法基本方程时采用的作法，也是应用过渡法建立隔离体平衡方程和位移法基本方程时采用的作法。

以上结合力法谈到过渡法的三个方面：聚焦、搭桥、转化。展开来说：选择适当的已知平台作为出发点，起聚焦作用；将不变量化为变量，在已知平台与新平台之间搭起桥梁；在向新平台过渡的过程中，看准抵达新平台的标志，建立转化条件，作为求解新问题的基本方程。

过渡法的一般思路是共同的，但具体的过渡形式可有多种选择。以力法为例，除常用形式外，在前面章节中还提到两种其他形式。

第一，在 §10-1 中提到，在力法中通常使用静定的基本结构，但也可以使用超静定的基本结构。从过渡法的角度来看，这两种作法都是可行的。因为力法中的基本结构是为了研究超静定结构而选取的已知平台。关键是已知——已经知道了它的计算方法和有关公式，至于是不是静定结构，并不重要。

第二，力法基本体系内力表示式

$$M=\sum_{i=1}^{n}\overline{M}_iX_i+M_{\mathrm{P}}$$

中的 $\overline{M}_i$ 和 M_{P}，通常是由同一个基本结构求得的，但也可以由不同的基本结构求得。从过渡法的角度来看，这两种作法都是可行的。因为我们对力法基本体系的唯一要求是它能够代表和转化为原超静定结构，对力法基本体系内力表示式的唯一要求是它能够正确地、完备地代表原超静定结构的各种静力可能内力，至于它是由何种方式求得的，并不重要。

2. 位移法的策略——拆了再搭，分合法的范例

在卷 I 第 7 章对位移法讲了两种彼此相通、大同小异的作法，即引入和不引入基本体系的两种作法，其中贯穿了两种策略思想。

首先，在 §7-5 中讲的是引入位移法基本体系的作法。这种作法与力法形成对偶，因而也可列为应用过渡法的另一个范例。一副对偶的双方，往往是相反相成的。在力法与位移法的对比中，可以经常看到反向思维的有趣现象：选取基本未知量时，力法选取的是力（多余约束力），位移法选取的是位移（独立的结点位移）。选取基本结构时，力法采取的手段是去约束（切断多余约束），位移法采取的手段是加约束（另加约束以控制独立的结点位移）。由基本体系向原结构过渡时，力法是先切后连（把多余约束先切断，然后再连上，从而使结构恢复原状），位移法是先锁后松（把附加约束先锁住，然后再放松，从而使结构恢复原状）。前面已经详细阐述了力法中的过渡策略，建议读者根据对偶关系和反向思维这个线索，自行总结位移法中的过渡策略。这里不再细说。

下面,着重阐述位移法包含的另一个策略思想——分合法。分成 5 点加以说明。

(1) 分合法的要点

事物是可分的。这是分合法的思想基础。

分合法包含分与合两步。第一步是分,把复杂的整体分解成简单的单元,即化整为零,从而取得化难为易的效果。第二步是合,把各个单元装配成整体,即积零为整,从而达到恢复原来面貌的目的。

(2) 位移法中的分与合

位移法是以位移为基本未知量的分合法。顺便提一下,以力为基本未知量的分合法没有受到重视。

位移法计算刚架时也包含分与合两步。

第一步是分,把刚架离散成杆件(单元),进行单元分析。

第二步是合,把各个单元装配成整体,进行整体分析(装配复原)。

位移法的要点可概括为

$$\text{刚架}\underset{\text{合(装配)}}{\overset{\text{分(离散)}}{\rightleftarrows}}\text{杆件(单元)}$$

(3) 单元分析

以等截面直杆作为单元。单元分析是指在杆端变量位移和给定荷载作用下求单元的内力,特别是杆端弯矩和剪力,因此,包括建立转角位移方程(单元刚度方程)和导出固端弯矩和剪力公式。

(4) 整体分析

整体分析是在单元分析的基础上进行装配复原。装配复原的条件包括在装配结点处建立位移协调条件和力的平衡条件。由于已经规定单元杆端位移与公共结点位移彼此相等,因此位移协调条件已经自动满足。于是只需建立力的平衡条件,这就是位移法基本方程,由此可解出基本未知量。

(5) 单元形式的多样性

单元的常用形式是含两端结点的等截面直杆单元。在本书卷 I § 10-1 中提到,还可以采用其他形式的广义单元,包括把子结构当作广义单元。单元分析是分合法的基础。不管采用何种形式的单元,只要单元分析工作完成了,位移法就可以按常规方式进行。

3. 力法、位移法与余能法、势能法之间纵横交错的四副对联——对偶呼应,对比法的范例

结构力学中存在许多对偶关系。其中 4 个对偶关系组成四方联如下:

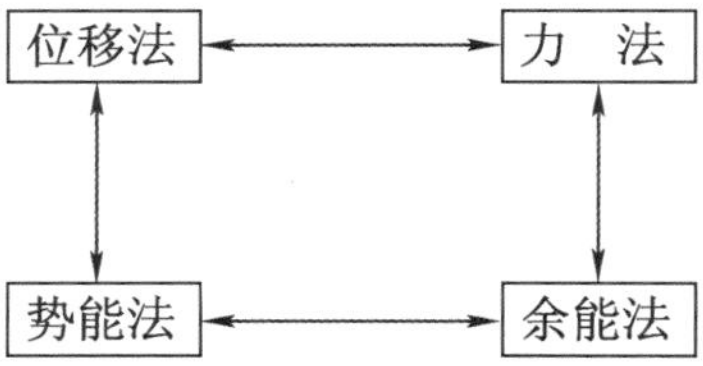

这个四方联覆盖了结构力学的主要内容,揭示了其中的内在联系。这是应用对比联系法的一个范例。其详细论述可参阅 13 章的 § 13-12。

4. 博采众长的混合法——杂交混合,分合法的另例

分区混合法是力法和位移法的混合形式,是杂交混合法的一个范例。

混合法是把几种原有方法加以联合、混合或杂交,博采众长而形成的新方法。与原有的方法相比,混合法更具有普遍性、灵活性和高效性。力法和位移法可看作分区混合法的两个特例。有些问题以采用分区混合法最为有效,比单纯采用力法或单纯采用位移法都更方便。

每一种方法总有其局限性。即使有几种方法可供选择,其局限性也仍然存在。看到这些局限性,才使人想起混合法。这是采用混合法的思想基础。

混合是优点的混合,而不是“一锅烩”的混合,更不是缺点的混合。分区混合法正是将力法和位移法各自的优点兼备于一身的方法。

混合是在分析基础上的综合。首先要对几种原有方法分析其优缺点,然后才能进行优点的混合。没有分析,就没有综合。没有对力法和位移法的优缺点的分析,就不会有分区混合法的提出。

结构力学中有各式各样的混合法与联合法。分区混合能量驻值原理是势能、余能驻值原理的混合,分区混合能量偏导数定理是势能、余能偏导数定理的混合。桁架结点法与截面法的联合应用,力矩分配法与位移法的联合应用。

§18-3　力学方法论的常用三法

1. 从典型实例提炼出三法

前面两节从结构力学各种算法中列举了八个典型范例。从方法论来看,它们无非是下列三法的应用:

(A) 分合法——分析综合,分是基础。

(B) 对比法——对比联系,比是核心。

(C) 过渡法——过渡开拓,渡是重点。

这是力学方法论的常用三法,简称为力学方法论的(A)(B)(C)三法,或分比渡三法。

2. 从三法到九式

下面用三节分别介绍分比渡三法,并将三法再细分为九式(九种运用形式)。在详细介绍之前,先将三法九式的名目和关系列出如下,以便对后面论述的内容事先有个粗略的了解:

(三法)
- (A) 分合法
  - (A1) 拆装式
  - (A2) 建模式
  - (A3) 混合式
- (B) 对比法
  - (B1) 等效式
  - (B2) 对偶式
  - (B3) 比拟式
- (C) 过渡法
  - (C1) 移植式
  - (C2) 广义式
  - (C3) 转化式

(九式)

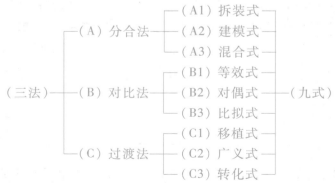

对常用方法及其运用形式的分类和理解并无定论。上面列出的三法九式只是一家之言,仅

供参考。

§ 18-4　分　合　法

分合法,即分析综合法,是常用方法之一。其要点是:分析与综合并用,分析是综合的基础。这里把分合法记作(A)法。

牛顿有关的论述是:“数学科学的方法是双重的,即综合与分析,或称合成与分解。在自然哲学中,也像在数学中一样,对于困难事物的研究,总是首先使用分析方法,然后再用综合方法。”

在本章前两节列举的八个实例中,有三个就是分合法的应用实例,即实例 1、6、8。

一门新学科“有限单元法”的蓬勃兴起,标志着分合法孕育出又一个硕果。有限单元法及其蕴含的分合法可用图式表示如下:

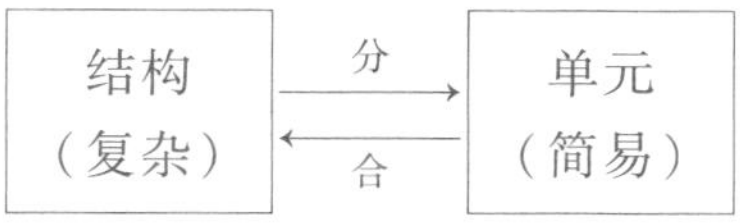

分——把结构分解成有限个单元,把复杂分解成简易。化整为零,化难为易。

合——把有限个单元的简易变形状态综合成整个结构的复杂变形状态。积零为整,恢复原型。

分合法的要点可概括为:

化整为零难化易,积零为整复原型。

分合并用,分为基础。

分合法[(A)法]有各种运用形式,这里列出它的常用三式(A1)、(A2)、(A3):

(A1) 拆装式(先拆再装)——先拆散成零件,再组装成原型。

(A2) 建模式(剪枝留干)——分清主次,删次留主,建模近原型。

(A3) 混合式(扬长避短)——混合多法,集各法之长,妙造新方。

下面对(A1)、(A2)、(A3)三种运用形式分别介绍并列举实例。

1.(A1)　拆装式的分析综合法

一个课题,从整体来看,常常是比较复杂的。如果掌握解剖的方法,将整体分成若干单元或环节,化整为零,就容易处理了。然后再积零为整,就得到了原课题的解答。也就是说,先分后合,分是基础。

(A1)法的不同形式可列举如下:

(1) 总和$\rightleftarrows$单项

在力学中常用的一个原理是叠加原理。

叠加原理可表述为:多种因素同时作用时的总影响归结为先求单个因素孤立作用时的影响,然后求其总和。如果是非齐次线性问题,则还需加上各因素为零时的影响。

这个方法的典型例子是建立力法基本方程:

$$\Delta_i = \sum_{j=1}^{n} \delta_{ij} X_j + \Delta_{iP} = 0 \qquad (i = 1, 2, \cdots, n)$$

这里，δ_{ij}是单个基本未知量 $X_j = 1$ 时的影响系数，Δ_{iP}是各基本未知量 $X_i = 0$ 时的影响值。这里复杂情况简化为 1 和 0 的简单情况。

叠加原理的应用范围是线性问题。在材料非线性和几何非线性等问题中不能直接应用。

（2）结构$\rightleftarrows$单元

先将整体结构拆成单元，再由单元装配成整体，问题就在“一拆一搭，先拆后搭”的过程中得到解决。

这种方法的典型例子是有限元法，在有限元法的命名中就点出了这个特征。实际上，有限元法是从矩阵位移法演变出来的，位移法和矩阵位移法是这一方法的更早的典型代表。

还可以举出这一方法的其他例子。

在几何构造分析中采用“体系$\rightleftarrows$构造单元”的方法——先将整个体系按照某种顺序分解成一系列构造单元（按照铰结三角形规则组成的构造单元），再将构造单元装配成整个体系。

在静定结构受力分析中采用“静定结构$\rightleftarrows$计算单元”的方法——将多跨静定梁分解为附属部分和基本部分；计算简单桁架时按照几何组成相反的次序每次截取一个结点，把整个桁架的计算问题依次分解为单个结点的计算问题。

在作静定刚架 M 图时采用“刚架$\rightleftarrows$杆件”的方法——先用截面法求出各杆的杆端 M 之后，剩下的问题是分别作单个杆件的 M 图。

（3）过程$\rightleftarrows$环节

在解题的全过程中，首先集中精力挖掘并抓住基本环节，然后重复运用这个基本环节，逐步得出问题的解答。

这个方法的典型例子是力矩分配法。其中的基本环节是单结点转动的力矩分配。刚架力矩分配法的全过程就是重复运用单结点转动的力矩分配这一基本环节的过程。力矩分配法实际上是线性代数中的迭代法移植在结构力学中的方法（在力矩分配法中每次迭代时只记弯矩的增量）。在迭代的全过程中，基本环节是由前一轮到后一轮的迭代公式。无剪力分配法也是采用类似作法。

在迭代法求结构振动的主振型时也是重复运用振型迭代公式的过程。

（4）多$\rightleftarrows$一

在一般情况中，首先挑出典型情况进行详尽的分析，然后利用典型分析的结果得出一般情况的结果。

这个方法的典型例子是影响线的概念和运用。在讨论移动荷载的影响时，我们运用了影响线这一有效工具。先从各种移动荷载中抽出典型的单位移动荷载（由多取一），然后利用单位移动荷载下的影响线来求各种荷载的影响（以一求多）。

在一般动力荷载作用下求结构的动力反应——其核心问题是在任一时刻的瞬时冲量作用下求结构的动力反应。这个核心问题求出解答后，利用积分求和，即得到杜哈梅积分。

2.（A2） 建模式的分析综合法

一个课题通常含有多种因素，有主有次。如果忽略次要的，保留主要的，删繁就简，这样就为原课题建立了一种简化模型或简化方法。也就是说：

首先分主次，然后定取舍。

剪枝得简化，留干近原型。

分清主次，剪枝留干，是建立简化模型、简化理论、简化算法时常用的思想方法。其运用形式和实例可列举如下。

（1）建立简化模型

选择结构的计算简图，也就是把实际结构抽象为力学模型。这是进行结构力学计算的第一步。在本书卷Ⅰ§1-2中谈到选择计算简图的原则：首先是从实际出发，简图应能反映实际结构的主要性能；其次是分清主次，在简图中应略去细节，便于计算。这些原则就是剪枝留干原则。

进行力学计算时，还要建立材料的本构模型，如理想弹性模型，理想弹塑性模型，弹性硬化模型等。这些本构模型都是根据材料性质和力学问题的实际情况按照剪枝留干的原则确定的。

（2）建立简化理论（引入近似假定）

引入平截面假定，建立梁的工程理论。

引入直法线假定，建立薄板的经典理论。

忽略杆件轴向变形的影响，建立刚架计算的实用理论。

忽略次应力的影响，建立桁架按铰结结构计算的工程理论。

（3）采用简化算法

① 线性化（非线性→线性）

曲线的分段线性化

时程的阶段线性化

② 有限化（无限→有限）

无穷级数中取有限项

无限自由度化为有限自由度

里茨法

无穷迭代过程中取有限次迭代

无限次超静定化为有限次超静定

③ 集中化（分布→集中）

分布质量化为集中质量

分布荷载化为集中荷载

塑性区化为塑性铰

④ 极限化（过程分析→极限分析）

弹塑性全过程分析→极限状态分析

几何非线性全过程分析→临界状态分析

振动“过渡阶段”分析→振动“平稳阶段”分析

3.（A3） 混合式的分析综合法

每一种方法总是有所长，也有所短。如果将几种方法加以联合、混合或杂交，博采诸法之长，

形成一个更具有普遍性和灵活性的新方法，往往收到更好的效果。也就是说，

博采诸法，联合杂交，扬其所长，避其所短。

混合式是在分析基础上的综合。先要分析各种方法的长处和短处、强项和弱项、优点和缺点，然后再把这些长处、强项、优点综合在一起。

混合式分析综合法的运用实例列举如下：

在桁架中，结点法与截面法的联合应用。

在影响线中，静力法与机动法的联合应用。

力法、位移法、力矩分配法、无剪力分配法的联合应用。

由力法和位移法引出分区混合法和其他混合法。

由势能原理和余能原理引出分区混合能量原理和其他混合能量原理。

由位移元和应力元引出杂交元。

由解析法和离散法引出半解析法。

顺便指出，袁隆平院士的杂交水稻研究获国家最高科技奖。从方法论来看，他运用的是混合杂交方法，即混合式分析综合法。

§18-5 对 比 法

对比法，也称为对比联系法，是常用方法之二。这里，把对比法记作(B)法。

结构力学，如同其他学科一样，是一个有内在联系的网络系统。它的内部阡陌相连，脉络相通。如果没有这些联系和通道，整个学科就成了一堆碎片。

联系和通道，本来就有。我们要善于发现它们。

对比是了解事物联系的主要方法。通过比较，可以认识两个问题的共同点和差异点，特别重要的是要能看出“同中之异”或“异中之同”。这样就看到了它们之间的联系，从而可以找到由此及彼的途径。

对比法的要点是：通过对比，由此及彼，提高认识水平。这里，对比是手段，由此及彼是目标。通常的作法是以近比远，以浅喻深。通过对比，从而把对浅近事物的认识拓展到对深远事物的认识，使认识达到更高水平。

在本章前两节列举的八个实例中，有三个就是对比法的应用实例，即实例3、4、7。

应用对比法的另一个范例是达朗贝尔原理。这里将动力问题与静力问题进行对比，从中引出结论：如果引入惯性力，则可将动力问题比拟成静力问题，从而找到了化动为静的简便算法，如下面图式所示：

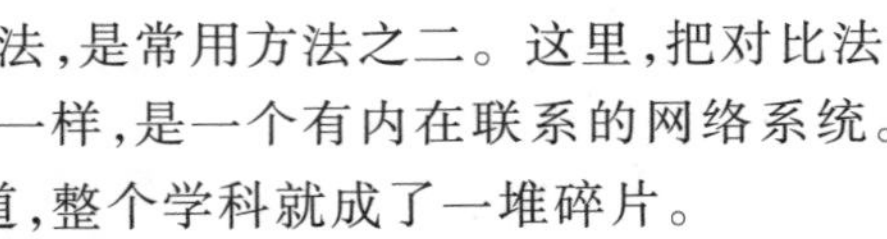

这个范例的特点是：以静比动，化动为静。由此看出，对比法的一个特点是：以浅喻深，化深为浅。

对比法[(B)法]有各种运用形式，这里列出它的常用三式(B1、B2、B3)：

(B1)等效式——找出等效关系，以简代繁。

(B2)对偶式——找出对偶关系，由一知二。

(B3)比拟式——采用比拟手法，以浅近比喻深远。

下面对(B1)、(B2)、(B3)三种运用形式分别介绍并列举实例。

1.(B1) 等效式的对比联系法

事物之间往往存在某种联系和关系。互等、互伴和等效关系是最常见的几种关系。

发现二者之间的等效关系，就可以在彼此之间进行替代和换算。通常是以简代繁，以易代难，从而使问题得到简化，易于处理。

(1) 互等定理

互等定理是结构力学中最重要的互等关系。它有四种形式：虚功互等定理，位移互等定理，反力互等定理，位移反力互等定理。它们有多种用处，例如指明刚度矩阵和柔度矩阵的对称性质，为利用挠度图作超静定力影响线提供依据等。

(2) 互伴定理

在结构矩阵分析中，平衡矩阵与几何矩阵之间存在互伴定理。

在弹性力学、薄板与厚板力学中，平衡微分算子与几何微分算子之间存在互伴定理。

(3) 等效替换

等效约束： 两个链杆约束→铰或瞬铰约束

n 个刚片的复杂连接→$(n-1)$个简单连接

等效荷载： 单元的分布荷载→单元的等效结点荷载

等效质量： 分布质量→等效集中质量

等效刚度： 弹性支承构件→弹簧支座

等效长度： 压杆的计算长度→标准压杆长度

2.(B2) 对偶式的对比联系法

有些问题是成对出现的，好像一副对仗工整的对联。读了上联，就能联想起下联。

掌握对偶关系，就能学一知二，融会贯通；而且从二的全局能深刻地理解其中的一。

力学中有对偶，诗文中有对联。

一唱一和，举一知二。

在结构力学中，可以指出以下三套重要的对偶关系。

(1) 以“位移法—力法”为代表的对偶关系：

位移法——力法

刚度矩阵——柔度矩阵

加约束——减约束

势能原理——余能原理

虚位移方程——虚力方程

单位位移法——单位荷载法

卡氏第一定理——卡氏第二定理

机动法——静力法

(2) 能量法—传统三基方程法之间的对偶关系：

能量法——传统三基方程法

势能法——位移法

余能法——力法

分区混合能量法——分区混合法

虚位移方程——平衡方程

虚力方程——几何方程

（3）几何构造特性与受力分析特性之间的对偶关系：

几何组成顺序——受力分析顺序（反向）

几何可变——平衡方程一般无解

几何不变——平衡方程有解

有多余约束——平衡方程有非唯一解

无多余约束——平衡方程的解是唯一解

几何矩阵——平衡矩阵

几何微分算子——平衡微分算子

从前面两套对偶关系中各取出两副，可组成四方联如下：

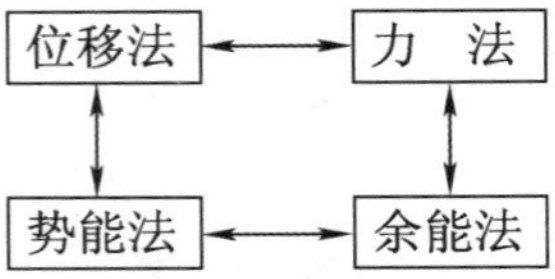

这个四方联包含了结构力学中最重要的四个对偶关系。

3.（B3）　比拟式的对比联系法

形式不同的两类问题往往具有相似的规律，这就是透过不同的现象看到共同的本质（异中有同）。因此，可用这个问题来比拟另一个问题，借用这个问题的解法来获得另一个问题的解答。这种作法称为比拟法。

力学中的比拟就像诗文中的比喻。比喻的作用在于“以浅喻深”、“以近喻远”，借用熟悉的事物来比喻和比拟生疏的事物，从而收到易于理解、便于计算的效果。

与比喻相近的是借喻，借喻的作用是“借影测日”（像日晷测时那样），“借虚写实”——通过竹影写秋风，通过双蝶写梁祝。写影比写实更加传神、轻松、聪明，从而收到以巧取胜的效果。

（1）力学里“以浅喻深，化深为浅”的比喻

拟静法（达朗贝尔原理）：　动力计算问题→静力平衡问题

共轭梁比拟：　梁的位移→共轭梁的内力

薄膜比拟：　受扭杆截面切应力→薄膜横向位移

沙堆比拟：　全塑性扭转切应力→沙堆模型的梯度

电比拟：　弹性结构的应力→电阻网络的电压

索比拟：　拱的合理轴线→悬索的平衡曲线

柱比拟：　无铰拱的弯矩→柱的截面正应力

（2）力学里“借虚写实，借虚引实”的借喻

虚荷载法：　虚设单位荷载→实求指定位移

虚位移法：　虚设单位位移→实求指定约束力

零载法： 虚设零载检测内力解的唯一性→实测几何构造的可变性

机动法： 虚作位移图→实作内力影响线

§ 18-6 过 渡 法

过渡法，也叫过渡开拓法，是常用方法之三。这里把过渡法记作（C）法。

任何学科总是在不断发展和不断开拓。开拓是将学科的理论和应用向更广、更高、更新的领域拓展和跨越。

在本章前两节列举的八个实例中，有两个就是过渡法的应用实例，即实例 2、5。

实例 5 讨论的力法是应用过渡法的一个范例。力法面临的问题是求解超静定结构的新课题。力法采取的策略是过渡策略，即由静定向超静定过渡的策略。这里不是从零开始，而是充分利用有关静定结构的已有知识，以它作为出发点，作为已知平台。然后以力法基本体系作为过渡手段，由静定问题过渡到超静定问题，由已知平台过渡到新平台，从而使新课题得到解决。力法采取的策略如下面图式所示：

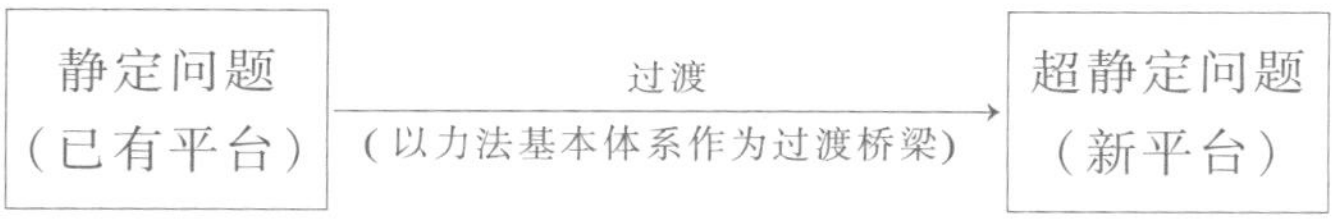

过渡法的要点是：架设过渡桥梁，从已知知识平台出发，上升到新的知识平台。

过渡法［（C）法］有各种运用形式，这里列出它的常用三式（C1、C2、C3）。

（C1）移植式——向更广的范围过渡开拓

（C2）广义式——向更高的水平过渡开拓

（C3）转化式——向更新的领域过渡开拓

下面对（C1）、（C2）、（C3）三种运用形式分别介绍并列举实例。

1.（C1） 移植式的过渡开拓法

把同一方法移植于不同领域，扩大应用范围。

移植，要提高成活率。移植水仙花时只移根，不带叶。把方法移植于新领域时，只能运用它的基本思路，不能连同它的具体形式一起生搬硬套。

现举例如下：

梁弯曲时的初参数法→梁振动时的初参数法

弹性地基梁的初参数法

电路的串联和并联→剪力分配中的串联柱和并联柱

方程组的迭代法→刚架的力矩分配法，力矩迭代法，无剪力分配法

矩阵的特征值→结构稳定的临界荷载，结构振动的频率

杆件结构的力法、位移法、矩阵分析、能量法→弹性力学的应力法、位移法、有限元法、能量法

2.（C2） 广义式的过渡开拓法

将某个概念、方法、定理、理论加以延伸和广义化，从而视野更广，挖掘更深，提炼精髓，弃形取神，达到更广、更深、更精、更神的境界，具有更高的理论水平和更大的应用价值。现举例如下：

位移与力→广义位移与广义力

质量及刚度矩阵→广义质量及广义刚度矩阵

力法中采用同一个基本体系→混杂采用不同的基本体系

力法中采用静定基本结构→采用超静定基本结构

位移法中采用简单单元→采用复杂单元和子结构

3.（C3） 转化式的过渡开拓法

在学科的发展过程中，一些课题解决了，又出现一些新课题有待于解决。由老课题转到新课题，由已知领域转到新的领域，这是一个永不停息的过程。

研究新课题和新领域时，一个常用的方法是转化过渡法——在新课题与老课题之间，在新领域与已知领域之间，努力找出它们之间的过渡手段和转化条件，从而可以利用已有的知识来解决新的课题，研究新的领域。

现举例如下：

在位移法中，利用单元分析的已有知识来处理结构分析的新课题，这里以位移法基本体系作为过渡手段，以位移法基本方程作为转化条件。

在杆件替代法中，利用简单桁架的已知方法来分析复杂桁架这个新课题。这里用杆件替代的手段来实现简单桁架和复杂桁架之间的转化和过渡。

在振型分解法中，利用单自由度体系振动的已有知识来分析多自由度体系振动这一新课题。这里以正则坐标作为转化和过渡的手段。

顺便指出，吴文俊院士的“数学机械化方法”研究成果获国家最高科学技术奖。他把这个研究成果概括为“把‘巧而难’的几何定理证明工作，转化为‘繁而易’的代数问题，交给计算机来完成。”把“巧而难”转化为“繁而易”，他运用的是转化过渡方法，即转化式过渡开拓法。

科学创造的要害和妙趣常常是在两种看似丝毫不搭界的事物之间架设一座简洁、绝妙的桥梁。

§18-7 结构力学之道

1. 常用三法——分、比、渡

结构力学之道，可以有不同的理解，这里强调了三条：分析综合，对比联系，过渡开拓。说详细一点，就是

以分析为基础的分析综合法，

以对比为核心的对比联系法，

以过渡为重点的过渡开拓法。

也可概括为“分、比、渡”三法。

这里讲方法论，讲“分、比、渡”，用的是逻辑语言。虽然举了一些实例示范，总觉得有点板着面孔，多了一份拘谨。文学家也讲方法论，也讲“分、比、渡”，喜欢用形象语言，总是笑嘻嘻的，活泼而有韵味。下面给出古典诗文中谈论分、比、渡的三个例子。

2. 古典诗文中的“分、比、渡”

(1) 庄子谈“分析解剖”

庄子在《庖丁解牛》中讲了一个故事。一位厨师(庖丁)总结他解剖牛的经验:起先,眼睛里看到的是全牛(整个牛),不知在何处下刀。后来,他逐渐达到了“目无全牛”的境界。他觉得在眼前的不再是整个牛,而是看到在皮肉之内有骨骼,骨骼之中有关节,关节之中有缝隙,于是他在关节的缝隙处用刀,从而有“游刃有余”之感(刀刃在缝隙处游动,还感到绰有余裕)。

庄子把解剖术概括为“目无全牛”,就是说,整体是可以分解的,而分解是有规可循的——由表及里,了解关节所在。

(2) 宋词谈“对比联系”

宋代词人秦少游的《浣溪沙》中有一副妙对:

自在飞花轻似梦

无边丝雨细如愁

《宋词赏析》中说:“飞花”和“梦”,“丝雨”和“愁”,本来不相类似,无从类比。但词人却发现了它们之间有‘轻’和‘细’这两个共同点,构成了既恰当又新奇的比喻。

纵观许多文艺精品和科学成就,它们的思想火花往往是从不同事物的大跨度联想中点燃和激活的。跨度愈大,穿透力愈强,影响力愈神奇。由此想到比喻的几个特点:一是要跨界,跨度愈大愈妙;二是要抓住共同点,抓住异中之同;三是追求跨越,追求洞见,追求智慧,不满足于只是按部就班,不满足于只看到墙里风景,不满足于只拥有知识碎片。

(3) 唐诗谈“过渡开拓”

唐代诗人王建的《新嫁娘词》:

三日入厨下,

洗手作羹汤。

未谙姑食性,

先遣小姑尝。

诗人描绘了新娘的机灵和聪慧,善于过渡:

面临的难题——初次做菜,不了解公婆的口味。

采用过渡法——叫小姑子尝尝。

3. 结构力学悟道词

读了三位先贤的诗文,画龙点睛,鲜活穿透,有滋有味,有悟有得。特填词一首,作为本书的书后抒怀。

如梦令——“分、渡、比”之歌

“目无全牛”分剖,　“先遣小姑”暗渡,

妙比“梦-飞花”,　画龙点睛穿透。

好玩,好玩!　文学力学联欢。

附录A　习题答案

第 11 章

11-1

结点转角：$\begin{pmatrix}\theta_1\\ \theta_2\end{pmatrix}=\begin{pmatrix}\dfrac{50}{7i_1}\\ -\dfrac{25}{7i_1}\end{pmatrix}$，

杆端弯矩：

$\begin{pmatrix}\overline{M}_1\\ \overline{M}_2\end{pmatrix}^{①}=\begin{pmatrix}14.29\\ 28.57\end{pmatrix}$ kN·m，

$\begin{pmatrix}\overline{M}_1\\ \overline{M}_2\end{pmatrix}^{②}=\begin{pmatrix}21.43\\ 0\end{pmatrix}$ kN·m。

11-2

结点转角：$\begin{pmatrix}\theta_1\\ \theta_2\end{pmatrix}=\begin{pmatrix}\dfrac{45}{7i_1}\\ -\dfrac{75}{7i_1}\end{pmatrix}$，

杆端弯矩：$\begin{pmatrix}\overline{M}_1\\ \overline{M}_2\end{pmatrix}^{①}=\begin{pmatrix}12.86\\ 25.71\end{pmatrix}$ kN·m，

$\begin{pmatrix}\overline{M}_1\\ \overline{M}_2\end{pmatrix}^{②}=\begin{pmatrix}-25.71\\ 0\end{pmatrix}$ kN·m。

11-3 $M_{AB}=-8.89$ kN·m，$M_{BA}=2.22$ kN·m。

11-4 $M_{AB}=0.845\dfrac{1}{l}(10^4\ \text{kN}\cdot\text{m}^2)$，$M_{BA}=1.690\dfrac{1}{l}(10^4\ \text{kN}\cdot\text{m}^2)$，

$M_{CD}=2.161\dfrac{1}{l}(10^4\ \text{kN}\cdot\text{m}^2)$，$M_{DC}=1.914\dfrac{1}{l}(10^4\ \text{kN}\cdot\text{m}^2)$。

11-5

$$\boldsymbol{K}=\frac{2EI}{l}\begin{pmatrix}\dfrac{6}{l^2} & \dfrac{3}{l} & 0 & 0\\ & 6 & 2 & 0\\ \text{对} & & 6 & -\dfrac{3}{l}\\ & & \text{称} & \dfrac{6}{l^2}\end{pmatrix}。$$

11-6

$$\boldsymbol{K}=10^4\begin{pmatrix}612 & 0 & -30\\ \text{对} & 324 & 0\\ & \text{称} & 300\end{pmatrix}。$$

11-7

$$\overline{\boldsymbol{F}}^{①}=\begin{pmatrix}0.493\ \text{kN}\\ -13.45\ \text{kN}\\ -12.79\ \text{kN·m}\\ \cdots\cdots\cdots\\ -0.493\ \text{kN}\\ -10.55\ \text{kN}\\ 5.54\ \text{kN·m}\end{pmatrix},\ \overline{\boldsymbol{F}}^{②}=\begin{pmatrix}-0.493\ \text{kN}\\ -0.560\ \text{kN}\\ -2.239\ \text{kN·m}\\ \cdots\cdots\cdots\\ 0.493\ \text{kN}\\ 0.560\ \text{kN}\\ -0.564\ \text{kN·m}\end{pmatrix}。$$

11-8

$$\begin{pmatrix}0.977\dfrac{EA}{l}+0.492\dfrac{EI}{l^3} & -0.192\dfrac{EA}{l}+0.369\dfrac{EI}{l^3} & -0.768\dfrac{EI}{l^2}\\ \text{对} & 0.256\dfrac{EA}{l}+2.221\dfrac{EI}{l^3} & 0.257\dfrac{EI}{l^2}\\ & \text{称} & 4.933\dfrac{EI}{l}\end{pmatrix}\begin{pmatrix}u_1\\ v_1\\ \theta_1\end{pmatrix}=\begin{pmatrix}0.107F_P\\ 5.858F_P\\ -\dfrac{5F_Pl}{6}\end{pmatrix}。$$

11-9 $M_{21}=-0.149\ 1F_Pl$，$F_{Q21}=0.298\ 2F_P$，
$M_{41}=-0.052\ 7F_Pl$，$F_{Q41}=0.074\ 6F_P$。

11-10 按单元顺序

(a) $\boldsymbol{F}_N^T=(0.5F_P\quad 0.433F_P\quad 0.25F_P)$。

(b) $\boldsymbol{F}_N^T=(-0.33F_P\quad 0.15F_P\quad 0.58F_P\quad 0.91F_P)$。

(c) $\boldsymbol{F}_N^T=(-0.235\ 7F_P\quad 0.083\ 3F_P\quad 0.353\ 5F_P\quad 0.416\ 7F_P\quad 0.235\ 7F_P)$。

11-11 按单元顺序

$\boldsymbol{F}_N^T=(0.327F_P\quad 1.327F_P\quad 0\quad -0.673F_P\quad -0.462F_P\quad 0.952F_P)$，

撤去任一水平支杆，刚度矩阵变为奇异矩阵，无法求解。

11-12 (a) $\begin{pmatrix}\dfrac{12i}{l^2} & \dfrac{6i}{l}\\ \dfrac{6i}{l} & 4i\end{pmatrix}$。

(b) $\begin{pmatrix}4i & -\dfrac{6i}{l}\\ -\dfrac{6i}{l} & \dfrac{12i}{l^2}\end{pmatrix}$。

11-13

$$\begin{pmatrix}\dfrac{24i}{l^2}+k & 0 & -\dfrac{12i}{l^2}\\ 0 & 8i & -\dfrac{6i}{l}\\ -\dfrac{12i}{l^2} & -\dfrac{6i}{l} & \dfrac{12i}{l^2}\end{pmatrix}。$$

第 12 章

12-1 $T=0.100\ 4\ \text{s}, \omega=62.57\ \text{s}^{-1}$。

12-2 $\omega=15\ \text{s}^{-1}$。

12-3 $\omega=\sqrt{\dfrac{3EI}{Mh^2l}}$。

12-4 $y_{\max}=0.1\ \text{cm}, v_{\max}=4.174\ \text{cm/s}, a_{\max}=174.2\ \text{cm/s}^2$。

12-5 $T=0.104\ 3\ \text{s}$。

12-6 $\omega=\sqrt{\dfrac{192(2\beta+3n)EIg}{Wl^3(8\beta+3n)}}$。

12-7 $\omega=\sqrt{\dfrac{12gn^3EI}{Wl^3(n+2\beta)}}$。

12-8 $y_{\max}=0.679\ \text{cm}, M_A=20.46\ \text{kN}\cdot\text{m}$。

12-9 $y_{\max}=\dfrac{F_{P0}}{k}\sqrt{3}, t=\dfrac{2}{3}T$。

12-10 $y_{\max}=-0.087\ 8\ \text{cm}$（与 F_P 方向相反），$M_{\max}=0.52\ \text{kN}\cdot\text{m}$。

12-11 （a）$y(\tau)=y_{st}\left(1-\dfrac{T\sin\dfrac{2\pi}{T}\tau}{2\pi\tau}\right)$。

（b）

τ	$\frac{3}{4}T$	T	$1\frac{1}{4}T$	$4\frac{3}{4}T$	$5T$	$5\frac{1}{4}T$	$9\frac{3}{4}T$	$10T$	$10\frac{1}{4}T$
$\frac{y(\tau)}{y_{st}}$	1.212	1	0.873	1.034	1	0.969 7	1.016 3	1	0.984 5

（c）计算结果表明：

（1）当τ为 T 的整数倍时，$\dfrac{y(\tau)}{y_{st}}=1$。

（2）当$\tau>5T$ 后，$\dfrac{y(\tau)}{y_{st}}\approx 1$。

12-12 （a）$t\leqslant\tau$时，$y(t)=y_{st}(1-\cos\omega t)$。

（b）$t>\tau$时，$y(t)=2y_{st}\sin\dfrac{\omega\tau}{2}\sin\omega\left(t-\dfrac{\tau}{2}\right)$。

（c）

τ	$0.1T$	$0.2T$	$0.3T$	$0.5T$
$\frac{y_{\max}}{y_{st}}$	0.618	1.176	1.618	2.00

12-13 $y_{\max}=2\ \text{mm}, t=0.070\ \text{s}, M_{\max}=24\ \text{kN}\cdot\text{m}$。

12-14 $\xi=0.036\ 6, \beta=14$。

12-15 （a）$W=9\ 010\ \text{kN}$。

（b）$\xi=0.035\ 5$。

（c）$y=0.128\ 5\ \text{cm}$。

12-16 1 点位移动力系数为 $\beta_{\Delta 1}=\left(\dfrac{1}{1-\dfrac{\theta^2}{\omega^2}}\right)$，

0 点弯矩动力系数为 $\beta_{M0}=\left(1-\dfrac{\delta_{1P}}{a\delta_{11}}\dfrac{1}{1-\dfrac{\omega^2}{\theta^2}}\right)$。

12-17 $(F_{RC})_{\max}=\dfrac{9}{8}q_0 l\left(\dfrac{1}{1-\dfrac{\theta^2}{\omega^2}}\right)$。

12-18 $\omega_1=3.061\ 8\sqrt{\dfrac{EI}{ml^3}},\dfrac{Y_{11}}{Y_{21}}=-\dfrac{1}{0.160\ 2}$，

$\omega_2=12.298\sqrt{\dfrac{EI}{ml^3}},\dfrac{Y_{12}}{Y_{22}}=\dfrac{0.160\ 2}{1}$。

12-19 $\omega_1=1.219\ 3\sqrt{\dfrac{EI}{ma^3}},\dfrac{Y_{11}}{Y_{21}}=\dfrac{1}{10.429\ 3}$，

$\omega_2=8.209\sqrt{\dfrac{EI}{ma^3}},\dfrac{Y_{12}}{Y_{22}}=-\dfrac{10.421\ 1}{1}$。

12-20 $\omega_1=254.44\ \text{s}^{-1},\omega_2=384.67\ \text{s}^{-1}$。

12-21 $\omega_1=254.45\ \text{s}^{-1},Y_{11}:Y_{21}:Y_{31}=1:-1:1$，

$\omega_2=321.86\ \text{s}^{-1},Y_{12}:Y_{22}:Y_{32}=1:0:-1$，

$\omega_3=446.34\ \text{s}^{-1},Y_{13}:Y_{23}:Y_{33}=1:2:1$。

12-22 $\omega_1=9.88\ \text{s}^{-1},\omega_2=23.18\ \text{s}^{-1}$。

12-23 楼面振幅：$A_1=-0.202\ \text{mm},A_2=-0.206\ \text{mm}$，

柱端弯矩：$M_A=6.06\ \text{kN}\cdot\text{m}$。

第 13 章

13-1 是。

13-2 （a）否。

（b）是。

13-3 是。

13-4 是。

13-5 （a）$F_{NAC}=F_P,F_{NBC}=-\sqrt{2}F_P$。

（b）$F_{NAC}=\dfrac{\sqrt{2}-1}{2}F_P,F_{NBC}=\dfrac{\sqrt{2}-2}{2}F_P,F_{NCD}=\dfrac{\sqrt{2}-3}{2}F_P$。

13-6 （a）$\theta_B=\dfrac{F_P a^2}{96EI}$。

(b) $\Delta=\dfrac{F_{P}a^{3}}{24EI_{1}}$。

13-8　(a) $\overline{\Delta}=\dfrac{F_{P}l}{EA},\overline{E}_{P}=-\dfrac{F_{P}^{2}l}{2EA}$。

(b) $E_{P}=\dfrac{EA}{2l}\Delta^{2}-F_{P}\Delta$。

(c) $(E_{P})_{\min}=(E_{P})_{\Delta=\frac{F_{P}l}{EA}}=-\dfrac{F_{P}^{2}l}{2EA}$。

13-9　$M_{AC}=-\dfrac{F_{P}l}{8}$（上边受拉），$M_{BC}=\dfrac{F_{P}l}{8}$（上边受拉）。

13-10　两种表示式得出的最终弯矩图相同。

13-11　(a) $F_{NAC}=F_{NCD}=\dfrac{1-\sqrt{2}}{2}EA\alpha t$。

(b) $F_{NAC}=F_{NCD}=\dfrac{1-\sqrt{2}}{2}\cdot\dfrac{EAc}{a}$。

13-12　(a) $\overline{E}_{C}=(3-\sqrt{2})\dfrac{F_{P}^{2}a}{4EA}$。

(b) $E_{C}=\dfrac{a}{2EA}[(1+2\sqrt{2})(F_{P}+X)^{2}+X^{2}]$。

(c) $(E_{C})_{\min}=(E_{C})_{X=\frac{\sqrt{2}-3}{2}F_{P}}=(3-\sqrt{2})\dfrac{F_{P}^{2}a}{4EA}$。

13-13　$F_{1}=\sum\limits_{i=1}^{3}\dfrac{3EI_{i}}{h_{i}^{3}}\Delta_{1}-F_{P}$。

13-14　$E_{C}=\dfrac{F_{P}^{2}l^{3}}{6EI}+F_{P}l\,\overline{\theta}_{A}$,

$v_{B}=\dfrac{\partial E_{C}}{\partial F_{P}}=\dfrac{F_{P}l^{3}}{3EI}+l\,\overline{\theta}_{A}$。

*第 14 章

***14-1～14-9**　略。

第 15 章

15-1　第一主振型为反对称振动，$\omega_{1}=0.24\sqrt{\dfrac{EI}{m}}$，$Y_{11}:Y_{21}:Y_{31}=1:0.46:0.46$。

15-2　$\omega_{1}=13.5\ \mathrm{s}^{-1}$，$Y_{11}:Y_{21}:Y_{31}=0.333:0.667:1.000$，

$\omega_{2}=30.1\ \mathrm{s}^{-1}$，$Y_{12}:Y_{22}:Y_{32}=-0.664:-0.663:1.000$，

$\omega_{3}=46.6\ \mathrm{s}^{-1}$，$Y_{13}:Y_{23}:Y_{33}=4.032:-3.022:1.000$。

15-3　楼面振幅：$A_{1}=-0.028\ \mathrm{mm}$，$A_{2}=-0.045\ \mathrm{mm}$，$A_{3}=-0.230\ \mathrm{mm}$。

15-7　$M_{A}=0.16Fl$（上部受拉），$M_{B}=0.17Fl$（右边受拉），$M_{C}=0.12Fl$（上部受拉）。

15-8　$Y_{1}=-\dfrac{F_{P}l^{3}}{16EI},Y_{2}=-\dfrac{F_{P}l^{3}}{24EI},M_{2\max}=\dfrac{F_{P}l}{2}$。

15-9 $y_{\max}=\dfrac{1.15F_{\mathrm{P}}a}{EA}, x_{\max}=\dfrac{0.3F_{\mathrm{P}}a}{EA}$。

15-10 假设振型曲线为 $Y(x)=\dfrac{ql^4}{24EI}\left(\dfrac{x^4}{l^4}-2\dfrac{x^3}{l^3}+\dfrac{x^2}{l^2}\right)$ 时，$\omega=\dfrac{22.45}{l^2}\sqrt{\dfrac{EI}{\bar{m}}}$，

假设振型曲线为 $Y(x)=A\left(1-\cos\dfrac{2\pi x}{l}\right)$ 时，$\omega=\dfrac{22.8}{l^2}\sqrt{\dfrac{EI}{\bar{m}}}$。

15-11 假设振型曲线为 $Y(x)=a\sin\dfrac{\pi x}{l}$时，$\omega=\sqrt{\dfrac{\dfrac{\pi^4EI}{2l^3}}{\dfrac{\bar{m}l}{2}+M}}$，

当 $M=\dfrac{1}{2}\bar{m}l$ 时，$\omega=\dfrac{6.979}{l^2}\sqrt{\dfrac{EI}{\bar{m}}}$。

15-15 $\omega_1=\dfrac{22.4}{l^2}\sqrt{\dfrac{EI}{\bar{m}}}, \omega_2=\dfrac{61.6}{l^2}\sqrt{\dfrac{EI}{\bar{m}}}, \omega_3=\dfrac{121}{l^2}\sqrt{\dfrac{EI}{\bar{m}}}$。

15-16 $\omega_1=\dfrac{15.42}{l^2}\sqrt{\dfrac{EI}{\bar{m}}}, \omega_2=\dfrac{49.97}{l^2}\sqrt{\dfrac{EI}{\bar{m}}}$。

15-17 (a) $\omega=\dfrac{12.63}{l^2}\sqrt{\dfrac{EI}{\bar{m}}}$。

(b) $\omega=\dfrac{3.20}{l^2}\sqrt{\dfrac{EI}{\bar{m}}}$：

***15-19** 前 6 阶频率值依次为$\left(单位为\sqrt{\dfrac{EI}{\bar{m}}},\dfrac{1}{L^2}\right)$：

22.373 285，61.672 823，120.903 39，199.859 45，298.555 54，416.990 79。

***15-20** 前 5 阶频率值依次为(单位为 s^{-1})：

2.359 7，7.540 2，13.014，25.907，29.223。

第 16 章

16-1 (a) $\theta=0$，稳定平衡；$\theta=\pi$，不稳定平衡。

(b) $\theta=0$，不稳定平衡；$\theta=\pi$，稳定平衡。

(c) 随遇平衡。

16-2 $q_{\mathrm{cr}}=\dfrac{k}{6}$。

16-3 $F_{\mathrm{Pcr}}=\dfrac{kl}{2}$。

16-4 $F_{\mathrm{Pcr}}=\dfrac{6EI}{l^2}$。

16-5 $F_{\mathrm{Pcr1}}=\dfrac{k}{l}, F_{\mathrm{Pcr2}}=3\dfrac{k}{l}$。

16-6 (a) $F_{\mathrm{Pcr}}=\dfrac{3EI_2}{l^2}$。

(b) $F_{Pcr}=\dfrac{\pi EI_1}{l^2}$。

(c) $\pi I_1=3I_2$。

16-7 $\tan\dfrac{\alpha l_1}{2}+\dfrac{i_1}{i_2}\dfrac{\alpha l_1}{2}=0$。

16-8 $\tan\alpha l=\dfrac{\alpha l}{1+\dfrac{(\alpha l)^2}{6}}$。

16-9 $F_{Pcr}=\dfrac{1.515EI}{l^2}$。

16-13 $F_{Pcr}=\dfrac{\pi^2 EI}{3H^2}$。

16-14 (a) $F_{Pcr}=\dfrac{40EI}{l^2}$。

(b) $F_{Pcr}=\dfrac{48EI}{l^2}$。

(c) $F_{Pcr}=\dfrac{39.77EI}{l^2}$。

16-15

$$\begin{vmatrix} \left(\dfrac{24i_1}{H^2}-\dfrac{6F_P}{5H}\right) & \left(\dfrac{6i_1}{H}-\dfrac{F_P}{10}\right) & \dfrac{6i_1}{H} \\ \left(\dfrac{6i_1}{H}-\dfrac{F_P}{10}\right) & \left(4i_1+4i_2-\dfrac{2HF_P}{15}\right) & 2i_2 \\ \dfrac{6i_1}{H} & 2i_2 & (4i_1+4i_2) \end{vmatrix}=0,$$

当 $i_1=i_2$ 时，$F_{Pcr}=5.455\dfrac{i_1}{H}$。

16-16

$$\boldsymbol{K}=\begin{pmatrix} \dfrac{72}{l^2} & -\dfrac{6}{l} & -\dfrac{6}{l} & -\dfrac{12}{l} & -\dfrac{12}{l}, \\ -\dfrac{6}{l} & 8 & 2 & 0 & 0 \\ -\dfrac{6}{l} & 2 & 16 & 4 & 0 \\ -\dfrac{12}{l} & 0 & 4 & 24 & 4 \\ -\dfrac{12}{l} & 0 & 0 & 4 & 16 \end{pmatrix}\dfrac{EI}{l},$$

$$\boldsymbol{S}=\dfrac{F_P}{30}\begin{pmatrix} \dfrac{216}{l} & -3 & -3 & -6 & -6 \\ -3 & 4l & 0 & 0 & 0 \\ -3 & 0 & 4l & 0 & 0 \\ -6 & 0 & 0 & 8l & 0 \\ -6 & 0 & 0 & 0 & 8l \end{pmatrix}。$$

16-17 最小临界荷载发生于反对称变形时，特征方程为

$$\frac{\tan\gamma}{\gamma}=\frac{\tan\beta\gamma}{\beta\gamma}。$$

16-18 (a) $\cot\frac{\pi\beta}{2}=\frac{2(\beta^2-1)I_0}{3\beta I_1}, q_{cr}=6.6\frac{EI_1}{R^3}$。

(b) $\cot\frac{\pi\beta}{4}=\frac{\beta^2+2}{3\beta}, q_{cr}=20.9\frac{EI_1}{R^3}$。

16-19 反对称失稳，稳定方程为

$$\left[(1-\beta^2)\frac{EI}{k_\theta R}+\beta\cot\beta\gamma\right]\tan\gamma=1,$$

当 $k_\theta=0$（两铰拱）时，$\cot\beta\gamma=\infty$，

当 $k_\theta\to\infty$（无铰拱）时，$\beta\tan\gamma=\tan\beta\gamma$。

* **16-23** 临界荷载值为 15.775 321 kN。

* **16-24** 临界荷载值为 7.874 228 kN。

第 17 章

17-2 $M_u=5.122\sigma_s$。

17-3 $F_{Pu}=0.75M_u$。

17-4 $F_{Pu}=\frac{6M_u}{l}$。

17-5 $F_{Pu}=\frac{4M_u}{l}$。

17-6 (a) $F_{Pu}=1.437M_u$，A、C 出现塑性铰。

(b) $F_{Pu}=1.179M_u$，A、B 出现塑性铰。

17-7 $F_{Pu}=\frac{4M_u}{l}$。

17-8 $q_u=0.28M_u$。

17-10 $F_{Pu}=\frac{1.5M_u}{a}$。

17-11 $F_{Pu}=\frac{M_u}{l}$。

17-12 $F_{Pu}=\frac{2M_u}{l}$。

17-13 $q_u=\frac{1.1}{4}M_u$。

17-14 $x=0.146\ 5l, 0.853\ 5l, q_u=16\frac{M_u}{l^2}$。

* **17-15** 参见原题。

* **17-16** $F_{Pu}=0.995\ 213\ 55$ kN。

*附录B　平面刚架程序的框图设计和源程序

本附录共有三部分内容。第一部分为平面刚架程序的框图设计，此项框图设计主要是针对FORTRAN77语言而编写的，对于Fortran90语言亦可以作为参考。第二部分为平面刚架源程序（FORTRAN77语言）。第三部分为平面刚架源程序（Fortran90语言）。请扫二维码阅读。

索　　引

J

K

L

N

P

Q

R

S

T

W

X

Y

Z

参考文献

[1] 龙驭球,包世华,袁驷,等.结构力学Ⅰ:基本教程.3版.北京:高等教育出版社,2012.

[2] 龙驭球,包世华,袁驷,等.结构力学Ⅱ:专题教程.3版.北京:高等教育出版社,2012.

[3] 龙驭球,包世华,等.结构力学Ⅰ:基本教程[M].2版.北京:高等教育出版社,2006.

[4] 龙驭球,包世华,等.结构力学Ⅱ:专题教程[M].2版.北京:高等教育出版社,2006.

[5] 龙驭球,包世华,等.结构力学教程:Ⅰ[M].北京:高等教育出版社,2000.

[6] 龙驭球,包世华,等.结构力学教程:Ⅱ[M].北京:高等教育出版社,2001.

[7] 龙驭球,包世华,等.结构力学:上册[M].2版.北京:高等教育出版社,1994.

[8] 龙驭球,包世华,等.结构力学:下册[M].2版.北京:高等教育出版社,1996.

[9] 龙驭球,包世华.结构力学教程:上册[M].北京:高等教育出版社,1988.

[10] 龙驭球,包世华.结构力学教程:下册[M].北京:高等教育出版社,1998.

[11] 袁驷.程序结构力学[M].2版.北京:高等教育出版社,2008.

[12] 龙驭球,刘光栋,等.能量原理新论[M].北京:中国建筑工业出版社,2007.

[13] 王焕定,章梓茂,等.结构力学[M].3版.北京:高等教育出版社,2010.

[14] 单建.趣味结构力学[M]2版.北京:高等教育出版社,2015.

[15] 克拉夫 R W,等.结构动力学[M].王光远,等译.北京:科学出版社,1981.

[16] 赵光恒.结构动力学[M].北京:水利电力出版社,1996.

[17] 包世华.结构动力学[M].武汉:武汉理工大学出版社,2005.

[18] 包世华.结构动力学[M].武汉:武汉理工大学出版社,2017.

[19] Timoshenko S P, Gere J M. Theory of elastic stability[M]. New York: McGraw-Hill, 1961.

[20] 夏志斌,潘有昌.结构稳定理论[M].北京:高等教育出版社,1988.

[21] Neal B G. The plastic methods of structural analysis[M]. 3rd ed. Chapman & Hall, 1977.

[22] 徐秉业,刘信声.结构塑性极限分析[M].北京:中国建筑工业出版社,1985.

[23] 雷钟和,江爱川,郝静明.结构力学解疑[M].北京:清华大学出版社,1996.

[24] 包世华.《结构力学》学习指导及题解大全[M].武汉:武汉理工大学出版社,2003.

[25] 雷钟和,龙志飞.结构力学学习指导[M].北京:高等教育出版社,2005.

[26] 包世华,等.结构力学教程[M].武汉:武汉理工大学出版社,2017.

Synopsis

This book is the result of more than 50 years spent in developing the program of instruction in Structural Mechanics of Tsinghua University.

This book has two volumes: Volume Ⅰ—Fundamental Course; Volume Ⅱ—Advanced Course.

Volume Ⅰ—Fundamental Course consists of 10 chapters including statically determinate structures, statically indeterminate structures, general remarks on statically determinate structures, general remarks on statically indeterminate structures, Fundamental Course is written according to "the Fundamental Requirements for Structural Mechanics Course" which is worked out by the Mechanics Teaching Guiding Committee of The Ministry of Education and the recent years teaching practices done by most of the universities including Tsinghua University. In this volume we keep our eyes on laying the foundation of the Course and meeting The Fundamental Requirements of the Course.

Volume Ⅱ—Advanced Course consists of 8 chapters including matrix displacement method, elementary theory of structural dynamics, energy principles, additional notes on structural matrix analysis, additional notes on structural dynamics, stability analysis, ultimate load of structures, structural mechanics and methodology. Advanced Course is written in keeping eyes on enhancement and enlargement to meet the requirements for elective course for higher class students and postgraduate students.

This book can serve both as a textbook of Structural Mechanics in the area of civil engineering, hydraulic engineering, and mechanical engineering, etc., and a reference book for engineering technicians in relative fields.

Contents

主编简介

龙驭球　清华大学土木工程系教授，中国工程院院士。1926年生，湖南安化人。1948年毕业于清华大学。曾任中国土木工程学会第四届理事，教育部高等学校工科力学课程教学指导委员会主任委员兼结构力学课程教学指导组组长，中国力学学会《工程力学》主编，1999年国际结构工程会议主席。现任国际杂志《Advances in Structural Engineering》和《Structural Stability and Dynamics》国际编委，中国力学学会荣誉会员及第9届与第10届理事会名誉理事。

从事结构力学、有限元、能量原理、板壳结构的教学科研工作。发表学术论文260多篇。出版《结构力学》、《结构力学教程》、《壳体结构概论》、《有限元法概论》、《新型有限元论》、《能量原理新论》和《Advanced Finite Element Method in Structural Engineering》等教材和专著27种。参加制定《薄壳结构设计规程》。在科研方面，首先创立以广义协调元为主干的新型有限元体系，包含广义协调元、分区混合元、抗闭锁的厚板厚壳元、四边形面积坐标理论、解析试函数法、分区能量原理、含可选参数能量原理等七项成果和116个优异新单元。其次创立壳体计算理论，包括柱壳和折板结构的力学理论，扁球壳初参数解法和6种偏心集中荷载下的解析解，以及薄壳大孔口的摄动法。

1988、1992、1996、2002年获全国普通高等学校优秀教材一等奖，2007年被评为普通高等教育精品教材，1993年获高等学校优秀教学成果国家级二等奖，2001年获国家级教学成果一等奖，1992、1998、2002年获教育部科学技术进步奖一等奖，1999年获国家科学技术进步奖二等奖，2000年获第三届中国工程科技奖，2004年清华大学结构力学课程被评为首批国家级精品课程，指导岑松博士获全国优秀博士论文奖(2002)。2013年获国家自然科学奖二等奖。

主 编 简 介

包世华　清华大学土木工程系教授，曾任中国力学学会《工程力学》常务编委，中国建筑学会高层建筑结构委员会委员。1985—1986 年为美国伊利诺伊大学土木工程系访问学者，1991—1993 年为香港理工大学土木与结构系研究员。长期从事结构力学、弹性力学、能量原理及有限元、板壳结构、薄壁杆结构和高层建筑结构等领域的教学和研究工作。

出版教材和专著 30 多种。所编教材有《高层建筑结构设计》、《结构力学》、《结构力学教程》、《结构动力学》和英文教材《Structural Mechanics》等，分别于 1987 年获建设部优秀教材二等奖，1988、1992 年获全国普通高等学校优秀教材一等奖，1998 年获教育部科学技术进步奖一等奖，1999 年获国家科学技术进步奖二等奖，2002 年获全国普通高等学校优秀教材一等奖，2007 年度获普通高等教育精品教材奖。专著有《薄壁杆件结构力学》、《高层建筑结构计算》、《新编高层建筑结构》、《高层建筑结构设计和计算》(上、下册)等。

在国内外发表学术论文 130 多篇。参加《薄壳结构设计规程》制定，壳体研究成果被收入国家行业标准《钢筋混凝土薄壳结构设计规程》。提出和创建了高层建筑结构解析和半解析常微分方程求解器解法系列。1983 年获北京市科委技术成果奖，1986、1992、1994 年分别获国家教委科学技术进步奖一、二、三等奖。

主 编 简 介

袁　驷　分别于1981年和1984年获清华大学土木系硕士学位和博士学位。曾先后在美国、英国作博士后和访问教授。曾任清华大学副校长、教务长，现为清华大学校务委员会副主任，教授、博士生导师；全国人大常委、全国人大环资委副主任，中国土木工程学会副理事长、中国力学学会副理事长；兼《土木工程学报》主编、《建筑结构学报》编委会副主任及多部刊物编委，教育部高等学校力学基础课程教学指导委员会主任、教育部在线教育研究中心主任、中国土木工程学会教育工作委员会主任，中国力学学会结构工程专业委员会名誉主任等职。

1989年创立了有限元线法，并对其作了系统的开发与发展。1993年出版了独著的国内外首部有关该法的英文专著《The Finite Element Method of Lines》。近期研究有限元超收敛计算和自适应求解，以及结构振动与动力分析等。发表学术论文180余篇。近年出版了以《程序结构力学》、《结构力学求解器》、《结构力学求解器3D》为代表的多部教材、著作和软件。

先后获国家教委科技进步一、二、三等奖各一项，1996年获国家杰出青年科学基金(1998年获延续资助)，1997年获北京市优秀教师称号，2000年被聘为教育部长江学者特聘教授，2001年获北京市和国家级教学成果一等奖，2002年分别获全国高等学校优秀教材奖一等奖和二等奖各一项，2003年获教育部国家级教学名师奖，2004年所主讲的结构力学课程被评为首批国家级精品课程，同年获全国师德先进个人和全国模范教师称号。2008年所带领的结构力学教学团队被评为国家级优秀教学团队。